安装工程工程量清单计价编制实例

高继伟　主编

黄河水利出版社

内 容 提 要

本书根据《建设工程工程量清单计价规范》有关内容，较详细地介绍了安装工程的工程量清单项目及计算规则，对建设工程工程量清单计价规范的有关问题进行了解释和答疑。另外，本书还结合工程量清单招标投标的实际情况，列举了很多翔实的例子。

本书可供工程造价人员编制招投标文件、工程量清单及报价时参考，也可作为从事造价专业人员的教材。

图书在版编目(CIP)数据

安装工程工程量清单计价编制实例/高继伟主编.
郑州:黄河水利出版社,2008.5
ISBN 978-7-80734-422-3

Ⅰ.安… Ⅱ.高… Ⅲ.建筑安装工程-工程造价 Ⅳ.TU723.3

中国版本图书馆 CIP 数据核字(2008)第 047899 号

策划编辑:余甫坤 电话:0371-66024993; E-mail:yfk7300@126.com

出版社:黄河水利出版社

地址:河南省郑州市金水路 11 号 邮政编码:450003

发行单位:黄河水利出版社

发行部电话:0371-66026940 传真:0371-66022620

E-mail:hhslcbs@126.com

承印单位:黄河水利委员会印刷厂

开本:787mm×1 092mm 1/16

印张:22.375

字数:514 千字 印数:1—3100

版次:2008 年 5 月第 1 版 印次:2008 年 5 月第 1 次印刷

定价:45.00 元

编写人员名单

主　编　高继伟

参　编　张国选　张慧芳　王年春　张志刚　文　明
张国喜　李海军　张汉兵　左新红　文汉阳
文学红　张国栋　郭兴家　张文怡　张汉林
陆智琴　张学军　张　婷　文辉武　张业翠
陈劲良　王　全　陈亚男　张玉花　张洼森

前　言

本书是根据国家标准《建设工程工程量清单计价规范》(GB50500－2003)编制的工程量清单计价辅导书。

本书根据《建设工程工程量清单计价规范》有关内容，较详细地、系统地介绍了工程量清单计价的编制方法。全书在理论与方法上除进行了通俗易懂的阐述外，还结合工程量清单招标投标的实际情况，列举了较翔实的例子。通过对本书的学习，使读者在较短的时间内掌握工程量清单计价的基本理论与方法，达到较熟练地运用《建设工程工程量清单计价规范》编制工程量清单和工程量清单报价的目的。

本书与同类书相比，具有以下几个显著特点：

(1)内容新，即采用新规范。

(2)针对性、实用性强，重点突出，注意整体的逻辑性和连贯性。

(3)内容全面，吸收了我国计价改革的阶段性成果，并以我国现行建筑行业的最新政策、法规为依据。

工程量清单计价与建设工程中定额计价不同，是一种新的计价方式。工程量清单计价方法与定额计价方式有着密切的联系，但也有本质上的区别。定额计价与工程量清单计价的本质区别是，前者采用建设行政主管部门颁发的反映社会平均水平的消耗量定额和发布的指导价格计算的工程造价，该工程造价具有计划价格的本质特征；后者由投标人自主选择消耗量定额(如企业定额)和自主确定各种单价，其工程报价具有市场价格的本质特征。

本书在编写过程中得到了许多同行的支持与帮助，借此表示感谢。由于编者水平有限和时间的限制，书中难免有错误和不妥之处，望广大读者批评指正。如有疑问，请登录www.gclqd.com(工程量清单计价网)或www.jbjsys.com(基本建设预算网)或www.jbjszj.com(基本建设造价网)或发邮件至dlwhgs@tom.com与编者联系。

编　者

目　录

第一章 机械设备安装工程工程量清单设置与计价举例

表 1－1 分部分项工程量清单

工程名称:机械设备安装工程

序号	项目编码	项目名称	计量单位	工程数量
1	030101001001	台式抛光机 1.5t 台式抛光机 1.5t 本体安装 无收缩水泥二次灌浆材料调差	台	1
2	030102002001	液压机 300t 液压机 300t 本体安装 无收缩水泥二次灌浆 木垫式管架 管架刷红丹底漆两遍 管架刷银粉漆两遍	台	1
3	030103003001	砂模造型设备 6t 砂模造型设备 6t 本体安装 无收缩水泥二次灌浆	台	1
4	030104003001	手动单梁起重机 10t 14m 手动单梁起重机 10t 14m 本体安装	台	1
5	030105001001	混凝土梁上起重机轨道 混凝土梁上起重机轨道安装,压板螺栓固定纵向孔距 600mm,横向孔距 260mm 38kg/m 车挡制作 车挡安装 0.25t	m	120
6	030108002001	离心式引风机 1.5t 离心式引风机 1.5t 本体安装 拆装检查 无收缩水泥二次灌浆	台	1
7	030109001001	离心式深水泵 2t 离心式深水泵 2t 本体安装 拆装检查 无收缩水泥二次灌浆	台	2
8	030110003001	H 型中间同轴同步电动压缩机 H 型中间同轴同步电动压缩机 120t 解体安装 电动机安装 10t 环氧水泥二次灌浆	台	2

续表 1-1

序号	项目编码	项目名称	计量单位	工程数量
9	030111006001	冲天炉 10t/h 冲天炉安装　熔化率 10t/h 出渣导轨安装　43kg/m 车挡制作、安装 炉体结构及设备除锈 炉体结构刷有机硅耐热漆两遍,刷两次　设备刷红丹防锈底漆调和面漆各两遍	台	1
10	030113002001	盐水制冰设备加水器 0.8t 盐水制冰设备加水器 0.8t 本体安装 设备除锈 刷红丹漆两遍 岩棉保温层　δ=50mm 镀锌铁皮保护层　δ=0.5mm	台	1

【例 1】 台式抛光机一台,重 1.5t,本体安装,无收缩水泥二次灌浆。

【解】 (1)台式抛光机,重 1.5t,本体安装。

1)人工费:　212.86 元/台×1 台=212.86 元

2)材料费:　168.3 元/台×1 台=168.3 元

3)机械费:　43.66 元/台×1 台=43.66 元

(2)无收缩水泥二次灌浆材料调差。

77kg/台×0.48 元/kg×1 台=36.96 元

(查全国统一安装工程预算定额知水泥消耗量为 77kg/台,以下类同)

(3)综合。

1)直接费合计:　461.78 元

2)管理费:　461.78 元×34%=157.01 元

3)利润:　461.78 元×8%=36.94 元

4)总计:　(461.78+157.01+36.94)元=655.73 元

5)综合单价:　655.73 元÷1 台=655.73 元/台

【例 2】 液压机一台,安装,重为 300t,无收缩水泥二次灌浆,木垫式管架刷红丹底漆两遍,银粉漆两遍,其中管架表面积 4.48m^2,重 80kg。

【解】 (1)液压机 300t 本体安装。

1)人工费:　23.22 元/工日×866.675 工日=20124.19 元

2)材料费:　10436.15 元/台×1 台=10436.15 元

3)机械费:　14285.60 元/台×1 台=14285.60 元

(2)无收缩水泥二次灌浆材料调差。

1270kg/台×0.48 元/kg×1 台=609.60 元

(3)木垫式管架。

1)人工费:　1.73 元/kg×80kg=138.40 元

2)材料费:　1.74 元/kg×80kg=139.20 元

3)机械费:　1.15 元/kg×80kg=92 元

(4)管架机械除中锈。

1)人工费:　2.51 元/m^2×4.48m^2=11.24 元

2)材料费: 1.15 元/m^2 ×4.48m^2 =5.15 元

3)机械费:无

(5)管架刷红丹防锈漆第一遍。

1)人工费: 0.053 元/kg ×80kg =4.24 元

2)材料费: 0.009 元/kg ×80kg =0.72 元

3)机械费: 0.07 元/kg ×80kg =5.60 元

4)醇酸防锈漆: 1.16kg/100kg ×80kg =0.928kg

0.928kg ×8.50 元/kg =7.89 元

(6)管架刷红丹防锈漆第二遍。

1)人工费: 0.051 元/kg ×80kg =4.08 元

2)材料费: 0.008 元/kg ×80kg =0.64 元

3)机械费: 0.07 元/kg ×80kg =5.60 元

4)醇酸防锈漆: 0.95kg/100kg ×80kg =0.76kg

0.76kg ×8.50 元/kg =6.46 元

(7)管架刷银粉漆第一遍。

1)人工费: 0.051 元/kg ×80kg =4.08 元

2)材料费: 0.004 元/kg ×80kg =0.32 元

3)机械费: 0.07 元/kg ×80kg =5.60 元

4)酚醛清漆: 0.25kg/100kg ×80kg =0.20kg

0.2kg ×9 元/kg =1.80 元

(8)管架刷银粉漆第二遍。

1)人工费: 0.051 元/kg ×80kg =4.08 元

2)材料费: 0.003 元/kg ×80kg =0.24 元

3)机械费: 0.07 元/kg ×80kg =5.60 元

4)酚醛清漆: 0.23kg/100kg ×80kg =0.184kg

0.184kg ×9.0 元/kg =1.66 元

(9)综合。

1)直接费合计: 45900.14 元

2)管理费: 45900.14 元 ×34% =15606.05 元

3)利润: 45900.14 元 ×8% =3672.01 元

4)总计: (45900.14 +15606.05 +3672.01)元 =65178.20 元

5)综合单价: 65178.20 元 ÷1 台 =65178.20 元/台

【例 3】 砂模造型设备一台,安装,重 6t,无收缩水泥二次灌浆。

【解】 (1)砂模造型设备安装,重 6t。

1)人工费: 826.33 元/台 ×1 台 =826.33 元

2)材料费: 170.49 元/台 ×1 台 =170.49 元

3)机械费: 356.15 元/台 ×1 台 =356.15 元

(2)无收缩水泥二次灌浆。

62kg/台 ×1 台 ×0.48 元/kg =29.76 元

(3)综合。

1)直接费合计: 1382.73 元

2)管理费: 1382.73 元 ×34% =470.13 元

3)利润: 1382.73 元 ×8% =110.62 元

4)总计: (1382.73 +470.13 +110.62)元 =1963.48 元

5)综合单价: 1963.48 元 ÷1 台 =1963.48 元/台

【例 4】 手动单梁起重机安装,重 10t,跨距 14m。

【解】 (1)手动单梁起重机安装。

1)人工费: 539.4 元/台 ×1 台 =539.4 元

2)材料费: 197.18 元/台 ×1 台 =197.18 元

3)机械费: 254.99 元/台 ×1 台 =254.99 元

(2)综合。

1)直接费合计: 991.57 元

2)管理费: 991.57 元 ×34% =337.13 元

3)利润: 991.57 元 ×8% =79.33 元

4)总计: (991.57 +337.13 +79.33)元 =1408.03 元

5)综合单价: 1408.03 元 ÷1 台 =1408.03 元/台

【例 5】 混凝土梁上起重机轨道安装,压板螺栓固定,纵向孔距 600mm,横向孔距 260mm,轨道型号 38kg/m,车挡重 1t,制作安装。

【解】 (1)混凝土梁上起重机轨道安装。

1)人工费: 43.93 元/m ×120m =5271.60 元

2)材料费: 129.53 元/m ×120m =15543.60 元

3)机械费: 7.67 元/m ×120m =920.40 元

(2)车挡制作。

1)人工费: 697.3 元/t ×1t =697.3 元

2)材料费: 1968.74 元/t ×1t =1968.74 元

3)机械费: 244.85 元/t ×1t =244.85 元

(3)车挡安装 0.25t/组,共 4 组。

1)人工费: 344.12 元/t ×1t =344.12 元

2)材料费: 208.22 元/t ×1t =208.22 元

3)机械费:无

(4)综合。

1)直接费合计: 25198.83 元

2)管理费: 25198.83 元 ×34% =8567.60 元

3)利润: 25198.83 元 ×8% =2015.91 元

4)合计: (25198.83 +8567.60 +2015.91)元 =35782.34 元

5)综合单价: 35782.34 元 ÷120m =298.19 元/m

【例 6】 离心式引风机本体安装,1 台,重 1.5t,拆装检查,无收缩水泥二次灌浆。

【解】 (1)离心式引风机本体安装,重 1.5t。

1)直接费：　　402.17 元/台 ×1 台 =402.17 元

2)材料费：　　245.42 元/台 ×1 台 =245.42 元

3)机械费：　　63 元/台 ×1 台 =63 元

(2)离心式引风机拆装检查。

1)直接费：　　186.92 元/台 ×1 台 =186.92 元

2)材料费：　　32.65 元/台 ×1 台 =32.65 元

3)机械费:无

(3)无收缩水泥二次灌浆。

102kg/台 ×0.48 元/kg ×1 台 =48.96 元

(4)综合。

1)直接费合计：　　979.12 元

2)管理费：　　979.12 元 ×34% =332.90 元

3)利润：　　979.12 元 ×8% =78.33 元

4)总计：　　(979.12 +332.90 +78.33)元 =1390.35 元

5)综合单价：　　1390.35 元 ÷1 台 =1390.35 元/台

【例 7】 离心式深水泵安装,2 台,2t/台,拆装检查,无收缩水泥二次灌浆。

【解】 (1)离心式水泵安装,重 2t。

1)人工费：　　775.78 元/台 ×2 台 =1551.56 元

2)材料费：　　181.65 元/台 ×2 台 =363.30 元

3)机械费：　　47.23 元/台 ×2 台 =94.46 元

(2)无收缩水泥二次灌浆。

40kg/台 ×0.48 元/kg ×2 台 =38.40 元

(3)离心式深水泵拆装检查。

1)人工费：　　380.81 元/台 ×2 台 =761.62 元

2)材料费：　　57.05 元/台 ×2 台 =114.10 元

3)机械费:无

(4)综合。

1)直接费合计：　　2923.44 元

2)管理费：　　2923.44 元 ×34% =993.97 元

3)利润：　　2923.44 元 ×8% =233.88 元

4)总计：　　(2923.44 +993.97 +233.88)元 =4151.29 元

5)综合单价：　　4151.29 元 ÷2 台 =2075.65 元/台

【例 8】 活塞式 H 型中间同轴同步(电动机驱动)压缩机解体安装,重 120t,电动机安装,重 10t,环氧水泥二次灌浆。

【解】 (1)H 型中间同轴同步电动压缩机解体安装,重 120t。

1)人工费：　　28802.32 元/台 ×2 台 =57604.64 元

2)材料费：　　8763.37 元/台 ×2 台 =17526.74 元

3)机械费：　　14136.17 元/台 ×2 台 =28272.34 元

(2)电动机安装,重 10t。

1)人工费：　　　　1025.16 元/台 ×2 台 =2050.32 元

2)材料费：　　　　777.92 元/台 ×2 台 =1555.84 元

3)机械费：　　　　889.08 元/台 ×2 台 =1778.16 元

(3)环氧水泥二次灌浆材料调差。

(1264kg/台 +357kg/台)×2 台 ×13 元/kg =42146 元

(4)综合。

1)直接费合计：　　　　150934.04 元

2)管理费：　　　　150934.04 元 ×34% =51317.57 元

3)利润：　　　　150934.04 元 ×8% =12074.72 元

4)总计：　　　　(150934.04 +51317.57 +12074.72)元 =214326.33 元

5)综合单价：　　　　214326.33 元 ÷2 台 =107163.17 元/台

【例 9】 冲天炉安装，其熔化率为 10t/h、出渣导轨安装，43kg/m，车挡制作、安装，炉体结构及设备除锈，炉体结构刷有机硅耐热漆两遍，刷两次，设备刷红丹防锈底漆、调和面漆各两遍。(其中像导轨长 100m 等数据，查阅冲天炉安装技术参数表，以下各例中类同)

【解】 (1)冲天炉安装，熔化率为 10t/h。

1)人工费：　　　　5304.14 元/台 ×1 台 =5304.14 元

2)材料费：　　　　2457.79 元/台 ×1 台 =2457.79 元

3)机械费：　　　　3547.99 元/台 ×1 台 =3547.99 元

(2)出渣导轨安装，预埋钢底板焊接式，轨道型号 43kg/m。

1)人工费：　　　　42.4 元/m ×100m =4240 元

2)材料费：　　　　22.76 元/m ×100m =2276 元

3)机械费：　　　　7.48 元/m ×100m =748 元

(3)车挡制作。

1)人工费：　　　　697.3 元/t ×0.4t =278.92 元

2)材料费：　　　　1968.74 元/t ×0.4t =787.50 元

3)机械费：　　　　244.85 元/t ×0.4t =97.94 元

(4)车挡安装。

1)人工费：　　　　266.33 元/t ×0.4t =106.53 元

2)材料费：　　　　202.00 元/t ×0.4t =80.8 元

3)机械费：无

(5)炉体结构及设备表面除中锈。

1)人工费：　　　　2.508 元/m^2 ×290m^2 =727.32 元

2)材料费：　　　　1.148 元/m^2 ×290m^2 =332.92 元

3)机械费：无

(6)炉体结构刷有机硅耐热漆四遍。

1)人工费：　　　　(0.74 +0.72)元/m^2 ×174m^2 ×2 =508.08 元

2)材料费：　　　　(0.38 +0.34)元/m^2 ×174m^2 ×2 =250.56 元

3)机械费：无

4)有机硅耐热漆：(0.089 +0.085)kg/m^2 ×174m^2 ×2 =60.552kg

$60.552kg \times 9.2$ 元/kg $= 557.08$ 元

(7)设备刷红丹防锈底漆两遍，调和面漆两遍。

1)人工费：　$(0.58+0.56+0.58+0.56)$ 元/$m^2 \times 116m^2 = 264.48$ 元

2)材料费：　$(0.11+0.1+0.03+0.03)$ 元/$m^2 \times 116m^2 = 31.32$ 元

3)机械费：无

4)醇酸防锈漆：　$(0.146+0.128)kg/m^2 \times 116m^2 = 31.784kg$

$31.784kg \times 8.5$ 元/kg $= 270.164$ 元

5)酚醛调和漆：　$(0.104+0.092)kg/m^2 \times 116m^2 = 22.736kg$

$22.736kg \times 9$ 元/kg $= 204.62$ 元

(8)综合。

1)直接费合计：　23072.15 元

2)管理费：　23072.15 元 $\times 34\% = 7844.53$ 元

3)利润：　23072.15 元 $\times 8\% = 1845.77$ 元

4)总计：　$(23072.15+7844.53+1845.77)$ 元 $= 32762.45$ 元

5)综合单价：　32762.45 元 $\div 1$ 台 $= 32762.45$ 元/台

【例 10】 盐水制冰设备加水器一台，本体安装，重 0.8t，设备除锈，刷红丹漆两遍，岩棉保温层，$\delta = 50mm$，镀锌铁皮保护层，$\delta = 0.5mm$。

【解】 (1)盐水制冰设备加水器本体安装，重 0.8t。

1)人工费：　272.37 元/台 $\times 1$ 台 $= 272.37$ 元

2)材料费：　202.83 元/台 $\times 1$ 台 $= 202.83$ 元

3)机械费：　26.73 元/台 $\times 1$ 台 $= 26.73$ 元

(2)设备除中锈，工程量 $26m^2$。

1)人工费：　2.51 元/$m^2 \times 26m^2 = 65.26$ 元

2)材料费：　1.15 元/$m^2 \times 26m^2 = 29.9$ 元

3)机械费：无

(3)设备刷红丹漆两遍，工程量 $26m^2$。

1)人工费：　$(0.58+0.56)$ 元/$m^2 \times 26m^2 = 29.64$ 元

2)材料费：　$(0.11+0.1)$ 元/$m^2 \times 26m^2 = 5.46$ 元

3)机械费：无

4)醇酸防锈漆：　$(0.146+0.128)kg/m^2 \times 26m^2 = 7.124kg$

$7.124kg \times 8.5$ 元/kg $- 60.55$ 元

(4)岩棉保温层 $\delta = 50mm$，工程量 $1.07m^3$。

1)人工费：　134.68 元/$m^3 \times 1.07m^3 = 144.11$ 元

2)材料费：　72.70 元/$m^3 \times 1.07m^3 = 77.79$ 元

3)机械费：　6.75 元/$m^3 \times 1.07m^3 = 7.22$ 元

4)岩棉板：　$1.03m^3/m^3 \times 1.07m^3 = 1.102m^3$

$1.102m^3 \times 45$ 元/$m^3 = 49.59$ 元

(5)镀锌铁皮保护层，$\delta = 0.5mm$，工程量 $27m^2$。

1)人工费：　5.55 元/$m^2 \times 27m^2 = 149.85$ 元

2）材料费：　　$1.28元/m^2 \times 27m^2 = 34.56元$

3）机械费：　　$3.2元/m^2 \times 27m^2 = 86.4元$

4）镀锌钢板：　　$1.2kg/m^2 \times 27m^2 = 32.4kg$

$32.4kg \times 2.7元/kg = 87.48元$

（6）综合。

1）直接费合计：　　1329.74元

2）管理费：　　1329.74元×34%＝452.11元

3）利润：　　1329.74元×8%＝106.38元

4）总计：　　（1329.74＋452.11＋106.38）元＝1888.23元

5）综合单价：　　1888.23元÷1台＝1888.23元/台

表1－2　分部分项工程量清单计价表

工程名称：机械设备安装工程

序号	项目编码	项目名称	计量单位	工程数量	金额/元	
					综合单价	合价
1	030101001001	台式抛光机1.5t 台式抛光机，1.5t本体安装 无收缩水泥二次灌浆材料调差	台	1	655.73	655.73
2	030102002001	液压机300t 液压机300t本体安装 无收缩水泥二次灌浆材料调差 木垫式管架 管架机械除中锈 红丹防锈漆第一遍 红丹防锈漆第二遍 银粉漆第一遍 银粉漆第二遍	台	1	65 178.20	65 178.20
3	030103003001	砂模造型设备6t 砂模造型设备6t本体安装 无收缩水泥二次灌浆材料调差	台	1	1 963.48	1 963.48
4	030104001001	电动双梁桥式起重机10t14m 电动双梁桥式起重机10t14m安装	台	1	1 408.03	1 408.03
5	030105001001	混凝土梁上起重机轨道 混凝土梁上起重机轨道安装，压板螺栓固定纵向孔距600mm，横向孔距260mm　38kg/m 车挡制作 车挡安装0.25t	m	120	298.19	35 782.80
6	030105001001	离心式引风机1.5t 离心式引风机1.5t　本体安装 拆装检查 无收缩水泥二次灌浆材料调差	台	1	1 390.35	1 390.35
7	030109001001	离心式深水泵2t 离心式深水泵2t本体安装 拆装检查 无收缩水泥二次灌浆材料调差	台	2	2 075.65	4 151.30
8	030110007001	H型中间同轴同步电动压缩机 H型中间同轴同步电动压缩机解体安装120t 电动机安装10t 环氧水泥二次灌浆材料调差	台	2	107 163.17	214 326.33

续表 1－2

序号	项目编码	项目名称	计量单位	工程数量	金额/元	
					综合单价	合价
9	030111006001	冲天炉　10t/h 冲天炉安装　熔化率 10t/h 出渣导轨安装　43kg/m 车挡制作、安装 炉体结构及设备表面除锈 炉体结构刷有机硅耐热漆四遍 设备刷红丹防锈底漆调和面漆各两遍	台	1	32 762.45	32 762.45
10	030113002001	盐水制冰设备加水器 0.8t 盐水制冰设备加水器 0.8t　本体安装 设备除锈 刷红丹漆两遍 岩棉保温层　δ＝50mm 镀锌铁皮保护层　δ＝0.5mm	台	1	1 888.23	1 888.23
		合　计				359 506.90

表 1－3　分部分项工程量清单综合单价计算表

工程名称：机械设备安装工程　　　　计量单位：台

项目编码：030101002001　　　　工程数量：1

项目名称：台式抛光机　1.5t　　　　综合单价：655.73 元

序号	定额编号	工程内容	单位	数量	其中/元					
					人工费	材料费	机械费	管理费	利润	小计
1	1－3	台式抛光机　1.5t	台	1	212.86	168.30	43.66			
		无收缩水泥二次灌浆材料调差	kg	77		36.96				
		合　计	台	1	212.86	205.26	43.66	157.01	36.94	655.73

表 1－4　分部分项工程量清单综合单价计算表

工程名称：机械设备安装工程　　　　计量单位：台

项目编码：030102002001　　　　工程数量：1

项目名称：液压机 300t　　　　综合单价：65178.20 元

序号	定额编号	工程内容	单位	数量	其中/元					
					人工费	材料费	机械费	管理费	利润	小计
2	1－190	液压机　300t	台	1	20124.19	10436.15	14285.60			
		无收缩水泥二次灌浆材料调差	kg	1270		609.60				
	6－2846	木垫式管架	kg	80.00	138.40	139.20	92.00			
	11－17	管架机械除中锈	m^2	4.48	11.24	5.15				
	11－117	红丹防锈漆第一遍	kg	80.00	4.24	8.61	5.60			
	11－118	红丹防锈漆第二遍	kg	80.00	4.08	7.10	5.60			
	11－122	灰色调和漆第一遍	kg	80.00	4.08	2.12	5.60			
	11－123	灰色调和漆第二遍	kg	80.00	4.08	1.90	5.60			
		合　计	台	1	20 290.31	11 209.83	14 400	15 606.05	3 672.01	65 178.20

表 1-5　分部分项工程量清单综合单价计算表

工程名称:机械设备安装工程　　　　计量单位:台

项目编码:030103003001　　　　工程数量:1

项目名称:砂模造型设备 6t　　　　综合单价:1963.48 元

序号	定额编号	工程内容	单位	数量	其中/元					
					人工费	材料费	机械费	管理费	利润	小计
3	1-252	砂模造型设备　6t	台	1	826.33	170.49	356.15			
		无收缩水泥二次灌浆材料调差	kg	51		29.76				
		合　计	台	1	826.33	200.25	356.15	470.13	110.62	1963.48

表 1-6　分部分项工程量清单综合单价计算表

工程名称:机械设备安装工程　　　　计量单位:台

项目编码:030104001001　　　　工程数量:1

项目名称:手动单梁桥式起重机　10t　14m　　　　综合单价:1408.03 元

序号	定额编号	工程内容	单位	数量	其中/元					
					人工费	材料费	机械费	管理费	利润	小计
4	1-363	手动单梁桥式起重机 10t　14m	台	1	539.4	197.18	254.99			
		合　计	台	1	539.4	197.18	254.99	337.13	79.33	1408.03

表 1-7　分部分项工程量清单综合单价计算表

工程名称:机械设备安装工程　　　　计量单位:m

项目编码:030105001001　　　　工程数量:120

项目名称:混凝土梁上起重机轨道安装　　　　综合单价:298.19 元

序号	定额编号	工程内容	单位	数量	其中/元					
					人工费	材料费	机械费	管理费	利润	小计
5	1-400	混凝土梁上起重机轨道安装压板螺栓固定纵向孔距 600mm 横向孔距 260mm　38kg/m	m	120	5271.60	15543.60	920.40			
	1-476	车挡制作	t	1	697.30	1968.74	244.85			
	1-472	车挡安装　0.25t	t	1	344.12	208.22				
		合　计	m	120	6313.02	17720.56	1165.25	8567.60	2015.91	35782.34

表 1-8　分部分项工程量清单综合单价计算表

工程名称:机械设备安装工程　　　　计量单位:台

项目编码:030108003001　　　　工程数量:1

项目名称:离心式引风机 1.5t　　　　综合单价:1390.35 元

序号	定额编号	工程内容	单位	数量	其中/元					
					人工费	材料费	机械费	管理费	利润	小计
6	1-676	离心式引风机本体安装　1.5t	台	1	402.17	245.42	63.00			
	1-735	拆装检查	台	1	186.92	32.65				
		无收缩水泥二次灌浆材料调差	kg	102		48.96				
		合　计	台	1	589.09	327.03	63.00	332.90	78.33	1390.35

表 1－9　分部分项工程量清单综合单价计算表

工程名称:机械设备安装工程　　计量单位:台
项目编码:030109001001　　工程数量:2
项目名称:离心式深水泵 2t　　综合单价:2075.65 元

序号	定额编号	工程内容	单位	数量	其中/元					
					人工费	材料费	机械费	管理费	利润	小计
7	1－835	离心式深水泵　2t	台	2	1551.56	363.30	94.46			
	1－952	拆装检查	台	2	761.62	114.10				
		无收缩水泥二次灌浆材料调差	kg	80		38.40				
		合　计	台	2	2313.18	515.80	94.46	993.97	233.88	4151.29

表 1－10　分部分项工程量清单综合单价计算表

工程名称:机械设备安装工程　　计量单位:台
项目编码:030110007001　　工程数量:2
项目名称:H 型中间同轴同步电动压缩机解体安装　　综合单价:107163.17 元

序号	定额编号	工程内容	单位	数量	其中/元					
					人工费	材料费	机械费	管理费	利润	小计
8	1－1134	H 型中间同轴同步电动压缩机解体安装　120t	台	2	57604.64	17526.74	28272.34			
	1－1282	电动机安装　10t	台	2	2050.32	1555.84	1778.16			
		环氧水泥二次灌浆材料调差	kg	3242		42146.00				
		合　计	台	2	59654.96	61228.58	30050.50	51317.57	12074.72	214326.33

表 1－11　分部分项工程量清单综合单价计算表

工程名称:机械设备安装工程　　计量单位:台
项目编码:030111006001　　工程数量:1
项目名称:冲天炉　10t/h　　综合单价:32762.45 元

序号	定额编号	工程内容	单位	数量	其中/元					
					人工费	材料费	机械费	管理费	利润	小计
9	1－1157	冲天炉安装　熔化率 10t/h	台	1	5304.14	2457.79	3547.99			
	1－436	出渣导轨安装 43kg/m	m	100	4240	2276	748			
	1－476 1－471	车挡制作安装	t	0.4	385.45	868.3	97.94			
	11－17	炉体结构及设备除锈	m^2	290	727.32	332.92				
	11－111 11－112	炉体结构刷有机硅耐热漆四遍	m^2	174	508.08	807.64				
	11－84 11－85 11－93 11－94	设备刷红丹防锈底漆调和面漆共四遍	m^2	116	264.48	506.10				
		合　计	台	1	11429.47	7248.75	4393.93	7844.53	1845.77	32762.45

表 1－12　分部分项工程量清单综合单价计算表

工程名称:机械设备安装工程　　　　计量单位:台

项目编码:030113002001　　　　工程数量:1

项目名称:盐水制冰设备加水器 0.8t　　　　综合单价:1888.23 元

序号	定额编号	工程内容	单位	数量	其中/元					
					人工费	材料费	机械费	管理费	利润	小计
10	1－1232	盐水制冰设备加水器　0.8t 本体安装	台	1	272.37	202.83	26.73			
	11－17	设备除锈	m^2	26	65.26	29.90				
	11－84 11－85	刷红丹漆两遍	m^2	26	29.64	66.01				
	11－1867	岩棉保温　δ=50mm	m^3	1.07	144.11	127.38	7.22			
	11－2200	镀锌铁皮保护层　δ=0.5mm	m^2	27	149.85	122.04	86.40			
		合　计	台	1	661.23	548.16	120.35	452.11	106.38	1888.23

第二章　电气设备安装工程工程量清单设置与计价举例

表 2－1　分部分项工程量清单

工程名称:电气设备安装工程

序号	项目编码	项目名称	计量单位	工程数量
1	030201001001	油浸电力变压器安装 SL_1 －1000kV · A/10kV (1)变压器需做干燥处理 (2)绝缘油需过滤 (3)铁构件制作安装	台	1
2	030201001002	油浸电力变压器安装 SL_1 －500kV · A/10kV 铁构件制作安装	台	1
3	030201002001	干式电力变压器安装 SG－100kV · A/10－0.4 铁构件制作安装	台	2
4	030212002001	小型塑料线槽安装 25×15	m	82
5	030212003001	线槽配线 BVV2.5mm^2	m	645
6	030212003002	塑料夹板配线(二线) 砖混 BVV2.5mm^2	m	523
7	030212003003	塑料槽板配线(二线) 木结构 BVV6mm^2	m	428
8	030212003004	塑料槽板配线(三线) 砖混结构 BVV2.5mm^2	m	325
9	030213001001	防水防尘灯具安装 直杆式 灯具×D1395－Y2×20W	套	12

续表 2 - 1

序号	项目编码	项目名称	计量单位	工程数量
10	030213001001	半圆球吸顶灯安装 ϕ250mm	套	45
11	030213004001	吸顶式荧光灯具 组装型 单管	套	28
12	030204031001	板式暗开关 单控 双联	套	43

【例 1】 油浸式电力变压器 SL_1 - 1000kV · A/10kV 一台，安装，变压器需做干燥处理，绝缘油需过滤，铁梯扶手等构件制作，安装。

【解】 (1)油浸电力变压器安装，SL_1 - 1000kV · A/10kV。

1)人工费：470.67 元/台 ×1 台 = 470.67 元

2)材料费：245.43 元/台 ×1 台 = 245.43 元

3)机械费：348.44 元/台 ×1 台 = 348.44 元

(2)变压器干燥。

1)人工费：456.04 元/台 ×1 台 = 456.04 元

2)材料费：853.53 元/台 ×1 台 = 853.53 元

3)机械费：36.57 元/台 ×1 台 = 36.57 元

(3)干燥棚搭拆，1 座。

1)人工费：510 元/座 ×1 座 = 510.00 元

2)材料费：1190 元/座 ×1 座 = 1190.00 元

3)机械费：无

(4)变压器油过滤，0.71t。

1)人工费：78.48 元/t ×0.71t = 55.72 元

2)材料费：219.56 元/t ×0.71t = 155.89 元

3)机械费：328.10 元/t ×0.71t = 232.95 元

(5)铁梯扶手等构件制作、安装，2.5kg。

1)人工费：(2.51 + 1.63)元/kg ×2.5kg = 10.35 元

2)材料费：(1.32 + 2.44)元/kg ×2.5kg = 9.40 元

3)机械费：(4.14 + 2.54)元/kg ×2.5kg = 16.70 元

(6)综合。

1)直接费合计：4591.69 元

2)管理费：4591.69 元 ×34% = 1561.17 元

3)利润：4591.69 元 ×8% = 367.34 元

4)总计：(4591.69 + 1561.17 + 367.34)元 = 6520.20 元

5)综合单价：6520.20 元 ÷1 台 = 6520.20 元/台

【例 2】 油浸式电力变压器安装，一台，$SL_1-500kV\cdot A/10kV$，基础型钢制作安装。

【解】 (1)油浸式电力变压器安装，$SL_1-500kV\cdot A/10kV$。

1)人工费： 274.92 元/台 ×1 台 =274.92 元

2)材料费： 188.65 元/台 ×1 台 =188.65 元

3)机械费： 273.16 元/台 ×1 台 =273.16 元

(2)铁梯、扶手等构件制作、安装，1.1kg。

1)人工费： (2.51 +1.63)元/kg ×1.1kg =4.55 元

2)材料费： (1.32 +2.44)元/kg ×1.1kg =4.14 元

3)机械费： (4.14 +2.54)元/kg ×1.1kg =7.35 元

(3)综合。

1)直接费合计： 752.77 元

2)管理费： 752.77 ×34% =255.94 元

3)利润： 752.77 ×8% =60.22 元

4)总计： 752.77 +255.94 +60.22 =1068.93 元

5)综合单价： 1068.93 元 ÷1 台 =1068.93 元/台

【例 3】 干式电力变压器安装，两台，型号为 SG -100kV · A/10 -0.4，铁构件制作、安装。

【解】 (1)干式电力变压器安装，2 台，型号为 SG -100kV · A/10 -0.4。

1)人工费： 174.61 元/台 ×2 台 =349.22 元

2)材料费： 111.75 元/台 ×2 台 =223.50 元

3)机械费： 62.18 元/台 ×2 台 =124.36 元

(2)铁构件制作、安装同，1.6kg。

1)人工费： (2.51 +1.63)元/kg ×1.6kg =6.62 元

2)材料费： (1.32 +2.44)元/kg ×1.6kg =6.02 元

3)机械费： (4.14 +2.54)元/kg ×1.6kg =10.69 元

(3)综合。

1)直接费合计： 720.41 元

2)管理费： 720.41 元 ×34% =244.94 元

3)利润： 720.41 元 ×8% =57.63 元

4)总计： (720.41 +244.94 +57.63)元 =1022.98 元

5)综合单价： 1022.98 元 ÷2 台 =511.49 元/台

【例 4】 小型塑料线槽安装，25 ×15，长 82m。

【解】 (1)小型塑料线槽安装 25 ×15。

1)人工费： 3.48 元/m ×82m =285.36 元

2)材料费： 0.63 元/m ×82m =51.66 元

3)机械费：无

(2)综合。

1)直接费合计： 337.02 元

2)管理费： 337.02 元 ×34% =114.59 元

3)利润：　　337.02 元 ×8% =26.96 元

4)合计：　　(337.02 +114.59 +26.96)元 =478.57 元

5)综合单价：　　478.57 元 ÷82m =5.84 元/m

【例 5】 线槽配线，BVV2.5mm²，长 645m。

【解】 (1)线槽配线，BVV2.5mm²。

1)人工费：　　0.23 元/m ×645m =148.35 元

2)材料费：　　0.03 元/m ×645m =19.35 元

3)机械费：无

(2)主材：绝缘导线 BVV2.5mm²。

0.8 元/m ×645m ×1.02 =526.32 元

(3)综合。

1)直接费合计：　　694.02 元

2)管理费：　　694.02 元 ×34% =235.97 元

3)利润：　　694.02 元 ×8% =55.52 元

4)总计：　　(694.02 +235.97 +55.52)元 =985.51 元

5)综合单价：　　985.51 元 ÷645m =1.53 元/m

【例 6】 塑料夹板配线，砖混结构，二线，BVV2.5mm²，长 523m。

【解】 (1)塑料夹板配线，砖混结构，二线，BVV2.5mm²。

1)人工费：　　1.88 元/m ×(523 ÷2)m =491.62 元

2)材料费：　　1.20 元/m ×(523 ÷2)m =313.80 元

3)机械费：无

(2)主材：绝缘导线 BVV2.5mm²。

0.8 元/m ×2.2m/m ×(523 ÷2)m =460.24 元

(3)综合。

1)直接费合计：　　1265.66 元

2)管理费：　　1265.66 元 ×34% =430.32 元

3)利润：　　1265.66 元 ×8% =101.25 元

4)总计：　　(1265.66 +430.32 +101.25)元 =1797.23 元

5)综合单价：　　1797.23 元 ÷523m =3.44 元/m

【例 7】 塑料槽板配线，木结构，二线，BVV6mm²，长 428m。

【解】 (1)塑料槽板配线，木结构，二线，BVV6mm²。

1)人工费：　　1.38 元/m ×(428 ÷2)m =295.32 元

2)材料费：　　0.31 元/m ×(428 ÷2)m =66.34 元

3)机械费：无

(2)主材。

1)绝缘导线 BVV6mm²：1.2 元/m ×2.26m/m ×214m =580.37 元

2)塑料槽板 38 -63：21 元/m ×1.05m/m ×214m =4718.7 元

(3)综合。

1)直接费合计：　　5660.73 元

2)管理费：　　5660.73 元×34% =1924.65 元

3)利润：　　5660.73 元×8% =452.86 元

4)总计：　　(5660.73 +1924.65 +452.86)元 =8038.24 元

5)综合单价：　　8038.24 元÷428m =18.78 元/m

【例 8】 塑料槽板配线，砖混结构，三线，BVV2.5mm²，长 325m。

【解】 (1)塑料槽板配线(三线)，砖混结构，BVV2.5mm²。

1)人工费：　　4.06 元/m×(325÷3)m =439.83 元

2)材料费：　　0.8 元/m×(325÷3)m =86.67 元

3)机械费：无

(2)主材。

1)绝缘导线 BVV2.5mm²：0.8 元/m×2.26m/m×108.3m =195.81 元

2)塑料槽板 38 -63：21 元/m×1.05m/m×108.3m =2388.02 元

(3)综合。

1)直接费合计：　　3110.33 元

2)管理费：　　3110.33 元×34% =1057.51 元

3)利润：　　3110.33 元×8% =248.83 元

4)总计：　　(3110.33 +1057.51 +248.83)元 =4416.67 元

5)综合单价：　　4416.67 元÷325m =13.59 元/m

【例 9】 防水防尘灯具安装，直杆式，灯具为 XD1395 -Y2×20W，12 套。

【解】 (1)防水防尘灯具安装。

1)人工费：　　6.87 元/套×12 套 =82.44 元

2)材料费：　　4.96 元/套×12 套 =59.52 元

3)机械费：无

(2)主材。

成套灯具 XD1395 -Y2×20W：125 元/套×1.01 套/套×12 套 =1515 元

(3)综合。

1)直接费合计：　　1656.96 元

2)管理费：　　1656.96 元×34% =563.37 元

3)利润：　　1656.96 元×8% =132.56 元

4)总计：　　(1656.96 +563.37 +132.56)元 =2352.89 元

5)综合单价：　　2352.89 元÷12 套 =196.07 元/套

【例 10】 半圆球吸顶灯安装，灯罩直径 D =250mm，45 套。

【解】 (1)半圆球吸顶灯安装，D =250mm。

1)人工费：　　5.02 元/套×45 套 =225.9 元

2)材料费：　　11.98 元/套×45 套 =539.1 元

3)机械费：无

(2)主材。

半圆球吸顶灯(D =250mm)：50 元/套×1.01 套/套×45 套 =2272.5 元

(3)综合。

1)直接费合计：　3037.5 元

2)管理费：　3037.5 元×34% =1032.75 元

3)利润：　3037.5 元×8% =243 元

4)总计：　(3037.5 +1032.75 +243)元=4313.25 元

5)综合单价：　4313.25 元÷45 套=95.85 元/套

【例 11】 吸顶式荧光灯具,组装型,单管,28 套。

【解】(1)吸顶式荧光灯具安装。

1)人工费：　5.57 元/套×28 套=155.96 元

2)材料费：　4.27 元/套×28 套=119.56 元

3)机械费:无

(2)主材。

吸顶式荧光灯：　35 元/套×1.01 套×28 套=989.8 元

(3)综合。

1)直接费合计：　1265.32 元

2)管理费：　1265.32 元×34% =430.21 元

3)利润：　1265.32 元×8% =101.23 元

4)总计：　(1265.32 +430.21 +101.23)元=1796.76 元

5)综合单价：　1796.76 元÷28 套=64.17 元/套

【例 12】 板式暗开关,单控,双联,43 套。

【解】(1)板式暗开关,安装,43 套。

1)人工费：　2.07 元/套×43 套=89.01 元

2)材料费：　0.62 元/套×43 套=26.66 元

3)机械费:无

(2)主材。

照明开关：　4.5 元/只×1.02 只/套×43 套=197.37 元

(3)总计。

1)直接费合计：　313.04 元

2)管理费：　313.04 元×34% =106.43 元

3)利润：　313.04 元×8% =25.04 元

4)总计：　(313.04 +106.43 +25.04)元=444.51 元

5)综合单价：　444.51 元÷43 套=10.34 元/套

表 2－2　分部分项工程量清单计价表

工程名称:电气设备安装工程

序号	项目编码	项目名称	计量单位	工程数量	金额/元	
					综合单价	合价
1	030201001001	油浸电力变压器安装 SL_1 －1000kV · A/10kV (1)变压器需做干燥处理 (2)绝缘油需过滤 (3)铁构件制作安装	台	1	6520.20	6520.20

续表 2-2

序号	项目编码	项目名称	计量单位	工程数量	金额/元	
					综合单价	合价
2	030201001002	油浸电力变压器安装 SL_1 -500kV · A/10kV 铁构件制作安装	台	1	1068.93	1068.93
3	030201002001	干式电力变压器安装 SG-100kV · A/10-0.4 铁构件制作安装	台	2	511.49	1022.98
4	030212002001	小型塑料线槽安装 25×15	m	82	5.84	478.88
5	030212003001	线槽配线 BVV2.5mm^2	m	645	1.53	986.85
6	030212003002	塑料夹板配线(二线) 砖混 BVV2.5mm^2	m	523	3.44	1799.12
7	030212003003	塑料槽板配线(二线) 木结构 BVV6mm^2	m	428	18.78	8037.84
8	030212003004	塑料槽板配线(三线) 砖混结构 BVV2.5mm^2	m	325	13.59	4416.75
9	030213001001	防水防尘灯具安装 直杆式 灯具×D1395-Y2×20W	套	12	196.07	2352.84
10	030213001001	半圆球吸顶灯安装 ϕ250mm	套	45	95.85	4313.25
11	030213004001	吸顶式荧光灯具 组装型 单管	套	28	64.17	1796.76
12	030204031001	板式暗开关 单控 双联	套	43	10.34	444.62
		合　计				26715.54

表 2-3　分部分项工程量清单综合单价计算表

工程名称:　　计量单位:台

项目编码:030201001001　　工程数量:1

项目名称:油浸式电力变压器安装 SL_1 -1000kV · A/10kV　　综合单价:6520.20 元

序号	定额编号	工程内容	单位	数量	其中/元					
					人工费	材料费	机械费	管理费	利润	小计
1	2-3	油浸式电力变压器 SL_1 - 1000kV · A/10kV 安装	台	1	470.67	245.43	348.44			
2	2-25	变压器干燥	台	1	456.04	853.53	36.57			
3	补	干燥棚搭拆	座	1	510.00	1190.00				

续表 2 - 3

序号	定额编号	工程内容	单位	数量	其中/元					
					人工费	材料费	机械费	管理费	利润	小计
4	2 - 30	绝缘油过滤	t	0.71	55.72	155.89	232.95			
5	2 - 358 2 - 359	铁梯、扶手等构件制作安装	kg	2.50	10.35	9.40	16.70			
		合　计			1502.78	2454.25	634.66	1561.17	367.34	6520.2

表 2 - 4　分部分项工程量清单综合单价计算表

工程名称：　　　　计量单位：套

项目编码：030204031001　　　　工程数量：43

项目名称：扳把开关暗装（单控双联）　　　　综合单价：10.34 元

序号	定额编号	工程内容	单位	数量	其中/元					
					人工费	材料费	机械费	管理费	利润	小计
1	2 - 1638	板式开关安装（双联）	10 套	4.30	89.01	26.66				
2		照明开关	只	43.86		197.37				
		合　计		-	89.01	224.03		106.43	25.04	444.51

表 2 - 5　分部分项工程量清单综合单价计算表

工程名称：　　　　计量单位：台

项目编码：030201001002　　　　工程数量：1

项目名称：油浸式电力变压器安装 SL_1 - 500KV · A/10KV　　　　综合单价：1068.93 元

序号	定额编号	工程内容	单位	数量	其中/元					
					人工费	材料费	机械费	管理费	利润	小计
1	2 - 2	油浸式电力变压器安装 SL_1 - 500KV · A/10KV	台	1.0	274.92	188.65	273.16			
2	2 - 358 2 - 359	铁梯、扶手等构件制作安装	kg	1.1	4.55	4.14	7.35			
		合　计			279.47	192.79	280.51	255.94	60.22	1068.93

表 2 - 6　分部分项工程量清单综合单价计算表

工程名称：　　　　计量单位：台

项目编码：030201002001　　　　工程数量：2

项目名称：干式电力变压器安装 SG - 100kV · A/10 - 0.4　　　　综合单价：511.49 元

序号	定额编号	工程内容	单位	数量	其中/元					
					人工费	材料费	机械费	管理费	利润	小计
1	2 - 1	干式电力变压器安装 SG - 100kV · A/10 - 0.4	台	2	349.22	223.50	124.36			
2	2 - 358	铁构件制作	100kg	1.6	4.02	2.11	6.62			
3	2 - 359	铁构件安装	100kg	1.6	2.60	3.91	4.07			
		合　计			355.84	229.52	135.05	244.94	57.63	1022.98

表 2-7　分部分项工程量清单综合单价计算表

工程名称:　　　　　　　　　　　　　　　　　　　　计量单位:m

项目编码:030212002001　　　　　　　　　　　　　　工程数量:82.00

项目名称:小型塑料线槽安装 25×15　　　　　　　　　综合单价:5.84 元

序号	定额编号	工程内容	单位	数量	其中/元					
					人工费	材料费	机械费	管理费	利润	小计
1	2-594	小型塑料线槽安装 25×15	10m	8.20	285.36	51.66				
		合　计			285.36	51.66		114.59	26.96	478.57

表 2-8　分部分项工程量清单综合单价计算表

工程名称:　　　　　　　　　　　　　　　　　　　　计量单位:m

项目编码:030212003001　　　　　　　　　　　　　　工程数量:645.00

项目名称:线槽配线 BVV2.5mm²　　　　　　　　　　　综合单价:1.53 元

序号	定额编号	工程内容	单位	数量	其中/元					
					人工费	材料费	机械费	管理费	利润	小计
1	2-1337	线槽配线 BVV2.5mm²	100m	6.45	148.35	19.35				
2		绝缘导线 BVV2.5mm²	m	657.90		526.32				
		合　计			148.35	545.67		235.97	55.52	985.51

表 2-9　分部分项工程量清单综合单价计算表

工程名称:　　　　　　　　　　　　　　　　　　　　计量单位:m

项目编码:030212003002　　　　　　　　　　　　　　工程数量:523.00

项目名称:塑料夹板配线　　　　　　　　　　　　　　综合单价:3.44 元

序号	定额编号	工程内容	单位	数量	其中/元					
					人工费	材料费	机械费	管理费	利润	小计
1	2-1247	塑料夹板配线 BVV2.5mm²	100m	5.23	491.62	313.8				
2		绝缘导线 BVV2.5mm²	m	575.3		460.24				
		合　计			491.62	774.04		430.32	101.25	1797.23

表 2-10　分部分项工程量清单综合单价计算表

工程名称:　　　　　　　　　　　　　　　　　　　　计量单位:m

项目编码:030212003003　　　　　　　　　　　　　　工程数量:428.00

项目名称:塑料槽板(二线)配线 BVV6mm²　　　　　　　综合单价:18.78 元

序号	定额编号	工程内容	单位	数量	其中/元					
					人工费	材料费	机械费	管理费	利润	小计
1	1306	塑料槽板(二线)配线 BVV6mm² 砖混	100m	4.28	295.32	66.34				
2		绝缘导线 BVV6mm²	m	483.64		580.37				
3		塑料槽板 38-63	m	244.7		4718.7				
		合　计			295.32	5365.41		1924.65	452.86	8038.24

表 2-11　分部分项工程量清单综合单价计算表

工程名称：　　　　计量单位：m

项目编码：020212015002　　　　工程数量：325.00

项目名称：塑料槽板（三线）配线 BVV2.5mm²　　　　综合单价：13.59 元

序号	定额编号	工程内容	单位	数量	其中/元					
					人工费	材料费	机械费	管理费	利润	小计
1	1311	塑料槽板（三线）配线 BVV2.5mm² 砖混	100m	3.25	439.83	86.67				
2		绝缘导线 BVV2.5mm²	m	244.76		195.81				
3		塑料槽板 38-63	m	113.72		2388.02				
		合　计			439.83	2670.5		1057.51	248.83	4416.67

表 2-12　分部分项工程量清单综合单价计算表

工程名称：　　　　计量单位：套

项目编码：030213001001　　　　工程数量：12.00

项目名称：防水防尘灯具安装（直杆式）　　　　综合单价：196.07 元

序号	定额编号	工程内容	单位	数量	其中/元					
					人工费	材料费	机械费	管理费	利润	小计
1	2-1602	防水防尘灯具安装直杆式	10 套	1.2	82.44	59.52				
2		主材灯具 XD1395-Y2×20W	套	12.12		1515				
		合　计			82.44	1574.52		563.37	132.56	2352.89

表 2-13　分部分项工程量清单综合单价计算表

工程名称：　　　　计量单位：套

项目编码：030213001001　　　　工程数量：45.00

项目名称：半圆球吸顶灯安装 φ250mm　　　　综合单价：95.85 元

序号	定额编号	工程内容	单位	数量	其中/元					
					人工费	材料费	机械费	管理费	利润	小计
全统	2-1384	半圆球吸顶灯安装 φ250mm	10 套	4.5	225.9	539.10				
		半圆球吸顶灯	套	45.45		2272.50				
		合　计			225.9	2811.60		1032.75	243	4313.25

表 2-14　分部分项工程量清单综合单价计算表

工程名称：　　　　计量单位：套

项目编码：030213004001　　　　工程数量：28.00

项目名称：吸顶式荧光灯具（组装型）单管　　　　综合单价：64.17 元

序号	定额编号	工程内容	单位	数量	其中/元					
					人工费	材料费	机械费	管理费	利润	小计
1	2-1585	吸顶式荧光灯具（组装型）	10 套	2.8	155.96	119.56				
2		吸顶式荧光灯	套	28.28		989.8				
		合　计			155.96	1109.36		430.21	101.23	1796.76

【例 13】 某车间安装 10 台自动空气开关，均为 DZ10－100/300，用来控制 10 台电气设备，安装于三块塑料板上，塑料板面积共 1.2m^2。求配电板、开关安装费和主材费共多少？

【解】 查定额有关项目填于表 2－15 中，因为设备安装价格是完全价格，所以不用再查自动空气开关主材费。

表 2－15 概算表

定额编号	项 目	单 位	概算单价/元	数 量	合价/元
2－267	自动空气开关	个	31.90	10	319
2－373/377	配电板制作安装	m^2	300.65	1.2	360.78
	合 计				679.78

【例 14】 某车间平面图上有 4 台配电箱，型号分别为 XL(F)－15－06003 台，XL(F)－15－2020 一台。请列出概算定额，并查定额单价计算安装直接费用。

【解】 根据配电柜型号可知，这 3 台都是落地式防尘配电箱，其中 3 台有 6 个 200A 的回路；另一台有 60A 的 2 个回路、200A 也有 2 个回路，共 4 个回路。

列项及计算见表 2－16。

表 2－16 概算表

序号	定额编号	项目	单位	数量	单价	合价	其 中	
							人工单价/元	人工合价/元
1	2－262	落地式配电箱安装 6 路	台	3	161.49	484.47	84.29	252.87
2	2－262	落地式配电箱安装 4 路	台	1	161.49	161.49	84.29	84.29
3	设 4500192	XX(F)－15－0600 安装费	台	3	2551.00	7653	－	－
4	设 4500191	XL(F)－15－2020 安装费	台	1	2151.00	2151.00	－	－
5		合 计				10449.96		337.16

【例 15】 有一架空线路工程共有 4 根电杆，人工费合计 900 元，是在丘陵地带施工，求人工增加费是多少？

【解】 (900×1.15×1.3－900)元＝445.5 元

注：本例是在丘陵地带施工，把架空线工程人工费的总和乘上系数 1.15 作为补偿，若是在山区或沼泽地区施工，则人工费要乘以系数 1.6，另外，本计算是按 5 根以上施工工程量情况测算的，若实际情况≤5 根，由于施工效率降低，需要补偿外线的全部人工费的 30%，就是把以上人工费的总和再乘以系数 1.3。

值得注意的是：当这两种系数都要考虑时，其人工费是累计计算的，而不是分别都用 900 作基数；另一点是在实际概算时，常常是另列人工增加费，只算出增加的价差即可，所以式中要减去 900。这笔人工费还应计入工程直接费。

【例 16】 有一外线工程，平面图如图 2－1 所示。电杆高 10m，间距均为 40m，丘陵地区施工，室外杆上变压器容量为 315kVA，变压器台杆高 15m。求(1)写出各项工程量；(2)计算外线工程直接费。

【解】 $70mm^2$ 的导线长度:$(20+40\times4)m\times3=540m$

$35mm^2$ 的导线长度:$(20+40\times4)m\times3=540m$

人工费小计:2814.27 元

人工增加费:$(2814.27\times1.15\times1.3-2814.27)$元 $=1393.06$ 元

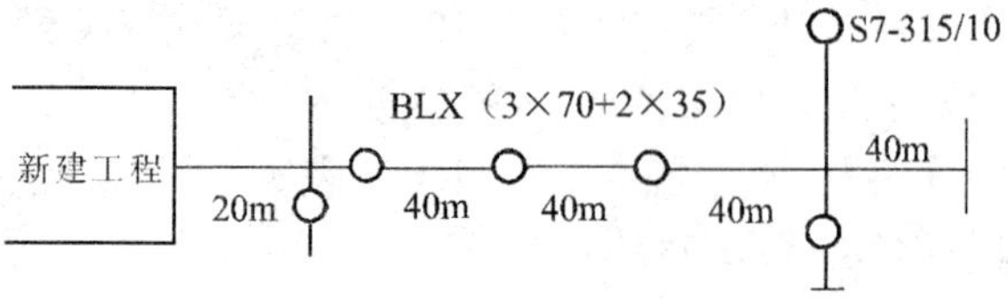

图 2－1 某外线工程平面图

【例 17】 某电缆工程采用电缆沟敷设,沟长 90m,共 16 根电缆,分四层,双边,支架镀锌,$VV_{29}(3\times120+1\times35)$,试列出项目和工程量。

【解】 电缆沟支架制作安装工程量:$90\times2m=180m$

电缆敷设工程量:$(90+1.5+1.5\times2+0.5\times2+3)\times16m=1576.00m$

(注:电缆进建筑 1.5m,电缆头每个 $1.5m\times2$。水平到垂直两次 $0.5m\times2$,低压柜 3m,4 层,双边,每边 8 根。)

工程项目和工程量列于表 2－17 中。

表 2－17 概算表

工程项目	单 位	数 量	单价/元	说 明
电缆支架制作安装 4 层	m	180.00	80.88	双边 90×2
电缆沿沟内敷设	m	1576.00	167.56	不考虑定额损耗

【例 18】 电气平面图中注有 $BV(3\times50+2\times35)SC50-FC$ 其含义是什么?

【解】 $BV(3\times50+2\times35)SC50-FC$ 是表示铜芯塑料绝缘线、三根 $50mm^2$、二根 $35mm^2$、穿 50mm 钢管,沿墙面敷设。铜芯绝缘线的截面有 $1.0mm^2$、$2.5mm^2$、$4mm^2$、$6mm^2$、$10mm^2$、$16mm^2$、$25mm^2$、$35mm^2$、$50mm^2$、$70mm^2$、$95mm^2$、$120mm^2$、$185mm^2$、$240mm^2$ 等。铝芯线最小 $2.5mm^2$。铝铰线最小截面是 $10mm^2$。

【例 19】 如图 2－2 所示,已知层高 3m,配电箱安装高度 1.4m,求管线工程量。

【解】 SC25:$[20+(3-1.4)\times3]m=24.8m$

BV6:$24.8m\times4$ 根 $=99.2m$

注意:配电箱 M1 有进、出两根立管,所以垂直部分共 3 根管。20m 为配电箱水平距离。

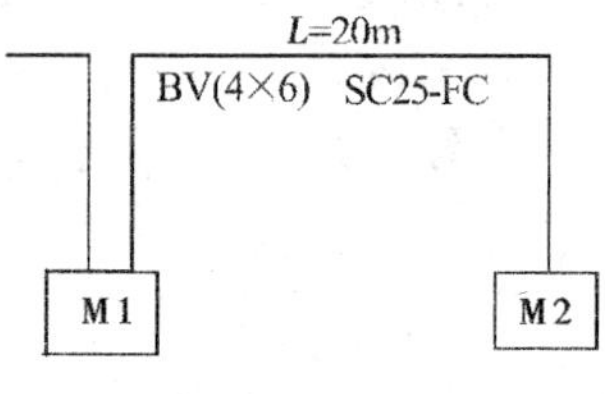

图 2－2 例图

【例 20】 某大教室采用日光灯光带照明,共有灯具 30 套,求该照明支路管线的工程量是多少?

【解】 30×0.5 个 $=15$ 个

(注:照明支路管线所带的日光灯或白炽灯很多为光带者,则按灯具数分别乘上 0.5 或0.3 系数,目的是使支路管线工程量计算更接近实际即该支路管线的实际工程量。)

即该支路管线的实际工程量只能按 15 个计算。

【例 21】 有一高层建筑物层高为 3m,檐高 106m,外墙轴线周长为 92m,求均压环焊接工程量和设在圈梁中的避雷带的工程量。

【解】 因为均压环每三层焊一圈,即每 9m 焊一圈,因此 30m 以下可以设 3 圈,即

$$92\times3m=276m$$

三圈以上(即3m×3层×3圈=27m以上)每二层设一避雷带,工程量为

$$(106-27)\div 6\approx 13\text{ 圈}$$

$$92\times 13\text{m}=1196\text{m}$$

说明:此例中避雷带制造安装或套用砖混结构接地母线埋设子目。这项和楼顶上的避雷网安装项目不同。

【例22】 某建筑物地基周围接地极用17根ф25钢筋,列项并计算工程量。

【解】 17÷3=5余2

注:当建筑物的接地极不是按组设计,而是沿建筑物的基础用圆连成闭环接地母线时,一般每5m设一个接地极,这时将接地极总数除以3作为套定额"3根地极"的工程量,用3除不尽的余数套定额"每增加一根"的工程量结果。

见表2-18。

表2-18 工程量表

定额编号	工程项目	单位	工程量
4-5	ф25三根接地极安装	组	5
4-6	每增加一根地极	根	2

【例23】 有一层塔楼檐高90m,层高3m,外墙轴线周长为80m,有避雷网格长22m。30m以上钢窗80樘。有6组接地极,ф19,每组4根。求:(1)均压环焊接工程量和避雷带的工程量;(2)列防雷部分电气概算项目。

【解】 (1)均压环焊接工程量:80m×3=240m

避雷带的工程量:(90-27)÷9=63÷9=7圈

$$80\times 7=560\text{m}$$

(2)防雷部分电气概算见表2-19。

表2-19 概算表

序号	定额	项目	单位	数量	单价	合价	人工单	人工合
1	4-38	避雷钢安装	m	108				
2	4-36	均压环焊接	m	240				
3	4-26	接地母线(侧避雷网)	m	560				
4	4-2	接地极ф19,三根一组	组	6				
5	4-3	每增加一根接地极	根	6				
6	4-37	钢窗接地线	樘	80	6.12		2.60	

【例24】 设某工程施工图设计要求工程信号盘2块,直流盘3块,共计5块,盘宽800mm,安装小母线,试计算小母线安装总长度。

【解】 控制回路小母线计算方法如下:

已知:盘数为5块,盘宽800mm,小母线15根。计算(5×0.8×15+15×5×0.05)m=63.75m则小母线安装总长度为63.75m。

套用定额时以“10m”为单位计算，相应的工程量为：63.75 ÷ 10 = 6.75m。

【例 25】 电气工程户内干包式铝芯电力电缆终端头制作、安装，1kV 以下线芯截面 $35mm^2$ 以下的，套用定额子目 2－626，计量单位为个，定额基价 131.38 元，其中人工费 12.77 元、材料费 118.61 元、机械费无。定额规定当设计为铜芯电缆头时，按同截面电缆头定额乘以系数 1.2。试求调整后定额基价。

【解】 本例系统 1.2 用于整个定额基价，故

调整后定额基价 = 131.38 × 1.2 元/个 = 157.66 元/个

【例 26】 当上例中设计为双屏蔽电缆头制作、安装时，定额规定按同截面电缆头定额仅人工乘以系数 1.05。试求调整后定额基价。

【解】 本例因系数 1.05 仅调整人工费，故

调整后定额基价 = {131.38 + [12.77 × (1.05 － 1)]}元/个 = 132.02 元/个

【例 27】 某拟建工程有油浸式电力变压器 3 台，设备型号为 SL_1 －500kV · A10kV。根据工程设计图纸计算得知需过滤绝缘油共 0.55t，制作基础槽钢共 60kg。

【解】 在工程量清单项目设置及工程量计算规则中查得：

项目名称：油浸电力变压器

项目特征：SL_1 －500kV · A/10kV

项目编码：030201001001

计量单位：台

工程数量：3

工作内容：变压器本体安装；变压器干燥处理；绝缘油过滤 0.55t；基础槽钢制作安装 60kg。

依据上述分析，可列出工程量清单见表 2－20。

表 2－20 分部分项工程量清单

序号	项目编码	项目名称	计量单位	工程数量
1	030201001001	油浸式电力变压器 SL_1 －500KV · A/10KV 变压器本体安装 变压器干燥处理 绝缘油过滤 0.55t 基础槽钢制作安装 60kg	台	3

【例 28】 某商务楼电气照明工程，其全部子目工程预算的人工费为 58326.47 元。根据图纸计算，安装高度为 6m 的部分灯具和管线的人工费占总人工费的 20% 左右。试求该照明工程的超高增加费。

【解】 该照明工程超高增加费 = 58326.47 元 × 20% × 33% = 3849.55 元

（**注：** 应用工程超高系数时，可先求出符合超高系数条件的工程人工费占全部工程人工费的百分数，在此基数上求出超高部分人工费，再乘以超高系数 33%，即为该单位工程的工程超高增加费。）

【例 29】 某单层建筑物自室外设计标高 ±0.000 至檐口高度为 35.83m，其电气安装工程分项人工费总额为 23468.49 元。试问其高层建筑增加费为多少？

【解】 由高层建筑增加费费率表 2－21 知檐口高度为 35.83m 小于 40m，则

高层建筑增加费 = 23468.49 元 × 2% = 469.37 元

表 2-21　高层建筑增加费费率

层　数	9层以下（30m）	12层以下（40m）	15层以下（50m）	18层以下（60m）	21层以下（70m）	24层以下（80m）	27层以下（90m）	30层以下（100m）	33层以下（110m）
按人工费的（%）	1	2	4	6	8	10	13	16	19
层　数	36层以下（120m）	39层以下（130m）	42层以下（140m）	45层以下（150m）	48层以下（160m）	51层以下（170m）	54层以下（180m）	57层以下（190m）	60层以下（200m）
按人工费的（%）	22	25	28	31	34	37	40	43	46

注:为高层建筑供电的变电所和供水等动力工程,如装在高层建筑的底层或地下室的,均不计取高层建筑增加费。装在6层以上的变配电工程和动力工程则同样计取高层建筑增加费。

【例30】 某电气安装工程电线管TC25在砖混结构上暗敷,按施工图已计算出配管长度为700.35m。已知TC25单位长度重量为0.765kg/m,预算价格为3.586元/t。试求该分项工程的工程量、分项人工费、分项材料费、分项机械费、分项直接费。

【解】 按题意,该分项工程应套用定额2-983。

分项工程量　700.35m ÷ 100 = 7.0035

分项人工费　197.37 × 7.0035元 = 1382.28元

分项材料费

辅　助　费　57.87 × 7.0035元 = 405.29元

主　材　费　7.0035 × 103 × 0.765 × 3.586元 = 1978.90元

分项机械费　18.25 × 7.0035元 = 127.81元

分项直接费　(273.49 × 7.0035 + 1978.90)元 = 3894.29元

【例31】 某办公大楼共22层,其中地下室1层,层高为3.6m,安装交流自选控制客梯3部,起重质量为2.5t,所有电气装置均随电梯机体配套供应。试计算电梯电气装置安装费用。

【解】 根据已知条件,应套用定额2-1749号子目,其分项工程量为3部,则

安装费用 = 13804.67元 × 3 = 41414.01元

其中　人工费 = 10861.62元 × 3 = 32584.86元

材料费 = 2414.19元 × 3 = 7242.57元

机械费 = 528.86元 × 3 = 1586.58元

【例32】 某电气工程需要安装三台10kV干式接地变压器,其中两台变压器型号为SCLB-JD-800/200kVA、另一台变压器型号为DKSCLB-606/125kVA。

【解】 清单项目的设置及项目特征的表述见表2-22。

表 2-22　清单项目的设置及项目特征的表述

项目编码	项目名称	项目特征	计量单位	工程数量
030201002001	干式接地变压器	名称:10kV干式接地变压器 型号:SCLB-JD 容量:200kVA	台	2
030201002002	干式接地变压器	名称:10kV干式接地变压器 型号:DKSCLB 容量:125kVA	台	1

【例33】 某工程设计图示的工程内容有高压成套配电柜3台,是单母线柜,有一组母线

桥(成品),试描述高压成套配电柜安装项目的工程内容。

【解】 本例中高压成套配电柜安装项目综合的工程内容包括:1)基础槽钢制作、安装;2)配电柜安装;3)支持绝缘子、穿墙套管耐压试验及安装;4)穿通板制作、安装;5)母线桥安装;6)刷油漆。

【例34】 某工程设计图示有一教学楼,高24.2m,长35m,宽20m,屋顶四周装有避雷网,沿折板支架敷设,分4处引下与接地网连接,设4处断接卡。地梁中心标高 -0.4m,土质为普通土。避雷网采用φ10的镀锌圆钢,引下线利用建筑物柱内主筋(二根),接地母线为40×4的镀锌扁钢,埋设深度为0.8m,接地极共6根,为50×5×2.5m的镀锌角钢,距离建筑物3m。试编制该避雷接地工程的分部分项工程量清单。

【解】 工程量计算如下:

避雷网敷设(φ10的镀锌圆钢)　　$(35+20)\text{m}\times 2=110\text{m}$

引下线敷设(利用建筑物柱内主筋二根)　　$(24.2+0.1+0.4)\text{m}\times 4=98.8\text{m}$

断接卡子制作、安装　　4套

接地极制作、安装(50×5×2.5m的镀锌角钢)　　6根

接地母线敷设(40×4的镀锌扁钢)

$$\{[(35+6)+(20+6)]\times 2+3\times 4+(0.8-0.4)\times 4\}\text{m}=147.6\text{m}$$

清单项目设置见表2-23。

表2-23　分部分项工程量清单

序号	项目编码	项目名称	计量单位	工程数量
1	030209002001	避雷装置 (1)避雷网敷设 材质、规格:φ10的镀锌圆钢 技术要求:沿折板支架敷设 数量:110m (2)引下线敷设,断接卡子制作、安装 引下形式:利用建筑物柱内主筋(二根) 数量:98.8m,4套断接卡子 (3)接地极制作、安装 材质、规格:50×5×2.5m的镀锌角钢 技术要求:距离建筑物3m,土质为普通土 数量:6根 (4)接地母线敷设 材质、规格:40×4的镀锌扁钢 技术要求:埋设深度为0.8m 数量:147.6m	项	1
2	030211008001	接地装置 类别:接地网 接地电阻测试	系统	1

【例35】 某市太乙路立交桥工程,设计选用8套3T06A10型高杆灯照明,如图2-3所示,杆高8m,灯架为成套可升降型的4个灯头,混凝土基础。高杆灯的特征和工程内容,清单项目设置见表2-24。

表 2－24　分部分项工程量清单

工程名称：某市太乙路立交桥照明

项目编码	项目名称	计量单位	工程数量
030213008001	高杆可升降 3T06A10 型路灯、安装高度 8m，可升降，4 灯头成套灯架 (1)基础浇筑 (2)立杆 (3)灯架安装 (4)引下线支架制作、安装 (5)焊压接线端子 (6)升降机构接线、调试 (7)补刷油漆 (8)接地及灯杆编号	套	8

【例 36】 某工厂车间变电所采用每相 1 片截面为 1 000mm^2带形铜母线，按设计图示尺寸计算为 300m，试计算其安装工程量。

【解】 依据图示，该母线一端与高压配电柜相接，故其工程量为：

$$(300+0.50)\times(10.23\div10)\text{m}$$
$$=300.5\times1.023\text{m}=307.41\text{m}$$

式中，“0.50 为预留长度，“10.23”中的“0.23”为损耗量。套用定额时以“10m/单相”为计量单位，所以在工程量计算时要除以 10。

【例 37】 某市图书大厦电气施工图标示焊接钢管 ϕ25 沿结构暗设 1000m，试设置工程量项目清单。

【解】 项目名称：焊接钢管 ϕ20 沿混凝土构件暗设，包括了所有项目特征，即：名称、材质、规格、敷设形式及部位等。

《计价规范》中表 C.2.12 工程内容在本工程中将要发生的或承包商必须完成的内容全部要描述在该清单项目中。本例的清单项目设置见表 2－25。

图 2－3　3T06A10 型可升降高杆灯

表 2－25　分部分项工程量清单

序　号	项目编码	项目名称	计量单位	工程数量
1	030212001001	焊接钢管 ϕ25，沿混凝土结构件暗设 (1)混凝土构件刨沟槽 (2)支架制作、安装 (3)接线盒、灯位盒等安装 (4)接地 (5)防腐刷油	m	1000.00

注：根据工程量计算规则，将数量填到“工程数量”一栏内就完成了该项目的清单编制。

【例 38】 某工程机械车间总装配工段设计图示滑触线为 AQHX－3－G600A，其工程量清单项目怎样编制？

【解】 其清单编制见表 2－26。

表 2－26 分部分项工程量清单

工程名称：电气设备安装工程

序号	项目编码	项目名称	计量单位	工程数量
1	030207001001	安全节能型滑触线 AQHX－3－G600A 滑触线安装 悬挂式集电器安装	100m/单相	×××

【例 39】 某单位电话总机房设计图示安装 220V/500Ah 蓄电池一组，由 12V 的组件 10 个组成，已知某企业制定综合单价为 300 元/组件，试计算其价值为多少？

【解】 由计算公式 $P=Y\times N$（P－安装费用（元）；Y－综合单价（元）；N－安装数量（组件））将已知条件代入得 $P=300$ 元/组件 ×10 组件 =3000 元。

【例 40】 设某综合楼照明线路设计图纸规定采用 BV2.5mm^2 铜芯聚氯乙烯绝缘电线穿直径为 G20 镀锌钢管沿墙暗敷设，管内穿线 4 根，钢管敷设长度为 800m，试计算管内穿线工程量为多少。

【解】 管内穿线长度 =（800＋1.5）m ×4 =3206m

管内穿线工程量计算公式为 $L=La\times N$

式中 L——导线长度，m；

La——管长，m；

N——导线根数，根。

1.5m 为预留长度。

【例 41】 图 2－4 为某办公楼照明工程局部平面布置图，建筑物为混合结构，层高 3m。由图可知该房间内装设了两套成型吸顶式双管荧光灯、一台吊风扇，它们分别由一个单控双联板式暗开关和一个调速开关控制，开关安装距楼地面 1.5m，配电线路导线为 BV－2.5，穿电线管沿天棚、墙暗敷设，其中 2、3 根穿 TC15，4 根穿 TC20。试计算各分项工程量。见表 2－27。

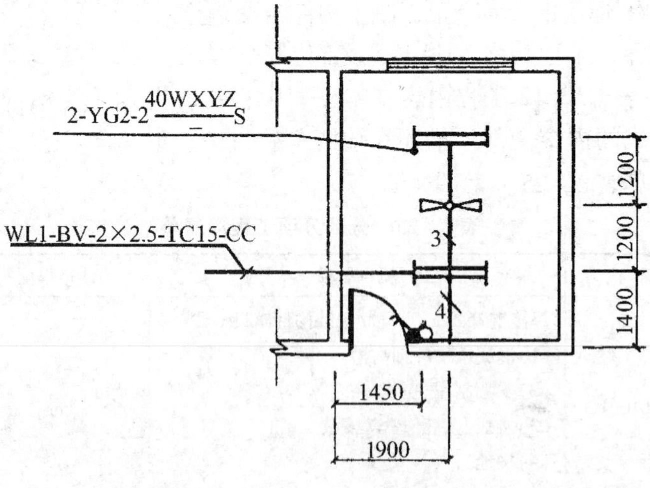

图 2－4 办公楼照明工程局部平面布置图 （单位：mm）

【解】 根据定额套用与工程量计算规则，按照电气照明工程系统组成，可按照明控制设备、配管配线、照明器具、按线盒等顺序计算工程量，见表 2－27。

表 2-27　工程量计算表

序号	定额编号	项目名称	单位	计算式	数量
1	2-981	电线管暗配 TC15	100m	进线至灯水平 1.90 + 灯至风扇水平 1.20 + 灯至风扇水平 1.20 = 4.30m　　4.30 ÷ 100 = 0.043	0.043
2	2-982	电线管暗配 TC20	100m	灯至开关水平 1.4 + 1.9 - 1.45 + 灯至开关垂直(3 - 1.5) = 3.35　　3.35 ÷ 100 = 0.035	0.035
3	2-1172	管内穿线 BV-2.5	100m	(1) + (2) = 23.2(m) 23.2 ÷ 100 = 0.232	0.232
		(1)TC15		两线(1.9 + 1.2) × 2 + 局部三线 1.2 × 3 = 9.8m	
		(2)TC20		四线 3.35 × 4 = 13.4m	
4	2-1595	吸顶式双管荧光灯安装	10 套	2 ÷ 10 = 0.2	0.2
5	2-1638	双联板式暗开关安装	10 套	1 ÷ 10 = 0.1	0.1
6	2-1702	吊风扇安装	台	1	1
7	2-1377	暗装钢质灯头盒安装	10 个	3 ÷ 10	0.3
8	2-1378	暗装钢质开关盒安装	10 个	2 ÷ 10	0.2

【例 42】 某住宅防雷接地平面布置如图 2-5 所示，避雷网在平屋顶四周沿檐沟外折板支架敷设，其余沿混凝土块敷设。折板上口距室外地坪 17m，避雷引下线均沿外墙引下，并在距室外地坪 1m 处设置接地电阻测试断接卡子，土壤为普通土。试按工程量计算表式列出该工程的所有分项工程名称，套用的定额编号，并计算出各分项工程量。

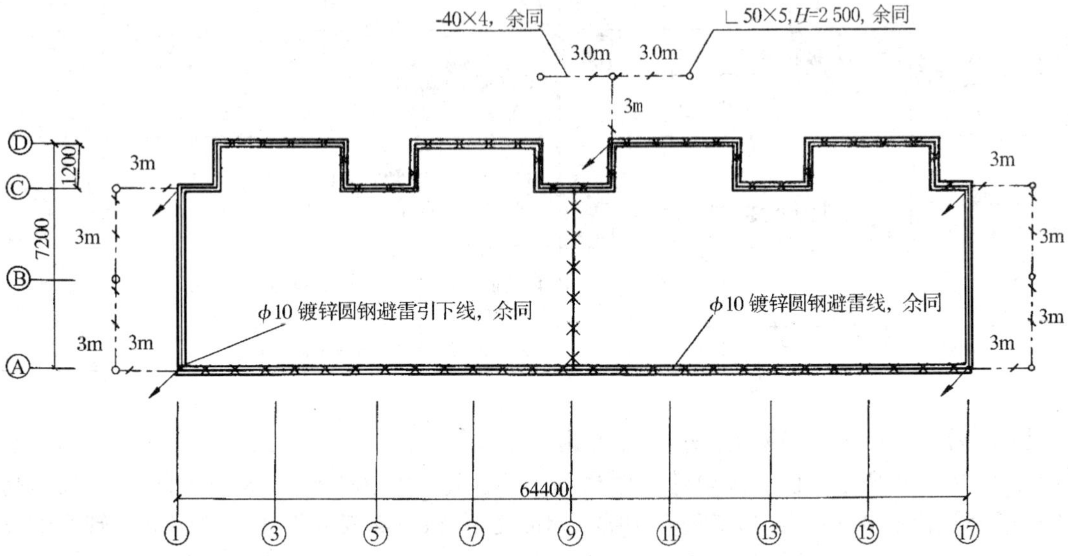

图 2-5　某住宅防雷接地平面布置图

【解】 根据定额套用与工程量计算规则，按照防雷及接地工程系统组成，可按接闪器、引下线、接地装置、接地调试的顺序计算工程量，见表 2－28。

表 2－28 工程量计算表

序号	定额编号	项目名称	单位	计算式	数量
1	2－749	避雷网沿折板支架安装 镀锌圆钢 ϕ10	10m	[64.4(Ⓐ轴全长)＋64.4(Ⓓ轴全长)＋1.2×8(Ⓓ轴凹凸部分)＋(3＋3)(①轴全长)＋(3＋3)(⑰轴全长)]＝150.4 150.4×(1＋3.9%)÷10＝15.63	15.63
2	2－748	避雷网沿混凝土块支架安装 镀锌圆钢 ϕ10	10m	(轴全长减去凹凸部分)＝(3＋3)＝6.0 6.0÷10＝0.6	0.60
3	2－750	混凝土块制作	10 块	6 块(直线段敷设按 1～1.5m/块考虑) 6÷10＝0.6	0.6
4	2－745	避雷引下线敷设 镀锌圆钢 ϕ10	10m	17×5(楼总高×引下线根数)－1×5(断接卡子距室外地坪高)＝80m 80m÷10＝8	8
5	2－747	断接卡子制作、安装	10 套	5 套(每根引下线一套) 5 套÷10＝0.5	0.5
6	2－690	接地极制作、安装 ∟50×5，H＝2500	根	9 按图示数量计算	9
7	2－697	户外接地母线敷设 －40×4	10m	[3(距墙)＋0.7(埋深)＋1(断接点高)]×5(5 处)m ＋3.5(地极间距)×6(6 段) ＝44.5m 44.5m×(1＋3.9%)÷10＝4.62	4.62
8	2－885	独立接地装置调试	组	3 组(按每组接地装置测试计算)	3

【例 43】 某小区三层物业管理办公楼，层高 3.3m，板厚 100mm，三层某房间的平面图和系统图如图 2－6 所示。已知配电箱底距楼面 1.8m，宽×高为 500mm×300mm，空调插座高 1.8m，普通插座高 0.3m。暗装双极开关高 1.4m，试编制插座部分管线与照明部分管线的分部分项工程量清单及开关、灯具、插座部分分部分项工程量清单。

【解】 (1)插座部分管线与照明部分管线分部分项工程量清单见表 2－29。

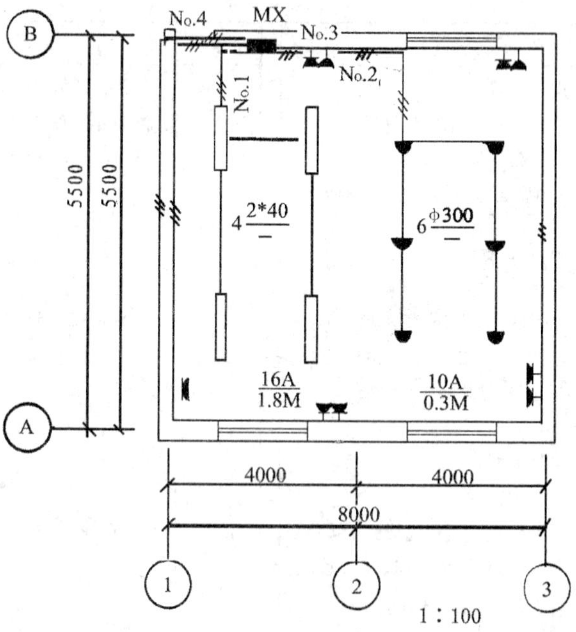

(a)电照平面图

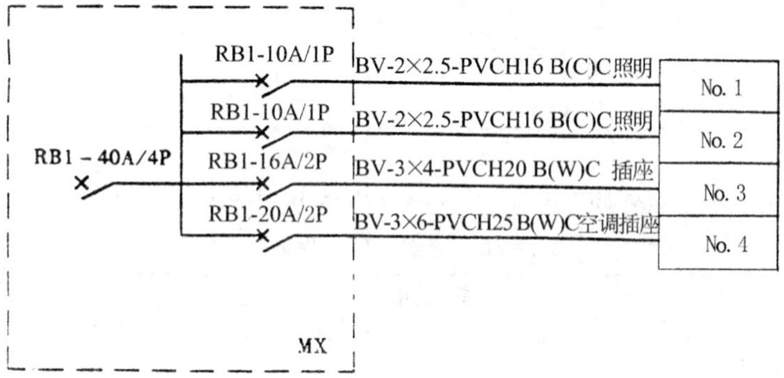

(b)配电系统图

图2－6　电照平面和配电系统图

表2－29　工程量清单

序号	项目编号	项目名称	计量单位	计算式	工程数量
1	030212001001	电气配管 1. 材质:刚性阻燃塑料管 2. 规格:PVC16 3. 配管形式及部位:砖混结构暗配	m	[3.3－0.05(扣板厚的一半)－1.8(配电箱高度)－0.3(箱高)+2+3(两荧光灯距)×2+2+3+2+2+1.5(半圆吸顶灯距)×4+(3.3－1.4)×2]m=27.95m	27.95
2	030212001002	电气配管 材质:刚性阻燃塑料管 2. 规格:PVC20 3. 配管形式及部位:砖混结构暗配	m	[3.3－0.05(扣板厚的一半)－1.8(配电箱高度)－0.3(箱高)+(2+4+6)]m+[3.3－0.05－0.3(插座高)]×4m=24.95m	24.95

续表　2－29

序号	项目编号	项目名称	计量单位	计算式	工程数量
3	030212001003	电气配管 1. 材质：刚性阻燃塑料管 2. 规格：PVC25 3. 配管形式及部位砖混结构暗配	m	[3.3－0.05(扣板厚的一半)－1.8(配电箱高度)－0.3(箱高)＋2＋5.3＋(3.3－0.05－1.8)×1]m＝9.9m	9.9
4	030212003001	电气配线 1. 种类：导线 2. 导线用途、配线形式、部位：照明线路，沿墙、顶板穿管敷设 3. 型号、规格：BV2.5mm^2	m	27.95m×2＝55.9m	55.9
5	030212003002	电气配线 1. 种类：导线 2. 导线用途、配线形式、部位：照明线路，沿墙、顶板穿管敷设 3. 型号、规格：BV1mm^2	m	24.95m×3＝74.85m	74.85
6	030212003003	电气配线 1. 种类：导线 2. 导线用途、配线形式、部位：照明线路、沿墙、顶板穿管敷设 3. 型号、规格：BV6mm^2	m	9.9m×3＝29.7m	29.7

（2）开关、灯具、插座部分的分部分项工程量清单见表2－30。

表2－30　分部分项工程量清单

序号	项　目　编　号	项目名称	计量单位	工程数量
1	030204031001	小电器 名称：板式双联暗开关	个	2
2	030204031002	小电器 1. 名称：单相五孔暗插座 2. 型号、规格：10A	个	4
3	030204031003	小电器 1. 名称：单相三孔暗插座 2. 型号、规格：16A	个	1
4	030213001001	普通吸顶灯 1. 名称：半圆球吸顶灯 2. 型号、规格：ϕ＝300mm	套	6
5	030213004001	荧光灯 1. 形式：成套灯具 2. 型号、规格：2×40W 3. 安装形式：吸顶	套	4

【例 44】 本工程是一栋三层二个单元的居民砖混住宅楼的电气照明工程。图 2－7 是电气照明系统图，图 2－8 是一单元二层电气照明平面图，其他各单元各层均与此相同，每个开间均为 3m。

一、设计说明书

【解】 (1)电源线架空引入，沿二层地板穿管暗敷设。进户线距室外地面高度 $H \geq 3.6$m。进户横担为两端埋设式，规格是 L50 ×5 ×800。

(2)配电箱 MX1－1 型：长×高×厚＝350mm ×400mm ×125mm。配电箱 MX2－2 型：长×高×厚＝500mm ×400mm ×125mm。配电箱 MX1－2 型：长×高×厚＝800mm ×400mm ×125mm。

(3)安装高度：配电箱底距楼地面 1.4m，跷板开关距地 1.3m，距门框 0.2m，插座距地1.8m。

(4)导线未标注者均为 BLX－500V－2.5mm^2GGDN15。

(5)配电箱均购成品。

(6)建筑物层高 3.6m。

二、确定工程项目

根据图纸资料和预算定额的规定，该工程应列以下工程项目进行预算编制。

(一)照明器具的安装。

(1)吸顶灯具的安装。

(2)其他普通灯具，包括一般壁灯、吊线灯、防水吊灯的安装。

(3)吊链式单管荧光灯(成套型)的安装。

(4)开关、插座的安装。

(二)配电箱的安装

(三)配管、配线

(1)钢管砖混凝土结构暗配。

(2)管内穿线。

三、工程量计算

(一)配管、配线工程量的计算

1. 入户点至总配电箱配管

DN20：(5 +1.4)m＝6.4m

5m——入户点至总配电箱距离；

1.4m——配电箱距地高。

管内配线为：

BX2.5：[6.4 +(1.5 +0.8 +0.4)] ×4m＝36.4m

0.8m，0.4m 为配电箱宽、高(预留长度)；1.5m 预留。

2. 带配电箱至第 2 单元 2 楼配电箱之间的配管

$$(12 \times 2 - 5 - 0.8 \times 2)\text{m} = 17.4\text{m}$$

12m——单元宽度。

管内配线为：

$$[12 \times 3 + (0.5 + 0.4) \times 3]\text{m} = 38.7\text{m}$$

12m——第一单元配电箱至第二单元配电箱间配管长。

(0.5 +0.4)m——第二单元配电箱预留长度。

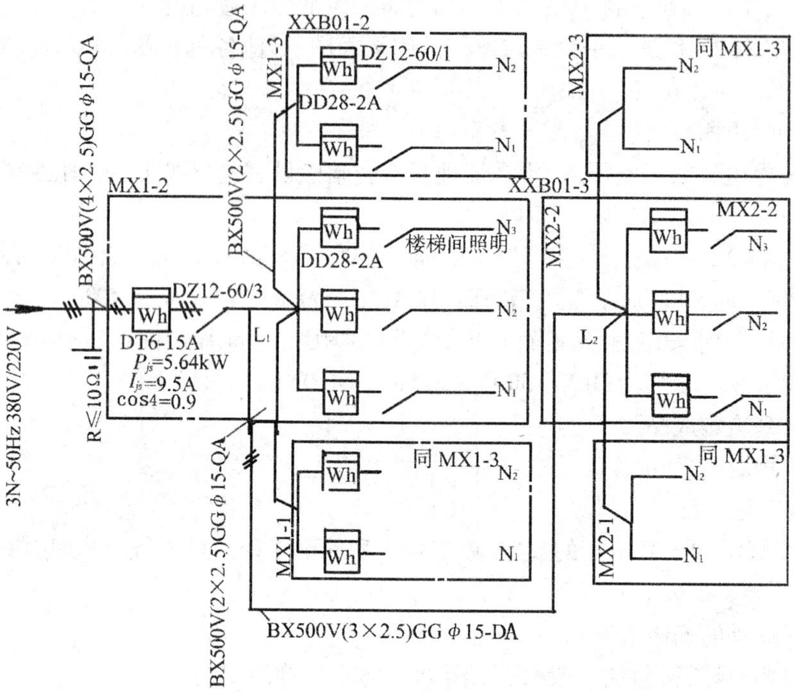

图 2－7　电气照明系统图

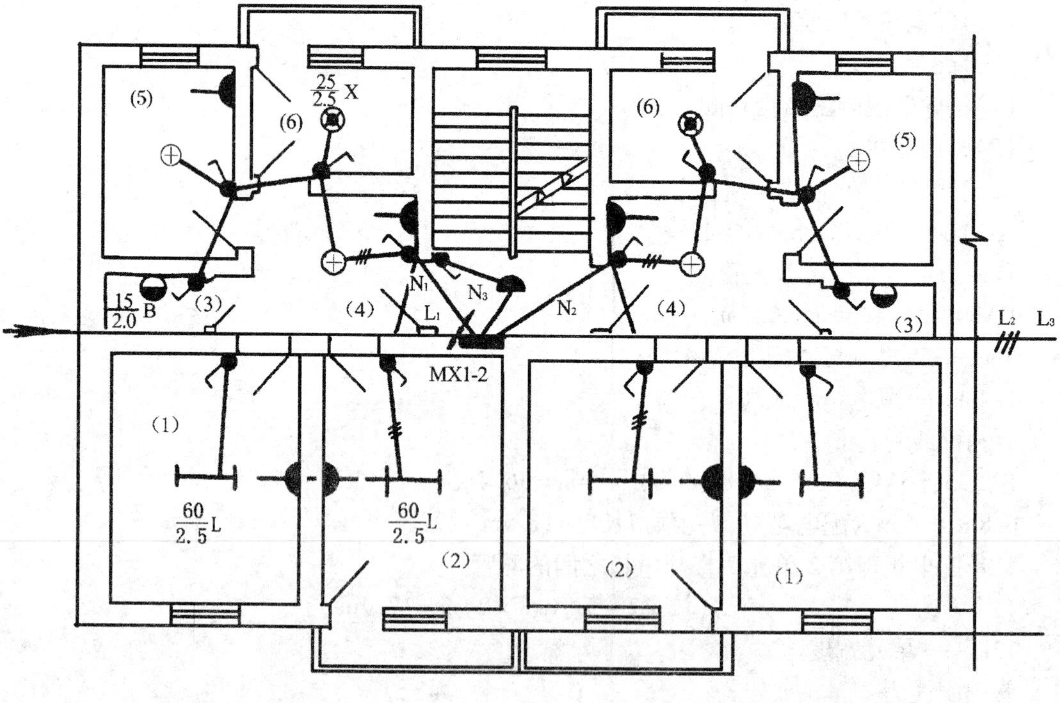

图 2－8　一单元 2 层电气照明平面图

3. 一个用户内的配管配线

(1)沿天花板暗配。

DN15:1.6m(1 号房开关至灯)+1.6m(2 号房开关至灯)+2.1m(1 号房开关至 2 号房开关)+1m(2 号房灯至插座)+0.5m(3 号房灯至开关)+1.4m(4 号房开关至 2 号房开关)+1m(4 号开关至灯)+1m(4 号房灯至 6 号房开关)+0.5m(4 号房开关至插座)+0.9m(5 号灯至开关)+1.2m(5 号房开关至 3 号房开关)+1.3m(5 号房开关至插座)+0.7m(6 号房开关至灯)+1.1m(6 号房开关至 5 号房开关)=13.3m

(2)沿墙暗配管。

DN15:[3.6m(层高)-1.3m(开关安装高度)]×6(开关数量)+[3.6m(层高)-1.8m(插座安装高度)]×3(插座数量)+3.6m(层高)-2m(壁灯安装高度)=20.8m

一个用户内的配管工程量为:(13.3+20.8)m=34.1m

管内配线为:

BL×2.5:(34.1×2+2.6)m(穿 3 根线管长)=70.8m

4. 一个单元走廊暗配管

(1)沿天花板暗配。

DN15:[2(配电箱至右边用户)+1.5(配电箱至左边用户)×0.8(配电箱至走廊灯)+1(灯至开关)]×3m=12.6m

(2)沿墙暗配。

[3.6(层高)×3-1.4(箱底高度)-0.4(箱高)×3 个+(3.6-1.3)×3]m=15.1m

一个单元走廊暗配管为:

$$(15.9+15.1)\text{m}=31\text{m}$$

管内配线为:

$$[31.0\text{m}(配管)+(0.35+0.4)\text{m}\times2+(0.8+0.4)\text{m}\times2]\times2=69.8\text{m}$$

(二)照明器具安装工程量

1. 半圆吸顶灯	每单元第 1 层走廊照明灯 1 只,其工程量 1×3×2 只=6 只
2. 圆吸顶灯	每户 2 个,共 12 户,工程量 2×12 只=24 只
3. 防水灯	每户 1 只,共 12 户,工程量 1×12 只=12 只
4. 一般壁灯	每户 1 只共 12 户,工程量为 1×12 只=12 只
5. 吊链式单管荧光灯	每户 2 只,共 12 只,工程量 2×12 只=24 只
6. 跷板开关	每户 6 个,每单元每层走廊 1 个,工程量(6×18+1×2×3)个=114 个
7. 单相三孔插座	每户 4 个,12 个用户,工程量 4×12 个=48 个

(三)照明配电箱

1. 总配电箱:1 个

2. 分配电箱:每单元每层一个,(1×3×2-1)个=5 个

【例 45】 某车间电气动力安装工程如图 2-9 所示。

1. 动力箱、照明箱均为定型配电箱,嵌墙暗装,箱底标高为+1.2m。木制配电板现场制作后挂墙明装,底边标高为+1.5m,配电板上仅装置一铁壳开关。

2. 所有电缆、导线均穿钢保护管敷设。保护管除 N_5 为沿墙、柱明配外,其他均为暗配;埋地保护管标高为-0.2m。N_5 自配电板上部引至滑触线的电源配管,在②柱标高 4m 处,接一长度为 0.5m 的弯管。

3. 至设备电机处和配管管口高出基础面 0.2m,至排烟装置处的管口标高为 5.0m。

4. 电缆计算预留长度时不计算电缆敷设驰度、波形变度和交叉的附加长度。连接各设备处电缆、导线的预留长度为 1.0m,与滑触线连接处预留长度为 1.5m。电缆头为户内干包式,

其附加长度不计。

5. 滑触支架(L50 × 50 × 5, 每米重 3.77kg)采用螺栓固定;滑触线(L40 × 40 × 4 每米重 2.422kg),两端设置指示灯。

6. 图中管路旁括号内数字表示该管的平面长度。

7. 计算电气安装工程量见表 2-31。

表 2-31　电气安装工程量计算表

序号	工程名称及其规格	计量单位	工程量	计算式
1	配电箱安装	台	2	1+1
2	木制配电板安装	块	1	1
3	木制配电板制作	m^2	0.12	$0.4 \times 0.3m^2 = 0.12m^2$
4	钢管暗配 G20	m	22.4	N_2: [5 + (0.2 + 1.2) + 0.2 + 0.2] m = 6.8m N_3: [9 + (0.2 + 1.2) + 0.2 + 5] m = 15.6m
5	钢管暗配 G50	m	15.9	N_1: [6 + (0.2 + 1.2) × 2] m = 8.8m N_4: [4 + (0.2 + 1.2) + (0.2 + 1.5)] m = 7.1m
6	钢管明配 G50	m	9	N_5: (3 + 1.5 + 4 + 0.5) m = 9m
7	控制电缆敷设 KW-4 × 2.5	m	18.6	N_3: (15.6 + 2 + 1.0) m = 18.6m
8	导线穿管敷设 $16mm^2$	m	80.7	N_1: (7.8 + 1.0) m × 3 = 26.4m N_4: (7.1 + 1.0) m × 3 = 24.3m N_5: (9 + 1.0) m × 3 = 30m $N_1 + N_4 + N_5$ = 26.4m + 24.3m + 30m = 80.7m
9	导线穿管敷设 $10mm^2$	m	16.9	N_1: (7.8 + 1.0) m = 8.8m N_4: (7.1 + 1.0) m = 8.1m $N_1 + N_4$ = (8.8 + 8.1) m = 16.9m
10	导线穿管敷设 $4mm^2$	m	35.2	N_2: (7.8 + 1.0) m × 4 = 35.2m
11	电缆终端制安户内干白式 $4mm^2$	个	2	N_3: 1 + 1
12	滑触线安装 L40 × 4	m	49.5	(3.5 × 4 + 1 + 1.5) m × 3 = 49.5m
13	滑触线支架制作 L50 × 5	kg	43.36	[3.77 × (0.8 + 0.5 × 3) × 5] kg = 43.36kg
14	滑触线支架安装 L50 × 5	副	5	1 × 5 = 5 副
15	滑解线指示灯安装	套	2	1 + 1 = 2 套

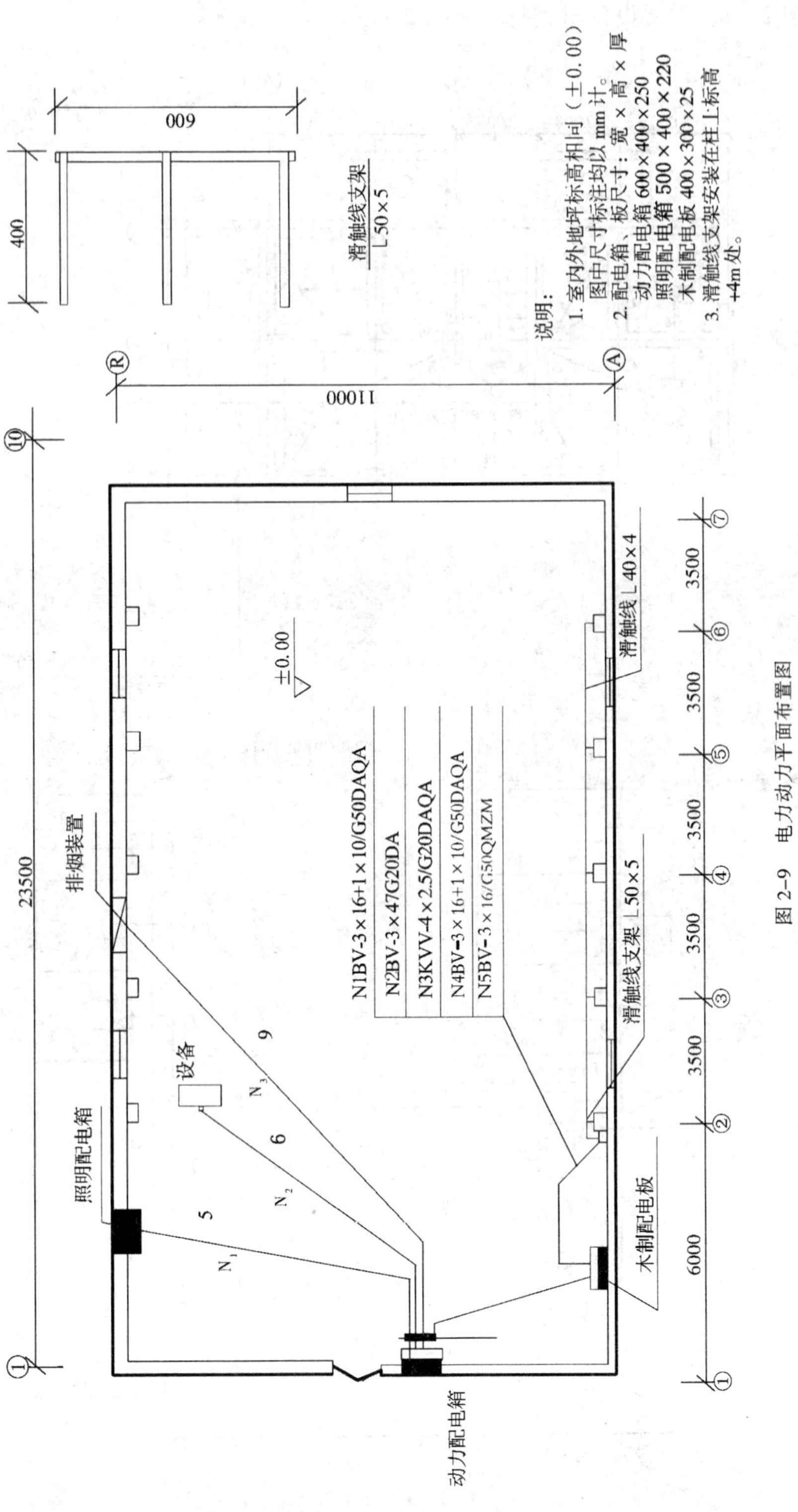

图2－9 电力动力平面布置图

【例 46】 以下是一幢二单元、五层民用住宅楼，其照明平面图和配电系统图分别见图 2－10和图 2－11，主要设备材料见表 2－32。

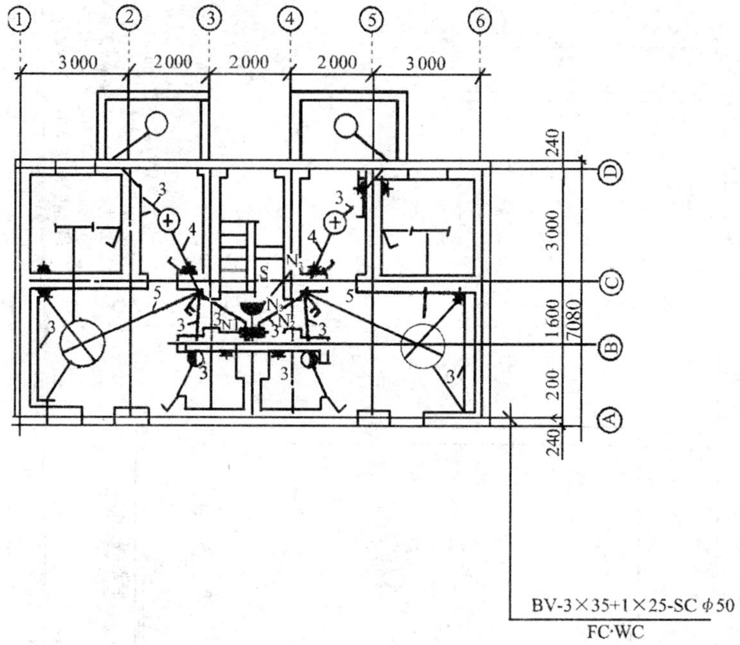

图 2－10 单元一层照明平面图

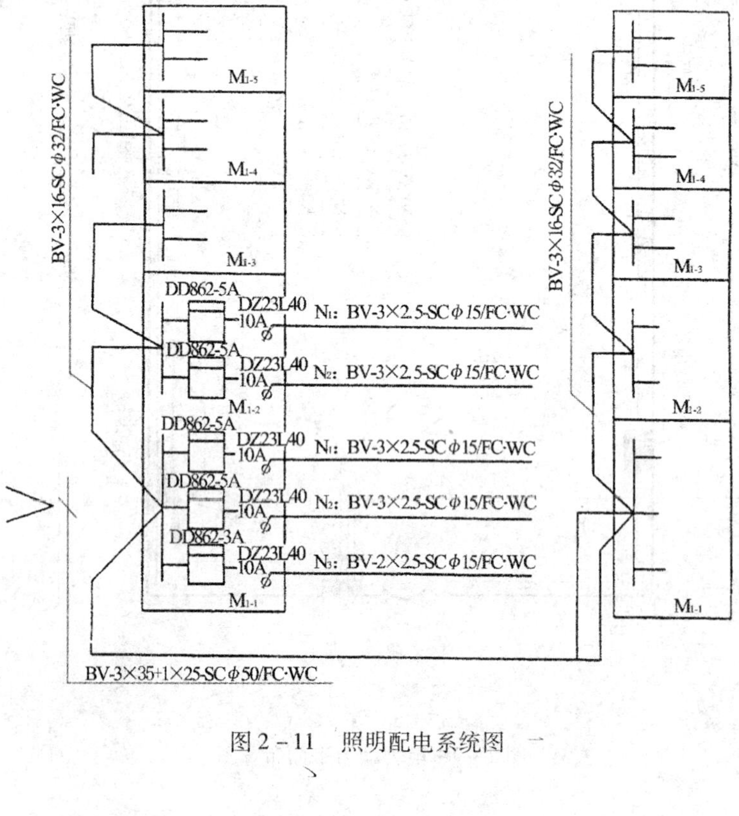

图 2－11 照明配电系统图

表 2－32　主要设备材料

序号	名称	图例	规格型号	单位	数量	备注
1	配电箱		XRB06－G2(A)	台	9	430×470×145
2	配电箱		XRB06－G3(A)	台	1	580×470×145
3	圆吸顶灯		60W	盏	20	吸顶
4	花灯		6×40W	盏	20	吸顶
5	荧光灯		20W	盏	20	吊链式
6	壁灯		40W	盏	20	$H=2.2$m
7	白炽灯座		40W	盏	20	吸顶
8	半圆吸顶灯		40W	盏	10	楼梯间
9	跷板单极开关		86K11－6	个	80	嵌装 $H=1.4$m
10	跷板双极开关		86K21－6	个	20	嵌装 $H=1.4$m
11	声光控开关		AP86	个	10	楼梯间 $H=1.4$m
12	插座		AP146Z332A10	个	160	三位(二、三孔)
13	焊接钢管	——	SC	m		
14	PVC 管	——	PC	m		
15	塑料铜芯线	——	BV－500	m		

设计说明：电源采用220V/380V 三相四线架空引入，进户点距室外地坪3.6m。

一、配管配线

（一）电源进线管及管内穿线工程量计算

DN50:8(水平长度)+(3-1.4)垂直长度+0.1(管进配电箱长度)+0.2(墙外预留长度)=9.9m

管内配线:

BV35:(9.9+0.6+0.5+1.5)m×3=37.5m

BV25:(9.9+0.6+0.5+1.5)m×1=12.5m

注:配电箱内预留长度为高加宽,出户线预留长度为1.5m。

(二)各层间垂直引上干线配管及穿线工程量计算:

DN32:[3×5-1.4-(3-1.4-0.5)-0.5×5+0.1×(5-1)×2]m=10.8m

注:1.4——最下层配电箱距地高度,0.5——配电箱高度。0.1×(5-1)×2——进入及引出各配电箱管子的长度。

管内配线:

BV16:[10.8+(0.5+0.6)×(5-1)×2]m×3=58.8m

(三)各分支回路配管穿线工程量计算

配电箱至后阳台

SCϕ15:(2+0.8+1.5+1.5+0.9+1.3)m(水平长度)+[(3-1.4-0.5+0.1)+(3-1.4)]×2+(1.4-0.3)×2]m(垂直长度)=[8+(1.2+3.2+2.2)]m=(8+6.6)m=14.6m

管内穿线:

BV-2.5:[2×3+0.8×3+1.5×4+1.5×3+0.9×4+1.3×2]m(水平长度)+[1.2+(0.6+0.5)(箱半周)×3+1.6×4×2+1.3×3×2]m=(25.1+25.1)m=50.2m

接线盒插座:

SCϕ15:[0.4×2+0.4×2+0.4+0.4+0.2]m=2.6m

0.4——接线盒至顶,0.2——顶棚厚度0.2。

管内穿线:

BV-25:[0.4×3×2+0.4×4×2+0.4×4+0.4×2+0.2×3]m=8.6m

SCϕ15:(14.6+2.6)m=17.2m

BV-2.5:(51.4+8.6)m=60m

二、灯具开关、插座部分

1. 白炽灯座	40W	2×2×5=20套
2. 圆吸顶灯	60W	2×2×5=20套
3. 花灯	6×40W	2×2×5=20套
4. 荧光灯	20W	2×2×5=20套
5. 壁灯	40W	2×2×5=20套
6. 半圆吸顶灯	40W	1×2×5=10套
7. 跷板开关(单极)		8×2×5=80个
9. 跷板双极开关		2×2×5=20个

10. 声光控开关　　　　　　$1\times2\times5=10$ 个

11. 插座　　　　　　　　　$16\times2\times5=160$ 个

三、配电箱部分

1. 配电箱　　XRB06－G3（A）　　1 台　　（$580\times470\times145$）

2. 配电箱　　XRB06－G2（A）　　9 台　　（$430\times470\times145$）

【例 47】　以某单位住宅楼为例，介绍室内电气照明工程施工图预算的编制。该住宅楼电气施工图见图 2－12～图 2－15。图例材料见表 2－33。

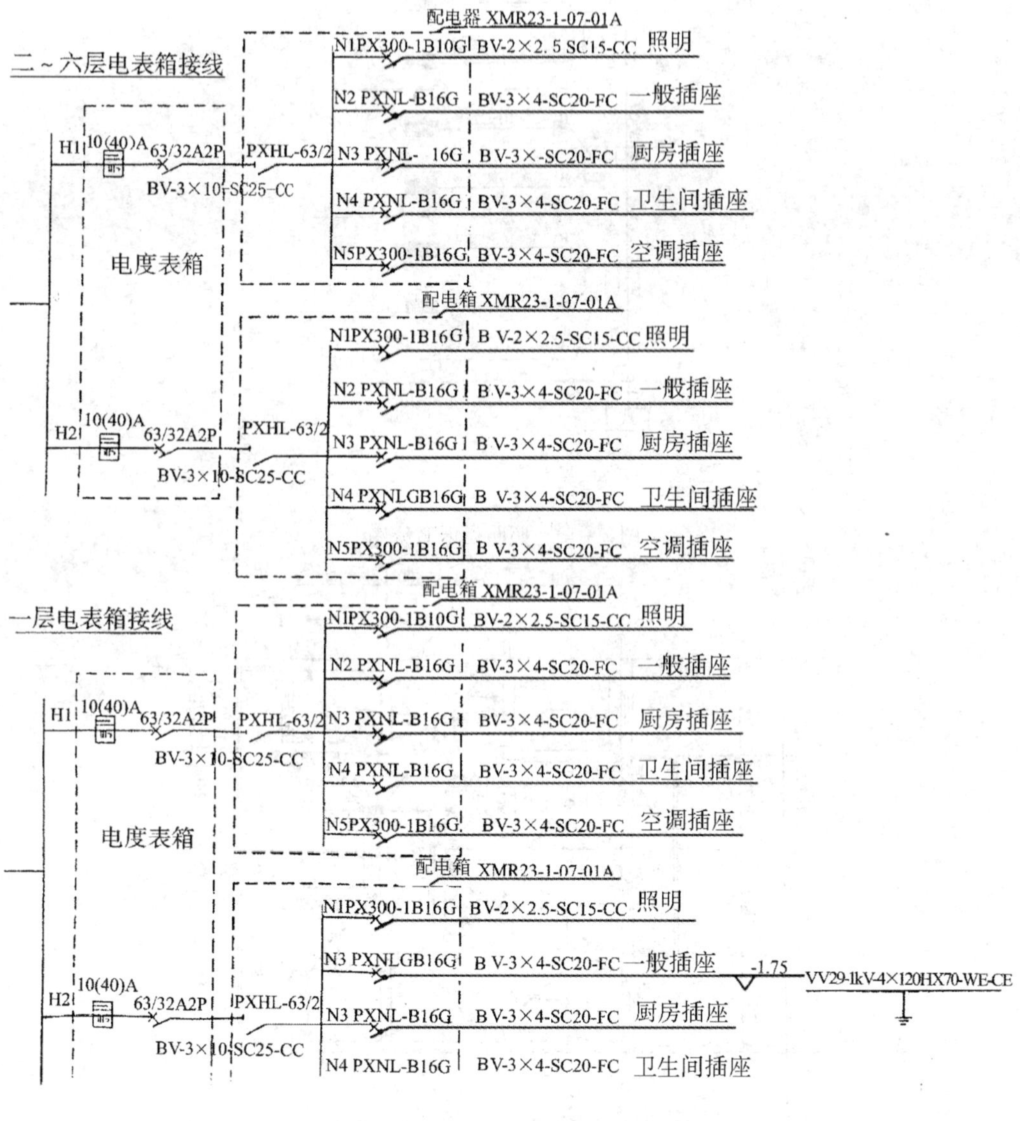

图 2－12　配电系统图

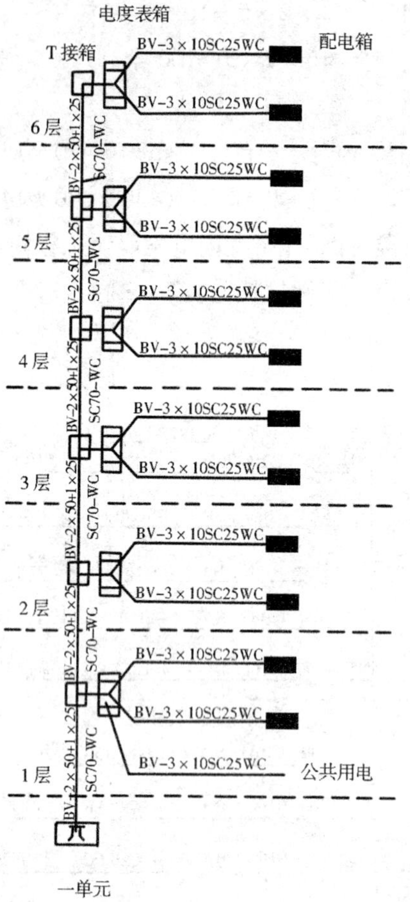

图 2-13　照明供电系统图

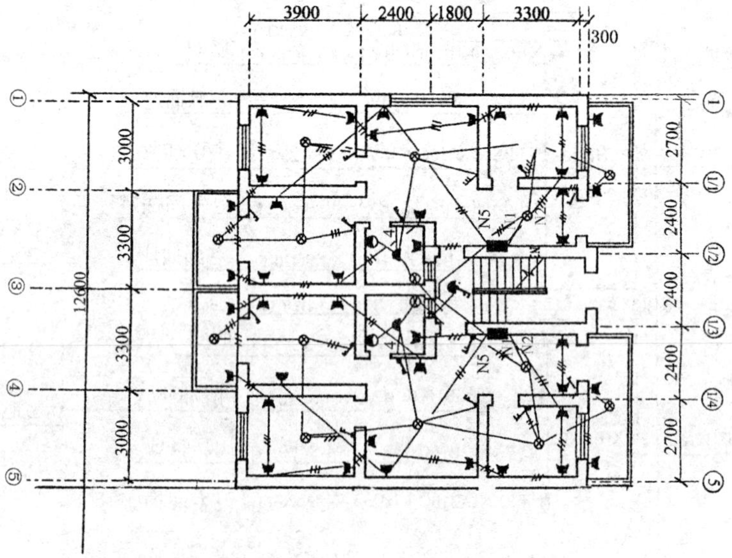

图 2-14　首层单元电气平面图

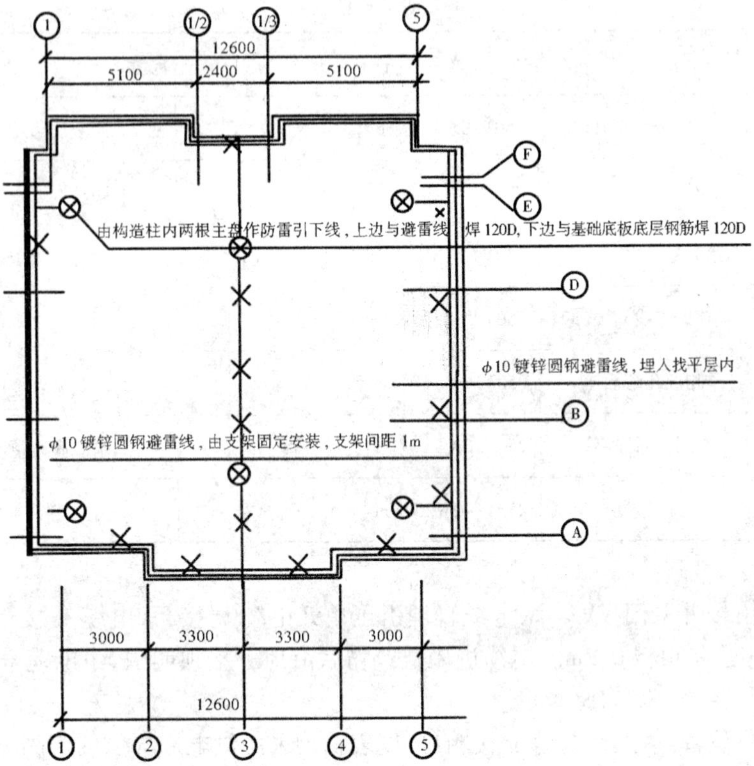

图2－15　屋顶避雷线平面图

表2－33　图例材料表

序号	符号	名　　称	规格型号（长×高×宽）	单位	数量	安装方式及高度
1	◫	电缆π接箱	供电局提供			明装上边距顶0.2m
2	□	电缆T接箱	供电局提供			暗装电度表箱旁
3	▭	电度表箱	SFBX－q/2460×540×18G			暗装底边距地1.4m
4	▭	电度表箱	SFBX－q/3500×500×160			暗装底边距地1.4m
5	▬	住户配电箱	XMR23－1－07－01A（210×290×92）			暗装底边距地1.4m
6	⊗	白炽灯	60W			住户室内线吊距地2.5m
7	◒	扁圆吸顶灯	25W			走道与地下室吸顶装
8	◓	卫生间荧光壁灯	25W自带开关			距地2.0m
9	×	天棚灯座	裸灯座			吸顶装
10	↗	一位跷板式暗开关	250V10A鸿雁86型			暗装底边距地1.3m

续表 2-33

序号	符号	名　　称	规格型号(长×高×宽)	单位	数量	安装方式及高度
11		二位跷板式暗开关	250V10A 鸿雁 86 型			暗装底边距地 1.3m
12		三位跷板式暗开关	250V10A 鸿雁 86 型			暗装底边距地 1.3m
13		声光控延时开关	250V4A 鸿雁 86 型			随灯具吸顶装
14		单极拉线开关	250V4A 鸿雁 86 型			明装底边距顶 0.3m
15		单相五孔暗插座	250V16A 鸿雁 86 型			暗装见设计说明
16		空调电源插座	250V16A			暗装底边距地 2.0m
17	⊖	排风扇	250V/40W200mm			与土建配合安装

设计说明:

(1)电源由楼外采用 VV29 型电缆直埋引至单元电缆 π 接箱,电缆 π 接箱在地下室楼梯间挂墙明装,箱顶距顶板 0.2m。电缆进入建筑物后沿地下室顶明敷,由电缆 π 接箱引上线采用 8V-500 型导线穿 SC 管暗敷设。

(2)灯具与设备:本工程电缆 π 接箱、电度表箱均采用供电局提供的产品,开关、插座选用国家认证产品,灯具型号由甲方自定,设备安装高度见材料表和图注,厨房和餐厅内安全插座安装距地 1.8m,卫生间插座均用防潮防溅型,卫生间内插座均距地 1.6m,其他室内未说明的插座一律距地 0.30m 暗装。

(3)接地保护:电缆在进户处引入 PE 线,接地电阻小于 4Ω,全楼配电系统为 TN-S 系统。室内除照明外的用电设备均做接零保护,重复做法参见 98D13《防雷与接地工程》PE 线接地体在电缆进户处与电缆铠装外金属皮连接,即电缆进户后利用电缆外皮作 PE 线。

(4)防雷装置:本建筑属三类防雷建筑,防雷措施如下:采用 ϕ10 镀锌圆钢安装在屋顶女儿墙上,支架间距 1m。利用构造柱内主筋作暗装引下线。基础钢筋作自然接地体,作引下线的构造柱在 0.5m 处应向室外方向预留测试卡子,安装完毕应实测其接地电阻,若大于 10Ω 应增设人工接地体,详细做法见 98D13《防雷与接地工程》。

(5)其他设备安装时应与土建施工密切配合,图中未注明之处参照国家现行规程规范执行。

工程量计算

一、配电箱部分

π 接箱:1 台

T 接箱:6 台

三表箱:1 台

二表箱:5 台

户配电箱:2×6=12 台

二、配管、配线部分

1. 由 π 接箱至电表箱暗配管

SC70：0.2m（立）+（4.8 +1.4）m（立）+0.1m ×6 层 +2.8m ×5 段 =21m

管内配线：

BV –50：21m ×2 + 预 1m/个 ×2 个/处 ×24 处 =90m

BV –25：21m ×2 + 预 1m/个 ×1 个/处 ×24 处 =66m

2. 由电表箱至各户配电箱暗配管

SC25：（1.4（立）×2 +2.99）m ×12 户 =69.48m

管内配线：

BV –10：69.48m ×3 根 + 预 1m/个 ×3 个/处 ×24 处 =280.44m

3. 照明电路

①N_1 回路暗配管 SC15：立（2.8 –1.4）m +1.66m + 开［2.3 +（2.8 –1.3）］m +2.64m + 开（1.65 + 立 1.5）m +3.1m + 开（1.65 + 立 1.5）m +4.1m +3.3m + 壁［1.3 + 立（2.8 –2）］m + 排（1.3 + 立 0.5）m +4.1m + 开（1.8 + 立 1.5）m +3.4m + 开（1.5 +2 立）m +2.8m + 开（1.8 + 立 1.5）m =50.6m

SC20：开（2.3 + 立 1.5）m + 开（1 + 立 1.5）m =6.3m

管内穿线：BV –25：｛［（2.8 –1.4）+1.66 +2.64 +3.1 +（1.65 +1.5）+4.1 +3.3 +7.3 +（2.8 –2）+（1.3 +0.5）+4.1 +3.4 +2.8］×2 +［2.3 +（2.8 –1.3）+（1.65 +1.5）+（1.8 +1.5）+（2 +1.5）+（1.8 +1.5）］×3 +6.3 ×4 + 预留 0.5m/个 ×2 个｝m =156.45m

②N_2 回路：

SC20：（立 1.4 +32.9 + 立 0.3 ×19）m =40m

N_3 回路　SC20：（立 1.4 +8.7 + 立 1.8 ×6）m =20.9m

N_4 回路　SC20：（立 1.4 +3.0 + 立 1.6）m =6m

N_5 回路　SC20：（立 1.4 +12 + 立 2 ×3）m =19.4m

N_2 – N_5 管内配线

BV –4：（40 +20.9 +6 +19.4）m ×3 根 + 预 0.5m/个 ×3 个/处 ×4 处 =265m

③公共用电

N_0 回路 1 –6 层楼梯间

暗配管　SC15：（立 1.4 –0.3）m +（立 0.3 +1.65）m ×6 层 +2.8m ×5 段 =26.8m

管内配线　BV –25：26.8m ×2 + 预 2m/个 ×2 个 =57.6m

总管内配线

BV –4：265m ×12 户 =3180m

BV –2.5：（138.5 ×12 户 +57.6）m =1719.6m

BV –50：90m

BV –25：66m

BV –10：280.44m

总配管

SC70：21m

SC25：69.48m

SC20：（6.3 +40 +20.9 +6 +19.4）m ×12 户 =1111.2m

SC15：57.6m×12 户 +26.8m =718m

三、灯具、插座、开关部分

1. 软线吊灯	7 套×12 户 =84 套
2. 扁圆吸顶灯	1 套×12 户 +6 =18 套
3. 壁灯	1 套×12 户 =12 套
4. 排风扇	1 台×12 户 =12 台
5. 安全型插座	4 个×12 户 =48 个
6. 防溅型插座	1 个×12 户 =12 个
7. 单相二/三极插座	13 个×12 户 =156 个
8. 空调插座	2 个×12 户 =24 个
9. 单联单控跷板开关	1 个×12 户 =12 个
10. 双联单控跷板开关	5 个×12 户 =60 个
11. 三联单控跷板开关	1 个×12 户 =12 个
12. 声光控延时开关	6 个
13. 灯头 1 风扇接线盒	(84 +18 +12 +12 +6 +1)个 =133 个
14. 开头/插座盒	(48 +12 +156 +24 +60 +12 +12)个 =324 个
15. 灯泡60W	84 个
16. 灯泡25W	(18 +12)个 =30 个

四、防雷/接地网

1. 避雷线 ϕ10	(12.6×2 +12.2×2 +1.6×2 +1.1×4)m =57.2m 沿墙
2. 避雷线 ϕ10	12.2 +[女儿墙引下(0.5 +0.1) +1.1]m×6 根 =22.4m
3. 引下线利用柱筋	(17.1 +2.2 +0.2)m×6 根 =117m
4. 接地网	(12.6×2 +11.4×3)m =59.4m

【例 48】 某市某学校学生餐厅电气照明工程，总安装容量 104kW，计算电流 155A；负荷等级为三级负荷，电源由学校总配电房引入一路 3N－380V 电源。建筑物室内干线沿金属线槽敷设，支线穿塑料管沿楼板(墙)暗敷。电力系统采用 TN－S 制，从总配电柜开始采用三相五线，单相三线制，电源零线(N)与接地保护线(PE)分别引出，所有电器设备不带电的导电部分、外壳、构架均与 PE 线可靠接地。

对于民用建筑电气安装工程来说，其施工图主要包括图纸目录、设计说明、图例、设备材料表、电气系统图及各层电气平面图等。

建筑物中灯具的安装位置、线管及导线的型号规格则用特定的表示方法表示在图上，动力、照明线路及设备在平面图上的表示方法如下。

1. 线路文字标注格式

$$a-b(c\times d)e-f$$

式中，a——线路编号或线路用途符号；b——导线型号；c——导线根数；d——导线截面，不同截面分别标注；e——配线方式符号及导线穿管管径；f——敷设部位符号。

2. 电力和照明配电箱标注格式

$a\dfrac{b}{c}$或 $a-b-c$，当需要标注引入线规格时为 $a\dfrac{b-c}{d(e\times f)-g}$

式中，a——设备编号；b——设备型号；c——设备功率，kW；d——导线型号；e——导线根数；f——导线截面，mm^2；g——导线敷设方式及部位。

3. 灯具的标注方法

$$a-b\frac{c\times d\times L}{e}f\text{，吸顶灯为 }a-b\frac{c\times d\times L}{e}D$$

式中，a——灯具数量；b——灯具型号或编号；c——每盏照明灯具的灯泡（管）数量；d——灯泡（管）容量，W；e——灯泡（管）安装高度，m；f——灯具安装方式（B，D，E，X，L，G）；L——光源种类（Ne，Xe，Na，Hg，I，IN，FL）。

电气安装工程造价计价实例施工图纸如图 2－16、图 2－17 所示，图例见表 2－34。

表 2－34　图例

图例	说明	备注	图例	说明	备注
	天棚灯	吸顶安装		暗装四极开关	h＝1.4m（暗装）
	荧光灯	详平面图		暗装二三极单相组合插座	h＝0.3m（暗装）
	暗装单极开关	h＝1.4m（暗装）		空调插座	h＝1.8m（明装）
	暗装双极开关	h＝1.4m（暗装）		多种电源配电箱	中心标高 1.6m（暗装）
	暗装三极开关	h＝1.4m（暗装）		排气扇	详平面图

【解】 工程量计算

一、配管配线

（1）进户线部分。

暗敷 PVC32：进户至 M_1 水平段 3m＋去 M_1 垂直段［3.6－（1.6＋0.25）］m＝4.75m

管内穿线ZRBVV25：［4.75＋预留（1.3＋0.8）］m×4＝27.4m

ZRBVV16：［4.75＋预留（1.3＋0.8）］m×1＝6.85m

（2）由配表箱至各用电设备。

①M_1 至开关 A 处（1m1 回路）

暗敷 PVC20：由 M_1 箱引出线垂直段［3.6－（1.6＋0.25）］m＋穿墙 0.24m＋至灯具水平段（3＋7.5）m＝12.49m

管内穿线 ZRBVV2.5：（12.49＋0.8m 预留）m×3＝39.87m

②开关 A 至开关 E 处

暗敷 PVC20：8.8m

管内穿线 ZRBVV2.5：8.8m×3＝26.4m

③开关 E 至女卫生间开关处

暗敷 PVC20：（1.8＋10.3）m＝12.1m

管内穿线 ZRBVV2.5：12.1m×3＝36.3m

④女卫生间

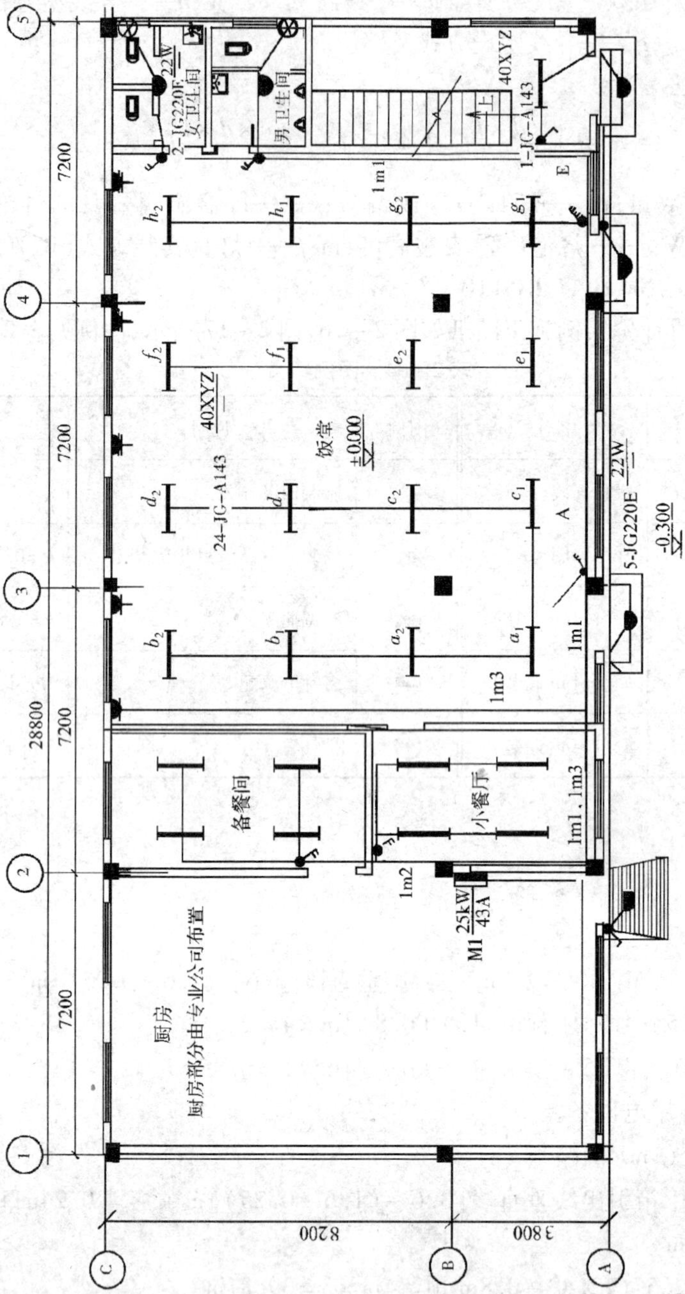

图 2-16 照明平面图

暗敷 PVC20：至开关垂直段(3.6 - 1.4)m + 开关至吸顶灯 1.8m + 吸顶灯至排气扇水平段 1.6m = 5.6m

管内穿线 ZRBVV2.5：至开关垂直段(3.6 - 1.4)m × 3 + 1.8m × 4 + 1.6m × 3 = 18.6m

⑤男卫生间

暗敷 PVC20：(3.6 - 1.4)m + 1.8m + 1.6m = 5.6m

管内穿线 ZRBVV2.5：(3.6 - 1.4)m × 3 + 1.8m × 4 + 1.6m × 3 = 18.6m

⑥饭堂开关至灯

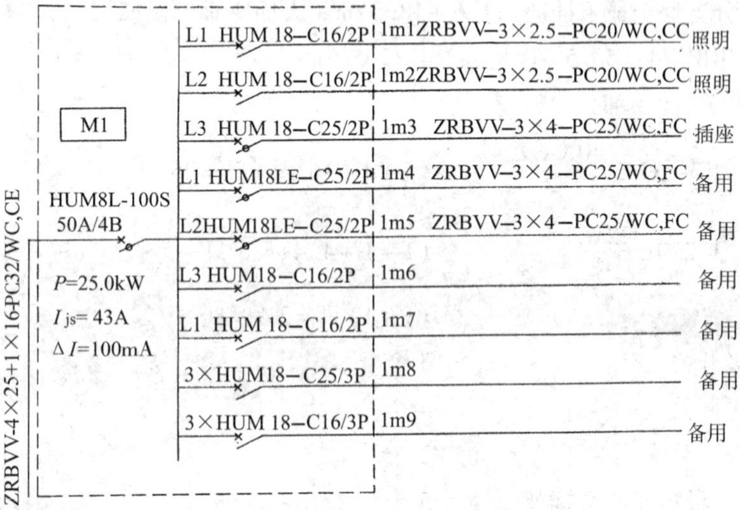

图 2－17　照明供电系统图

开关 A 到灯 abcd 处

暗敷 PVC20：(至开关 A 垂直段)(3.6－1.4)m＋(A 至灯 a_1 处)2.5m＋(灯 a_1 到灯 b_2 处)8.7m＋(灯 a_1 至灯 c_1 处)3.6m＋(灯 c_1 至灯 d_2 处)8.7m＝25.7m

管内穿线 ZRBVV2.5：(至开关 A 垂直段)(3.6－1.4)×5＋(A 至灯 a_1 处)2.5m×6＋(灯 a 间距)2.9m×4＋(灯 a_2 到灯 b_2 处)5.8m×3＋(灯 a_1 至灯 c_1 处)3.6m×4＋(灯 c 间距)2.9m×4＋(灯 c_2 至灯 d_2 处)5.8m×3＝98.4m

开关 E 到灯 efgh 处

暗敷 PVC20：(至开关 E 垂直段)(3.6－1.4)m＋(开关 E 至灯 g_1 处)1.3m＋(灯 g_1 至灯 h_2 处)8.7m＋(灯 g_1 至灯 e_1 处)3.6m＋(灯 e_1 到灯 f_2 处)8.7m＝24.5m

管内穿线 ZRBVV2.5：(至开关 E 垂直段)(3.6－1.5)m×5＋(开关 E 到灯 g_1)1.3m×6＋(灯 g 间距)2.9m×4＋(灯 g_2 至灯 h_2)5.8m×3＋(灯 g_1 至灯 e_1)3.6m×4＋(灯 e 间距)2.9m×4＋(灯 e_2 到灯 f_2)5.8m×3＝90.7m

⑦M_1 至备餐间开关(1m2 回路)

暗敷 PVC20：4.1m

管内穿线 ZRBVV25：(4.1m＋0.8m 预留)×3＝14.7m

备餐间

暗敷 PVC20：(至开关垂直段)(3.6－1.4)m＋备餐间水平段 7.6m＝9.8m

管内穿线 ZRBVV2.5：9.8m×3＝29.4m

小餐厅

暗敷 PVC20：(至开关垂直段)(3.6－1.4)m＋小餐厅水平段 9.4m＝11.6m

管内穿线 ZRBVV2.5：11.6m×3＝34.8m

⑧1m3 回路

暗敷 PVC20：由 M_1 箱引出线垂直段[3.6 -(1.6 +0.25)]m + 穿墙 0.25m + 至 1m1 分支处 6.6m +1m1 分支处至最末插座(11.6 +13.8)m + 去插座垂直段(3.6 -0.3) ×5 =50.5m

管内穿线 ZRBVV4：(50.5 +0.8)m ×4 =205.2m

二、灯具、开关、插座部分

1. 荧光灯　JG - A143 $\frac{40XX_1Z}{-}$　　(4 +4 +16 +1)只 =25 只

2. 天棚灯　JG220E $\frac{22W}{-}$　　(1 +1 +4)只 =6 只

3. 排气扇　　(1 +1)只 =2 只

4. 暗装单极开关　　5 个

5. 暗装双极开关　　4 个

6. 暗装三极开关　　2 个

7. 暗装二、三极单相组合插座　　5 个

三、配电箱

配电箱 M_1　300mm(L) ×500mm(H)1 台

【例 49】　本工程为住宅楼，共 4 层，一个单元，每单元为一梯两户，两户的平面布置是对称的。建筑物主体结构为底层框架结构，2 层及以上为砖混结构，楼板为现浇混凝土楼板。建筑物层高为 3.00m。

(一)电气设计说明

(1)本工程电源采用三相四线制(380V/220V)供电，系统接地形式采用 TN - C - S 系统。进户线采用 VV22 - 1000 - 3 ×35 +1 ×16 电力电缆，穿焊接钢管 SC80 埋地引入至总电表箱 AW，室外埋深 0.7m。进户电缆暂按长 20m 考虑。

(2)在电源进户处设置重复接地装置一组，接地极采用镀锌角钢∟50 ×50 ×5、h =2 500，接地母线采用镀锌扁钢 -40 ×4，接地电阻不大于 4Ω。

(3)室内配电干线，电表箱 AW 至各层用户配电箱 AL 均采用 BV -2 ×16 + PE16 导线，AW 箱到其他楼层 AL 箱穿 PC40 保护。由用户箱引出至用电设备的配电支线，空调插座回路采用 BV -2 ×4 + PE4 导线穿 PC25 保护；其他插座回路采用 BV -2 ×2.5 + PE2.5 导线穿 PC20 保护；照明回路采用 BV -2 ×2.5 导线穿 PC 保护，其中 2 根线用 PC16，3 根线用 PC20，4 ~6 根线用 PC25。楼道照明由 AW 箱单独引出一回路供电。

(4)设备距楼地面安装高度：AW 总电表箱距底边 1.40m，AL 用户配电箱距底边 1.80m；链吊式荧光灯具 3.0m，软线吊灯 2.8m；灯具开关、吊扇调速开关 1.30m；空调插座 1.80m，厨房、卫生间插座 1.50m，普通插座 0.30m。

(二)主要电气设备材料

主要电气设备材料见表 2 -35。

表 2-35　主要电气设备材料

序号	图例	名称	规格	单位	数量	备注
1	■	电表箱	JLFX-9,950×900×200	台	1	底边距地 1.4m
2	■	配电箱	XRM101,450×450×105	台	8	底边距地 1.8m
3	⊗	组合方形吸顶灯	XD117,4×40W	套	16	吸顶安装
4		半圆球吸顶灯	JXD5-1,1×40W	套	16	吸顶安装
5	①	无罩软线吊灯	250V/6A,1×40W	套	40	距地 2.8m
6	②	瓷质座灯头	250V/6A,1×40W	套	24	吸顶安装
7	●	声控圆球吸顶灯	250V/6A,1×40W	套	4	吸顶安装
8		暗装单联单控开关	L1E1K/1	套	48	距地 1.3m
9		暗装双联单控开关	L1E2K/1	套	32	距地 1.3m
10		暗装二、三孔单相插座	L1E2US/P	套	160	距地 0.3m
11	K	暗装空调专用插座	L1E1S/16P	套	32	距地 1.8m
12	A	暗装防溅三孔插座(插座内置带开关)	L1E2SK/16P+L1E1F	套	24	距地 1.5m
13	B	暗装二、三孔单相插座(带保护门)	L1E1S/P+L1E1F	套	40	距地 1.5m
14		电力电缆	VV22-1 000-3×35+1×16	m	20	
15		钢管	SC80	m	按实	
16		硬塑料管	PC40	m	按实	
17		硬塑料管	PC25	m	按实	
18		硬塑料管	PC20	m	按实	
19		硬塑料管	PC16	m	按实	
20		导线	BV-16	m	按实	
21		导线	BV-4	m	按实	
22		导线	BV-2.5	m	按实	
23		接地极	L50×50×5	根	3	
24		接地母线	40×4	m	按实	

(三)电气系统图

1. 配电干线图

配电干线图(图 2-18(a))表明了该单元电能的接受和分配情况,同时也反映出了该单元内电表箱、配电箱的数量关系。

安装在底层的电表箱其文字符号为 AW,它也是该单元的总配电箱,底层还设有两个用户配电箱 AL1-1、AL1-2;2~4 层每层均有两台用户配电箱,它们的文字符号分别为 AL2-1~

AL4－2。

进线电源引至电表箱 AW 箱经计量后，由 AW 引出的配电干线采用“放射式”连接方式，即由 AW 箱向每一楼层的每一台用户箱 AL 单独引出一路干线供电，配电干线回路的编号为 WLM1～WLM8。

2. 电表箱系统

电表箱系统图（图 2－18（b））表明了该单元电源引入线的型号规格，电源引入线采用铜芯塑料低压电力电缆，进入建筑物穿钢管 SC80 保护。电表箱内共装设了 8 个单相电度表，每个电表由一个低压断路电表引出的导线即为室内低压配电干线，回路均由 3 根 $16mm^2$ 的铜芯塑料线组成，并穿线管保护，至其余楼层的用硬塑料管 PC40。

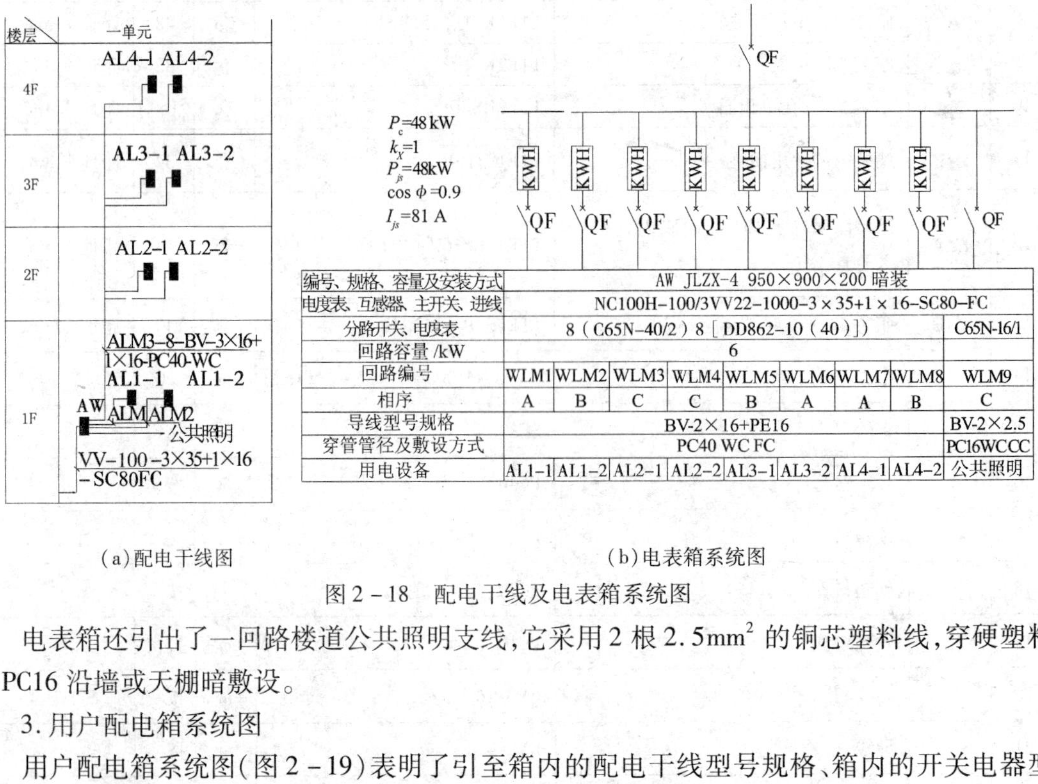

编号、规格、容量及安装方式	AW JLZX-4 950×900×200 暗装								
电度表、互感器、主开关、进线	NC100H–100/3VV22–1000–3×35+1×16–SC80–FC								
分路开关、电度表	8（C65N–40/2）8［DD862–10（40）］								C65N-16/1
回路容量 /kW	6								
回路编号	WLM1	WLM2	WLM3	WLM4	WLM5	WLM6	WLM7	WLM8	WLM9
相序	A	B	C	C	B	A	A	B	C
导线型号规格	BV-2×16+PE16								BV-2×2.5
穿管管径及敷设方式	PC40 WC FC								PC16WCCC
用电设备	AL1–1	AL1–2	AL2–1	AL2–2	AL3–1	AL3–2	AL4–1	AL4–2	公共照明

（a）配电干线图　　（b）电表箱系统图

图 2－18　配电干线及电表箱系统图

电表箱还引出了一回路楼道公共照明支线，它采用 2 根 $2.5mm^2$ 的铜芯塑料线，穿硬塑料管 PC16 沿墙或天棚暗敷设。

3. 用户配电箱系统图

用户配电箱系统图（图 2－19）表明了引至箱内的配电干线型号规格、箱内的开关电器型号规格以及由箱内引出的配电支线的型号规格。

AL1－1～AL4－2 箱引出 5 回路支线，其中 1 回路照明支线 M1，穿硬塑料管 PC16 保护；3 回路插座支线，普通插座支线 C_1、卫生间插座 C_2 和厨房插座 C_3，均穿硬塑料管 PC20 保护；1 回路空调插座支线 K1，穿硬塑料管 PC25 保护。

（四）电气平面图

（1）配电干线，由电气平面图（图 2－20）可知，引入每层用户配电箱 AL 的配电干线是由楼梯间⑭轴墙内暗敷设引上，并经楼地面、墙体引到位于Ⓑ轴墙上暗装的配电箱。

（2）每户配电支线，对照电气系统图可知每一个用户配电箱引出 5 回路支线，支线 M1 由配电箱上端引出给这一户所有的照明灯具供电，它的具体走向是出箱后先到客厅，然后到北阳台、南卧室、卫生间、厨房，由于该支线较长，所以看图时应注意每根图线代表的导线根数以及穿管管径；支线 C1 由配电箱下端引出给所有的普通插座供电，它的具体走向是出箱后先到客

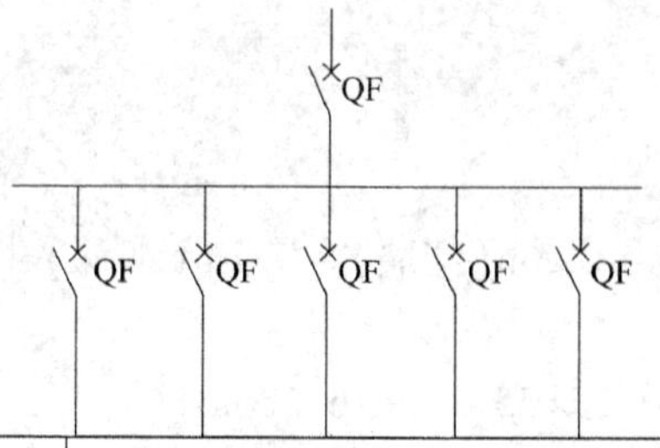

编号、规格、容量及安装方式	AL1~4−1~2×M（R）23-3-15 450×450×105 6kW 暗装				
电度表、互感器、主开关、进线	C65N-40/2 BV-2×16+PE16-PC40-WC CC				
分路开关	C65N-16/1	3（C65N-16/1+Vingi）			C65N-16/1
回路容量 /kW					
回路编号	M_1	C_1	C_2	C_3	K_1
相序					
导线型号规格	BV-2×2.5	BV-2×2.5+PE2.5			BV-2×4+PE4
穿管管径及敷设方式	PC16WCCC	PC20WCFC	PC20WCCC		PC25WC CC
用电设备	照明	普通插座	卫生间插座	厨房插座	空调

图 2－19　用户配电箱系统图

厅，然后到南面的各卧室；支线 C2 由配电箱上端引出给餐厅、厨房插座供电，它的具体走向是出箱后先到餐厅，然后到厨房；支线 C3 由配电箱上端引出给盥洗室、卫生间插座供电，它的具体走向是出箱后先到盥洗室，然后到卫生间；支线 K1 由配电箱上端引出所有的空调插座供电，它的具体走向是出箱后先到箱上方的分线盒，再由分线盒分出两路线，一路至客厅空调插座，另一路至南面卧室各空调插座。

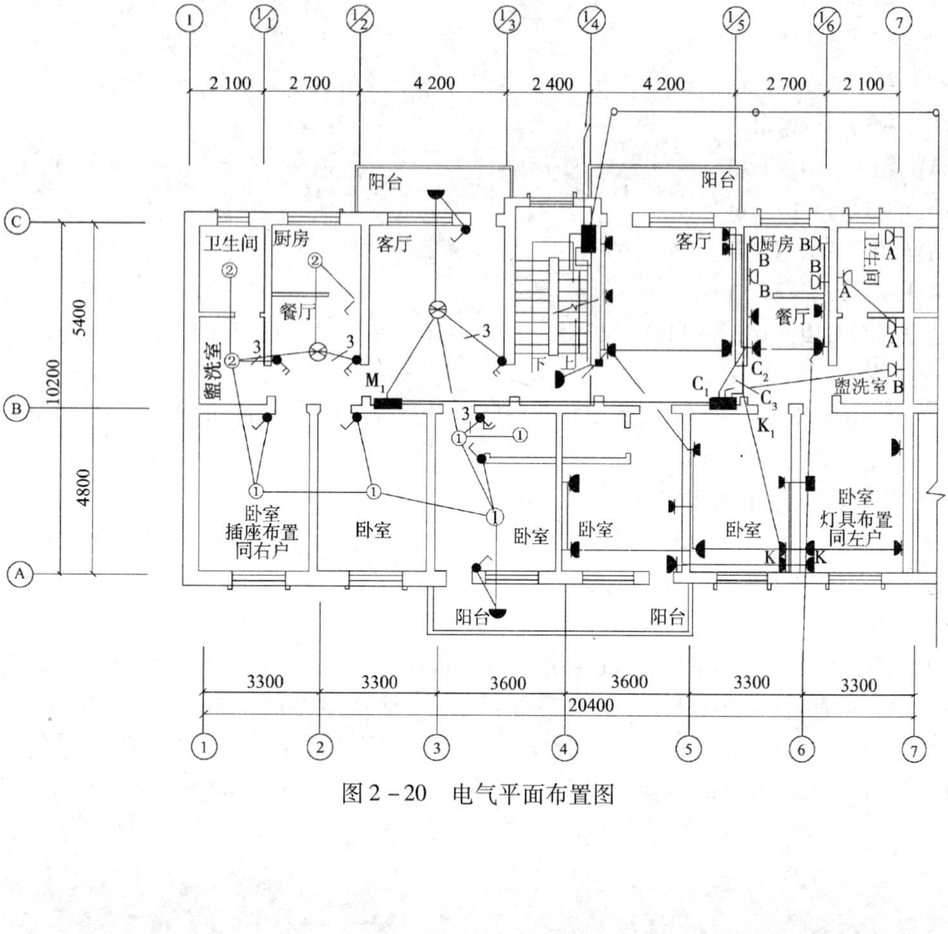

图 2－20　电气平面布置图

工程量计算

一、配管配线

(1)进户钢管暗配

SC80:1.0m(墙外预留)+0.3m(穿墙)+0.7m(埋深)+0.45m(室内外高差)+1.4m(出地坪至AW)=3.85m

电力电缆VV22-1 000-3×35+1×16　20m

(2)由总配电箱至各层用户配电箱,钢管暗配

PC40:①AW箱~AL1-1箱

1.5m(AW箱到地坪垂直)+(沿⑭轴水平)5.00m+(沿Ⓑ轴水平)3.6m+(入AL1-1箱垂直)1.8m=11.9m

②AW箱~AL1-2箱

1.5m(AW箱至地坪垂直)+(沿⑭轴水平)5.00m+(沿Ⓑ轴水平)3.6m+(入AL1-2箱垂直)1.8m=11.9m

③AW箱~AL2-1箱

(AW箱至2层地坪垂直)(3-1.4-0.90)m+(沿⑭轴水平)5.00m+(沿Ⓑ轴水平)6.00m+(入AL2-1箱垂直)1.8m=13.5m

④AW箱~AL2-2箱

(AW箱至2层地坪垂直)(3-1.4-0.90)m+(沿⑭轴水平)5.00m+(沿Ⓑ轴水平)3.6m+(入AL2-2箱垂直)1.8m=11.1m

⑤AW箱~AL3-1箱

(13.5+3)m=16.5m

⑥AW箱~AL3-2箱

(11.1+3)m=14.1m

⑦AW箱~AL4-1箱

(16.5+3)m=19.5m

⑧AW箱~AL4-2箱

(14.1+3)m=17.1m

总暗配管PC40:(14.3+11.9+13.5+11.1+16.5+14.1+19.5+17.1)m=118m

管内穿线

BV-2×16+PE16:[(AW箱预留)(0.90+0.95)m×8+(管长)118m+(箱预留)(0.45+0.45)m×8]×3=420.0m

(3)各用户配电箱至照明暗配管

①PC16:M_1回路　(AL箱至客厅灯)3.20m+(客厅至北阳台及开关)(3.50+1.30)m+(客厅至卧室廊灯)3.80m+(右卧室及南阳台)(1.80+2.50+1.70+2.60+1.20)m+(右卧室至中卧室及开关)(3.50+2.40)m+中卧室至左卧室及开关(3.30+2.50)m+左卧室至盥洗室3.80m+盥洗室至卫生间2.70m+盥洗室至餐厅2.40m+餐厅至厨房及开关(2.70+1.80)m+出AL箱垂直(3.00-1.80-0.45)m+入开关垂直(3.00-1.30)m×6=57.65m

楼道灯　(AW箱至底层分线盒)[(3.00-1.40-0.90)+3.2+0.40]m+(楼层分线盒之间垂直[0.40+3.00+3.00+(3.00-0.40)]m+(分线盒至楼梯灯)(0.40+1.40)m×4=20.5m

总暗配管 (57.65×8+20.5)m=481.7m

②PC20:照明 (客厅灯至开关)[2.60+(3-1.3)]m+(卧室灯至开关)[1.10+(3-1.3)]m+(餐厅灯至开关)[1.40+(3-1.3)]m+(盥洗室灯至开关)[1.20+(3-1.3)]m=13.10m

插座 C_1 回路:(客厅水平)(1.90+2.90+4.20+3.10)m+(客厅至卧室水平)(3.80+1.70+1.30+3.60+1.90+3.30+1.90+3.30+2.90)m+(出箱垂直)1.90m+(插座至地坪)(0.4×11)m=42.10m

C_2 回路:(水平)(5.50+3.80+2.50)m+(出箱垂直)(3.00-1.80-0.45)m+(顶棚至分线盒垂直)(0.40×2)m+(至插座垂直)(3.00-0.4-1.50)m×3+(3.00-1.50)m=18.15m

C_3 回路:(水平)(1.90+3.00+2.70+3.00)m+(出箱垂直)(3.00-1.80-0.45)m+(顶棚至分线盒垂直)(0.40×3)m+(至插座垂直)(3.00-0.4-1.50)m×8=21.35m

总暗配管:(13.10+42.1+18.15+21.35)m×8户=757.6m

③PC25:空调插座:

K_1 回路:(出AL箱至接线盒垂直)(3.00-1.80-0.45-0.40)m+(接线盒至客厅插座)[0.40+5.10+(3.00-1.80)]m+(接线盒至⑥轴接线盒)(0.40+5.00+0.40)m+(接线盒至⑥轴插座)(3.00-1.80-0.40+0.30)m+(接线盒至⑤轴插座)[0.40+3.30+(3.00-1.80)]m=18.85m

总PC25暗配管 18.85m×8=150.8m

管内穿线BV-4:[(AL箱预留)(0.45+0.45)+18.85]m×3根×6户=355.5m

BV-2.5[(AL箱顶留)(0.45+0.45)×3($C_1C_2C_3$ 回路)+管长-(42.10+18.15+21.35)]m×3+[(AL箱预留)(0.45+0.45)+(M_1 回路管长)57.65]m×2+13.10m×3+[(AW箱预留)(0.90+0.95)+(管长)20.5]m×2=454m

二、灯具插座开关部分

1.组合方形吸顶灯	2套×8户=16套
2.半圆球吸顶灯JXD5-1	2套×8户=16套
3.无罩软线吊灯	5套×8户=40套
4.瓷质座灯头	3套×8户=24套
5.声控圆球吸顶灯	1套×4层=4套
6.暗装单联单控开关	6套×8户=48套
7.暗装双联单控开关	4套×8户=32套
8.暗装二、三孔单相插座	20套×8户=160套
9.暗装空调专用插座	4套×8户=32套
10.暗装防溅三孔插座	3套×8户=24套
11.暗装二、三孔单相插座(带保护门)	5套×8户=40套
12.暗装线路接线盒	(2+2+2)个×8户+1个×4层=52个
13.暗装灯头盒	11个×8户+1个×4层=92个
14.暗装开关盒,插座盒	(10+32)个×8户=336个

1. 照明电表箱安装　JLFX－9　950×900×200　　1台

2. 照明配电箱安装　XRM101　450×450×105　　2×4台=8台

四、避雷部分

1. 户内接地母线敷设

[(AW箱至地坪)(1.40+0.90)m+(埋深)(0.45+0.70)m+(至外墙水平)1.30m]×1.039=4.94m

2. 户外接地母线敷设

[(外墙至接地极水平)3.00+(接地极回距)5×2]m×1.039=13.51m

3. 接地极制作、安装

∟50×50×5　　3根

4. 接地电阻测试一次

【例50】

一、工程概况

本工程为五层混合结构单身宿舍楼工程，由某市全民施工企业包工包料承担施工。电气施工图详见图2－21～图2－23。

二、施工说明

(1)电源由变电所通过直埋电缆沿地(地面下0.8m)380V三相四线引入，使用电压220V。

(2)导线除图中注明外，照明回路均采用BV－500型1.5mm^{2}铜芯塑料线穿PVC16塑料管暗敷。插座回路均采用BV－500型2.5mm^{2}铜芯塑料线穿PVC20塑料管暗敷。

(3)安装高度(下沿距地)：计量箱、配电箱1.5m，跷板开关1.4m，刮须插座1.4m，排气扇插座2.2m，其余插座0.3m。

(4)所有电气设备不带电的金属外壳及穿线铁管均须按规程接零保护，保护零线必须在进户零线重复接地处单独引入，不得与工作零线共用，单相三极插座的接地极必须与保护零线可靠连接。

(5)进户线零线设置重复接地装置，其接地电阻不得大于10Ω。接地极采用∟50×50，$L=2500$镀锌角钢，接地线采用－40×4镀锌扁钢，与接地极须焊接一体，接地极一组一般为三根，若实测接地电阻达不到要求可增加接地极或延长接地线。

(6)防雷说明：

1)避雷带采用ϕ10镀锌圆钢，沿女儿墙和水箱一周敷设，固定支架采用ϕ10圆钢，高0.1m，间距1m，由土建预埋。

2)接地极利用基础主钢筋，接地电阻不得大于10Ω，若达不到此值可加设人工接地装置。

3)引下线利用柱子主钢筋(10－3)，图示各柱的主钢筋须伸出顶面0.1m与避雷带焊接；接地极、引下线、避雷带须自下而上焊接为一体。

4)屋面上所有高出避雷带的金属构筑物或管道等均须用ϕ10镀锌圆钢与避雷带连接成电气通路。

5)作引下线的各柱在±0.8m处分别用40×4扁钢做预埋连接板，引出连接板与柱内主钢筋焊接；供测量接地电阻和必要时加人工接地装置连接用。

(7)配电箱预留洞和暗管预埋须与土建密切配合，预埋暗管时若遇到非电气设备应设法避开，以免与其碰撞。

(8)本建筑层高3m。

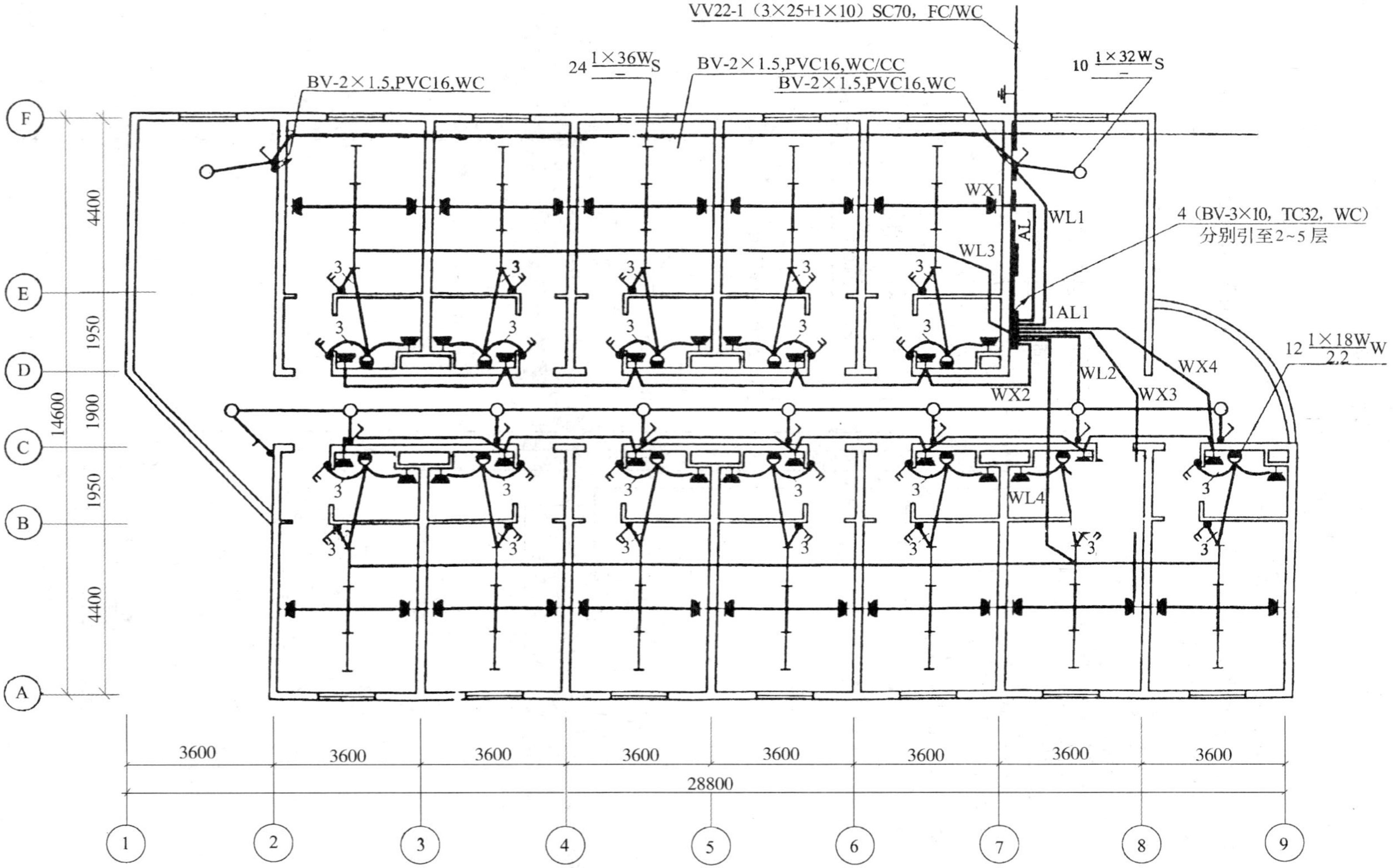

图 2-21 一层照明平面图

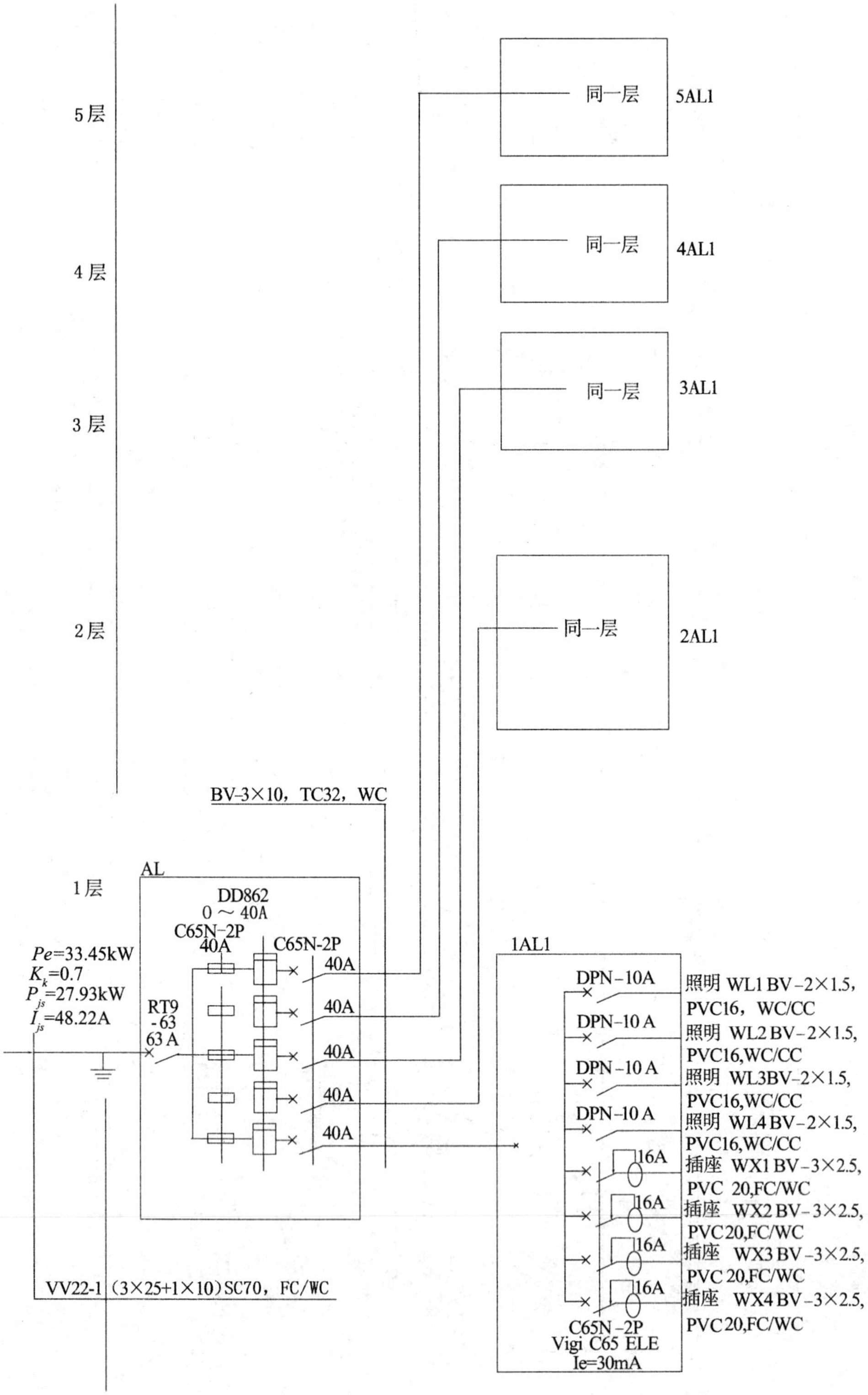

5层
4层
3层
2层
1层
同一层
5AL1
同一层
4AL1
同一层
3AL1
同一层
2AL1
BV-3×10，TC32，WC
AL
DD862
0 ~ 40A
C65N-2P
40A
C65N-2P
40A
40A
40A
40A
40A
Pe=33.45kW
Kk=0.7
Pjs=27.93kW
Ijs=48.22A
RT9
-63
63 A
VV22-1（3×25+1×10）SC70，FC/WC
1AL1
DPN-10A
照明 WL1 BV-2×1.5,
PVC16，WC/CC
DPN-10 A
照明 WL2 BV-2×1.5,
PVC16,WC/CC
DPN-10 A
照明 WL3BV-2×1.5,
PVC16,WC/CC
DPN-10 A
照明 WL4 BV-2×1.5,
PVC16,WC/CC
16A
插座 WX1 BV-3×2.5,
PVC 20,FC/WC
16A
插座 WX2 BV-3×2.5,
PVC20,FC/WC
16A
插座 WX3 BV-3×2.5,
PVC 20,FC/WC
16A
插座 WX4 BV-3×2.5,
PVC20,FC/WC
C65N-2P
Vigi C65 ELE
Ie=30mA

图 2－22　供电系统图

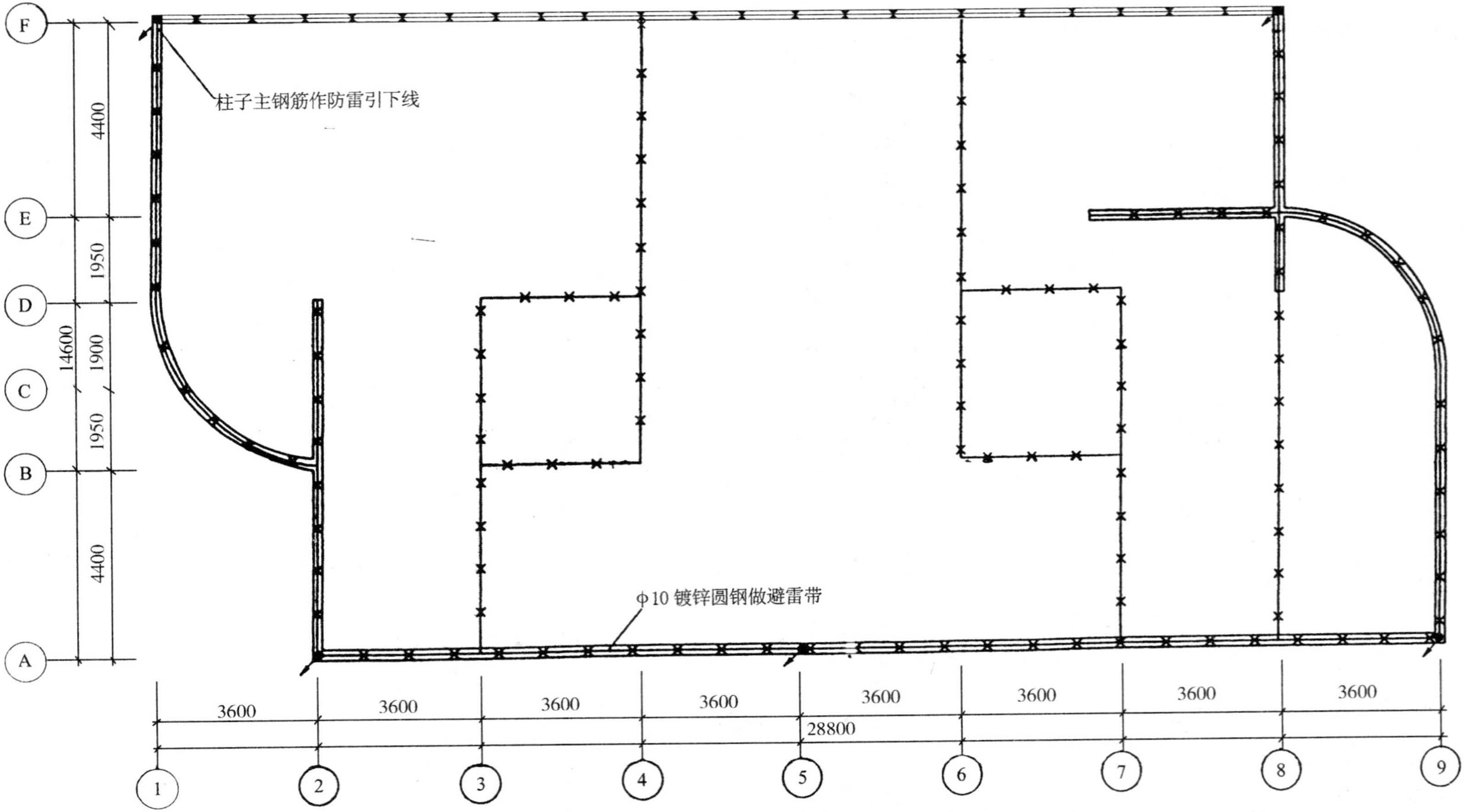

图2-23　屋顶避雷网平面布置图

工程量计算

一、配管配线

(1)进户线配管沿墙暗敷。

SC70:10m(水平长度)+(0.8+1.5)m(垂直长度)+(0.90+0.95)m(预留长度)=14.15m

电缆 VV2L-1(3×25+1×10): 10m+(0.8+1.5)m=12.30m

(2)由总配电箱至各用户配电箱。

TC32:1 层 1.5m(水平长)+(0.45+0.45)m(配电箱半周长)=2.4m

2 层 [3+1.5+(0.45+0.45)]m=5.4m

3 层 (3+5.4)m=8.4m

4 层 (3+8.4)m=11.4m

5 层 (3+11.4)m=14.4m

总 TC32 管长:[2.4+5.4+8.4+11.4+14.4-(0.45+0.45)×5]m=37.5m

管内配线:BV-3×10:(2.4+5.4+8.4+11.4+14.4)m×3=126m

(3)各用户配电箱至照明暗配管。

PVC16:WL_1 [4+0.1+(3-1.4)+5×3.6+(3-1.4)+0.1+(3-1.4+1.7)×2+(3+3×3)×2+(3-1.4+1.7)×2×4]m=82.4m

WL_2 [(3-1.5)+2.6+3.6×7+(0.9+3-1.4)×8]m=49.3m

WL_3 {(3-1.5)+2.8+3.6×4+2.2×5+[3+(3-2.2)+1.2+(3-2.2)]×5+(3-2.2)×5}m=62.7m

[(1.2+0.3-1.4)×5+(0.9+3-2.2+3-1.4)×5]m=17m

WL_4 {(3-1.5)+6.2+3.6×6+2.2×7+[3+(3-2.2)+1.2+(3-2.2)]×7+(3-2.2)×7}m=90.9m

[(1.2+0.3-1.4)×7+(0.9+3-2.2+3-1.4)×7]m=23.8m

总 PVC16:(82.4+49.3+62.7+17+90.9+23.8)m=326.1m

326.1m×5=1630.5m

管内配线:

BV-2.5:[(82.4+49.3+62.7+90.9)×2+(17+23.8)×3]m×5=3465m

PVC20:WX_1 (1.5+3.2+3.6×5+0.3×11)m=26m

WX_2 [1.5+2.4+1.4+(1.4+3.3+1.4)×2+(1.4+3.9+1.4)×2]m=30.9m

WX_3 (1.5+7.8+3.6×7+0.3×15)m=39m

WX_4 [1.5+3.6+1.4+(1.4+3.3+1.4)×3+(1.4+3.9+1.4)×3]m=44.9m

总 PV-C20:(26+30.9+39+44.9)m×5=704m

管内配线:

BV-2.5:(26+30.9+39+44.9)m×3×5=2 112m

二、灯具、开关、插座部分

1. 单管吸顶式荧光灯 24×5 套=120 套

2. 环型管吸顶灯 10×5 套=50 套

3. 壁灯 12×5 套=60 套

4. 单相二极暗插座 12×5 套=60 套

5. 单相二极加三极暗插座　　　　　　24 ×5 套 =120 套

6. 跷板式暗开关　　　　　　　　　　(10 ×5 +24 ×5)套 =170 套

7. 刮须插座　　　　　　　　　　　　12 ×5 套 =60 套

三、照明配电箱

1. 总配电箱　　JLFX －9,950 ×900 ×200　　1 台

2. 配电箱　　MRM101,450 ×450 ×105　　5 台

四、避雷引下线

1. 避雷部分

(3 ×5 +0.8 +0.9)m ×2 ×6 根 =200.4m

2. 避雷带 ϕ10 镀锌圆钢

[(28.8 －3.60) ×2 +(4.40 ×1.95 +4.40) ×2 +3.6 ×3.14 ×0.25 ×2]m =77.55m

水箱引下女儿墙引上　(9.5 +10 +3.8 ×2 +1.5 ×2 ×2 +0.9 ×2)m ×2 =69.8m

(77.55 +69.8 +4.3 +3.8)m =155.45m

【例 51】

(一)工程概况

1. 工程用途及所属单位:该工程由某市饮食公司投资,为一般饮食营业厅。

2. 工程结构:该工程为砖混结构两层。主墙为砖墙,隔墙为加气轻质混凝土砌块;底层楼板为钢筋混凝土预应力空心板;楼面为水泥砂浆地面,地面为玻璃条分格普通水磨石;屋盖为轻型钢屋架结构。

3. 电力及照明工程:因食品加工应用,由临街电杆架空引入 380V 电源,作为电力和照明用,进户线采用 BX 型;室内一律用 BV 型线穿 PVC 管暗敷,配电箱 3 台(M_0、M_1、M_2)均为工厂成品,一律暗装,箱底边距地 1.5m;插座暗装距地 1.3m;接线开关暗装距顶棚 0.3m;反开关暗装距地 1.4m;配电箱可靠接地保护,见电气平面布置图(图 2 －24)及系统图(图 2 －25)。

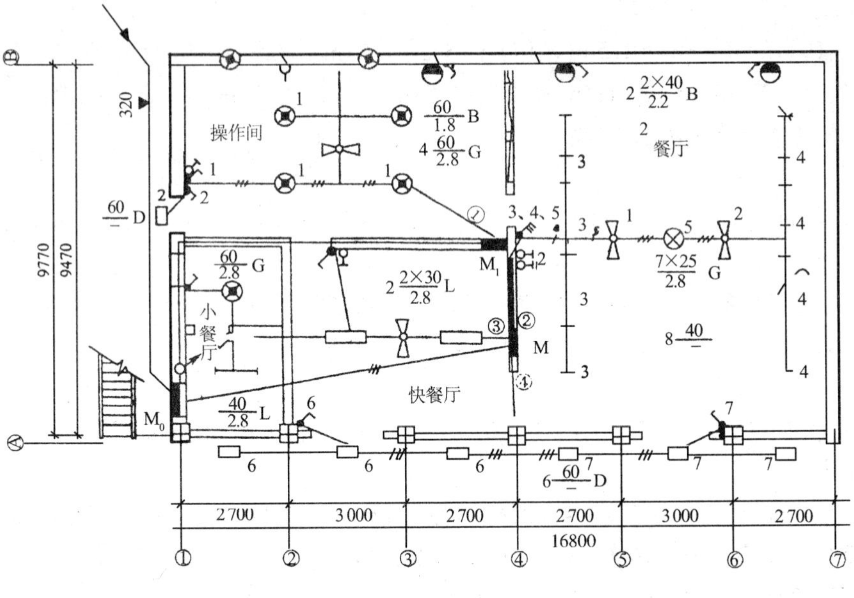

图 2 －24　电气平面布置图

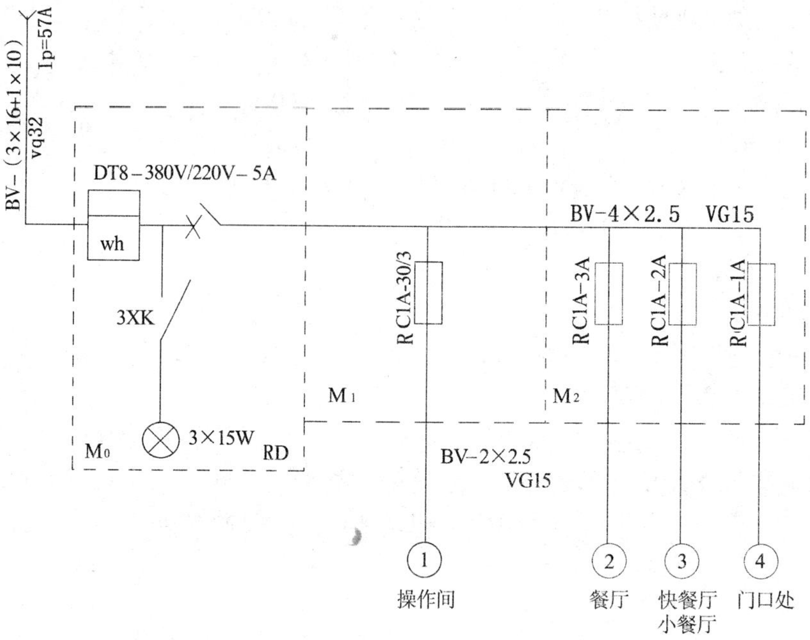

图 2-25 电气系统图

（二）编制方法

工程量计算

一、配管配线

1. 进户线钢管 沿①轴

PVC 管 VG32：[(9.47+0.15)+(3.2-1.5)]m（埋墙）=11.32m

管内穿线

BX-10：(9.47+0.15)m+1.5m（预留）+(3.2-1.5)m+(0.8+0.5)m（预留）=14.12m

BX-16：[(9.47+0.15)m+1.5m+(3.2-1.5)m+(0.8+0.5)m]×3 根=42.36m

2. 由总配电箱至各用途配电箱

M_0 至 M_1

PVC 管 VG20：[(3.44-1.5)×2+3.77+(2.7+3+2.7)（全埋墙）]m=16.05m

管内穿线

BV-2.5：[(3.44-1.5)×2+3.77+(2.7+3+2.7)+(0.5+0.8+0.5+0.3)预留]m×4=72.60m

M_0 至 M_2

PVC 管 VG20：(1.5+2.7+3+2.7+0.6+1.5)m（埋地）=12.00m

管内穿线

BV-2.5：[(1.5+2.7+3+2.7+0.6+1.5)+(0.8+0.5+0.5+0.3)]m×4=56.40m

总配管 PVC 管 VG20：(16.05+12.00)m=28.05m

配线 BV-2.5：(72.60+56.40)m=129.00m

3. 配电箱至照明线路

①操作间

PVC 管 VG15：[(3.44 - 1.5)埋墙 + 2.7 + 1.5 + 4.5 + (3 × 2 + 2.7) + 3 + (1.35 + 3 + 2.7 + 2.7 + 3 + 1.35) + (3.44 - 1.4) × 6(开关引下埋墙) + 3 × 0.5(引下至排风扇埋墙)]m = 50.18m

管内穿线

BV - 2.5：[(3.44 - 1.5) + 2.7 + 1.5 + 4.5 + (3 × 2 + 2.7) + 3 + (1.35 + 3 + 2.7 + 2.7 + 3 + 1.35) + (3.44 - 1.4) × 6 + 3 × 0.5 + 0.5 + 0.3]m × 2 + (1.5 × 2 + 1.5 + 1.35 + 1.5 + 1.35) m(三根线及四根线处) = 110.66m

②餐厅

PVC 管 VG15：[(3.44 - 1.5)(埋墙) + (3.44 - 1.4) × 3(埋墙) + (9.47 × $\frac{1}{4}$ + 2.7 + 3 + 2.7 + 9.47 × 3/4) × 2]m = 43.8m

管内穿线

BV - 2.5：{[43.8 + (0.5 + 0.3)] × 2 + [(2.7 + 3) + (2.7 + 3) × 2 + 1.35](三、四、五、六根线处)}m = 107.65m

③快餐厅、小餐厅

PVC 管 VG15：[(3.44 - 1.5)(埋墙) + 2.7 + 3 + 2.7 + 9.47 × $\frac{1}{2}$ + 1.35(吊顶内) + (3.44 - 1.4) × 4(埋墙)]m = 24.59m

管内穿线

BV - 2.5：[24.59 + (0.5 + 0.3)预留]m × 2 = 50.78m

④门口处

PVC 管 VG15：[(3.44 - 1.5)埋墙 + (9.47 × $\frac{1}{4}$ + 0.44 + 1.35 + 3 + 2.7 × 2 + 3 + 1.35 + 0.88)吊顶内 + (3.44 - 1.4) × 2 埋墙]m = 23.81m

管内穿线

BV - 2.5：[23.81 + (0.5 + 0.3)(预留)]m × 2 = 49.22m

总 PVC 管 VG15：(50.18 + 43.8 + 24.59 + 23.81)m = 142.38m

总线 BV - 2.5：(110.66 + 107.65 + 50.78 + 49.22)m = 318.31m

二、灯具、开关、插座

1. 链吊式荧灯光双管　快餐厅　$2 \times \frac{2 \times 30}{2.8}L$　30W　2 套

2. 顶棚嵌入式单管荧光灯　$8\frac{40}{-}$　40W　8 套

3. 壁灯　操作间　$\frac{60}{118}B$，60W　1 套

餐厅　$2\frac{2 \times 40}{2.2}B$，40W　2 套

4. 管吊花灯　7 × 25W　1 套

5. 方吸顶灯　60W　5 套

6. 吊扇 ϕ1 000　4 台

7. 排风扇 ϕ600　2 台

8. 跷板暗开关(单联)　　15 个

9. 跷板暗开关(三联)　　1 个

三、配电箱部分

配电箱 $M_0M_1M_2$3 台。

【例 52】

电气平面图如图 2-26 所示,系统图如图 2-27 所示,具体情况:

(1)进户电缆保护管计至外墙 1.5m,进户电缆 5m。

(2)照明支线按设计要求沿墙、顶板暗配、有吊顶处采用支吊架明配,插座支线沿墙、底板暗配,当一根配管长度超过 8m 和 3 个弯头时增设过路合。

工程量计算

一、配管、配线

(1)进户段。

配管 G50:(1.5+0.15+0.8+0.45+1.5)m=4.4m

电力电缆 VV22-3×35+1×16:5m

(2)各支路配管配线。

①n_1 支路配管

PVCϕ16:{[(3.1-1.5-0.65)+4.8+(3.1-1.4)]+[(2.9-1.4)+4.2 明+(2.9-1.4)]×3+[(2.9-1.4)+3.0 明+(2.9-1.4)]×3-(3.1-1.5-0.65)+(3.1-1.5-0.245)}m=47.5m

管内穿线

BV-2×2.5:[(0.51+0.245)预留+27.4+25.9]m×2=108.11m

②n_2 支路配管

PVCϕ16:{[(3.1-1.5-0.65)+7+(3.1-1.4)]+[(2.9-1.4)+3.6 明+(2.9-1.4)]+[(1.5+4.2 明+1.5)+(1.5+1.5+3 明+1.5)]×3-(3.1-1.5-0.65)+(3.1-1.5-0.245)}m=60.8m

管内穿线

BV-2×2.5:[(0.51+0.245)+16.8+25.1]m×2=85.3m

③n_3 支路配管

PVCϕ16:{[(0.95+4.2+1.7)+(1.7+5.5+1.7)+(1.7+7.2+1.7)×2]+(1.7+3)+(1.7+1.1)+5.6+(1.05+2.8)+(4.65-3.6+2.8)-0.95+1.36}m=58.2m

管内穿线

BV-2×2.5:[(0.51+0.245)+58.2]m×2=117.91m

④n_5、n_6 支路

PVCϕ20:{[(1.6+6.2+0.4)+(0.4+3.6+0.4)×7]+(0.4+3.6+0.4)×7}m=69.8m

管内穿线

BV-3×2.5:[(0.51+0.245)+69.8]m×3=211.67m

⑤n_7、n_8 支路回路

PVCϕ20:[(1.35+14.1+1.3)+1×3+(1.3+6.2+1.3)×2+(1.3+3.6+1.3)+(1.35+12.2+1.3)+1×2+(1.3+6.2+1.3)+(1.3+3.6+1.3)×2]m=81.6m

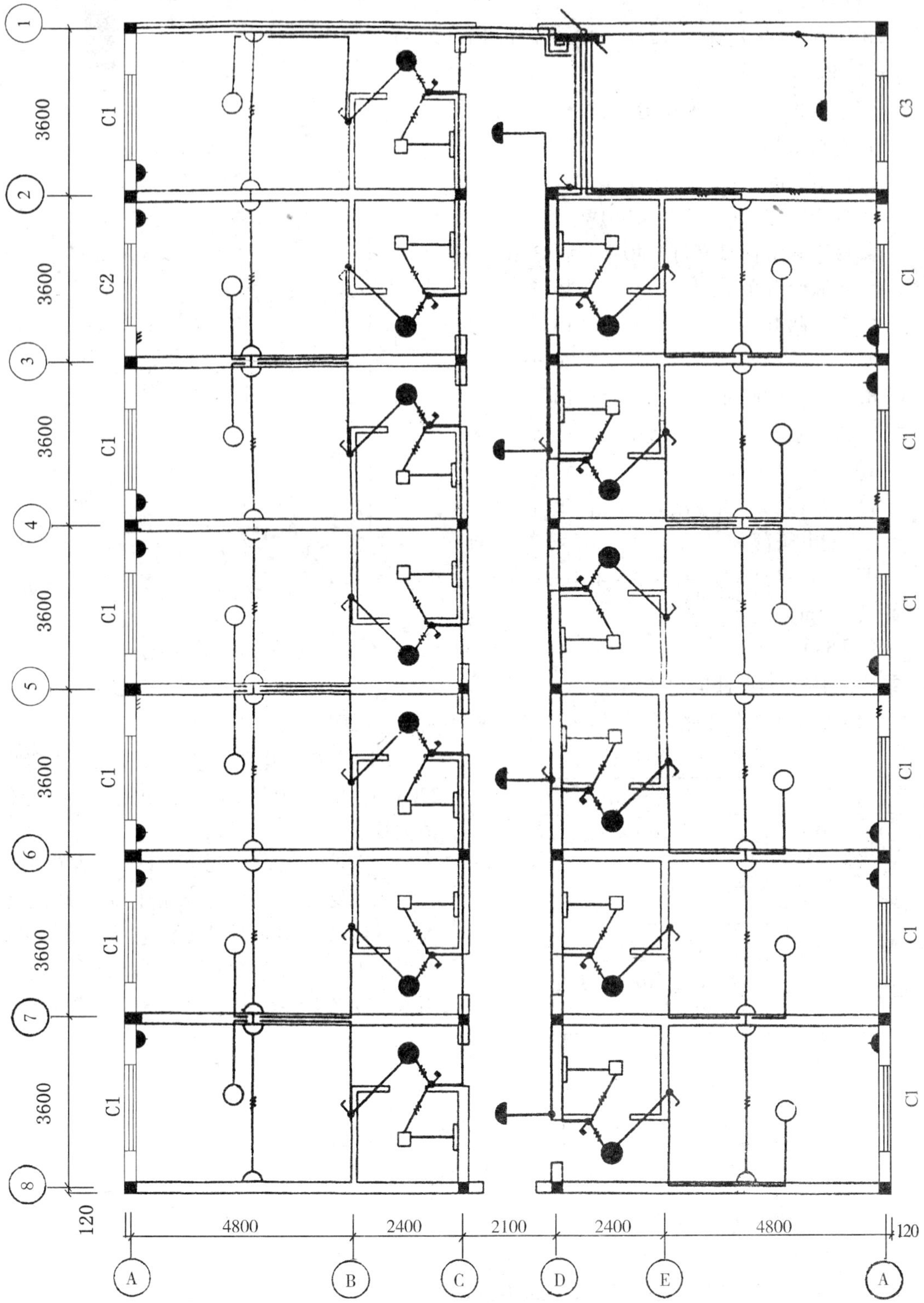

图 2－26　电气平面电路图 1:100

管内穿线：

BV－3×4：[0.51＋0.245＋43.6＋38.1]m×3＝247.365m

二、灯具、开关、插座部分

1. 普通链吊灯　100W　13 套
2. 筒灯　ϕ150　40W　13 套
3. 扁半圆吸顶灯 JXD3－140W　5 套
4. 嵌入式镜前日光灯　40W　13 套
5. 单联暗开关　18 个
6. 三联暗开关　13 个
7. 单相暗插座　26 个
8. 单相空调暗插座　13 个
9. 排气扇　25W　13 个
10. 塑料灯头盒　57 个
11. 塑料开关、插座盒　70 个

三、配电箱部分

照明箱　PXTR－3－3×4/1cm　1 台　安装高度 1.5m。

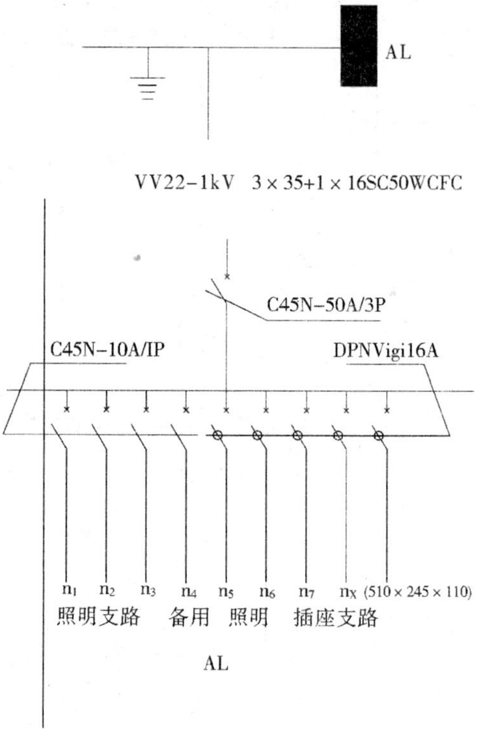

图 2－27　配电系统图

【例 53】

（一）施工图设计情况

（1）本设计图共 2 张，有系统图 2－28；平面图 2－29，图例见表 2－36。

表 2－36　图例

符　号	名　称	规格、型号
○	伞型吊灯	40W 软线吊灯
×	座灯	25W
	拉线开关	5A
	插座	10A 双联单二级
	电表箱	XMNR－5－4D4K 四表箱 XMNR－5－3D3K 三表箱

（2）电源。电源采用三相四线制，380/220V，电源进户线采用电缆埋地引入，穿保护钢管。

（3）线路敷设。配电干线、电表箱引出线均采用穿保护钢管，在现浇楼板，墙内暗敷设。导线选用 BX 型橡皮铜芯线；户内分支线采用 BLVV 铝芯塑料护套线沿墙、沿顶板用卡钉明敷设；插座线路穿硬塑料管沿墙暗敷设。

（4）要求。

1）所有的电气施工及安装均要求按照电气施工规范进行。

2）现浇板内预埋钢管时，应与结构专业配合施工。

3）电表箱底部距地 1.3m 暗装。

4）明拉线开关距顶 0.15m。

5）暗插座除厨房距地 2m 外，其余均距地 0.3m。

6）电表箱引出分支线在墙内部分要求穿硬塑料管。

7）地下室照明采用墙上敷设平灯口距顶 0.15m。

（二）读图

电气照明工程是建筑工程的重要组成部分。它是由变配电设施通过线路连接各用电器具组成一个完整的照明系统，主要内容有进户装置、配电箱（盘）、配管配线、灯具、开关、插座、防雷接地及调试等项目。电气照明施工图中对安装方式、规格型号、数量均作了明确规定。

1. 配电系统图的识读

从某厂五层住宅楼电气照明施工图 2－28 中可以看出：电源进户采用 VV29 铜芯聚氯乙烯绝缘护套内钢带铠装四根 $16mm^2$ 电力电缆，穿 SC40 保护钢管埋地敷设引入总四表箱，总四表箱型号为 XMNR－5－4D4K，设置在一层。由总表箱至分表箱采用二根和三根 $16mm^2$BX 铜芯橡皮线穿 SC25 保护钢管沿墙内（WC）暗敷设，分表箱（三表箱）型号为 XMNR－5－3D3K，由三表箱至用电设施采用二根 $2.5mm^2$BLVV 铝芯塑料护套线，穿 PC15 硬塑料管沿墙内暗敷设。

配电系统图 2－28 中，进户线为 VV29－4×$26mm^2$ 电力电缆进入室内总四表箱。

2. 电气照明工程平面图的识读

平面图上表示了电源进户线、线路敷设、配电箱的位置、导线根数、照明器具的位置、规格型号、数量等。识读方法是：引入线→配电箱→引出线→用电器具。识图过程中，应注意了解导线根数，灯具型号、数量、安装方式，插座、开关安装方式、安装高度。

（1）进户线。电源进户电缆线由楼房南面或北面⑥轴线处沿地穿保护钢管引至一层总四表箱内。

（2）照明配电箱。照明配电箱（总四表箱、标准三表箱）暗装在一～五层⑤、⑥轴线楼梯间与卫生间隔墙内，箱底距地面 1.3m，每层二台配电箱，每台引出三条照明供电线路控制三户。

（3）电气照明供电线路。电气平面图中标注的线路敷设方式，由于暗敷设线路走向无固定规律，总是沿最短距离到达用电器具，计算导线长度要依靠比例尺量取图上的线路长度。明敷设线路一般沿墙走，横平竖直，比较规矩，尺寸一般可参照建筑平面尺寸计算。

图 2－29 中每台照明配电箱控制三户（N_1、N_2、N_3），由配电箱引出 N_1、N_2，N_3 线路均采用 2×$2.5mm^2$BLVV 铝芯塑料护套线穿 PC 硬塑料管进入室内，室内线路沿墙或顶部用塑料线卡明敷设至开关和灯具。因到插座的线路需要穿 PC 硬塑料管暗敷设，要在线路进入暗管处增加塑料接线盒一个便于接线。

配电线路（由总四表箱至各楼层分表箱的线路）均采用 BX－2X$16mm^2$ 铜芯橡皮线，根数与管径、敷设方式在系统图中已标明，由一层至二层为三根钢管，管径为 SC32 沿墙内暗敷设。

一般在照明平面图中，线路上均标有“///”“////”符号，分别表示该线段设计为三线和四线；便于施工和计算工程量。

（4）灯具、插座、开关。电气照明线路上设置的器具有灯具、开关、插座三类，各类产品的规格型号比较多。

图 2－29 中卧室采用伞型软线吊灯，卫生间及楼梯间采用普通平灯口座灯；开关为普通拉线开关；插座为双联单相二极暗装。

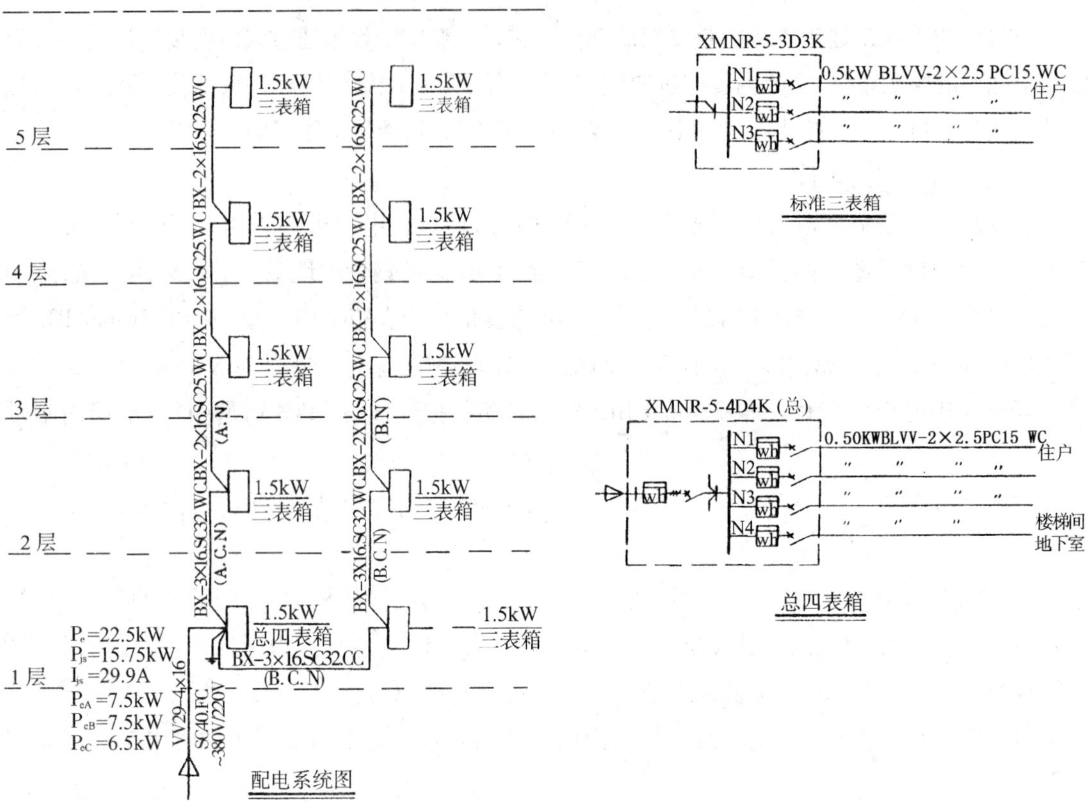

图2－28　配电系统图

工程量计算

一、配管配线

(1)总表箱至分表箱。

暗配管:DN32:(5.4 +5.6)m =11m

DN25:27m

管内穿线 BX －16mm^2:(23 +76 +22)m =121m

(2)一层用户由配电箱至各照明系统。

①左 N_1 配电箱引出

PC15:[2.2 +6.5(插座暗配管)]m =8.7m

管内穿线

BLVV －2 ×25mm^2:{[1.1(配电箱预留线) +2.2 +2.5 +3.5 +6(至暗配管口) +2.2(厨房暗配管口)](沿墙(明)敷) +[2.5 +2.5 +0.2 +1(插座)](穿塑料管)(暗)}m =[17.5(明) +6.2(暗)]m =23.7m

②左 N_2 配电箱引出

PC15:[3.5 +14(插座暗配管)]m =17.5m

管内穿线

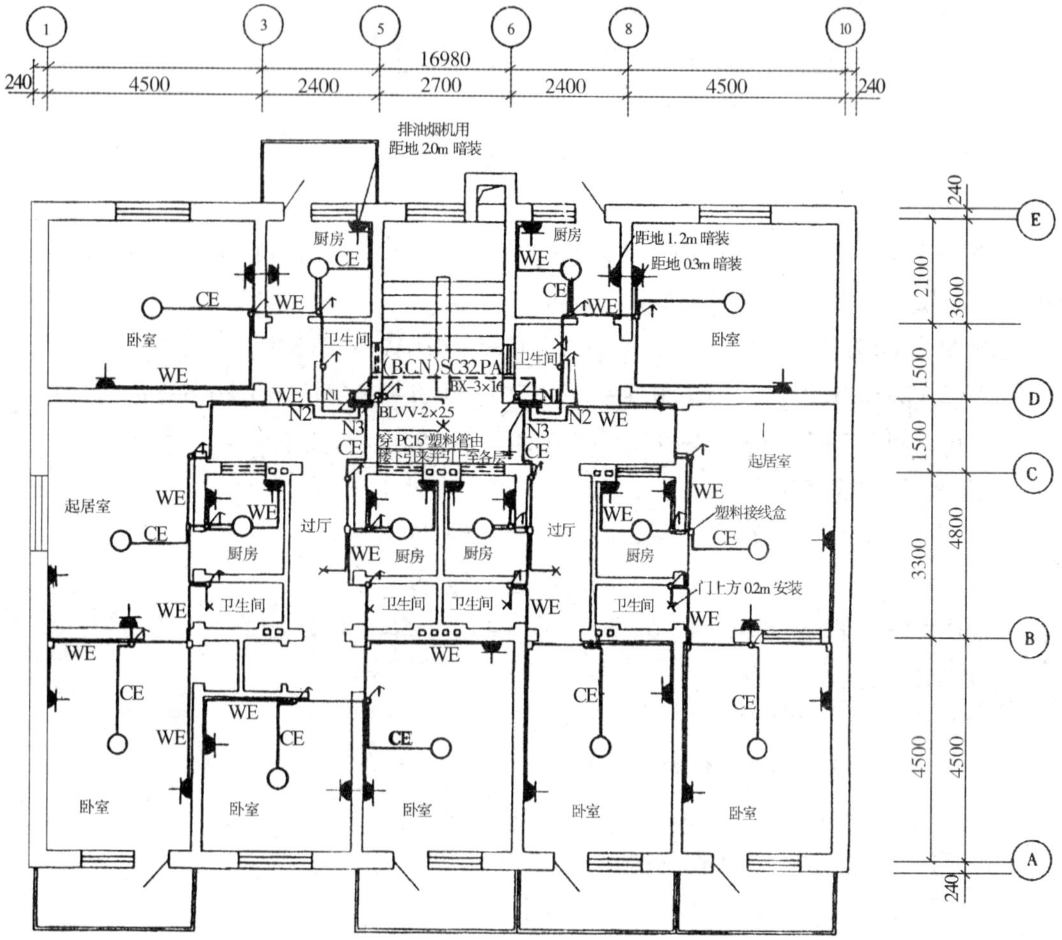

图 2－29　1－5 层照明平面

BLVV－2×2.5mm^2:{[1.1(配电箱预留线)+2.8+4.5+2+3.5+6.5][沿墙顶(明)]+13.8(插座)}m=[20.4(明)+13.8(暗)]m=34.2m

③左 N_3 配电箱引出

PC15:[1.8+9(插座暗配管)]m=10.8m

管内穿线

BLVV－2×2.5mm^2:{[1.1+1.8+2.3+1+1.5+7.8+9+1.5][沿墙顶(明)]+11.5(插座)[穿塑料管(暗)]}m=[26(明)+11.5(暗)]m=37.5m

④左 N_1 配电箱引出

PC15:8.7m

管内穿线

BLVV－2×2.5mm^2:[17.5(明)+6.2(暗)]m=23.7m

⑤右 N_2 配电箱引出

PC15:17.5m

管内穿线

BLVV－2×2.5mm²:[20.4(明)+13.8(暗)]m=34.2m

⑥右 N_3 配电箱引出

PC15:[1.8+4.8(插座暗配管)]m=6.6m

管内穿线

BLVV－2×2.5mm²:[(1.1+1.8+2.3+7.8+9+1.5)(沿墙顶)(明)+7.3(插座)(穿塑管)(暗)]m=(23.5明+7.3暗)m=30.8m

总硬塑 PCϕ15:(8.7+17.5+10.8+8.7+17.5+6.6)m×5=349m

BLVV2×2.5mm² 明:(17.5+20.4+26+17.5+20.4+23.5)m×5=626.5m

暗:(6.2+13.8+11.5+6.2+13.8+7.3)m×5=294m

二、灯具,开关插座部分

1. 伞灯　　40W　　(2+3+3+2+3+2)套×5=75 套

2. 座灯　　25W　　(1+1+2+1+1+2)套×5=40 套

3. 插座 10A 双联单二极　(4+6+6+4+6+4)套×5=150 套

4. 开关盒　　　　150 个

三、配电箱部分

1. 电表箱　　XMNR－5－4D4K　　1 台

2. 配电箱　　XMNR－5－3D3K　　(8+1)台=9 台

【例 54】 某电气工程施工图如图 2－30～图 2－32,具体说明:

(1)工程用途:该工程属于民用住宅,共 5 层。

(2)设计说明。

①电源:本设计电源由小区变电所埋地引入,采用 VV22－1kV 铜芯电缆,电源电压 220/380V,三相四线制,电缆进户处需穿镀锌钢管,保护管伸出墙外 2m,埋深为室外地坪下 0.8m,电源进户处需作重复接地,N 线 PE 线分开,重复接地阻值小于 1Ω。

②照明:a. 照明系统线路采用 BV－450/750V 型电线,穿高强冷弯难燃型 PVC 管暗敷;b. 卫生间的灯具均为防水壁灯,卫生间、厨房插座为防溅式;c. 导线敷设及开关,插座安装处与烟道水平距离应不小于 250mm,插座安装处与暖气片水平距离应不小于 300mm。

【解】 工程量计算

一、配管、配线

(1)进户线配管

SC70:[1.5+(2.195－0.8－0.8)+2.1+0.15+0.1]m=4.45m

电力电缆 VV2－4×35:[4.45+2.0 进建筑物+(1.2+1.0)预留]m×(1×2.5%)=8.87m

(2)集中电表箱至住户漏电配电箱(左户)(1－5 五层)

PVC32:[(0.1+0.15+2.25+2.2+2.195+1.8+0.1)×5+2.8×(1+2+3+4)]m=72m

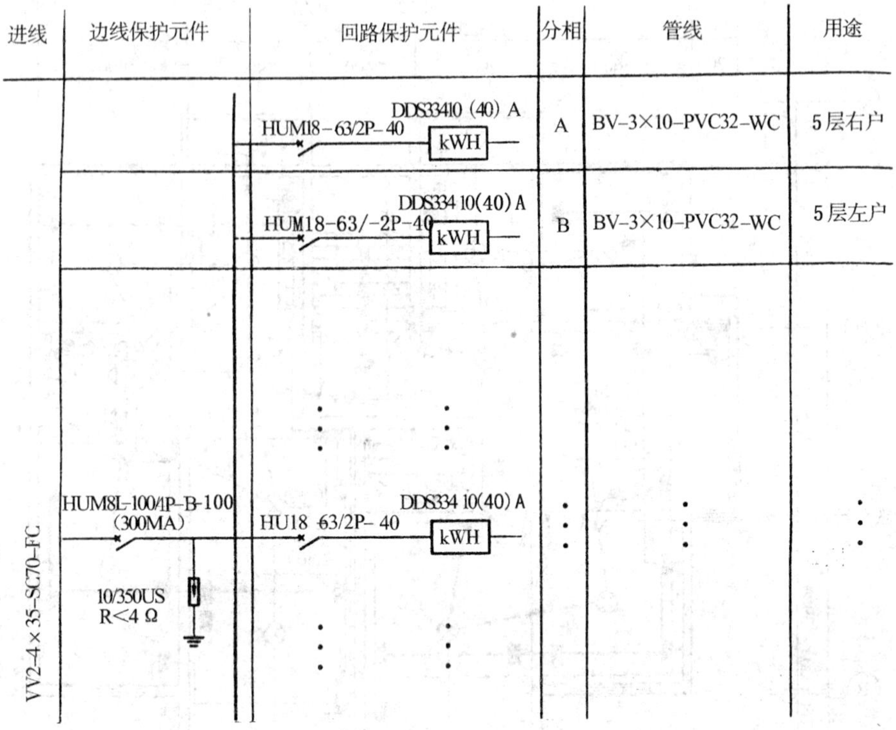

图 2－30　强电系统图

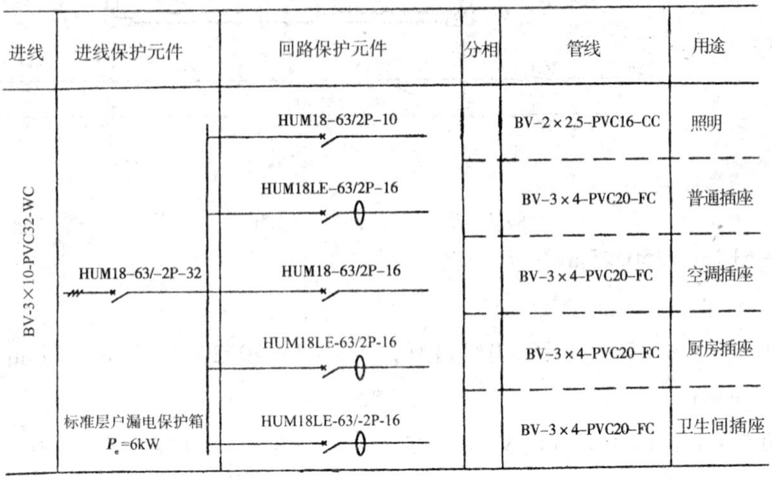

图 2－31　配电系统图

管内穿线

BV－3×10：72m×3＋[（1.2＋1.0）预留＋（0.25＋0.2）预留]m×5×3＝255.75m

①照明回路

PVC16：2 根[0.1＋（2.8－1.8－0.2）＋0.6＋9.75＋14.4＋3.6＋（2.8－1.3）×6＋（2.8－2.0）×2]m×5＝39.85×5m＝199.25m

3 根[7.2＋（2.8－1.3）×2]m×5＝10.2×5m＝51m

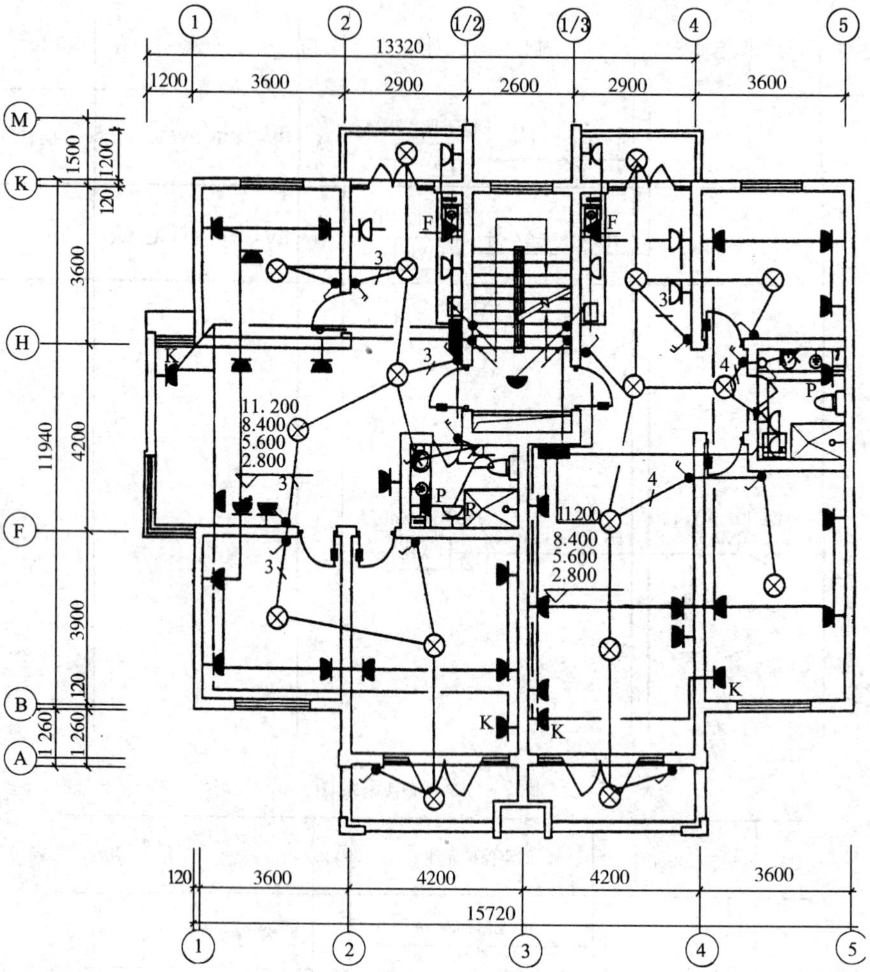

图 2－32　二层照明平面图

(199.25 + 51) m = 250.25m

管内穿线

BV－2×2.5：{[39.85 + (0.25 + 0.2) 预留] ×2×5 + 10.2×3×5} m = 556m

②普通插座回路

PVC20：[0.1 + 1.8 + (3.15 + 0.3) + 1.95 + 3.6 + (0.3 + 3.6 + 0.3) + (0.3 + 4.2 + 0.3) + 0.6 + 4.05 + (0.3 + 3.6 + 0.3) + (0.3 + 4.2 + 0.3) + 2.1] m ×5 = 178.25m

管内穿线

BV－3×4：[35.65 + (0.25 + 0.2) 预留] m ×5×3 = 541.5m

③空调插座回路

PVC20：[0.1 + 1.8 + (3.6 + 2.9) + (1.65 + 2.0 + 2.0) + 8.85 + (3.6 + 4.2) + 0.45 + 2.0] m ×5 = 33.15×5m = 165.75m

管内穿线

BV－3×4：[33.15＋(0.25＋0.2)预留]m×3×5＝504m

④厨房插座回路

PVC20：{3.45＋[0.1＋1.8－1.6＋(2.2－1.6)×2]＋(2.2＋2.9＋1.6)}m×5＝11.65m ×5＝58.25m

管内穿线

BV－3×4：[11.65＋(0.25＋0.2)预留]m×3×5＝181.5m

⑤卫生间插座回路

PVC20：[0.1＋1.8＋(2.7＋1.8)＋(1.8＋2.25＋2.0)＋1.8]m×5＝14.25m×5＝71.25m

管内穿线

BV－3×4：[14.25＋(0.25＋0.2)预留]m×3×5＝220.5m

(3)集中电表箱至住户漏电配箱(右户)(1－5层)

PVC32：[(0.1＋0.15＋5.25＋2.195＋1.8＋0.1)×5＋2.8×(1＋2＋3＋4)]m＝76m

管内穿线

BV－3×10：76m×3＋[(1.2＋1.0)预留＋(0.25＋0.2 预留)]m×3×5＝267.75m

①照明回路

PVC16：2 根[0.1＋(2.8－1.8－0.2)＋10.65＋14.4＋4.2＋4.05＋(2.8－1.3)×5＋(2.8－2.0)×2]m×5＝43.3×5m＝216.5m

3 根[(2.8－1.3)×3＋1.95]m×5＝32.25m

4 根：3m×5＝15m

(216.5＋32.25＋15)m＝263.75m

管内穿线

BV－2×2.5：{[43.3＋(0.25＋0.2)预留]×2＋6.45×3＋3×4}m×5＝594.25m

②普通插座回路

PVC20：[0.1＋(1.8－0.3)＋6.3＋(0.3＋4.2＋0.3＋0.6)＋(0.3＋3.6＋0.3＋2.25)＋(0.3＋8.25＋0.3)＋(0.3＋3.6＋0.3＋1.5)]m×5＝34.3m×5＝171.5m

管内穿线

BV－3×4：[34.3＋(0.25＋0.2)预留]m×3×5＝521.25m

③空调插座回路

PVC20：[0.1＋(2.0－1.8)＋6.75＋(2.0＋4.2＋2.0＋0.9)]m×5＝16.15m×5＝80.75m

管内穿线

BV－3×4：[16.15＋(0.25＋0.2)预留]m×3×5＝249m

④厨房插座回路

PVC20：[0.1＋1.8＋7.2＋1.6＋(2.2－1.6)×2＋(2.2＋2.9＋1.6＋1.2)]m×5＝19.8m×5＝99m

管内穿线

BV－3×4：[19.8＋(0.25＋0.2)预留]m×3×5＝303.75m

⑤卫生间插座回路

PVC20：[0.1＋1.8＋4.95＋2.0＋(2.0－1.8)＋0.6＋3.3＋1.8＋2.0]m×5＝16.75m×5＝83.75m

管内穿线

BV－3×4：[16.75＋(0.25＋0.2)预留]m×3×5＝258m

总　PVC32：(72＋76)m＝148m

总　PVC16：(250.25＋263.75)m＝514m

总　PVC20：(178.25＋165.75＋58.25＋71.25＋171.5＋80.75＋99＋83.75)m＝908.5m

总　BV－10：(255.75＋267.75)m＝523.5m

总　BV－2.5：(556＋594.25)m＝1 150.25m

总　BV－4：(541.5＋504＋181.5＋220.5＋521.25＋249＋303.75＋258)m＝2 779.5m

二、灯具开关，插座部分

1. 白炽灯　40W　17×5套＝85套

2. 天棚吸顶灯　1×5套＝5套

3. 暗装单极开关　10×5个＝50个

4. 暗装双极开关　5×5个＝25个

5. 明装单极开关　2×5个＝10个

6. 暗装带接地插孔的单相插座　30×5个＝150个

7. 暗装空调插座　4×5个＝20个

三、配电箱部分

1. 集中电表箱　1台

2. 住户漏电配电箱　5台

【例55】

(一)工程设计概况

(1)某学校车库宿舍工程，位于市内禁区，为长条形双层混合结构，长51.64m、宽11.93m，宿舍层高3.2m。屋顶为平瓦坡屋面设天棚；楼板为预应力空心板，(厚115mm)；240mm砖墙，附墙砖柱365mm×965mm，独立砖柱490mm×490mm；现浇C20号钢筋混凝土梁、圈梁、过梁连成整体。平面尺寸见图2－33，土建图省略。

(2)电气设计要点

1)电气照明施工图一张。图2－33宿舍电气平面、图2－34电气系统图、配电板大样及其板面材料表，图例见表2－37。

2)进户线由校内低压电杆引入，一根∟50×5×1150进户横担处，架空线长4m。横担为单端预埋，由4个蝶式绝缘子支持BLX－4×6导线。

3)户内主要是照明用电(支线N_1、N_2)，由板上插座供电。

4)该工程电气接地装置有两处,进户线设重复接地;地极均匀 DN50mm×2000mm 钢管打入(每组 5 根),接地母线为 40×5 扁钢(长 8m)由 BLX－6 沿墙穿管 DN15(明敷)上引。

5)灯具有防水吊灯(中部卫生间)、软线吊灯(室内照明);均为拉线开关,沿天棚底安装;插座距地面 2m,安装在墙上。

(二)电气识图要点

(1)进户线 BLX－500V－4×6 由⑮轴墙进入,沿天棚内(鼓形瓷瓶砖墙敷设)至⑨轴墙左引下入总配电板(250mm×400mm、板底标高为 4＋1.6m＝5.6m);

(2)总配板分四路出线

1)N_1 回路由 A、O 相接出(BLX－2×2.5),木槽板上引至天棚内,沿Ⓒ轴水平敷设(鼓形瓷砖墙敷设),供二楼北侧室内照明。

2)N_2 回路由 B、O 相接出(BLX－2×2.5),木槽板上引至天棚内,沿Ⓐ、Ⓑ、Ⓒ轴之间水平敷设(同 N_1),供二楼南侧室内和走廊照明。

设计说明:

1. 电源由校内低压架空线路供给,电压 380/220V,采用三相四线制配线。横担∟50×5×1 150,蝶形瓷瓶。

2. 导线设法:

(1)引入线采用 BLX 铝芯橡皮绝缘线,鼓形(G－38)瓷瓶在砖墙结构上敷设。

(2)N_1、N_2 支线采用 BLX－500－2×2.5 导线,鼓形(G－38)瓷瓶在天棚上面沿砖墙暗设。

(3)引入线及 N_1、N_2 支线除上述外均采用木槽板设砖墙结构或混凝土结构敷设。

3. 总配电板底边距楼面 1.6m,照明和动力配电板底面距地面 2.0m,N_3、N_4 路干线距地面 3.5m;室内明装插座距地面 2.0m,壁灯架在角钢上,开关距路地面 3.8m。

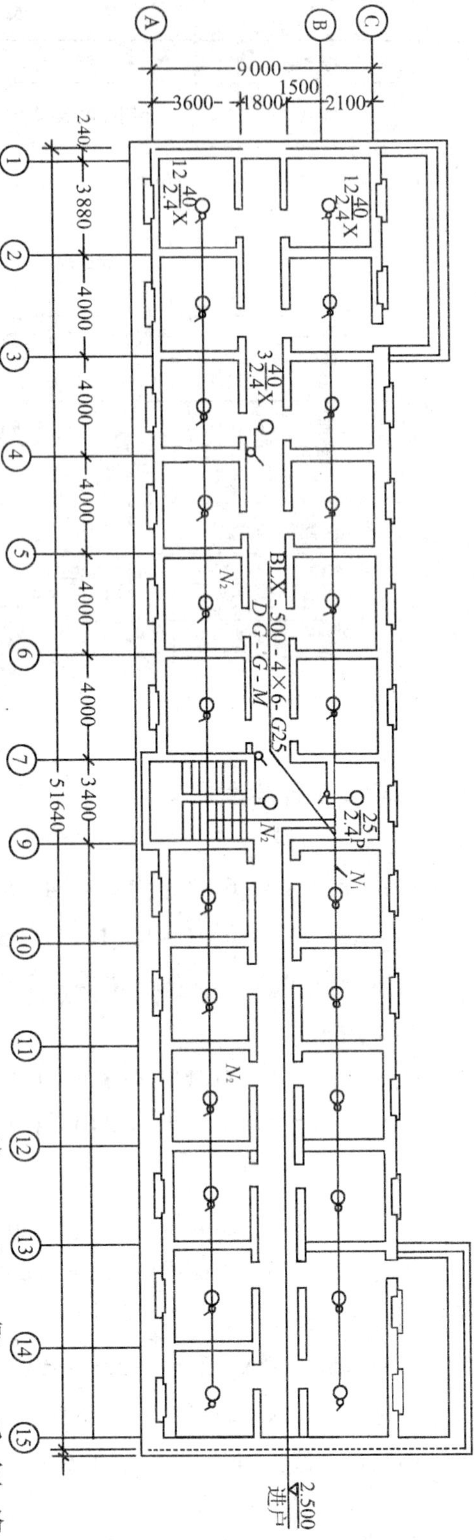

图 2－33　宿舍电气平面图

表 2－37　电施图例

符号	名称	符号	名称
	照明配电盘(板)		单相插座
			闸门开关
	由下引来、由上引来		瓷插保险
	裸灯泡	$\frac{a}{b}c$	a－灯泡功率;b－灯具高度;c 安装方式导线穿电线管沿墙明装
	导线,斜线表示根数	XP	双肢塑料软线吊皮线吊
	拉线开关	OP	导线敷设瓷瓶上

4. 所有配电盘明装墙上,进户线支架由外线引入。

配电盘元件表

编号	名称	型号规格	数量
1	总配电板	木柜明配 250×400	1
2	照明配电板	木柜明配 250×400	1

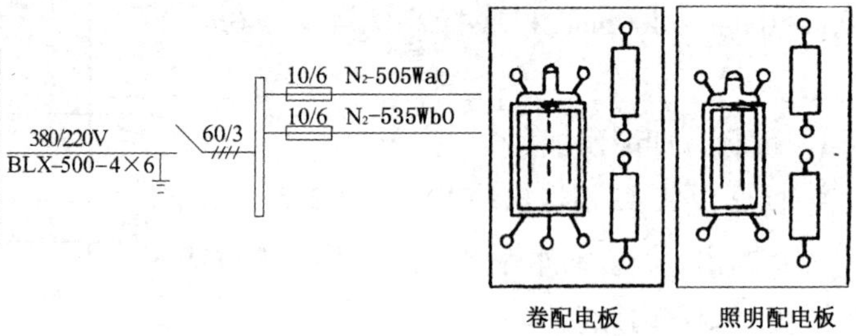

图 2－34　配电系统图

【解】 工程量计算

一、导线敷设

进户:BLX－4×6　(室内架空)4m×4＝16m

引入:BLX－4×6　(天棚内)[1.5(进)＋4×6＋1.50]m×4＝108m

进木槽板:BLX－4×6　(沿墙)[3.5－1.6＋(0.25＋0.4)(预留)]m×2＝5.1m

N_1 回路:

BLX－2×2.5　总盘出线(3.5－1.6＋箱0.65)m＝2.6m

BLX－2×2.5　天棚内[4×10＋3.4＋1.9＋1.1]m×2＝92.8m

N_2 回路

BLX－2×2.5　总盘出线(3.5－1.6＋箱0.65)m＝2.6m

BLX－2×2.5　天棚内[(1.5＋1.8＋1.8)＋(4×10＋3.4＋3.9)＋走廊(1.8＋0.9)×3＋3.7]m×2＝128.4m

鼓瓶砖墙　BLX－2.5:(92.8＋128.4)m＝221.2m

木槽板　BLX－25:(2.6＋2.6)m＝5.2m

照明盘进线　BLX－2×4:[1.6＋(4－2－0.4)＋盘(0.4＋0.25)]m×2＝7.7m

二、照明电器

1. 软线吊灯　　27 只

2. 防水吊灯　　1 只

3. 拉线开关　　28 只

4. 灯泡　　　　40W　27 只,25W　　1 只

三、配电箱

总盘、照明盘　250×400　　2 块

【例 56】 工程概况(图 2-35)

①某工程为一层建筑,层高为 3.2m,女儿墙高 0.90m,现浇混凝土楼板。

②电源采用三相五线制,进户线采用 G32 钢管在 -0.80m 处暗敷至底层配电箱,钢管长 12m。

③配电箱安装在距地面 1.80m 处,开关插座安装在距地面 1.40m 处。

④平面布置线路(除图中注明外),采用 G20,G15 钢管暗敷,开关、插座穿管暗设导线(除图中注明外)均采用 BLV2.5mm^2。

⑤配电箱的外形尺寸高×宽为(500mm×400mm),型号为 XMR-10

【解】 工程量计算

一、配管配线

1. 进户管

G32:[12(进户)+0.8(埋地)+1.8(层)]m=14.6m

2. 各回路进线

N_1 回路 G15:1m+(4.5+3+2+7+7+3+2+2)m 水平距离+(3.2-1.4)m×6 垂直距离=42.3m

管内穿线

BLV16mm^2:[12+0.8+1.8+(0.5+0.4)]m×4=62m

BLV10mm^2:[12+0.8+1.8+(0.5+0.4)]m+(3.2-1.8-0.5+1.8)m×4=26.3m

BLV4mm^2:(3.2-1.8-0.5+1.8+1×3)m=5.7m

BLV2.5mm^2:[4.5+3+7+(3.2-1.4)×6]m×3+(2+7+3+2+2)m×4=139.9m

N_2 回路 G15:[1+(4+2+2+3+2+2+2+2)(水平距离)+(3.2-1.4)×6(垂直距离)]m=(1+19+10.8)m=30.8m

管内穿线

BLV4mm^2:(1×3)m=3m

BLV2.5mm^2:{(2+2)×5+(2+2)×4+[4+3+2+2+(3.2-1.4)×6]×3}m=101.4m

N_3 回路 G15:{1+[2+4+4+2+6+1+7+4.5+4+4+2.5+4+2]+(3.2-1.4)×11}m=67.8m

管内穿线

BLV4mm^2:1×3m=3m

BLV2.5mm^2:[2+4+4+2+6+1+7+4.5+4+4+2.5+4+2.5+4+2+(3.2-1.4)×11]m×3=219.9m

N_4 回路 G15:[1+(9+7+6+2)×5+2×5+4+(3.2-1.4)×12]m=156.6m

管内穿线:

BLV4mm^2:1×3m=3m

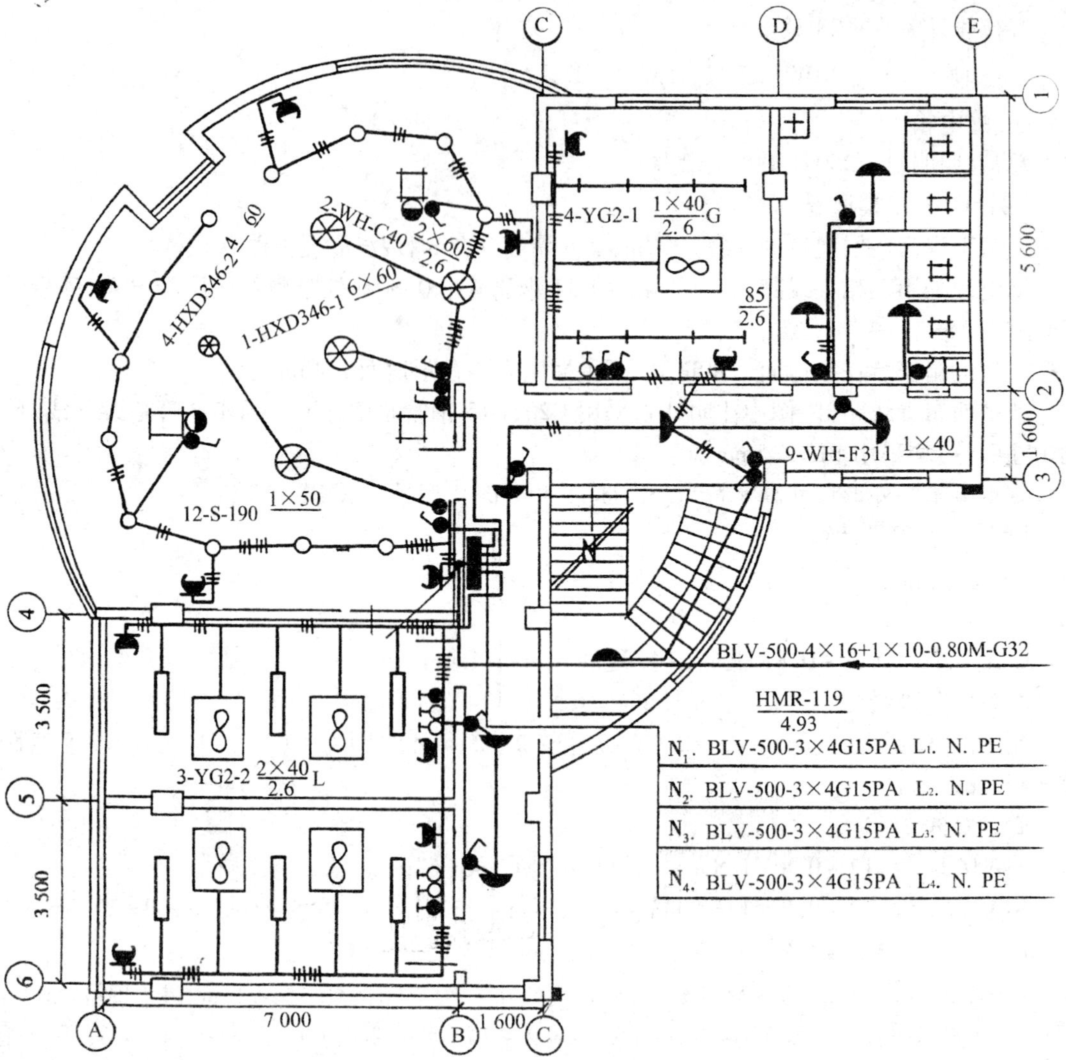

图 2－35　某建筑照明平面图 1∶100

BLV2.5mm^2：{(9＋7＋6＋4)×4＋[(2×5＋2×5)＋(3.2－1.4)×12]×3} m＝228.8m

二、灯具、开关、插座部分

1. 双管日光灯　　6 个
2. 单管日光灯　　4 个
3. 半圆球吸顶灯　　9 个
4. 艺术灯 HXD346　　9 个
5. 牛眼灯安装　　12 个
6. 单联暗开关　　20 个
7. 暗装插座　　11 个
8. 壁灯　　2 个
9. 吊风扇　　5 个
10. 调速开关　　5 个

三、配电箱部分

配电箱 XMR－10　　　　　　　　1台

【例 57】 某工程设计图示有一住宅楼高 23.1m，长 40m，宽 25m，屋顶四周装有避雷网、沿折板支架敷设，分 4 处引下与接地网连接，设 4 处断接卡，地梁中心标高－0.3m，土为普通土，避雷网采用垂 $\phi 8$ 的镀锌圆钢，引下线利用建筑物柱内主筋（两根），接地母线为 40×6 的镀锌扁钢，埋设深度为 1.0m，接地极共 8 根，为 45×5×3 的镀锌角钢，距离建筑物 4m，计算该避雷接地工程的工程量。

【解】 该避雷接地工程的工程量计算如下：

避雷网敷设（$\phi 8$ 的镀锌圆钢）(40＋25)m×2＝130m

引下线敷设（利用建筑物柱内主筋二根）(23.1＋0.1＋0.3)m＝23.5m

断接卡子制作安装　　　　4 套

接地极制作安装（45×5×3 的镀锌角钢）　8 根

接地母线敷设（40×6 的镀锌扁钢）

$\{[(40+8)+(25+8)]\times 2+4\times 4+(1.0-0.3)\times 4\}\text{m}=180.8\text{m}$

【例 58】 某工程设计有一仓库内安装，一台照明配电箱，XMR－10（箱高 0.3m、宽 0.4m、深 0.2m）嵌入式安装，8 套防水防尘灯，GC1－A－150；采用 4 个单联跷板暗开关控制；单相三孔暗插座 3 个，室内照明线路为刚性阻燃塑料管 PVC20 暗配，管内穿 BV－3.0 导线，照明回路为 2 根线，插座回路为 3 根线，经计算，室内配管（PVC20）的工程量为：照明回路（1 个）共 35m，插座回路（1 个）共 10m，计算配管配线的工程量。

【解】 电气配管（PVC20）　　(35＋10)m＝45m

管内穿线（BV－3.0）　　(35×2＋10×3)m＝100m

【例 59】 如图 2－36 所示钢配焊接法兰，计算法兰工程量。

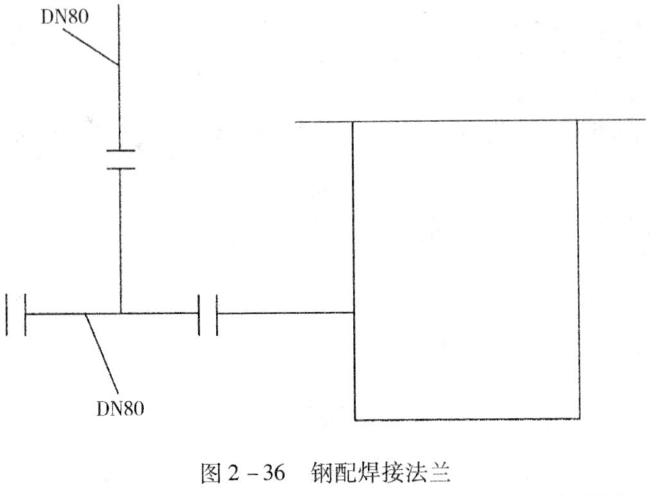

图 2－36　钢配焊接法兰

【解】 工程量按图示为 3 副，DN80 碳钢法兰定额含量 2 片，本例法兰工程量 3 副，每副法兰定额含法兰 2 片，但其中由设备本身带来 1 片，另一端为法兰盖，故实际法兰数为 6－2＝4（片）法兰盖 1 片。

【例 60】

某宿舍楼电气工程

工 程 量 清 单

招　　　标　　　人：　×××　（单位签字盖章）

法　定　代　表　人：　×××　（签字盖章）

中介机构法定代表人：　×××　（签字盖章）

造价工程师及注册证号：　×××　（签字盖执业专用章）

编　　制　　时　　间：×年×月×日

总 说 明

工程名称:某宿舍楼电气工程

1. 工程概况:该工程为××学院学生宿舍楼,共5层,层高3m,各层房间均配有电灯、电扇和插座,楼顶装有避雷带。

2. 招标范围:电气工程。

3. 工程质量要求:优良工程。

4. 工程量清单编制依据:

4.1. 由××方建筑工程设计事务所设计的施工图1套。

4.2. 由××公司编制的《某宿舍楼电气工程施工招标邀请书》、《招标文件》和《某宿舍楼电气工程答疑会议纪要》。

4.3. 工程量清单计量按照国标《建设工程工程量清单计价规范》编制。

5. 因工程质量要求优良,故所有材料必须持有市以上有关部门颁发的《产品合格证书》及价格在中档以上的建筑材料。

表 2－38　分部分项工程量清单

工程名称:某宿舍楼电气工程

序号	项目编码	项目名称	计量单位	工程数量
		C.2.4　控制设备及低压电器安装		
1	030204018001	配电箱,型号为XRM102A,宽600mm,高200mm,安装高度1.6m	台	5
2	030204031001	小电器,板式暗开关,单联,安装高度1.5m	套	45
3	030204031002	小电器,板式暗开关,双联,安装高度1.5m	套	60
4	030204031003	小电器,板式暗开关,三联,安装高度1.5m	套	10
5	030204031004	小电器,吊扇,56min,胀管螺栓固定,安装高度2.5m	套	75
6	030204031005	小电器,单相三孔插座,暗装,86系列,安装高度1.5m	套	140
		C.2.9　防雷及接地装置		
7	030209002001	避雷装置,接地线为扁钢40×4,接地极为角钢60×60,避雷带及避雷引下线均为 ϕ14 圆钢	项	1
		C.2.11　电气调整试验		
8	030211002001	送配电装置系统,1kV以下交流供电系统	系统	1
9	030211002002	送配电装置系统,接地极系统	系统	1
		C.2.12　配管、配线		
10	030212001001	电气配管,DN50钢管暗配,砖混结构	m	19.3
11	030212001002	电气配管,DN20硬质塑料管暗配,砖混结构	m	1 790.85
12	030212003001	电气配线,DN50钢管内穿BLV50线	m	19.5
13	030212003002	电气配线,DN50钢管内穿BLV20线	m	6.5
14	030212003003	电气配线,DN50钢管内穿BLV16线	m	50.4
15	030212003004	电气配线,DN50钢管内穿BLV10线	m	16.8
16	030212003005	电气配线,DN20硬塑料管内穿BLV2.5线	m	3 581.7
		C.2.13　照明器具安装		
17	030213001001	普通吸顶灯及其他灯具,半圆球吸顶灯	套	45
18	030213004001	荧光灯,普通荧光灯,单管	套	150

表 2－39　措施项目清单

工程名称:某宿舍楼电气工程

序号	项目名称	计量单位	工程数量
1	脚手架搭拆费		

表 2－40　其他项目清单

工程名称:某宿舍楼电气工程

序号	项目名称	金额/元
1	招标人部分	
1.1	不可预见费	
1.2	材料购置费	
1.3	其他	
2	投标人部分	
2.1	总承包服务费	
2.2	零星工作项目费	
2.3	其他	
	合计	

表 2－41　零星工作项目表

工程名称:某宿舍楼电气工程

序号	名称	计量单位	数量
1	人工		
2	材料		
3	机械		

表 2-42　安装工程量计算式

序号	工程项目及名称	单位	数量
	直接费项目		
	一、电气部分		
1	照明配电箱 1×5=5 台	台	5
2	端子板外部接线(2.5mm^2) 9×5=45(个头)	个头	45
3	DN50 钢管暗敷 5.7m(进户点至二楼配电箱距离)+1.6m(配电箱安装高度)+3m(1 号配电箱至 2 号配电箱的距离)+3m×3(3 个配电箱高差)=19.3m	m	19.3
4	DN20 硬质塑料管 {16.5(1 号回路管长度)+16.5(2 号回路管长度)+66.45(4 号回路管长)+42.2(3 号回路管长)+56.94(5 号回路管长)+40.08(6 号回路管长)+18.9(7 号回路管长)+22.5(8 号回路管长)+43.6(9 号回路管长)+[3(层高)-1.5(开关安装高度)]×23 处}m×5 层=358.17m×5=1790.85m	m	1790.85
5	DN50 钢管内穿 BLV50 线,3 根 [5.7(进户点至 2 楼配电箱距离)+(0.2+0.6)(电线进入配电箱的预留长度)]m×3 根=19.5m	m	19.5
6	DN50 钢管内穿 BLV10 线,1 根 5.7m(进户点至 2 楼配电箱距离)+0.8m(电线进入配电箱的预留长度)=6.5m	m	6.5
7	DN50 钢管内穿 BLV16 线,3 根 [(19.3-5.7)(管道敷设长度)+0.8(预留长度)×4]m×3 根=50.4m	m	50.4
8	DN50 钢管内穿 BLV10 线,1 根 [(19.3-5.7)(管道敷设长度)+0.8(预留长度)×4]m×1 根=16.8m	m	16.8
9	DN20 硬质塑料管内穿 BLV2.5 线,2 根 1790.85m×2 根=3581.7m	m	3581.7
10	接线盒 n=270 个	个	270
11	开关盒 n=115 个	个	115
12	半圆球吸顶灯 9 套/层×5 层=45 套	套	45
13	荧光灯(单管) 30 套/层×5 层=150 套	套	150
14	板式开关(单联) 9 套/层×5 层=45 套	套	45

续表 2-42

序号	工程项目及名称 直接费项目	单位	数量
15	板式开关(双联) 12 套/层 ×5 层 =60 套	套	60
16	板式开关(三联) 2 套/层 ×5 层 =10 套	套	10
17	吊扇 15 台/层 ×5 层 =75 台	台	75
18	单相三孔插座 28 套/层 ×5 层 =140 套	套	140
19	角钢接地极,60 ×60 3 根/处 ×4 处 =12 根	根	12
20	户外接地母线 15m ×4 =60m	m	60
21	接地跨接处 $n=4$ 处	处	4
22	避雷带,ϕ14 圆钢 [36(建筑物长) +13.8(建筑物宽)] ×2m =99.6m	m	99.6
23	混凝土块的制作 $n=100$ 块	块	100
24	避雷引下线,ϕ14 圆钢 [3m(层高) ×5 层 +0.45(室内外高差) -2.2m] ×4 根 =53m	m	53
25	户内接地母线 [2.2 +1.69(基础埋深)]m/根 ×4 根 =15.56m	m	15.56
26	断接卡子 $n=4$ 套	套	4
27	交流供电系统调试 $n=1$ 系统	系统	1
28	接地极调试 $n=1$ 系统	系统	1

某宿舍楼电气工程

工程量清单报价表

投　　标　　人：　×××　（单位签字盖章）

法　人　代　表：　×××　（签字盖章）

造价工程师及证号：　×××　（签字盖执业专用章）

编　制　时　间：×年×月×日

投　标　总　价

建　设　单　位：＿＿＿＿＿＿＿＿

工　程　名　称：某宿舍楼电气工程

投　标　总　价：（小写）：＿＿＿＿＿＿

（大写）：＿＿＿＿＿＿

投　　　标　　　人：×××（单位签字盖章）

法　定　代　表　人：×××（签字盖章）

编　　制　　时　　间：×年×月×日

表 2－43　单位工程费汇总表

工程名称：某宿舍楼电气工程

序号	项目名称	金额/元
1	分部分项工程费合计	
2	措施项目费	
3	其他项目费合计	
4	规费	
5	税金	
	小计	

总　说　明

工程名称:某宿舍楼电气工程

1. 工程概况:该工程为××学院学生宿舍楼,共5层,层高3m,各层房间均配有电灯、电扇和插座,楼顶装有避雷带。 2. 招标范围:电气工程。 3. 工程质量要求:优良工程。 4. 工程量清单编制依据: 4.1 由××方建筑工程设计事务所设计的施工图1套。 4.2 由××公司编制的《某宿舍楼电气工程施工招标邀请书》、《招标文件》和《某宿舍楼电气工程答疑会议纪要》。 4.3 工程量清单计量按照国标《建设工程工程量清单计价规范》编制。 4.4 市场材料价格参照××市建设工程造价管理站×年×月发布的材料价格及结合市场调查后,综合取定。 5. 因工程质量要求优良,故所有材料必须持有市以上有关部门颁发的《产品合格证书》及价格在中档以上的建筑材料。

表 2－44　分部分项工程量清单计价表

工程名称：

序号	项目编码	项目名称	计量单位	工程数量	金额/元	
					综合单价	合价
		C.2.4　控制设备及低压电器安装				
1	030204018001	配电箱，型号为 XRM102A，宽 600mm，高 200mm，安装高度 1.6m	台	5	809.93	4 049.65
2	030204031001	小电器，板式暗开关，单联，安装高度 1.5m	套	45	23.89	1 075.05
3	030204031002	小电器，板式暗开关，双联，安装高度 1.5m	套	60	38.28	2 296.80
4	030204031003	小电器，板式暗开关，三联，安装高度 1.5m	套	10	47.97	479.74
5	030204031004	小电器，吊扇，56min，胀管螺栓固定，安装高度 2.5m	套	75	231.27	17 345.25
6	030204031005	小电器，单相三孔插座，暗装，86 系列，安装高度 1.5m	套	140	9.05	1 267.00
		C.2.9　防雷及接地装置				
7	030209002001	避雷装置，接地线为扁钢 40×4，接地极为角钢 60×60，避雷带及避雷引下线均为 φ14 圆钢	项	1	3 260.77	3 260.77
		C.2.11　电气调整试验				
8	030211002001	送配电装置系统，1kV 以下交流供电系统调试	系统	1	463.41	463.41
9	030211002002	送配电装置系统，接地极系统调试	系统	1	562.16	562.16
		C.2.12　配管、配线				
10	030212001001	电气配管，DN50 钢管暗配，砖混结构	m	19.3	30.06	580.16
11	030212001002	电气配管，DN20 硬质塑料管暗配，砖混结构	m	1790.85	7.22	12 929.94
12	030212003001	电气配线，DN50 钢管内穿 BLV50 线	m	19.5	9.22	179.79
13	030212003002	电气配线，DN50 钢管内穿 BLV10 线	m	6.5	3.69	23.99
14	030212003003	电气配线，DN50 钢管内穿 BLV16 线	m	50.4	8.8	443.52
15	030212003004	电气配线，DN50 钢管内穿 BLV10 线	m	16.8	4.76	79.97
16	030212003005	电气配线，DN20 硬塑料管内穿 BLV2.5 线	m	3581.6	1.8	6 446.88
		C.2.13　照明器具安装				
17	030213001001	普通吸顶灯及其他灯具，半圆球吸顶灯	套	45	56.72	2 552.40
18	030213004001	荧光灯，普通荧光灯，单管	套	150	88.45	13 267.5

表 2-45　措施项目清单计价表

工程名称:某宿舍楼电气工程

序号	项目名称	金额/元
1	脚手架搭拆费	
2	环境保护费	
3	冬雨季施工费	
4	临时设施费	
5	文明、安全施工费	
	合计	

表 2-46　其他项目清单计价表

工程名称:某宿舍楼电气工程

序号	项目名称	金额/元
1	招标部分	
1.1	不可预见费	
1.2	材料购置费	
1.3	其他	
	小计	
2	投标部分	
2.1	总承包服务费	
2.2	零星工作项目费	
2.3	其他	
	小计	
	合计	

表 2-47　零星工作项目表

工程名称:某宿舍楼电气工程

序号	名　　称	计量单位	工程数量	金额/元	
				综合单价	合价
1	人工				
	小计				
2	材料				
	小计				
3	机械				
	小计				
	合计				

表 2－48　分部分项工程量清单综合单价分析表

工程名称

序号	项目编码	项目名称	定额编码	工程内容	单位	数量	其中/元					综合单位	合价
							人工费	材料费	机械费	管理费	利润		
1	030204018001	配电箱			台	5						809.93	4 049.65
			2－264	照明配电箱安装	台	5	41.80	34.39	－	7.62	3.81		87.62
				照明配电箱	台	5	－	600	－	60	30		690
			2－329	端子板有外部接线	个	45	0.77	2.35	－	0.31	0.16		3.59
2	030204031001	小电器			套	45						23.89	1 075.05
			2－1637	板式暗开关，单联	套	45	1.97	0.45	－	0.24	0.12		2.78
				照明开关，单联	套	45.9	－	18	－	1.8	0.9		20.7
3	030204031002	小电器			套	60						38.28	2 296.8
			2－1638	板式暗开关，双联	套	60	2.07	0.62	－	0.27	0.13		3.09
				照明开关，双联	套	61.2	－	30	－	3	1.5		34.5
4	030204031003	小电器			套	10						47.97	479.74
			2－1639	板式暗开关，三联	套	10	2.16	0.79	－	0.3	0.15		3.4
				照明开关，三联	套	10.2	－	38	－	3.8	1.9		43.7
5	030204031004	小电器			套	75						231.27	17 345.25
			2－1702	吊扇安装	台	75	9.98	3.75	－	1.37	0.69		15.79
				吊扇	台	75	－	195	－	19.5	0.98		215.48
6	030204031005	小电器			套	140						9.05	1267.00
			2－1668	单相三孔暗插座	套	140	2.11	0.65	－	0.28	0.14		3.18
				单相三孔暗插座	套	142.8	－	5	－	0.5	0.25		5.75
7	030209002001	避雷装置			项	1						3 260.77	3 260.77
			2－690	角钢接地极	根	12	11.15	2.65	6.42	2.02	1.01		23.25
			2－697	户外接地母线	m	60	7.08	0.18	0.14	0.74	0.37		8.51
			2－696	户内接地母线	m	15.56	3.18	2.25	0.39	0.58	0.29		6.69
			2－701	接地跨接线	处	4	2.58	5.54	0.71	0.88	0.44		10.15
			2－745	避雷引下线	m	53	2.62	1.44	0.89	0.50	0.25		5.7
			2－747	断接卡子制作安装	套	4	8.36	3.61	0.02	1.20	0.6		13.79
			2－748	避雷网敷设	m	99.6	2.14	1.14	0.46	0.37	0.19		4.3
			2－750	混凝土块制作	块	100	1.07	1.06	－	0.21	0.11		2.45
				角钢 60×60	kg	123.12	－	2.84	－	0.28	0.14		3.26
				扁钢 －40×4	kg	75.6	－	3	－	0.3	0.15		3.45
				圆钢 ϕ14	kg	193.48	－	2.84	－	0.28	0.14		3.26
8	030211002001	送配电装置系统			系统	1						463.41	463.41

续表 2-48

序号	项目编码	项目名称	定额编码	工程内容	单位	数量	其中/元					综合单位	合价
							人工费	材料费	机械费	管理费	利润		
			2-849	交流供电系统调试	系统	1	232.20	4.64	166.12	40.30	20.15		463.41
9	030211002002	送配电装置系统			系统	1						562.12	562.16
			2-886	接地网调试	系统	1	232.20	4.64	252.00	48.88	24.44		562.16
10	030212001001	电气配管			m	19.3						30.06	580.16
			2-1013	DN50 钢管暗配	m	19.3	3.69	1.54	0.30	0.55	0.28		6.36×19.3
				钢管 DN50	m	19.88	-	22	-	2.2	1.1		25.3×19.88
11	030212001002	电气配管			m	1790.85						7.22	12 929.94
			2-1098	DN20 硬质塑料管暗配	m	1790.85	1.11	0.04	0.29	0.14	0.07		1.65
				DN20 硬质塑料管	m	1898.30	-	3.1	-	0.31	0.16		3.57
			2-1377	暗装接线盒	个	270	1.05	2.15	-	0.32	0.16		3.68
				接线盒	个	275.4	-	5	-	0.5	0.25		5.75
			2-1378	暗装开关盒	个	115	1.12	1.00	-	0.21	0.11		2.44
				开关盒	个	117.3	-	2.5	-	0.25	0.13		2.88
12	030212003001	电气配线			m	19.5						9.22	179.79
			2-1181	DN50 钢管内穿 BW50	m	19.5	0.46	0.21	-	0.07	0.03		0.77
				BLV50 线	m	20.48	-	7.00	-	0.7	0.35		8.05
13	030212003002	电气配线			m	6.5						3.69	23.99
			2-1177	DN50 钢管内穿 BW10 线	m	6.5	0.23	0.13	-	0.04	0.02		0.42
				BLV10 线	m	6.83	-	2.7	-	0.27	0.14		3.11
14	030212003003	电气配线			m	50.4						8.8	443.52
			2-1202	DN50 钢管内穿 BV16 线	m	50.4	0.26	0.25	-	0.05	0.03		0.59
				BV16 线	m	52.92	-	6.8	-	0.68	0.34		7.82
15	030212003004	电气配线			m	16.8						4.76	79.97
			2-1201	DN50 钢管内穿 BV10 线	m	16.8	0.22	0.24	-	0.05	0.02		0.53
				BV10 线	m	17.64	-	3.5	-	0.35	0.18		4.03
16	030212003005	电气配线			m	3581.6						1.80	6 447.06
			2-1172	DN20 硬塑料管内穿 BV2.5	m	3581.6	0.23	0.18	-	0.04	0.02		0.47
				BV2.5 线	m	4154.77	-	1.00	-	0.1	0.05		1.15×4 154.77
17	030213001001	普通吸顶灯			套	45						56.72	2 552.40
			2-1384	半圆球吸顶灯	套	45	5.02	11.98	-	1.7	0.85		19.55×45
				半圆球吸顶灯	套	45.45	-	32	-	3.2	1.6		36.8×45.45

续表 2－48

序号	项目编码	项目名称	定额编码	工程内容	单位	数量	其中/元					综合单位	合价
							人工费	材料费	机械费	管理费	利润		
18	030213004001	荧光灯			套	150						88.45	13267.5
			2－1581	单管荧光灯	套	150	5.57	30.94	－	3.65	1.83		41.99×150
				单管荧光灯	套	151.5	－	40	－	4	2		46×151.5

表 2－49　措施项目费分析表

工程名称:某宿舍楼电气工程

序号	措施项目名称	单位	数量	其中/元					
				人工费	材料费	机械费	管理费	利润	小计
1	脚手架搭拆								
1.1	脚手架搭拆费								
2	环境保护费								
3	冬雨季施工费								
4	临时设施费								
5	文明、安全施工费								
	合计								

表 2－50　主要材料价格表

工程名称:某宿舍楼电气工程

序号	材料编码	名称规格	单位	数量	单价/元	合价/元

设计说明书

1. 配电箱为成品,型号为 XRM102A,宽 600mm,高 200mm。

2. 开关均为跷板式开关;吊扇为 56min,胀管螺栓固定;插座为 86 系列。

3. 该工程每层楼设一照明配电箱,供电干线从二楼处架空引入户,进入二楼总配电箱(总配电箱兼二楼分配电箱),干线为塑料绝缘铝芯塑料线。

4. 设备安装高度:开关 1.5m,插座 1.5m,配电箱 1.6m,日光灯 2.5m,吊扇 2.5m。

5. 施工图中未标明导线规格型号及敷设方式者均为铜芯塑料绝缘线,穿塑料管 DN20 沿墙敷设，即 BV(2×2.5)VG20－QA。

6. 避雷带用 ϕ14 圆钢制成；引下线也为 ϕ14 圆钢；接地线为扁钢 40×4；接地极为角钢 60×60，每根长度为 2.5m，接地极距楼外墙皮 5m。

7. 避雷引下线距地 2.2m 处做断接卡子，供测量接地电阻用。接地电阻应≤10Ω。

8. 防雷装置各种金属件必须镀锌。

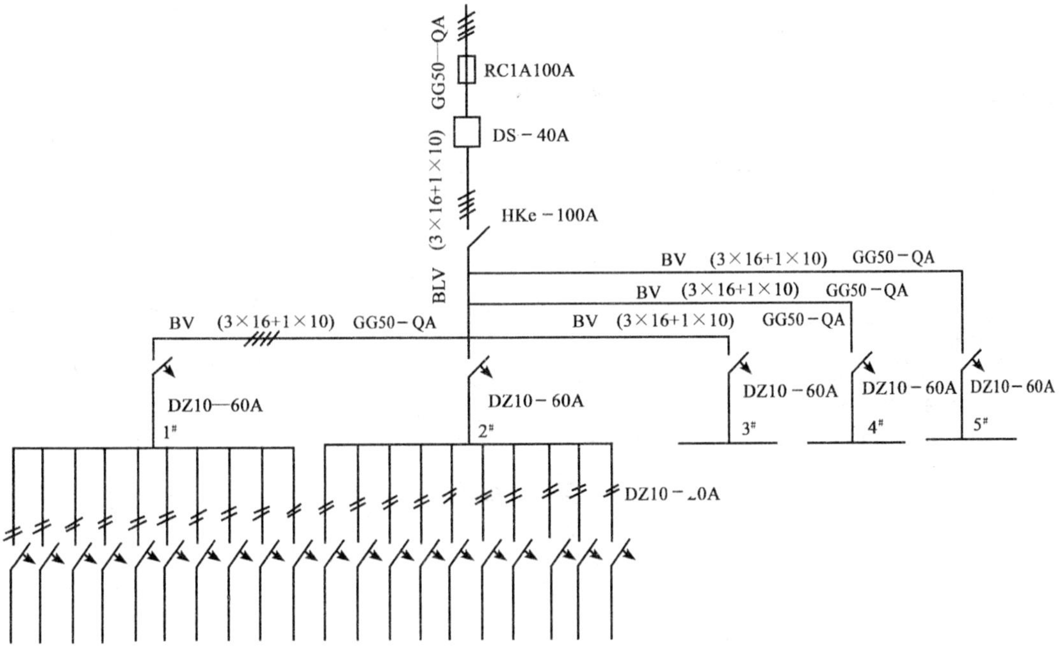

图 2－37 电气工程线路图

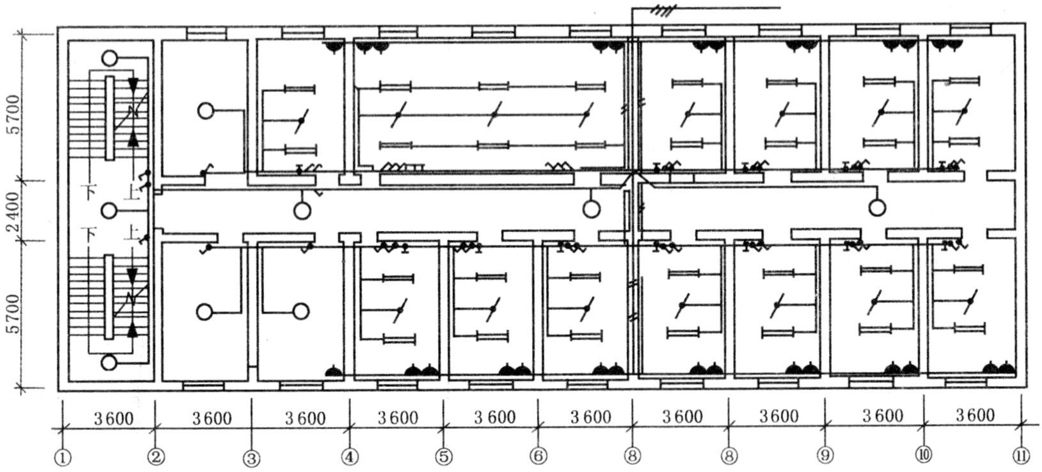

图 2－38 电气装置平面图

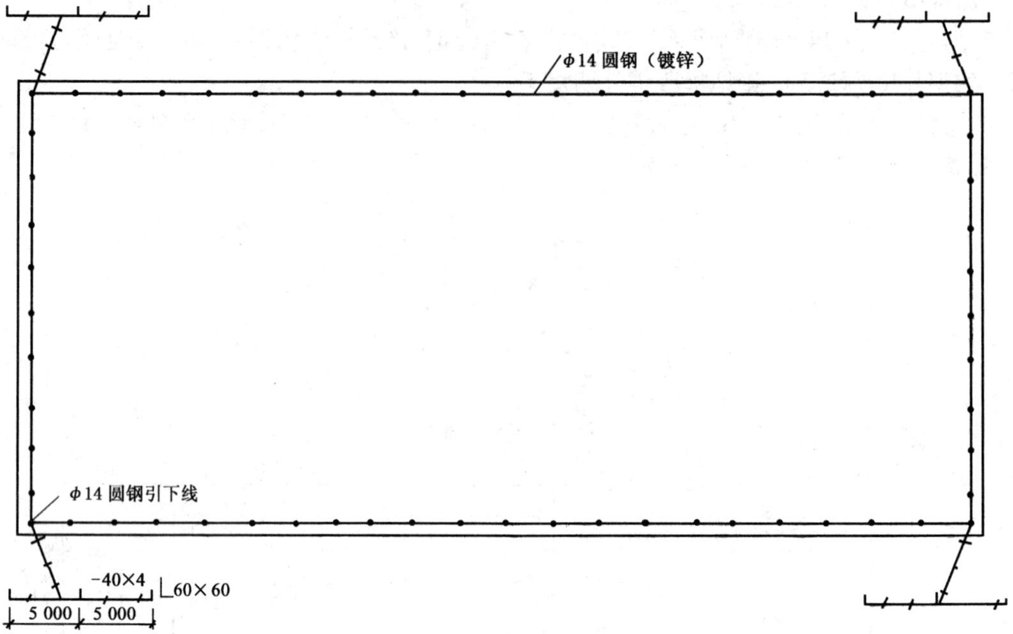

图 2－39　防雷系统平面布置图

第三章　热力设备安装工程工程量清单设置与计价举例

表 3-1　分部分项工程量清单

工程名称:热力设备安装工程

序号	项目编码	项目名称	计量单位	工程数量
1	030301001001	中压链条炉安装 35t/h-39-450 钢炉架安装 水冷系统安装 过热系统安装 省煤器安装 空气预热器安装 本体管路系统安装 炉体金属结构安装 本体平台扶梯安装 燃烧装置安装 除渣装置安装 水压试验 风压试验 烘炉、煮炉严密试验及安全门调整 本体油漆	台	1
2	030301001001	中压煤粉炉 130t/h-39-450 钢炉架安装 气包安装 水冷系统安装 过热系统安装 省煤器安装 空气预热器安装 本体管路系统安装 炉体金属结构安装 本体平台扶梯安装 燃烧装置安装 除灰装置安装 水压试验 风压试验 烘炉、煮炉严密试验及安全门调整 本体油漆	台	1

【例 1】　中压链条炉安装,锅炉容量为 35t/h-39-450,其内容包括钢炉架安装,水冷系统安装,过热系统安装,省煤器安装,空气预热器安装,本体管路系统安装,炉体金属结构安装,本体平台扶梯安装,燃烧装置安装,除渣装置安装,水压试验,本体油漆,风压试验,烘炉、煮炉严密试验及安全门调整。(钢炉架重量等数据可查阅特定成套锅炉重量参照表。)

【解】　(1)链条炉钢结构安装,35t/h。

1)人工费:　　　　346.67 元/t×20.3t=7037.40 元

2)材料费： 396.68 元/t×20.3t=8052.60 元

3)机械费： 411.33 元/t×20.3t=8350.00 元

(2)水冷系统安装,35t/h。

1)人工费： 1073.46 元/t×15.1t=16209.25 元

2)材料费： 739.25 元/t×15.1t=11162.68 元

3)机械费： 1314.07 元/t×15.1t=19842.46 元

(3)过热系统安装。

1)人工费： 664.09 元/t×13t=8633.17 元

2)材料费： 478.56 元/t×13t=6221.28 元

3)机械费： 502.17 元/t×13t=6528.21 元

(4)省煤器安装。

1)人工费： 448.61 元/t×17.5t=7850.68 元

2)材料费： 294.76 元/t×17.5t=5158.30 元

3)机械费： 502.65 元/t×17.5t=8796.38 元

(5)空气预热器安装。

1)人工费： 244.97 元/t×10.10t=2474.20 元

2)材料费： 145.28 元/t×10.10t=1467.33 元

3)机械费： 271.71 元/t×10.10t=2744.27 元

(6)本体管路系统安装。

1)人工费： 1812.09 元/t×4.79t=8679.91 元

2)材料费： 1148.01 元/t×4.79t=5498.97 元

3)机械费： 918.71 元/t×4.79t=4400.62 元

(7)炉体金属结构安装。

1)人工费： 452.79 元/t×16.8t=7606.87 元

2)材料费： 301.25 元/t×16.8t=5061.00 元

3)机械费： 452.37 元/t×16.8t=7599.82 元

(8)本体平台扶梯安装。

1)人工费： 506.89 元×10.1t=5119.59 元

2)材料费： 369.18 元×10.1t=3728.72 元

3)机械费： 499.16 元×10.1t=5041.52 元

(9)燃烧装置安装。

1)人工费： 5969.86 元/台×1 台=5969.86 元

2)材料费： 4904.00 元/台×1 台=4904.00 元

3)机械费： 2289.19 元/台×1 台=2289.19 元

(10)除渣装置安装。

1)人工费： 1286.85 元/t×4t=5147.4 元

2)材料费： 993.80 元/t×4t=3975.2 元

3)机械费： 414.20 元/t×4t=1656.8 元

(11)水压试验。

1)人工费： 1156.59 元/台×1 台=1156.59 元

2)材料费： 1692.95 元/台×1 台=1692.95 元

3)机械费： 443.65 元/台×1 台=443.65 元

(12)本体油漆。
1)人工费：　2169.91 元/台 ×1 台 =2169.91 元
2)材料费：　9906.53 元/台 ×1 台 =9906.53 元
3)机械费：　4297.48 元/台 ×1 台 =4297.48 元
(13)风压试验。
1)人工费：　516.88 元/台 ×1 台 =516.88 元
2)材料费：　782.04 元/台 ×1 台 =782.04 元
3)机械费：　106.62 元/台 ×1 台 =106.62 元
(14)烘炉、煮炉严密性试验及安全门调整。
1)人工费：　5970.79 元/台 ×1 台 =5970.79 元
2)材料费：　13078.74 元/台 ×1 台 =13078.74 元
3)机械费：　1967.76 元/台 ×1 台 =1967.76 元
(15)综合。
1)直接费合计：　239297.62 元
2)管理费：　239297.62 元 ×34% =81361.19 元
3)利润：　239297.62 元 ×8% =19143.81 元
4)合计：　(239297.62 +81361.19 +19143.81)元 =339802.62 元
5)综合单价：　339802.62 元 ÷1 台 =339802.62 元/台

【例 2】 中压煤粉炉，其锅炉容量为 130t/h –39 –450，其内容包括钢炉架安装，气包安装，水冷系统安装，过热系统安装，省煤器安装，空气预热器安装，本体管路系统安装，炉体金属结构安装，本体平台扶梯安装，燃烧装置安装，除灰装置安装，水压试验，本体油漆，风压试验，烘炉、煮炉严密试验及安全门调整。

【解】 (1)煤粉炉钢结构安装，130t/h。
1)人工费：　228.72 元/t ×38.1t =8714.23 元
2)材料费：　243.67 元/t ×38.1t =9283.83 元
3)机械费：　422.91 元/t ×38.1t =16112.87 元
(2)气包安装。
1)人工费：　2342.20 元/套 ×2 套 =4684.4 元
2)材料费：　716.48 元/套 ×2 套 =1432.96 元
3)机械费：　4225.37 元/套 ×2 套 =8450.74 元
(3)水冷系统安装。
1)人工费：　889.33 元/t ×71.89t =63933.93 元
2)材料费：　693.99 元/t ×71.89t =49890.94 元
3)机械费：　1252.25 元/t ×71.89t =90024.25 元
(4)过热系统安装。
1)人工费：　638.09 元/t ×43.5t =27756.92 元
2)材料费：　530.16 元/t ×43.5t =23061.96 元
3)机械费：　711.75 元/t ×43.5t =30961.13 元
(5)省煤器安装。
1)人工费：　679.18 元/t ×52.9t =35928.62 元
2)材料费：　481.42 元/t ×52.9t =25467.12 元
3)机械费：　695.68 元/t ×52.9t =36801.47 元

(6)空气预热器安装。

1)人工费: 109.83 元/t ×125.7t = 13805.63 元

2)材料费: 74.87 元/t ×125.7t = 9411.16 元

3)机械费: 253.40 元/t ×125.7t = 31852.38 元

(7)本体管路系统安装。

1)人工费: 1549.70 元/t ×9.7t = 15032.09 元

2)材料费: 926.09 元/t ×9.7t = 8983.07 元

3)机械费: 1185.08 元/t ×9.7t = 11495.28 元

(8)炉体金属结构安装。

1)人工费: 398.92 元/t ×18t = 7180.56 元

2)材料费: 287.52 元/t ×18t = 5175.36 元

3)机械费: 627.30 元/t ×18t = 11291.40 元

(9)本体平台扶梯安装。

1)人工费: 444.20 元/t ×17.10t = 7595.82 元

2)材料费: 341.21 元/t ×17.10t = 5834.69 元

3)机械费: 993.14 元/t ×17.10t = 16982.69 元

(10)燃烧装置安装。

1)人工费: 1549.70 元/台 ×1 台 = 1549.70 元

2)材料费: 566.35 元/台 ×1 台 = 566.35 元

3)机械费: 1999.77 元/台 ×1 台 = 1999.77 元

(11)除灰装置安装。

1)人工费: 418.66 元/t ×6.8t = 2846.89 元

2)材料费: 230.22 元/t ×6.8t = 1565.50 元

3)机械费: 361.99 元/t ×6.8t = 2461.53 元

(12)水压试验。

1)人工费: 2013.64 元/台 ×1 台 = 2013.64 元

2)材料费: 3146.04 元/台 ×1 台 = 3146.04 元

3)机械费: 805.56 元/台 ×1 台 = 805.56 元

(13)本体油漆。

1)人工费: 4911.49 元/台 ×1 台 = 4911.49 元

2)材料费: 19762.41 元/台 ×1 台 = 19762.41 元

3)机械费: 9804.75 元/台 ×1 台 = 9804.75 元

(14)风压试验。

1)人工费: 728.41 元/台 ×1 台 = 728.41 元

2)材料费: 2004.61 元/台 ×1 台 = 2004.61 元

3)机械费: 258.63 元/台 ×1 台 = 258.63 元

(15)烘炉、煮炉严密试验及安全门调整。

1)人工费: 4270.62 元/台 ×1 台 = 4270.62 元

2)材料费: 29987.68 元/台 ×1 台 = 29987.68 元

3)机械费: 1930.95 元/台 ×1 台 = 1930.95 元

(16)综合。

1)直接费合计: 667760.03 元

2)管理费：　　667760.03 元×34% =227038.41 元

3)利润：　　667760.03 元×8% =53420.80 元

4)合计：　　(667760.03 +227038.41 +53420.80)元 =948219.24 元

5)综合单价：　　948219.24 元÷1 台 =948219.24 元/台

表 3－2　分部分项工程量清单综合单价计算表

工程名称：　　计量单位：台

项目编码：030301001001　　工程数量：1

项目名称：中压链条炉安装 35t/h－39－450　　综合单价：339802.62 元

序号	定额编号	工程内容	单位	数量	其中/元					
					人工费	材料费	机械费	管理费	利润	小计
1	3－1	钢架安装	t	20.3	7 037.4	8052.6	8350.00			
2	3－8	水冷系统	t	15.1	16 209.25	11162.68	19842.46			
3	3－12	过热系统	t	13	8 633.17	6221.28	6528.21			
4	3－16	省煤器安装	t	17.5	7 850.68	5158.3	8796.38			
5	3－20	空气预热器安装	t	10.10	2 474.20	1467.33	2744.27			
6	3－24	本体管路系统安装	t	4.79	8 679.91	5498.97	4400.62			
7	3－29	炉体金属结构	t	16.8	7606.87	5061	7599.82			
8	3－33	本体平台扶梯	t	10.10	5119.59	3728.72	5041.52			
9	3－37	燃烧装置	套	1	5969.86	4904.00	2289.19			
10	3－41	除渣装置	t	4	5147.4	3975.2	1656.8			
11	3－45	水压试验	台	1	1156.59	1692.95	443.65			
12	3－52	风压试验	台	1	516.88	782.04	106.62			
13	3－55	烘、煮炉严密试验及安全门调整	台	1	5970.79	13078.74	1967.76			
14	3－48	本体油漆	台	1	2169.91	9906.53	4297.48			
		合　计			84542.5	80690.34	74064.78	81361.19	19143.81	339802.62

表 3－3　分部分项工程量清单综合单价计算表

工程名称：　　计量单位：台

项目编码：030301001001　　工程数量：1

项目名称：中压煤粉炉安装 130t/h－39－450　　综合单价：948219.24 元

序号	定额编号	工程内容	单位	数量	其中/元					
					人工费	材料费	机械费	管理费	利润	小计
1	3－4	钢架安装	t	38.1	8714.23	9283.83	16112.87			
2	3－7	气包安装	台	2	4684.4	1432.96	8450.74			
3	3－11	水冷系统	t	71.89	63933.93	49890.94	90024.25			
4	3－15	过热系统	t	43.5	27756.92	23061.96	30961.13			
5	3－19	省煤器安装	t	52.9	35928.62	25467.12	36801.47			
6	3－23	空气预热器安装	t	125.7	13805.63	9411.16	31852.38			
7	3－27	本体管路系统安装	t	9.7	15032.09	8983.07	11495.28			
8	3－32	炉体金属结构	t	18	7180.56	5175.36	11291.4			
9	3－36	本体平台扶梯	t	17.10	7595.82	5834.69	16982.69			
10	3－40	燃烧装置	套	1	1549.70	566.35	1999.77			
11	3－44	除渣装置	t	6.8	2846.89	1565.50	2461.53			
12	3－47	水压试验	台	1	2013.64	3146.04	805.56			
13	3－54	风压试验	台	1	728.41	2004.61	258.63			
14	3－57	烘、煮炉严密试验及安全门调整	台	1	4270.62	29987.68	1930.95			
15	3－51	本体油漆	台	1	4911.49	19762.41	9804.75			
		合计			200952.95	195573.68	271233.4	227038.41	53420.80	948219.24

【例 3】 某高校新建锅炉房，安装 3HL－20－1.3/300－A 型蒸汽锅炉 3 台，锅炉的蒸发量为 18t/h，单体重量 112t；多管干式除尘器 3 台，单体重量 7t，板式水热交换器 1 台，$F=36m^3$，重量 2.0t，浮动离子交换器 2 台，出水量 5.6t/h，每台安装平台，扶梯 4.5t，试编制分部分项工程量清单。

【解】 分部分项工程量清单见表 3－4。

工程名称：某高校新建锅炉房

表 3－4 分部分项工程量清单

序号	项目编号	项目名称	计量单位	工程数量
1	030321002001	散装锅炉 (1)类型：蒸汽锅炉 (2)蒸发量：18t/h	台	3
2	030322003001	除尘器 (1)类型：多管干式 (2)质量：7t	台	3
3	030322003001	板式换热器 质量：2.0t 水处理设备	每台	1
4	030322003001	(1)名称：浮动离子交换器 (2)出力：5.6t/h	每台	2

注：分部分项工程量清单中的“项目名称”是《实施细则》中“项目名称”、项目特征，“工程内容”三列的综合。

【例 4】 炉窑为多层炉底，采用 240×115×53 砌筑，体积为 $10m^3$，灰缝厚 10mm，求其用砖量。

【解】 每 m^3 砌体的砖数 $=\dfrac{1}{(0.24+0.01)(0.115+0.01)(0.053+0.01)}$

=508 块

则用砖量为 508 块×10=5 080 块

第四章 炉窑砌筑工程工程量清单设置与计价举例

【例】 JN43－80 型 42 孔焦炉本体砌筑。

表 4－1 分部分项工程量清单

工程名称:JN43－80 型 42 孔焦炉本体砌筑

序号	项目编码	项目名称	计量单位	工程数量
1	030401001001	红砖	m^3	303.27
2	030401001002	硅藻土隔热砖	m^3	216.90
3	030401001003	硅砖 标型	m^3	37.43
4	030401001004	硅砖 普型	m^3	19.63
5	030401001005	硅砖 异型	m^3	490.51
6	030401001006	硅砖 特型	m^3	1951.58
7	030401001007	黏土砖 标型	m^3	64.72
8	030401001008	黏土砖 普型	m^3	80.27
9	030401001009	黏土砖 异型	m^3	325.10
10	030401001010	黏土砖 特型	m^3	232.60
11	030401001011	高铝砖(异型)	m^3	23.33
12	030401001012	缸砖	m^3	48.91
13	030401001013	格子砖	t	767.45

【解】 投标人根据施工图及施工方案计算[以硅砖(异形)为例解释说明其综合单价计算]

硅砖(异形)砌筑

(1)人工费: 198.76 元/m^3 ×490.51m^3 =97493.77 元

(2)材料费: 191.57 元/m^3 ×490.51m^3 =93967.00 元

(3)机械费: 73.87 元/m^3 ×490.51m^3 =36233.97 元

(4)主材费: 1.84t/m^3 ×1217.17 元/t =2239.59 元/m^3

(5)综合: 2239.59 元/m^3 ×490.51m^3 =1098541.29 元

1)直接费合计: 1326236.03 元

2)管理费: 1326236.03 元 ×34% =450920.25 元

3)利润: 1326236.03 元 ×8% =106098.88 元

4)总计: (1326236.03 +450920.25 +106098.88)元 =1883255.16 元

5)综合单价: 1883255.16 元 ÷490.51m^3 =3839.38 元/m^3

表 4-2 分部分项工程量清单计价表

工程名称:JN43-80 型 42 孔焦炉本体砌筑

序号	项目编码	项目名称	计量单位	工程数量	金额/元	
					综合单价	合价
1	030401001001	红砖	m^3	303.27	471.38	142955
2	030401001002	硅藻土隔热砖	m^3	216.90	1076.61	233517
3	030401001003	硅砖　标型	m^3	37.43	2851.32	106725
4	030401001004	硅砖　普型	m^3	19.63	3002.80	58945
5	030401001005	硅砖　异型	m^3	490.51	3839.38	1883254.2
6	030401001006	硅砖　特型	m^3	1951.58	3900.42	7611982
7	030401001007	黏土质耐火砖　标型	m^3	64.72	1879.61	121648
8	030401001008	黏土质耐火砖　普型	m^3	80.27	2026.63	162678
9	030401001009	黏土质耐火砖　异型	m^3	325.10	2394.20	778354
10	030401001010	黏土砖　特型	m^3	232.60	3104.80	722176
11	030401001011	高铝砖　异型	m^3	23.33	5617.14	131048
12	030401001012	缸砖	m^3	48.91	2519.30	123219
13	030401001013	格子砖	t	767.45	1744.46	1338786
		本页小计				13415287.2
		合　计				13415287.2

表 4-3 分部分项工程量清单综合单价计算表

工程名称:TN43-80 型 42 孔焦炉本体砌筑　　　　计量单位:m^3

项目编码:030401001005　　　　工程数量:490.51

项目名称:硅砖(异型)砌筑　　　　综合单价:3839.38 元

序号	定额编号	工程内容	单位	数量	其中/元					
					人工费	材料费	机械费	管理费	利润	小计
1	4-10	硅砖异型 包括:砌筑 选砖 集中机械砌砖 集中机械磨砖 预砌筑 二次勾缝吹风清扫 镶铁件	m^3	490.51	97493.77	93967	36233.97			
		主材费 1.84t/m^3 ×1217.17 元/t				1098541.29				
		合　计			97493.77	1192508.29	36233.97	450920.25	106098.88	1883255.16

第五章　静置设备与工艺金属结构制作安装工程

工程量清单设置与计价举例

表 5－1　分部分项工程量清单

工程名称：静置设备安装工程

序号	项目编码	项目名称	计量单位	工程数量
1	030501002001	碳钢 Q235 填料塔制作　ϕ3 000mm　H45 000mm　126.5t 碳钢 Q235 填料塔本体制作 接管　DN80 接管　DN100 接管　DN200 设备人孔制作、安装　PN1.5DN450 地脚螺栓制作　ϕ48mm 水压试验 2MPa325m^3 焊缝预热　$\delta=32$mm 焊缝后热　$\delta=32$mm 喷砂除锈 聚氨酯底漆三遍	台	1
2	030502004001	碳钢 Q235 填料塔安装　ϕ3 000mm　H45 000mm　126.5t　基础标高 6m 碳钢填料塔本体安装 吊耳 150t 水压试验 2MPa325m^3 岩棉板保温层 $\delta=60$mm 镀锌钢板保护层 地脚螺栓孔灌浆 设备底座与基础间灌浆 设备填充 ϕ15 瓷环、乱堆	台	1

续表 2－1

序号	项目编码	项目名称	计量单位	工程数量
3	030504001001	对接式 10 000m^3 碳钢拱顶油罐制作、安装 对接式 10 000m^3 碳钢拱顶油罐本体制作、安装 型钢圈制作 人孔安装 φ600mm 透光孔安装 φ500mm 防火器安装 φ200mm 安全阀安装 φ200mm 呼吸阀安装 φ200mm 泡沫器安装 PC－24 清扫孔安装 量油管制作、安装 φ150mm 罐顶量油管结合管安装 φ200mm 罐顶结合管安装 φ200mm 进油管 φ350mm 罐壁进出油结合管 φ50mm 罐壁进出油结合管 φ200mm 罐壁进出油结合管 φ350mm 水压试验 机械除中锈 红丹防锈漆两遍 岩棉板保温 $\delta=60$mm 镀锌钢板保护层 壁板卷弧胎具制作 顶板预制胎具制作	台	1
4	030505001001	2000m^3 球罐组焊 $\delta=36$mm241t 球罐本体组焊 焊缝预热 $\delta=36$mm 焊缝后热 $\delta=36$mm 整体热处理 地脚螺栓孔灌浆 水压试验 气密试验 红丹防锈漆两遍 岩棉板保温 $\delta=60$mm 镀锌钢板保护层 胎具制作 胎具安装与拆除 焊接工艺评定 产品焊接试板试验 板材超声波探伤 板材周边超声波探伤	台	1

续表 2－1

序号	项目编码	项目名称	计量单位	工程数量
5	030506001001	200000m^3 低压湿式螺旋气柜 2100t 气柜本体制作、安装 型钢圈制作 铸铁配重 组装胎具制作 组装胎具安装、拆除 轨道煨弯胎具制作 焊缝热处理 充水、气密、快速升降试验 喷砂除锈 聚氨酯底漆两遍 聚氨酯中间漆一遍 聚氨酯中间漆增一遍 聚氨酯面漆两遍 焊缝无损探伤	台	1
6	030507002001	格栅板扇形平台制作、安装 0.6t 格栅板扇形平台本体制作、安装 喷砂除锈 聚氨酯底漆两遍 聚氨酯中间漆一遍 聚氨酯中间漆增一遍 聚氨酯面漆两遍	t	5

【例 1】 碳钢 Q235 填料塔制作，φ3000mm，$H=45000$mm，重 126.5t，接管为 4 个 DN80，4 个 DN100，2 个 DN200，2 个设备人孔，42 个地脚螺栓，做水压试验，500m 焊缝，表面积 438m^2，需喷砂除锈，刷聚氨酯底漆三遍。

【解】 (1)碳钢 Q235 填料塔制作，126.5t。

1)人工费： 480.19 元/t × 126.5t = 60744.04 元

2)材料费： 713.83 元/t × 126.5t = 90299.50 元

3)机械费： 1206.88 元/t × 126.5t = 152670.32 元

(2)设备接管 DN80，制作安装。

1)人工费： 16.49 元/个 ×4 个 = 65.96 元

2)材料费： 7.88 元/个 ×4 个 = 31.52 元

3)机械费： 23.83 元/个 ×4 个 =95.32 元

(3)设备接管 DN100,制作安装。

1)人工费： 43.42 元/个 ×4 个 =173.68 元

2)材料费： 31.97 元/个 ×4 个 =127.88 元

3)机械费： 53.14 元/个 ×4 个 =212.56 元

(4)设备接管 DN200,制作安装。

1)人工费： 65.48 元/个 ×2 个 =130.96 元

2)材料费： 58.64 元/个 ×2 个 =117.28 元

3)机械费： 82.57 元/个 ×2 个 =165.14 元

(5)设备人孔制作、安装,PN1.5,DN450。

1)人工费： 153.72 元 ×2 个 =307.44 元

2)材料费： 168.72 元 ×2 个 =337.44 元

3)机械费： 213.81 元 ×2 个 =427.62 元

(6)地脚螺栓制作,ϕ48mm。

1)人工费： 14.33 元/个 ×42 个 =601.86 元

2)材料费： 112.32 元/个 ×42 个 =4717.44 元

3)机械费： 24.62 元/个 ×42 个 =1034.04 元

(7)水压试验,2MPa,设备容积 325m^3。

1)人工费： 955.74 元/台 ×1 台 =955.74 元

2)材料费： 2478.58 元/ ×1 台 =2478.58 元

3)机械费： 485.02 元/台 ×1 台 =485.02 元

(8)焊缝预热:$\delta=32$mm。

1)人工费： 8.499 元/m ×500m =4249.5 元

2)材料费： 39.906 元/m ×500m =19953 元

3)机械费： 4.734 元/m ×500m =2367 元

(9)焊缝后热:$\delta=32$mm。

1)人工费： 8.963 元/m ×500m =4481.5 元

2)材料费： 154.525 元/m ×500m =77262.5 元

3)机械费： 4.96 元/m ×500m =2480 元

(10)喷砂除锈。

1)人工费： 3.042 元/m^2 ×438m^2 =1332.40 元

2)材料费： 1.802 元/m^2 ×438m^2 =789.28 元

3)机械费： 10.728 元/m^2 ×438m^2 =4698.86 元

4)石英砂： 0.032m^3/m^2 ×438m^2 =14.02m^3

14.02m^3 ×6 元/m^3 =84.12 元

(11)聚氨酯底漆三遍。

1)人工费： (2.136 +1.347)元/m^2 ×438m^2 =1525.55 元

2)材料费： (1.514 +0.481)元/m^2 ×438m^2 =873.81 元

3)机械费： (1.816 +1.061)元/m^2 ×438m^2 =1260.13 元

4)聚氨酯底漆：　　　$(0.2+0.1)kg/m^2 \times 438m^2 = 131.4kg$

$131.4kg \times 45$ 元/kg = 5913 元

(12)综合。

1)直接费合计：　　　443449.99 元

2)管理费：　　　443449.99 元 × 34% = 150773.00 元

3)利润：　　　443449.99 元 × 8% = 35476.00 元

4)总计：　　　(443449.99 + 150773 + 35476)元 = 629698.99 元

5)综合单价：　　　629698.99 元 ÷ 1 台 = 629698.99 元/台

【例 2】　碳钢 Q235 填料塔安装，φ3000mm，$H = 45000mm$，重 126.5t，基础标高 6m，两个 150t 的吊耳，做水压试验，容积 $325m^3$，$\delta = 60mm$ 的岩棉板保温，镀锌钢板保护层，地脚螺栓孔灌浆，设备底座与基础间灌浆，设备填充 φ15mm 瓷环、乱堆。

【解】　(1)碳钢 Q235 填料塔安装，重 126.5t，基础标高 6m。

1)人工费：　　　6874.28 元/台 × 1 台 = 6874.28 元

2)人工费：　　　10111.35 元/台 × 1 台 = 10111.35 元

3)机械费：　　　4643.02 元/台 × 1 台 = 4643.02 元

(2)吊耳制作安装，荷载 150t。

1)人工费：　　　478.56 元/个 × 2 个 = 957.12 元

2)材料费：　　　1839.86 元/个 × 2 个 = 3679.72 元

3)机械费：　　　449.36 元/个 × 2 个 = 898.72 元

(3)水压试验，2MPa，$325m^3$。

1)人工费：　　　955.74 元/台 × 1 台 = 955.74 元

2)材料费：　　　2478.58 元/台 × 1 台 = 2478.58 元

3)机械费：　　　597.76 元/台 × 1 台 = 597.76 元

(4)岩棉板保温，$\delta = 60mm$，$27m^3$。

1)人工费：　　　112.62 元/$m^3 \times 27m^3$ = 3040.74 元

2)材料费：　　　72.70 元/$m^3 \times 27m^3$ = 1962.9 元

3)机械费：　　　6.75 元/$m^3 \times 27m^3$ = 182.25 元

4)岩棉板：　　　$1.03m^3/m^3 \times 27m^3 = 27.81m^3$

$27.81m^3 \times 45$ 元/m^3 = 1251.45 元

(5)镀锌钢板保护层。

1)人工费：　　　14.605 元/$m^2 \times 438m^2$ = 6396.99 元

2)材料费：　　　0.011 元/$m^2 \times 438m^2$ = 4.82 元

3)机械费：　　　3.877 元/$m^2 \times 438m^2$ = 1698.13 元

4)镀锌钢板：　　　$1.2kg/m^2 \times 438m^2 = 525.6kg$

$525.6kg \times 2.7$ 元/kg = 1419.12 元

(6)地脚螺栓孔灌浆，$0.95m^3$。

1)人工费：　　　81.27 元/$m^3 \times 0.95m^3$ = 77.21 元

2)材料费：　　　213.84 元/$m^3 \times 0.95m^3$ = 203.15 元

3)机械费：无

(7)设备底座与基础间灌浆，$0.57m^3$。

1)人工费：　　　119.35 元/$m^3 \times 0.57m^3$ = 68.03 元

2)材料费：　　　302.37 元/$m^3 \times 0.57m^3$ = 172.35 元

3)机械费：无

(8)设备填充 φ15mm 瓷环，乱堆，36t。

1)人工费: 209.44 元/t×36t=7539.84 元

2)材料费: 24.59 元/t×36t=885.24 元

3)机械费: 65.53 元/t×36t=2359.08 元

(9)综合。

1)直接费合计: 58457.59 元

2)管理费: 58457.59 元×34% =19875.58 元

3)利润: 58457.59 元×8% =4676.61 元

4)总计: (58457.59+19875.58+4676.61)元=83009.78 元

5)综合单价: 83009.78 元÷1 台=83009.78 元/台

【例3】 对接式 10000m^3 碳钢拱顶油罐制作、安装,型钢圈制作,人孔安装,透光孔安装,防火器安装,安全阀安装,呼吸阀安装,泡沫器安装,清扫孔安装,量油管制作、安装、罐顶量油管结合管安装,进油管 φ350mm,罐壁进出油结合管,6 个 φ50mm,2 个 φ200mm,2 个 φ350mm,水压试验,机械除中锈,刷红丹防锈底漆两遍,刷油面积 1666m^2,岩棉管保温,δ=60mm,镀锌钢板保护层面积为 1673m^2,壁板卷弧胎具制作,顶板预制胎具制作。

【解】 (1)对接式 10000m^3 碳钢拱顶油罐制作、安装,219t。

1)人工费: 258.67 元/t×219t=56648.73 元

2)材料费: 198.22 元/t×219t=43410.18 元

3)机械费: 688.07 元/×219t=150687.33 元

(2)型钢圈制作,5.81t。

1)人工费: 266.10 元/t×5.81t=1546.04 元

2)材料费: 127.51 元/t×5.81t=740.83 元

3)机械费: 373.26 元/t×5.81t=2168.64 元

(3)人孔安装,φ600mm。

1)人工费: 37.15 元/个×2 个=74.30 元

2)材料费: 93.88 元/个×2 个=187.76 元

3)机械费: 43.52 元/个×2 个=87.04 元

(4)透光孔安装,φ500mm。

1)人工费: 44.12 元/个×3 个=132.36 元

2)材料费: 72.34 元/个×3 个=217.02 元

3)机械费: 60.62 元/个×3 个=181.86 元

(5)防火器安装,φ200mm。

1)人工费: 13.93 元/个×4 个=55.72 元

2)材料费: 27.19 元/个×4 个=108.76 元

3)机械费:无

(6)安全阀安装,φ200mm。

1)人工费: 18.58 元/个×2 个=37.16 元

2)材料费: 27.19 元/个×2 个=54.38 元

3)机械费:无

(7)呼吸阀安装,φ200mm。

1)人工费: 18.58 元/个×2 个=37.16 元

2)材料费: 27.19 元/个×2 个=54.38 元

3)机械费:无

(8)泡沫器安装,PC-24。

1)人工费:　　95.2 元/个 ×4 个 =380.8 元
2)材料费:　　73.68 元/个 ×4 个 =294.72 元
3)机械费:　　64.02 元/个 ×4 个 =256.08 元
(9)清扫孔安装。
1)人工费:　　278.18 元/个 ×2 个 =556.36 元
2)材料费:　　296.16 元/个 ×2 个 =592.32 元
3)机械费:　　384.48 元/个 ×2 个 =768.96 元
(10)量油管制作、安装,ϕ150mm。
1)人工费:　　508.05 元/套 ×1 套 =508.05 元
2)材料费:　　88.36 元/套 ×1 套 =88.36 元
3)机械费:　　466.60 元/套 ×1 套 =466.60 元
(11)罐顶量油管结合管安装,ϕ200mm。
1)人工费:　　15.09 元/个 ×1 个 =15.09 元
2)材料费:　　7.34 元/个 ×1 个 =7.34 元
3)机械费:　　15.92 元/个 ×1 个 =15.92 元
(12)罐、顶结合管安装,ϕ200mm。
1)人工费:　　18.34 元/个 ×8 个 =146.72 元
2)材料费:　　10.65 元/个 ×8 个 =85.2 元
3)机械费:　　21.76 元/个 ×8 个 =174.08 元
(13)进油管,ϕ350mm。
1)人工费:　　199.92 元/个 ×1 个 =199.92 元
2)材料费:　　201.31 元/个 ×1 个 =201.31 元
3)机械费:　　234.01 元/个 ×1 个 =234.01 元
(14)罐壁进出油结合管,6 个 ϕ50mm。
1)人工费:　　8.13 元/个 ×6 个 =48.78 元
2)材料费:　　4.56 元/个 ×6 个 =27.36 元
3)机械费:　　8.23 元/个 ×6 个 =49.38 元
(15)罐壁进出油结合管,2 个 ϕ200mm。
1)人工费:　　26.70 元/个 ×2 个 =53.4 元
2)材料费:　　16.69 元/个 ×2 个 =33.38 元
3)机械费:　　27.07 元/个 ×2 个 =54.14 元
(16)罐壁进出油结合管,ϕ350mm。
1)人工费:　　32.04 元/个 ×2 个 =64.08 元
2)材料费:　　30.29 元/个 ×2 个 =60.58 元
3)机械费:　　35.29 元/个 ×2 个 =70.58 元
(17)水压试验。
1)人工费:　　1288.71 元/座 ×1 座 =1288.71 元
2)材料费:　　11855.12 元/座 ×1 座 =11855.12 元
3)机械费:　　1470.47 元/座 ×1 座 =1470.47 元

(18)机械除中锈。

1)人工费: 2.508 元/$m^2 \times 1666m^2 = 4178.33$ 元

2)材料费: 1.148 元/$m^2 \times 1666m^2 = 1912.57$ 元

3)机械费:无

(19)刷红丹防锈漆两遍。

1)人工费: $(0.58 + 0.56)$元/$m^2 \times 1666m^2 = 1899.24$ 元

2)材料费: $(0.11 + 0.10)$元/$m^2 \times 1666m^2 = 349.86$ 元

3)机械费:无

4)醇酸防锈漆: $(0.146 + 0.128)kg/m^2 \times 1666m^2 = 456.484kg$

$456.484kg \times 8.5$ 元/$kg = 3880.11$ 元

(20)岩棉板保温 $\delta = 60mm$。

1)人工费: 112.62 元/$m^3 \times 103m^3 = 11599.86$ 元

2)材料费: 72.70 元/$m^3 \times 103m^3 = 7488.1$ 元

3)机械费: 6.75 元/$m^3 \times 103m^3 = 695.25$ 元

4)岩棉板: $1.03m^3/m^3 \times 103m^3 = 106.09m^3$

$106.09m^3 \times 45$ 元/$m^3 = 4774.05$ 元

(21)镀锌钢板保护层。

1)人工费: 11.796 元/$m^2 \times 1673m^2 = 19734.71$ 元

2)材料费: 0.419 元/$m^2 \times 1673m^2 = 700.99$ 元

3)机械费: 3.877 元/$m^2 \times 1673m^2 = 6486.22$ 元

4)镀锌钢板: $1.2kg/m^2 \times 1673m^2 = 2007.6kg$

$2007.6kg \times 2.7$ 元/$kg = 5420.52$ 元

(22)壁板卷弧胎具制作。

1)人工费: 574.00 元/套 $\times 1$ 套 $= 574.00$ 元

2)材料费: 4025.64 元/套 $\times 1$ 套 $= 4025.64$ 元

3)机械费: 431.91 元/套 $\times 1$ 套 $= 431.91$ 元

(23)顶板预制胎具制作。

1)人工费: 406.81 元/套 $\times 1$ 套 $= 406.81$ 元

2)材料费: 3896.88 元/套 $\times 1$ 套 $= 3896.88$ 元

3)机械费: 334.78 元/套 $\times 1$ 套 $= 334.78$ 元

(24)综合。

1)直接费合计: 355287.30 元

2)管理费: $355287.30 \times 34\% = 120797.68$ 元

3)利润: $355287.30 \times 8\% = 28422.98$ 元

4)总计: $(355287.30 + 120797.68 + 28422.98)$元 $= 504507.96$ 元

5)综合单价: 504507.96 元 $\div 1$ 台 $= 504507.96$ 元/台

$2000m^3$ 球罐组焊、$200000m^3$ 低压湿气螺旋气柜和格栅板扇形平台制作、安装的综合单价计算方法与碳钢 Q235 填料塔制作、安装等类同,不再举例,其结果看分部分项工程量清单综合单价计算表。

表 5－2　分部分项工程量清单计价表

工程名称:静置设备安装工程

序号	项目编码	项目名称	计量单位	工程数量	金额/元	
					综合单价	合　价
1	030501002001	碳钢 Q235 填料塔制作　ϕ3000mm　*H*45000mm　126.5t 碳钢 Q235 填料塔本体制作 接管　DN80 接管　DN100 接管　DN200 设备人孔制作安装　PN1.5　DN450 地脚螺栓制作　ϕ48mm 水压试验 2MPa　325m³ 焊缝预热　δ＝32mm 焊缝后热　δ＝32mm 喷砂除锈 聚氨酯底漆三遍	台	1	629698.99	629698.99
2	030502004001	碳钢 Q235 填料塔安装　ϕ3000mm　*H*45000mm　126.5t　基础标高 6m 碳钢填料塔本体安装 吊耳 150t 水压试验 2MPa325m³ 岩棉板保温 δ＝60mm 镀锌钢板保护层 地脚螺栓孔灌浆 设备底座与基础间灌浆 设备填充 ϕ15mm 瓷环乱堆	台	1	83009.78	83009.78
3	030504001001	对接式 10000m³ 碳钢拱顶油罐制作、安装 对接式 10000m³ 碳钢拱顶油罐本体制作、安装 型钢圈制作 人孔安装 ϕ600mm 透光孔安装 ϕ500mm 防火器安装 ϕ200mm 安全阀安装 ϕ200mm 呼吸阀安装 ϕ200mm 泡沫器安装 PC－24 清扫孔安装 量油管制作、安装 ϕ150mm 罐顶量油管结合管安装 ϕ200mm 罐顶结合管安装 ϕ200mm 进油管 ϕ350mm 罐壁进出油结合管 ϕ50mm 罐壁进出油结合管 ϕ200mm 罐壁进出油结合管 ϕ350mm 水压试验 机械除中锈 红丹防锈漆两遍 岩棉板保温 δ＝60mm 镀锌钢板保护层 壁板卷弧胎具制作 顶板预制胎具制作	台	1	504507.96	504507.96

续表 5－2

序号	项目编码	项目名称	计量单位	工程数量	金额/元	
					综合单价	合价
4	030505001001	2 000m^3 球罐组焊 $\delta=36mm$　241t 球罐本体组焊 焊缝预热 $\delta=36mm$ 焊缝后热 $\delta=36mm$ 整体热处理 地脚螺栓孔灌浆 水压试验 气密试验 红丹防锈漆两遍 岩棉板保温 $\delta=60mm$ 镀锌钢板保护层 胎具制作 胎具安装与拆除 焊接工艺评定 产品焊接试板试验 板材超声波探伤 板材周边超声波探伤	台	1	1208021	1208021
5	030506001001	200000m^3 低压湿式螺旋气柜　2100t 气柜本体制作、安装 型钢圈制作 铸铁配重 组装胎具制作 组装胎具安装、拆除 轨道煨弯胎具制作 焊缝热处理 充水、气密、快速升降试验 喷砂除锈 聚氨酯底漆两遍 聚氨酯中间漆一遍 聚氨酯中间漆增一遍 聚氨酯面漆两遍 焊缝无损探伤	台	1	7283096.79	7283096.79
6	030507002001	格栅板扇形平台制作、安装　0.6t 格栅板扇形平台本体制作、安装 喷砂除锈 聚氨酯底漆两遍 聚氨酯中间漆一遍 聚氨酯中间漆增一遍 聚氨酯面漆两遍	t	5	6462.55	32312.74
		合　计				9740647.26

表 5－3　分部分项工程量清单综合单价计算表

工程名称:静置设备安装工程　　　　计量单位:台
项目编码:030501002001　　　　工程数量:1
项目名称:碳钢 Q235 填料塔制作　ϕ3000mm　H45000mm　126.5t　　　　综合单价:629698.99 元

序号	定额编号	工程内容	单位	数量	其中/元					
					人工费	材料费	机械费	管理费	利润	小计
1	5－176	碳钢 Q235 填料塔制作 ϕ3000mm　H45000mm　126.5t	t	126.5	60744.04	90299.50	152670.32			
	5－477	接管 DN80	个	4	65.96	31.52	95.32			
	5－478	接管 DN100	个	4	173.68	127.88	212.56			
	5－481	接管 DN200	个	2	130.96	117.28	165.14			
	5－552	设备人孔制作、安装 PN1.5DN450	个	2	307.44	337.44	427.62			
	5－610	地脚螺栓制作 ϕ48mm	个	42	601.86	4717.44	1034.04			
	5－1258	水压试验 2MPa325m^3	台	1	955.74	2478.58	485.02			
	5－2284	焊缝预热 $\delta=32$mm	m	500	4249.50	19953.00	2367.00			
	5－2297	焊缝后热 $\delta=32$mm	m	500	4481.50	77262.50	2480.00			
	11－22	喷砂除锈	m^2	438	1332.40	873.4	4698.86			
	11－355＋11－356	聚氨酯底漆三遍	m^2	438	1525.55	6786.81	1260.13			
		合　计	台	1	74568.63	202985.35	165896.01	150773	35476	629698.99

表 5－4　分部分项工程量清单综合单价计算表

工程名称:静置设备安装工程　　　　计量单位:台
项目编码:030502004001　　　　工程数量:1
项目名称:碳钢 Q235 填料塔制作　ϕ3000mm　H45000mm　126.5t　基础标高 6m　　综合单价:83009.78 元

序号	定额编号	工程内容	单位	数量	其中/元					
					人工费	材料费	机械费	管理费	利润	小计
2	5－1024	碳钢 Q235 填料塔制作 ϕ 3000 mm$H$45000mm　126.5t　基础标高 6m	台	1	6874.28	10111.35	4643.02			
	5－1614	吊耳 150t	个	2	957.12	3679.72	898.72			
	5－1258	水压试验 2MPa　325m^3	台	1	955.74	2478.58	597.76			
	11－1868	岩棉板保温 $\delta=60$mm	m^3	27	3040.74	3214.35	182.25			
	11－2203	镀锌钢板保护层	m^2	438	6396.99	1423.94	1698.13			
	11－1414	地脚螺栓孔灌浆	m^3	0.95	77.21	203.15				
	11－1419	设备底座与基础间灌浆	m^3	0.57	68.03	172.35				
	5－1116	设备填充 ϕ15mm 瓷环乱堆	t	36	7539.84	885.24	2359.08			
		合　计	台	1	25909.95	22168.68	10378.96	19875.58	4676.61	83009.78

表 5-5　分部分项工程量清单综合单价计算表

工程名称：　　　　　　　　　　　　　　　　　　　　　　　　　　计量单位：台

项目编码：030504001001　　　　　　　　　　　　　　　　　　　　工程数量：1

项目名称：对接式 10 000m^3 碳钢拱顶油罐制作、安装　　　　　　综合单价：504507.96 元

序号	定额编号	工程内容	单位	数量	其中/元					
					人工费	材料费	机械费	管理费	利润	小计
3	5-1675	对接式 10000m^3 碳钢拱顶油罐本体制作、安装	t	219	56648.73	43410.18	150687.33			
	5-2225	型钢圈制作	t	5.81	1546.04	740.83	2168.64			
	5-1700	人孔安装 ϕ600mm	个	2	74.30	187.76	87.04			
	5-1701	透光孔安装 ϕ500mm	个	3	132.36	217.02	181.86			
	5-1742	防火器安装 ϕ200mm	个	4	55.72	108.76				
	5-1757	安全阀安装 ϕ200mm	个	2	37.16	54.38				
	5-1757	呼吸阀安装 ϕ200mm	个	2	37.16	54.38				
	5-1747	泡沫器安装 PC-24	个	4	380.80	294.72	256.08			
	5-1729	清扫孔安装	个	2	556.36	592.32	768.96			
	5-1765	量油管制作、安装 ϕ150mm	套	1	508.05	88.36	466.60			
	5-1715	罐顶量油管结合管安装 ϕ200mm	个	1	15.09	7.34	15.92			
	5-1716	罐顶结合管安装 ϕ200mm	个	8	146.72	85.20	174.08			
	5-1727	进油罐 ϕ350mm	个	1	199.92	201.31	234.01			
	5-1718	罐壁进出油结合管 ϕ50mm	个	6	48.78	27.36	49.38			
	5-1722	罐壁进出油结合管 ϕ200mm	个	2	53.40	33.38	54.14			
	5-1725	罐壁进出油结合管 ϕ350mm	个	2	64.08	60.58	70.58			
	5-1809	水压试验	台	1	1288.71	11855.12	1470.47			
	11-17	机械除中锈	m^2	1666	4178.33	1912.57				
	11-84	红丹防锈漆第一遍	m^2	1666	966.28	2250.76				
	11-85	红丹防锈漆第二遍	m^2	1666	932.96	1979.21				
	11-1868	岩棉板保温　$\delta=60mm$	m^3	103	11599.86	12262.15	695.25			
	11-2202	镀锌钢板保护层	m^2	1673	19734.71	6121.51	6486.22			
	5-1815	壁板卷弧胎具制作	套	1	574.00	4025.64	431.91			
	5-1820	顶板预制胎具制作	套	1	406.81	3896.88	334.78			
		合　计	台	1	100186.33	90467.72	164633.25	120797.68	28422.98	504507.96

表 5-6 分部分项工程量清单综合单价计算表

工程名称:静置设备安装工程　　　　计量单位:台

项目编码:030505001001　　　　工程数量:1

项目名称:2000m³ 球罐安装　　　　综合单价:1208021 元

序号	定额编号	工程内容	单位	数量	其中/元					
					人工费	材料费	机械费	管理费	利润	小计
4	5-1969	2000m³ 球罐组焊 δ=36mm 241t	t	241	74146.06	64573.54	235454.59			
	5-2287	焊缝预热 δ=36mm	m	737	6264.50	33305.03	3987.17			
	5-2298	焊缝后热 δ=36mm	m	737	6603.52	118435.90	4156.68			
	5-2335	整体热处理	台	1	27158.58	58634.32	4034.37			
	1-1414	地脚螺栓孔灌浆	m³	0.29	23.41	61.59				
	5-1997	水压试验	台	1	2335.54	4829.76	1147.37			
	5-2005	气密试验	台	1	2374.71	225.98	4304.42			
	11-17	机械除中锈	m²	782	1962.82	899.30				
	11-84	红丹防锈漆第一遍	m²	782	453.56	86.02				
	11-85	红丹防锈漆第二遍	m²	782	437.92	78.20				
	11-1885	岩棉板保温 δ=60mm	m³	48	8519.77	5974.69	327.16			
	11-2201	镀锌钢板保护层	m²	787	10195.53	739.49	3162.50			
	5-1981	胎具制作	台	1	3773.48	54929.42	4812.35			
	5-1989	胎具安装与拆除	台	1	20185.84	2648.47	39679.55			
	5-2259	焊接工艺评定	项	1	24.85	39.84	68.18			
	5-2260	产品焊接试板试验	台	1	241.95	299.45	616.42			
	5-2273	板材超声波探伤	m²	156	76.64	2798.00	991.58			
	5-2274	板材周边超声波探伤	m	1474	1400.30	31469.90	1768.80			
		合　计	台	1	166178.98	380028.90	304511.14	289244.46	68057.52	1208021

表 5－7　分部分项工程量清单综合单价计算表

工程名称:静置设备安装工程　　　　　　　　　　　　　　计量单位:座
项目编码:030506001001　　　　　　　　　　　　　　　　工程数量:1
项目名称:200 000m³ 低压湿式螺旋气柜　　　　　　　　　综合单价:7283097.10 元

序号	定额编号	工程内容	单位	数量	其中/元					
					人工费	材料费	机械费	管理费	利润	小计
5	5－2047	气柜本体制作、安装	t	2100	1211742.00	519330.00	1948401.00			
	5－2225	型钢圈制作	t	58	15433.80	7395.58	21649.08			
	5－2054	铸铁配重	t	7.3	61.03	1010.17	463.55			
	5－2074	组装胎具制作	座	1	22818.06	109330.78	21480.40			
	5－2084	组装胎具安装、拆除	座	1	11495.06	1427.41	5314.64			
	5－2094	轨道煨弯胎具制作	座	1	922.07	8317.60	1922.52			
	5－2292	焊缝热处理	m	2101	18530.82	274054.44	4265.03			
	5－2114	充水、气密、快速升降试验	座	1	7198.20	79639.88	9402.30			
	11－22	喷砂除锈	m²	20000	60800.00	36000.00	214600.00			
	11－355	聚氨酯底漆两遍	m²	20000	42800.00	30200.00	36400.00			
	11－357	聚氨酯中间漆一遍	m²	20000	20000.00	6600.00	15600.00			
	11－358	聚氨酯中间漆增一遍	m²	20000	20000.00	6600.00	15600.00			
	11－359	聚氨酯面漆两遍	m²	20000	40000.00	6800.00	31200.00			
	5－2261	焊缝无损探伤	张	7003	65060.97	116045.23	63030.00			
		合　计	座	1	1536862.01	1202751.09	7283097.102	1743840.15	410315.33	7283097.10

表 5－8　分部分项工程量清单综合单价计算表

工程名称:静置设备安装工程　　　　　　　　　　　　　　计量单位:t
项目编码:030507002001　　　　　　　　　　　　　　　　工程数量:5
项目名称:格栅板扇形平台制作、安装　0.6t　　　　　　　综合单价:6462.55 元

序号	定额编号	工程内容	单位	数量	其中/元					
					人工费	材料费	机械费	管理费	利润	小计
6	5－2146	格栅板扇形平台制作安装　0.6t	t	5	3034.85	1443.00	3172.60			
	11－34	喷砂除锈	kg	5000	1450.00	850.00	8550.00			
	11－365	聚氨酯底漆两遍	kg	5000	600.00	440.00	350.00			
	11－367	聚氨酯中间漆一遍	kg	5000	290.00	100.00	350.00			
	11－368	聚氨酯中间漆增一遍	kg	5000	290.00	95.00	350.00			
	11－369	聚氨酯面漆两遍	kg	5000	580.00	110.00	700.00			
		合　计	t	5	6244.85	3038.00	13472.60	7736.85	1820.44	32312.74

【例4】 现以某一小型简单的供工艺设备检修操作用的栏杆平台图(图5－1～图5－3)为例编制施工图预算。该局部栏杆平台由角钢、圆钢焊接而成。要求制作后,刷防锈漆2遍,调合漆2遍。工程地址在重庆市区,工程类别为三类,承包商劳动保险费为B级即费率16.6%,工程定额测定费为1.4‰,建筑安装材料价为2003年重庆市市场价。

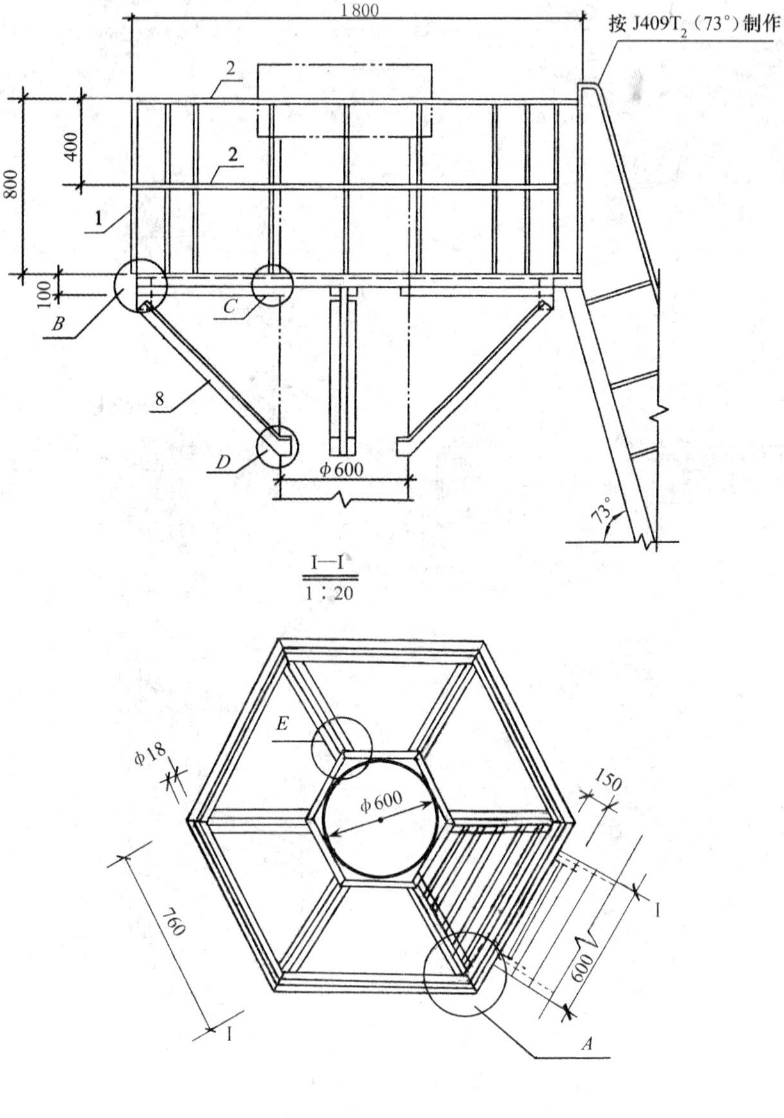

图5－1 平台栏杆平剖面图

【解】 编制步骤如下:

(1)计算工程量。

按各件号几何尺寸逐件计算其质量,然后汇总。

1)栏杆。

栏杆由平台周围的13根竖圆钢和平台周边两圈水平圆钢焊接而成。

件号1(圆钢ϕ18):(2kg/m)×(0.8/m 根)×13根＝20.8kg

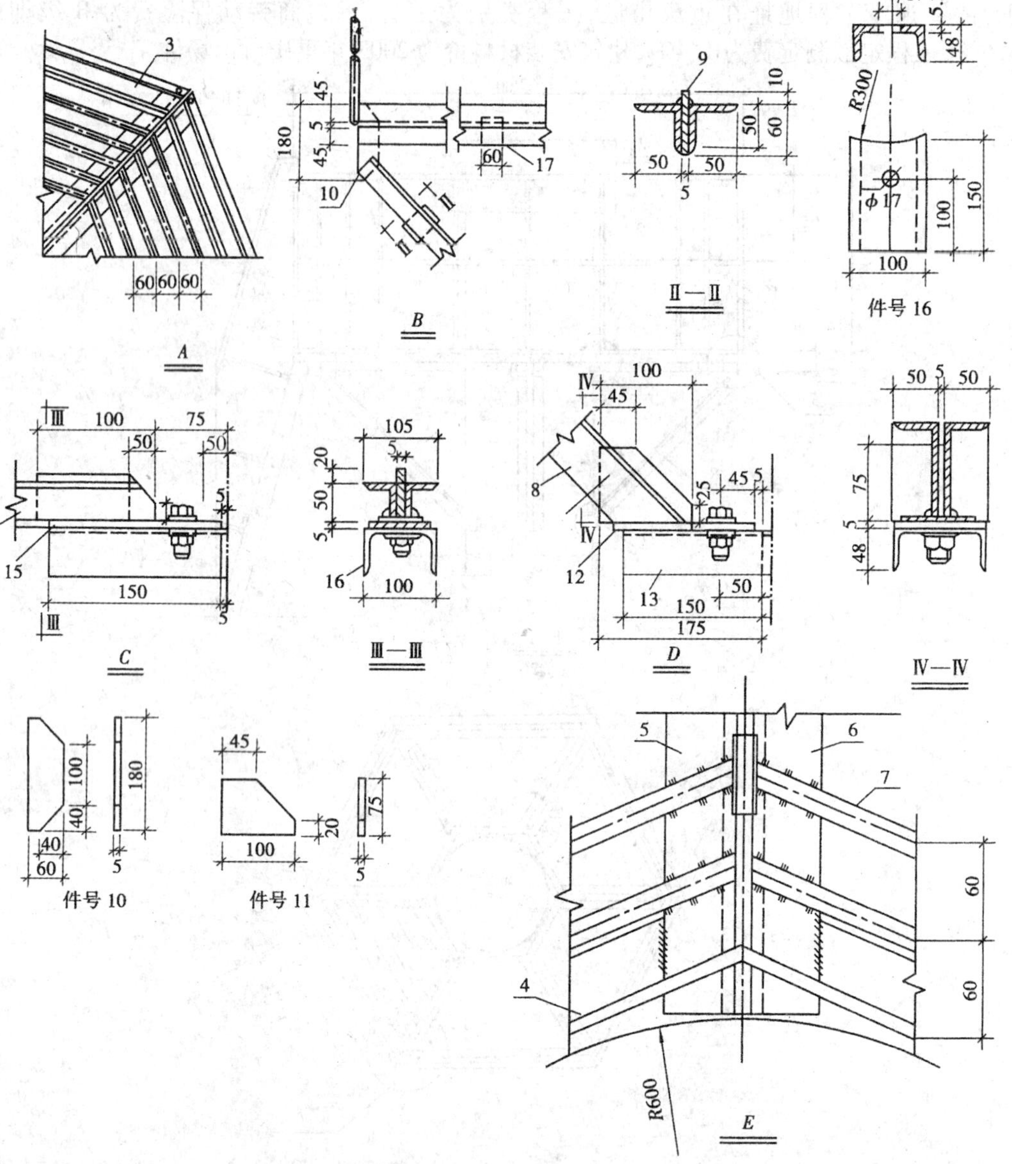

图 5 - 2　平台栏杆节点图

件号 2(圆钢 ϕ18):(2kg/m) × (0.76/m 根) ×6 根 ×2 圈 = 18.24kg

则:栏杆制作安装工程量 = 20.8kg + 18.24kg = 39.04kg

2)平台由框架与托架两大构件组成。

①框架:框架是由圆钢(ϕ18)、角钢(∠50 ×5)制成 8 个相同的梯形框架块后,再组装而成。计算出一块框架质量后,乘以 8,则得 8 块框架的总质量。

一块平台框架的平面几何关系如图 5 - 1、图 5 - 2 所示,由此可计算出件号 3,4,5,6 的长度。则件号 3,4,5,6(∠50 ×5)的总质量为:

$$(3.77\text{kg/m}) \times (0.76 + 0.29 + 0.687 \times 2)\text{m} = 9.14\text{kg}$$

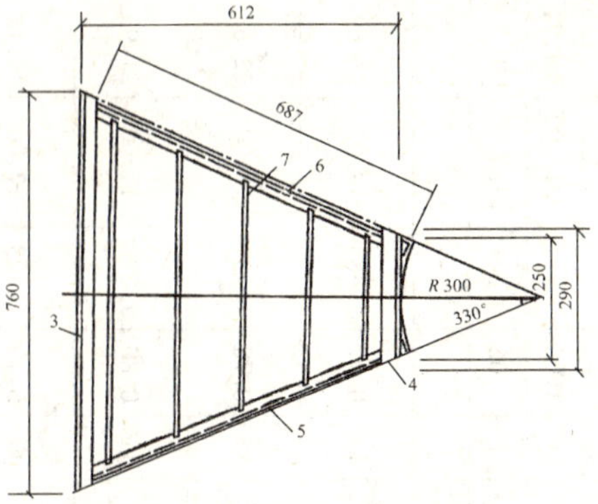

图 5－3　平台框架尺寸

件号 7(圆钢 $\phi18$):根据等腰梯形的平面几何关系,可求得 9 根圆钢的平均长度为0.51m,则件号 7 的质量为:(2kg/m)×(0.51m/根)×5 根＝5.1kg

则:平台框架制作工程量＝(9.14＋5.1)kg×6＝85.44kg

②托架:托架为沿设备四周均布的三角支撑。

件号 8:件号 8 为 4 个斜撑,每个斜撑均由 2 根角钢(∠50×5)组成,共 8 根斜撑角钢,斜撑与铅垂方向成 45°夹角。

根据几何关系,一根斜撑角钢长为:$[\frac{0.76}{2\sin30^\circ}-(0.3+0.075)]\text{m}\times\sqrt{2}=0.544\text{m}$

6 根斜撑角钢质量为:(3.77kg/m)×(0.544m/根)×6 根＝12.31kg

件号 9(－60×5):3 根,长 70mm,则质量为:(2.36kg/m)×(0.07m/根)×3 根＝0.5kg

件号 10(－65×5):3 根,长 180mm,则质量为:(2.36kg/m)×(0.18m/根)×3 根＝1.27kg

件号 11(－75×5):3 根,长 100mm,则质量为:(2.94kg/m)×(0.10m/根)×3 根＝0.88kg

件号 12(－100×5)3 根,长 150mm,则质量为:(3.93kg/m)×(0.15m/根)×3 根＝1.77kg

件号 13([10]:3 根,长 150mm,则质量为:(10kg/m)×(0.15m/根)×3 根)＝4.5kg

件号 14(角钢∠50×5):6 根角钢,一根角钢长为:

$$\frac{0.76\text{m}}{2\sin30^\circ}-(0.3+0.075)\text{m}=0.385\text{m}$$

6 根角钢的质量为:(3.77kg/m)×(0.385m/根)×6 根＝8.71kg

件号 15(－100×5)3 根,长 150mm,则质量为:(3.93kg/m)×(0.15m/根)×3 根＝1.77kg

件号 16([10]3 根,长 150mm,则质量为:(10kg/m)×(0.15m/根)×3 根＝4.5kg

件号 17(－60×5):3 根,长 70mm,则质量为:(2.36kg/m)×(0.07m/根)×3 根＝0.5kg

件号 8～17 制作安装工程量为:(12.31＋0.5＋1.27＋0.88＋1.77＋4.5＋8.71＋1.77＋4.5＋0.5)kg＝36.71kg

工程量汇总于下:

栏杆制作安装:39.04kg

平台制作安装:(85.44＋36.71)kg＝122.15kg

(2)编制工程预算表(表 5－9)

(3)编制工程取费表(表 5－10)。

编制说明与封面略。

表 5-9　建筑工程预(结)算表

工程名称:某车间设备平台栏杆制作安装工程

序号	定额编号	项目名称	单位	工程量	计价工程费/元								未计价材料					
					单位价值				总价值				名称	单位	定额耗量	数量	单价/元	合价/元
					基价	人工费	材料费	机械费	合计	人工费	材料费	机械						
1	05-2139	平台制作安装	t	0.122	1437.87	576.51	256.24	605.12	175.42	70.33	31.26	73.82	主材	t	1.08	0.131	2910.00	381.21
2	05-2163	栏杆制作安装	t	0.039	1877.19	755.80	235.22	886.17	73.21	29.48	9.17	34.56	主材	t	1.06	0.041	2910.00	119.31
3	11-0007	钢结构除锈	100kg	1.612	17.99	7.51	2.60	7.88	29.00	12.11	4.19	12.70						
4	11-0119	钢结构刷防锈漆第一遍	100kg	1.612	13.74	5.08	0.78	7.88	22.15	8.19	1.26	12.70	酚醛防锈漆 各色	kg	0.92	1.483	18.00	26.69
5	11-0120	钢结构刷调合漆第二遍	100kg	1.612	13.44	4.86	0.70	7.88	21.67	7.83	1.13	12.70	酚醛防锈漆 各色	kg	0.78	1.257	18.00	22.63
6	11-0126	钢结构刷调合漆第一遍	100kg	1.612	12.99	4.86	0.25	7.88	20.94	7.83	0.40	12.70	酚醛调合漆 各色	kg	0.80	1.290	17.00	21.93
7	11-0127	钢结构刷防锈合漆第二遍	100kg	1.612	12.96	4.86	0.22	7.88	20.89	7.83	0.35	12.70	酚醛调合漆 各色	kg	0.70	1.128	17.00	19.18
		小计							363.28	143.60	47.76	171.88						590.95
		合计							363.28	143.60	47.76	171.88						590.95

表 5－10　工程取费表

工程名称:某车间设备平台栏杆制作安装工程

序号	费用名称	计算公式	费率%	金额/元
1	1 基价直接费	按基价表计算		363.28
2	1.1 人工费	定额人工费		143.60
3	1.2 材料费			47.76
4	1.3 机械费			171.88
5	2 综合费	1.1×规定费率	113.090	162.40
6	其中:临时设施费	2×规定费率	22.490	36.52
7	3 劳动保险费	1.1×规定费率	16.600	23.84
8	4 计划利润	1.1×规定费率	32.980	47.36
9	5 允许按实计算费用及公差	按规定		590.95
0	5.1 材料金额	按规定		590.95
11	5.2 设备金额			
12	5.3 按实计算费用			
13	6 工程定额测定费	(1+2+3+4+5)×规定费率	0.140	1.66
14	7 税金	(1+2+3+4+5+6)×规定费率	3.560	42.35
15	8 工程造价	1+2+3+4+5+6+7		1 231.84

【例5】 某球罐，ϕ4 600mm，由板厚 $\delta = 16$mm 材质 Q235 的钢板组对焊接而成。容器的设计压力为1.0MPa，公称容积50m^3，质量5.3t，其中容器本体质量为4.18t。试编制分部分项工程量清单计价表。

【解】 (1)该项目发生的工作内容

1)球罐组装；

2)组装胎具制作、安装、拆除；

3)水压试验；

4)整体热处理；

5)除锈；

6)刷油。

(2)根据现行的计算规则计算工程量

工程内容：

1)球罐组装：1台；

2)组装胎具制作、安装、拆除：1台；

3)水压试验：1台；

4)整体热处理：1台；

5)除锈：66.4m^2；

6)刷油：66.4m^2。

(3)每计量单位包含的工程数量即为计算出的工程量。

(4)根据《安装工程消耗量定额》选择定额子目，确定人、材、机消耗量。

1)球罐组装：5－1902；

2)组装胎具制作、安装、拆除：5－1974，5－1982；

3)水压试验：5－1990；

4)整体热处理：5－2352；

5)除锈：11－19；

6)刷油：11－85，11－86。

(5)人、材、机单价选用省信息价。

(6)计算清单项目每计量单位所含各项工程内容人、材、机价款见表5－11。

表5－11 分部分项工程量清单

清单项目名称	工作内容	定额编号	单位	数量	费用组成			
					人工费	材料费	机械费	小计
球形罐组对安装	球罐组装	5－1902	t	5.3	2751.76	2590.27	9021.13	14363.16
1. 材质：Q235	钢板	主材	t	5.3		21730.00		21730.00
2. 容量：50m^3	组装胎具制作	5－1974	台	1	765.38	5550.35	632.29	6948.02
3. 球板厚度：16mm	组装胎具安装、拆除	5－1982	台	1	1656.82	532.83	3463.15	5652.80
4. 质量：5.3t	水压试验	5－1990	台	1	436.70	291.12	302.64	1030.46
球形罐组对安装	整体热处理	5－2352	台	1	5206.96	16227.75	3744.54	25179.25
1. 材质：Q235	除锈	11－19	10m^2	6.64	61.35	18.46		79.81
2. 容量：50m^3	红丹第一遍	11－85	10m^2	6.64	34.79	173.64		208.43
3. 球板厚度：16mm	红丹第二遍	11－86	10m^2	6.64	33.33	152.32		185.65
4. 质量：5.3t	合计				10947.09	47266.74	17163.75	75377.58

(7)清单项目每计量单位所含各项工程内容：

人、材、机价款为75377.58元。

(8)参照山东省安装工程费率表,确定工程取管理费率为51%,利润为39.6%。

(9)综合单价:

管理费:10947.09元×0.51=5583.02元

利　润:10947.09元×0.396=4335.05元

综合单价:(75377.58+5583.02+4335.05)元=85295.65元

将上述计算结果填入分部分项工程量清单计价表(表5-12)。

表5-12　分部分项工程量清单计价表

工程名称

序号	项目编码	项目名称	计量单位	工程数量	金额/元	
					综合单价	合价
1	030505001001	球形罐组对安装 1.材质:Q235 2.容量:$50m^3$ 3.球板厚度:16mm 4.质量:5.3t	台	1	85295.65	85295.65
		合计				85295.65

第六章　工业管道工程工程量清单设置与计价举例

表 6-1　分部分项工程量清单

工程名称:A 车间工业管道安装工程

序号	项目编码	项目名称	计量单位	工程数量
1	030601004001	低压碳钢 φ219×8.5 无缝钢管安装(热轧 20# 钢手工电弧焊、安装一般钢套管、水压试验、水冲洗、刷防锈漆两次、硅酸盐涂抹绝热 δ=50)	m	315
2	030601006001	低压 φ159×5 不锈钢管安装(热轧 1Cr18Ni9Ti、氩弧焊、水压试验、酸洗、四氯化碳脱脂、超细玻璃棉毡绝热 δ=50、镀锌铁皮保护层)	m	230
3	030604002001	低压碳钢　DN200　管件安装(电弧焊、弯头 15 个、三通 10 个)	个	25
4	030604004001	低压不锈钢　DN150　管件安装(氩弧焊、弯头 15 个、三通 3 个)	个	18
5	030607003001	低压碳钢　DN200　法兰阀门安装(J41H-25-200)	个	5
6	030607003002	低压不锈钢　DN150　法兰阀门安装(J41W-25P-150)	个	3
7	030610002001	低压碳钢　DN200　平焊法兰安装(电弧焊 2.5MPa)	副	5
8	030610004001	低压不锈钢　DN150　平焊法兰安装(氩弧焊 2.5MPa)	副	3
9	030616003001	焊缝 X 射线探伤(80×300)	张	50
10	030615001001	管支架制作安装(一般支架,人工除锈,刷一遍防锈漆,两遍调和漆)	kg	200

表 6-2　措施项目清单

工程名称:A 车间工业管道安装工程

序号	项目名称
1	临时设施费
2	文明施工费
3	二次搬运费
4	组装平台搭拆费
5	脚手架搭拆费

【例 1】 无缝钢管热轧,φ219mm×8.5mm,钢套管制作、安装,做水压试验及水冲洗,无缝钢管刷防锈漆,做硅酸盐涂抹绝热。

【解】 (1)φ219mm×8.5mm 无缝热轧钢管安装。

1)人工费:　　4.036 元/m×315m=1271.34 元

2)材料费:　　1.444 元/m×315m=454.86 元

3)机械费:　　8.675 元/m×315m=2732.63 元

4)主材:φ200mm 低压碳钢管

长度:　　0.957m/m×315m=301.5m

材料费:　　301.5m×160 元/m=48240 元

(2)钢套管制作安装。

1)人工费:　　42.52 元/个×5 个=212.6 元

2)材料费:　　13.56 元/个×5 个=67.8 元

3）机械费：　　　　　　　　0.48 元/个 ×5 个 =2.4 元

4）主材：φ250mm 碳钢管

材料费：　　　　　　　　0.3m/个 ×5 个 ×50 元/m =75 元

（3）低压管道液压试验。

1）人工费：　　　　　　　1.314 元/m ×315m =413.91 元

2）材料费：　　　　　　　0.678 元/m ×315m =213.57 元

3）机械费：　　　　　　　0.162 元/m ×315m =51.03 元

（4）水冲洗，100m。

1）人工费：　　　　　　　0.79 元/m ×100m =79 元

2）材料费：　　　　　　　0.854 元/m ×100m =85.4 元

3）机械费：　　　　　　　0.17 元/m ×100m =17 元

4）水的费用：　　　　　　2.16t/100m ×315m =6.804t

　　　　　　　　　　　　6.804t ×0.95 元/t =6.46 元

（5）管道刷防锈漆两遍，217m^2。

1）人工费：　　　　　　（0.627 +0.627）元/m^2 ×217m^2 =272.12 元

2）材料费：　　　　　　（0.113 +0.101）元/m^2 ×217m^2 =46.44 元

3）机械费：无

4）醇酸防锈漆的费用：

　　　　　　　　　　　（0.131 +0.112）kg/m^2 ×217m^2 =52.731kg

　　　　　　　　　　　　52.731kg ×8.5 元/kg =448.21 元

（6）管道硅酸盐涂沫绝热，δ =50mm，（329m^2）。

1）人工费：　　　　　　90.33 元/m^2 ×329m^2 =29718.57 元

2）材料费：　　　　　　0.82 元/m^2 ×329m^2 =269.78 元

3）机械费：　　　　　　11.25 元/m^2 ×329m^2 =3701.25 元

4）硅酸盐涂抹料的费用：0.508m^3/m^2 ×329m^2 =167.132m^3

　　　　　　　　　　　167.132m^3 ×48 元/m^3 =8022.34 元

（7）综合。

1）直接费合计：　　　　　　　96401.71 元

2）管理费：96401.71 元 ×34% =32776.58 元

3）利润：96401.71 元 ×8% =7712.14 元

4）总计：（96401.71 +32776.58 +7712.14）元 =136890.43 元

5）综合单价：136890.43 元 ÷315m =434.57 元/m

【例 2】 低压不锈钢管安装，φ159mm ×5mm，氩弧焊，做水压试验，管道酸洗，管道脱脂，管道绝热，镀锌铁皮保护层。

【解】 （1）φ159mm ×5 低压不锈钢管安装。

1）人工费：　　　　　　　5.055 元/m ×230m =1162.65 元

2）材料费：　　　　　　　2.555 元/m ×230m =587.65 元

3）机械费：　　　　　　　8.878 元/m ×230m =2041.94 元

4）低压不锈钢管热轧：　　0.938m/m ×230m =215.74m

　　　　　　　　　　　　215.74m ×250 元/m =53935 元

（2）水压试验。

1）人工费：　　　　　　　1.314 元/m ×230m =302.22 元

2)材料费:　　　　0.678 元/m $\times$230m = 155.94 元

3)机械费:　　　　0.162 元/m $\times$230m = 37.26 元

(3)管道酸洗。

1)人工费:　　　　1.807 元/m $\times$230m = 415.61 元

2)材料费:　　　　1.586 元/m $\times$230m = 364.78 元

3)机械费:　　　　0.53 元/m $\times$230m = 121.9 元

4)酸洗液:　　　　0.5878kg/m $\times$230m = 135.194kg

135.194kg $\times$0.7 元/kg = 94.64 元

5)烧碱:　　　　0.1575kg/m $\times$230m = 36.225kg

36.225kg $\times$1 元/kg = 36.23 元

6)水:　　　　0.1296t/m $\times$230m = 29.808t

29.808t $\times$0.95 元/t = 28.32 元

(4)管脱脂,脱脂介质为四氯化碳。

1)人工费:　　　　0.9497 元/m $\times$230m = 218.43 元

2)材料费:　　　　2.2323 元/m $\times$230m = 513.43 元

3)机械费:　　　　0.6884 元/m $\times$230m = 158.33 元

4)四氯化碳:　　　　0.7805kg/m $\times$230m = 179.515kg

179.515kg $\times$7 元/kg = 1256.61 元

(5)无碱超细玻璃棉毡绝热,$\delta = 50mm$,7.87m^2。

1)人工费:　　　　50.16 元/m^3 $\times$7.87m^3 = 394.76 元

2)材料费:　　　　20.3 元/m^3 $\times$7.87m^3 = 159.76 元

3)机械费:　　　　6.75 元/m^3 $\times$7.87m^3 = 53.12 元

4)无碱超细玻璃棉毡:

1.03m^3/m^3 $\times$7.87m^3 = 8.106m^3

8.106m^3 $\times$1100 元/m^3 = 8916.6 元

(6)镀锌铁皮保护层,$\delta = 0.5mm$,197m^2。

1)人工费:　　　　5.712 元/m^2 $\times$197m^2 = 1125.26 元

2)材料费:　　　　1.297 元/m^2 $\times$197m^2 = 255.51 元

3)机械费:　　　　3.6 元/m^2 $\times$197m^2 = 709.2 元

4)镀锌铁皮:　　　　1.2kg/m^2 $\times$197m^2 = 236.4kg

236.4kg $\times$5.5 元/kg = 1300.2 元

(7)综合。

1)直接费小计:74345.35 元

2)管理费:　　　　74345.35 元 $\times$34% = 25277.42 元

3)利润:　　　　74345.35 元 $\times$8% = 5947.63 元

4)总计:　　　　(74345.35 + 25277.42 + 5947.63)元 = 105570.4 元

5)综合单价:　　　　105570.4 元 $\div$230m = 459.00 元/m

【例 3】 低压碳钢 DN200 对焊管件安装,用电弧焊。

【解】 (1)DN200 管件安装,电弧焊。

1)人工费:　　　　20.211 元/个 $\times$25 个 = 505.28 元

2)材料费:　　　　11.965 元/个 $\times$25 个 = 299.13 元

3)机械费:　　　　23.38 元/个 $\times$25 个 = 584.5 元

(2)无缝弯头 DN200。

240 元/个 ×15 个 =3600 元

(3)冷拔无缝三通。

260 元/个 ×10 个 =2600 元

(4)综合。

1)直接费合计: 7588.91 元

2)管理费: 7588.91 元 ×34% =2580.23 元

3)利润: 7588.91 元 ×8% =607.11 元

4)总计: 7588.91 元 +2580.23 元 +607.11 元 =10776.25 元

5)综合单价: 10776.25 元 ÷25 个 =431.05 元/个

【例 4】 低压不锈钢 DN150 对焊管件安装,氩弧焊。

【解】 (1)DN150 管件安装。

1)人工费: 22.554 元/个 ×15 个 =338.31 元

2)材料费: 26.456 元/个 ×3 个 =79.368 元

3)机械费: 41.037 元/个 ×18 个 =738.67 元

(2)弯头 DN150。

570 元/个 ×18 个 =10260 元

(3)三通 DN150。

3800 元/个 ×15 个 =57000 元

(4)综合。

1)直接费合计: 68416.35 元

2)管理费: 68416.35 元 ×34% =23261.56 元

3)利润: 68416.35 元 ×8% =5473.31 元

4)总计: (68416.35 +23261.56 +5473.31)元 =97151.22 元

5)综合单价: 97151.22 元 ÷18 个 =5397.29 元/个

【例 5】 低压碳钢法兰阀门安装,DN200。

【解】 (1)低压碳钢法兰阀门安装。

1)人工费: 44.74 元/个 ×5 个 =223.7 元

2)材料费: 13.39 元/个 ×5 个 =66.95 元

3)机械费: 48.62 元/个 ×5 个 =243.1 元

(2)法兰阀门 J41H -25 -200。

260 元/个 ×5 个 =1300 元

(3)螺栓带帽及垫 22 ×90。

4.5 元/个 ×120 个 =540 元

(4)综合。

1)直接费合计: 2373.75 元

2)管理费: 2373.75 元 ×34% =807.08 元

3)利润: 2373.75 元 ×8% =189.9 元

4)合计: (2373.75 +807.08 +189.9)元 =3370.73 元

5)综合单价: 3370.73 元 ÷5 个 =674.15 元/个

【例 6】 低压不锈钢法兰阀门安装,DN150。

【解】 (1)法兰阀门安装。

1)人工费: 28.54 元/个 ×3 个 =85.62 元

2)材料费: 10.94 元/个 ×3 个 =32.82 元

3)机械费：　　　　　7.35 元/个 ×3 个 =22.05 元

(2)不锈钢法兰阀门 J41W -25P -150。

7300 元/个 ×3 个 =21900 元

(3)不锈钢螺栓带帽及垫 22 ×85。

7.5 元/个 ×3 个 =22.5 元

(4)综合。

1)直接费合计：　　　　22062.99 元

2)管理费：　　　　22062.99 元 ×34% =7501.42 元

3)利润：　　　　22062.99 元 ×8% =1765.04 元

4)合计：　　(22062.99 +7501.42 +1765.04)元 =31329.45 元

5)综合单价：　　31329.45 元 ÷3 个 =10443.15 元/个

【例 7】 低压碳钢平焊法兰阀门安装，DN200。

【解】 (1)低压碳钢平焊法兰安装，DN200。

1)人工费：　　　　18 元/副 ×5 副 =90 元

2)材料费：　　　　18.03 元/副 ×5 副 =90.15 元

3)机械费：　　　　21.86 元/副 ×5 副 =109.3 元

(2)碳钢平焊法兰，2.5MPa，DN200。

320 元/副 ×5 副 =1600 元

(3)综合。

1)直接费合计：　　　　1889.45 元

2)管理费：　　　　1889.45 元 ×34% =642.41 元

3)利润：　　　　1889.45 元 ×8% =151.16 元

4)总计：　　(1889.45 +642.41 +151.16)元 =2683.02 元

5)综合单价：　　2683.02 元 ÷5 副 =536.60 元/副

【例 8】 低压不锈钢平焊法兰安装，DN150。

【解】 (1)低压不锈钢平焊法兰安装，DN150。

1)人工费：　　　　22.24 元/副 ×3 副 =66.72 元

2)材料费：　　　　27.49 元/副 ×3 副 =82.47 元

3)机械费：　　　　15.81 元/副 ×3 副 =47.43 元

(2)不锈钢平焊法兰 2.5MPa，DN150。

170 元/副 ×3 副 =510 元

(3)综合。

1)直接费合计：　　　　706.62 元

2)管理费：　　　　706.62 元 ×34% =240.25 元

3)利润：　　　　706.62 元 ×8% =56.53 元

4)合计：　　(706.62 +240.25 +56.53)元 =1003.4 元

5)综合单价：　　1003.4 元 ÷3 副 =334.47 元/副

【例 9】 焊缝 X 射线无损探伤。

【解】 (1)焊缝 X 射线无损探伤。

1)人工费：　　　　10.681 元/张 ×50 张 =534.05 元

2)材料费：　　　　21.547 元/张 ×50 张 =1077.35 元

3)机械费：　　　　10.348 元/张 ×50 张 =517.4 元

(2)综合。

1)直接费合计：　　　　2128.8 元

2)管理费：　　2128.8 元×34% =723.79 元

3)利润：　　2128.8 元×8% =170.30 元

4)合计：　　(2128.8 +723.79 +170.30)元 =3022.89 元

5)综合单价：　　3022.89 元÷50 张 =60.46 元/张

【例 10】 管道支架制作、安装。

【解】 (1)管道支架制作、安装。

1)人工费：　　2.248 元/kg×200kg =449.6 元

2)材料费：　　1.217 元/kg×200kg =243.4 元

3)机械费：　　0.995 元/kg×200kg =199 元

4)型钢：　　1.06kg/kg×200kg =212kg

212kg×3.5 元/kg =742 元

(2)支架人工除轻锈。

1)人工费：　　0.0789 元/kg×200kg =15.78 元

2)材料费：　　0.025 元/kg×200kg =5 元

3)机械费：　　0.0696 元/kg×200kg =13.92 元

(3)支架刷防锈漆两遍。

1)人工费：　　(0.0534 +0.0511)元/kg×200kg =20.9 元

2)材料费：　　(0.0081 +0.0072)元/kg×200kg =3.06 元

3)机械费：　　(0.07 +0.07)元/kg×200kg =28 元

4)醇酸防锈漆：　　(0.92 +0.78)kg/100kg×200kg =3.4kg

3.4kg×8 元/kg =27.2 元

(4)支架刷两遍调和漆。

1)人工费：　　(5.11 +5.11)元/100kg×200kg =20.44 元

2)材料费：　　(0.26 +0.23)元/100kg×200kg =0.98 元

3)机械费：　　(6.96 +6.96)元/100kg×200kg =27.84 元

4)酚醛调和漆各色：　　(0.8 +0.7)kg/100kg×200kg =3kg

3kg×8 元/kg =24 元

(5)综合。

1)直接费合计：　　1821.12 元

2)管理费：　　1821.12 元×34% =619.18 元

3)利润：　　1821.12 元×8% =145.69 元

4)合计：　　(1821.12 +619.18 +145.69)元 =2585.99 元

5)综合单价：　　2585.99 元÷200kg =12.93 元/kg

表 6-3　措施项目清单计价表

工程名称：A 车间工业管道安装工程

序　号	项目名称	金　额/元
1	临时设施费	10840
2	文明施工费	784
3	二次搬运费	8340
4	组装平台搭拆费	24077
5	脚手架搭拆费	984
	合　计	45025

表 6-4 分部分项工程量清单计价表

工程名称:A 车间工业管道安装工程

序号	项目编码	项目名称	计量单位	工程数量	金额/元	
					综合单价	合价
1	030601004001	低压碳钢 ϕ219×8.5 无缝钢管安装(热轧 20 钢手工电弧焊、安装一般钢套管、水压试验、水冲洗、刷防锈漆两次、硅酸盐涂抹绝热 $\delta=50$)	m	315	434.57	136890.43
2	030601006001	低压 ϕ159×5 不锈钢管安装(热轧 1Cr18Ni9Ti、氩弧焊、水压试验、酸洗、四氯化碳脱脂、超细玻璃棉毡绝热 $\delta=50$、镀锌铁皮保护层)	m	230	459.0	105570.4
3	030604002001	低压碳钢 DN200 管件安装(电弧焊、弯头 15 个、三通 10 个)	个	25	431.05	10776.25
4	030604004001	低压不锈钢 DN150 管件安装(氩弧焊、弯头 15 个、三通 3 个)	个	18	5397.29	97151.22
5	030607003001	低压碳钢 DN200 法兰阀门安装(J41H-25-200)	个	5	674.15	3370.73
6	030607003002	低压不锈钢 DN150 法兰阀门安装(J41W-25P-150)	个	3	10443.15	31329.45
7	030610002001	低压碳钢 DN200 平焊法兰安装(电弧焊 2.5MPa)	副	5	536.60	2683.02
8	030610004001	低压不锈钢 DN150 平焊法兰安装(氩弧焊 2.5MPa)	副	3	334.47	1003.4
9	030616003001	焊缝 X 射线探伤(80×300)	张	50	60.46	3022.89
10	030615001001	管支架制作安装(一般支架,人工除锈、刷一次防锈漆调和漆)	kg	200	12.93	2585.99
		合 计				394383.78

(6)分部分项工程量清单综合单价计算表见表 6-5~表 6-14。

表 6-5 分部分项工程量清单综合单价计算

工程名称:A 车间工业管道安装工程　　计量单位:m

项目编码:030601004001　　工程数量:315

项目名称:低压碳钢 ϕ219×8.5 无缝钢管安装　　综合单价:434.57 元

序号	定额编号	工程内容	单位	数量	其中/元					
					人工费	材料费	机械费	管理费	利润	小计
1	6-36	管道安装	m	315	1271.34	454.86	2732.63			
2		无缝钢管热轧 ϕ219×8.5,20	m	301.5		48240				
3	6-2975	一般钢套管制作安装 DN250	个	5	212.6	67.8	2.4			
4		无缝钢管热轧 ϕ245×8.5	m	1.5		75				
5	6-2429	水压试验 200	m	315	413.91	213.57	51.03			
6	6-2476	水冲洗	m	315	79	85.4	17			
7		水	t	6.804		6.46				
8	11-53 11-54	管道刷防锈漆	m^2	217	272.12	46.44				
9		醇酸防锈漆	kg	52.73		448.21				
10	11-2126	管道硅酸盐涂抹绝热	m^2	329	29718.57	269.78	3701.25			
11		硅酸盐涂抹料	m^3	167.132		8022.34				
		合 计			31967.54	57929.86	6504.31	32776.58	7712.14	136890.43

表 6-6 分部分项工程量清单综合单价计算表

工程名称:A 车间工业管道安装工程　　计量单位:m

项目编码:030601006001　　工程数量:230

项目名称:低压不锈钢管安装 φ159×5　　综合单价:459.0 元

序号	定额编号	工程内容	单位	数量	其中/元					
					人工费	材料费	机械费	管理费	利润	小计
1	6-139	低压不锈钢管安装 φ159×5 氩弧焊	m	230	1162.65	587.65	2041.94			
2		不锈钢管 1Cr18Ni9Ti 热轧	m	215.74		53935				
3	6-2429	水压试验	m	230	302.22	155.94	37.26			
4	6-2505	管酸洗	m	230	415.61	364.78	121.9			
5		盐酸	kg	135.194		94.64				
6		烧碱	kg	36.23		36.23				
7		水	t	29.81		28.32				
8	6-2512	管脱脂	m	230	218.43	513.43	158.33			
9		四氯化碳	kg	180		1256.61				
10	11-1988	管绝热	m^3	7.87	394.76	159.76	53.12			
11		无碱超细玻璃棉毡	m^3	8.11		8916.6				
12	11-2199	镀锌铁皮保护层	m^2	197	1125.26	255.51	709.2			
13		镀锌铁皮 $\delta=0.5$	kg	236.4		1300.2				
		合　计			3618.93	67604.67	3121.75	25277.42	5947.63	105570.4

表 6-7 分部分项工程量清单综合单价计算表

工程名称:A 车间工业管道安装工程　　计量单位:个

项目编码:030604002001　　工程数量:25

项目名称:低压碳钢 DN200 管件安装　　综合单价:431.05 元

序号	定额编号	工程内容	单位	数量	其中/元					
					人工费	材料费	机械费	管理费	利润	小计
1	6-653	管件安装 DN200 电弧焊	个	25	505.28	299.13	584.5			
2		无缝弯头 DN200	个	15		3600				
3		冷拔无缝三通	个	10		2600				
		合　计			505.28	6499.13	584.5	2580.23	607.11	10776.25

表 6-8 分部分项工程量清单综合单价计算表

工程名称:A 车间工业管道安装工程　　计量单位:个

项目编码:030604004001　　工程数量:18

项目名称:低压不锈钢 DN150 管件安装　　综合单价:5397.29 元

序号	定额编号	工程内容	单位	数量	其中/元					
					人工费	材料费	机械费	管理费	利润	小计
1	6-755	管件安装 DN150 氩弧焊	个	18	338.31	79.368	738.67			
2		弯头 DN150	个	18		10260				
3		三通 DN150	个	15		57000				
		合　计			338.31	67339.368	738.67	23261.56	5473.31	97151.22

表 6-9　分部分项工程量清单综合单价计算表

工程名称:A 车间工业管道安装工程　　计量单位:个
项目编码:030607003001　　工程数量:5
项目名称:低压碳钢法兰阀门安装　DN200　　综合单价:674.15 元

序号	定额编号	工程内容	单位	数量	其中/元					
					人工费	材料费	机械费	管理费	利润	小计
1	6-1281	低压碳钢法兰阀门安装 DN200	个	5	223.7	66.95	243.1			
2		法兰阀门 J41H-25-200	个	5		1300				
3		螺栓带帽及垫　22×90	套	120		540				
		合　计			223.7	1906.95	243.1	807.08	189.9	3370.73

表 6-10　分部分项工程量清单综合单价计算表

工程名称:A 车间工业管道安装工程　　计量单位:个
项目编码:030607003002　　工程数量:3
项目名称:低压不锈钢法兰阀门安装　DN150　　综合单价:10443.15 元

序号	定额编号	工程内容	单位	数量	其中/元					
					人工费	材料费	机械费	管理费	利润	小计
1	6-1280	低压不锈钢法兰阀门安装 DN150	个	3	85.62	32.82	22.05			
2		不锈钢法兰阀门 J41W-25P-150	个	3		21900				
3		不锈钢螺栓带帽及垫　22×85	套	3		22.5				
		合　计			85.62	21955.32	22.05	7501.42	1765.04	31329.45

表 6-11　分部分项工程量清单综合单价计算表

工程名称:A 车间工业管道安装工程　　计量单位:副
项目编码:030610002001　　工程数量:5
项目名称:低压碳钢平焊法兰阀门安装　DN200　　综合单价:536.60 元

序号	定额编号	工程内容	单位	数量	其中/元					
					人工费	材料费	机械费	管理费	利润	小计
1	6-1510	低压碳钢平焊法兰阀门安装 DN200	副	5	90	90.15	109.3			
2		碳钢平焊法兰　2.5MPa DN200	副	5		1600				
		合　计			90	1690.15	109.3	642.41	151.16	2683.02

表 6-12　分部分项工程量清单综合单价计算表

工程名称:A 车间工业管道安装工程　　计量单位:副
项目编码:030610006001　　工程数量:3
项目名称:低压不锈钢法兰安装　DN150　　综合单价:334.47 元

序号	定额编号	工程内容	单位	数量	其中/元					
					人工费	材料费	机械费	管理费	利润	小计
1	6-1537	低压不锈钢平焊法兰　DN150	副	3	66.72	82.47	47.43			
2		不锈钢平焊法兰 2.5MPa DN150	副	3		510				
		合　计			66.72	592.47	47.43	240.25	56.53	1003.4

表 6-13　分部分项工程量清单综合单价计算表

工程名称:A 车间工业管道安装工程　　计量单位:张

项目编码:030616003001　　工程数量:50

项目名称:焊缝 X 射线无损探伤　　综合单价:60.46 元

序号	定额编号	工程内容	单位	数量	其中/元					
					人工费	材料费	机械费	管理费	利润	小计
1	6-2536	焊缝 X 射线无损探伤	张	50	534.05	1077.35	517.4			
		合　计			534.05	1077.35	517.4	723.79	170.30	3022.89

表 6-14　分部分项工程量清单综合单价计算表

工程名称:A 车间工业管道安装工程　　计量单位:kg

项目编码:030615001001　　工程数量:200

项目名称:管支架制作安装　　综合单价:12.93 元

序号	定额编号	工程内容	单位	数量	其中/元					
					人工费	材料费	机械费	管理费	利润	小计
1	6-2845	管支架制作安装	kg	200	449.6	243.4	199			
2		型钢	kg	212		742				
3	11-7	支架人工除轻锈	kg	200	15.78	5	13.92			
4	11-119、120	支架刷防锈漆两次	kg	200	20.9	3.06	28			
		防锈漆(醇酸)	kg	3.4		27.2				
5	11-126、127	支架刷两次调和漆	kg	200	20.44	0.98	27.84			
		酚醛调和漆	kg	3		24				
		合　计			506.72	1045.64	268.76	619.18	145.69	2585.99

(7)措施项目费计算表见表 6-15。

表 6-15　措施项目费计算表

工程名称:A 车间工业管道安装工程

序号	工程内容	单位	数量	其中/元					
				人工费	材料费	机械费	管理费	利润	小计
1	临时设施费	项	1	2000	5000	1000	1260	1580	10840
2	文明施工费	项	1	200	300		126	158	784
3	二次搬运费	项	1	2000	500	3000	1260	1580	8340
4	组装平台搭拆费	m^2	150	2246	12942	5700	1415	1774	24077
5	脚手架搭拆费	项	1	200	500		126	158	984
	合　计			6646	19242	9700	4187	5250	45025

【例 11】　某管道如图 6-1 所示,工作压力常压。阀门为 J41T-10,采用平焊法兰,采用

电弧焊。管道安装后进行气密性试验,消毒清洁,空气吹扫。管道外壁除中锈后,刷红丹防锈漆两道,管道保温不再计算,$\delta=60$mm,外缠玻璃布一道,调和漆两道。支架按10m,6kg计算。支架除锈后做法同外壁。计算工程量。

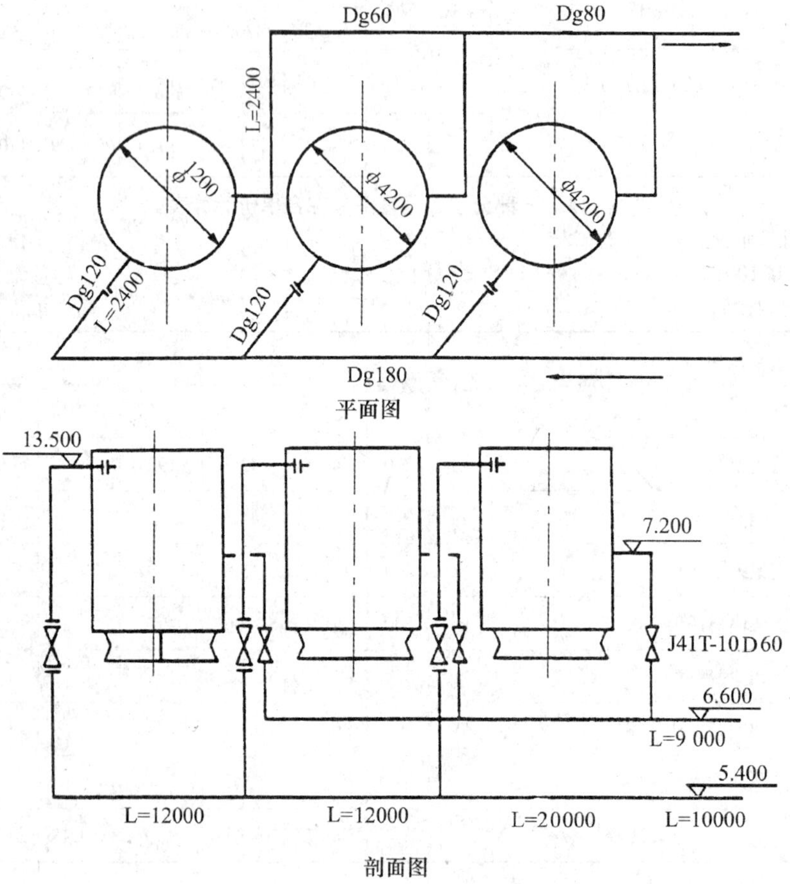

图6-1 某管道平剖图

【解】 (1)低压碳钢管

1)材质:普通焊接钢管

2)规格:DN60(DN80)

3)焊接方式:电弧焊

计量单位:m　　工程数量:$\{[0.2+2.4+(7.2-6.6)]\times3+12\}$m = 21.6m

(2)项目名称:低压碳钢管

1)材质:普通焊接钢管

2)规格:DN120(DN180)

3)焊接方式:电弧焊

计量单位:m

工程量 = $\{[2.4+(13.5-5.4)]\times3+12\}$m = 43.5m

现绘制分项工程量清单见表6-16,其他的配件工程量不再列入表中。

表 6-16 分项工程量清单

序号	项目编号	项目名称	计量单位	工程数量
1	030601004001	低压碳钢管 1. 材质:普通焊接钢管 2. 规格:DN60 3. 焊接方式:电弧焊	m	21.6
2	030601004002	低压碳钢管 1. 材质:普通焊接钢管 2. 规格:DN80 3. 焊接方式:电弧焊	m	21.6
3	030601004003	低压碳钢管 1. 材质:普通焊接钢管 2. 规格:DN120 3. 焊接方式:电弧焊	m	43.5
4	030601004004	低压碳钢管 1. 材质:普通焊接钢管 2. 规格:DN180 3. 焊接方式:电弧焊	m	43.5

【例 12】 某工业厂房需要安装 $\phi 425 \times 12$,板卷管 69.6m,其中三通 4 个,每个所占长度 2.5m,弯头 8 个,每个所占长度为 1.25m。电弧焊焊接,除轻锈,不探伤。管道、管件均由 $\delta = 12$mm 的 A3 的钢板现场制作而成。$\phi 425 \times 12$ 板卷管的理论重量 122.2kg/m,试编制分部分项工程量清单。

【解】 (1)碳钢板直管制作的项目编码 030613001001

1)材质:A3 钢;

2)规格:DN400;

3)焊接方式:电弧焊。

计量单位:t。

工程数量:

$$[(69.6-2.5\times4-1.25\times8)\times0.988\times122.2]\text{kg}=5\ 988.4\text{kg}=5.9884\text{t}$$

下列各项目只计算工程量

2. 030601005001　　低压碳钢板卷管件工程量 =69.6m

3. 030604002001　　低压碳钢板卷管件三通工程量 =4 个

4. 030604002002　　低压碳钢板卷管件弯头 =8 个

5. 030614001001　　碳钢板管件制作(三通)　0.07 ×4t =0.28t

6. 030614001002　　碳钢板管件制作(弯头)　0.373t

分部分项工程量清单见表 6-17。

表 6－17　分部分项工程量清单

序号	项目编号	项目名称	计量单位	工程数量
1	030601005001	低压碳钢板卷管 1. 材质:A3 钢 2. 规格:*DN*400 3. 焊接方式:电弧焊	m	69.6
2	030604002001	低压碳钢板卷管件 1. 种类、材质:三通 A3 钢 2. 规格:DN400 3. 焊接方式:电弧焊	个	4
3	030604002002	低压碳钢板卷管件 1. 种类、材质:弯头 A3 钢 2. 规格:DN400 3. 焊接方式:电弧焊	个	8
4	030613001001	碳钢板直管制作 1. 材质:A3 钢 2. 规格:DN400 3. 焊接方式:电弧焊	t	5.9884
5	030614001001	碳钢板管件制作 1. 种类、材质:三通 A3 钢 2. 规格:DN400 3. 焊接方式:电弧焊	t	0.280
6	030614001002	碳钢板管件制作 1. 种类、材质:弯头 A3 钢 2. 规格:DN400 3. 焊接方式:电弧焊	t	0.373

【例 13】 某车间工业管道安装,DN150 低压不锈钢弯头,氩弧焊,确定清单项目的综合单价。

【解】 分部分项工程量清单见表 6－18

表 6－18　分部分项工程量清单综合单价计算表

工程名称:某车间工业管道安装工程　　计量单位:个

项目编码:030604003001　　工程数量 16

项目名称:低压不锈钢弯头;氩弧焊;DN150　　综合单位:682.43

序号	定额编号	工程内容	单位	数量	综合单价组成/元					小计
					人工费	材料费	机械费	管理费	利润	
1	6－755	低压不锈钢氩弧焊管	10 个	1.6	391.64	896.38	9392.01	184.08	54.83	10918.94
		合计			391.64	896.38	9392.01	184.08	54.83	10918.94

【例 14】 某车间工业管道安装按《建设工程工程量清单计价规范》编制工程量清单，招标人员应填报的部分表格见表 6－19。

【解】 分部分工程量清单见表 6－19。

表 6－19 分部分项工程量清单

序号	项目编码	项目名称	计量单位	工程数量
1	030601004001	低压碳钢 φ325×10 无缝钢管安装（热轧 20#钢，手工电弧焊，安装一般钢套管，水压试验，水冲洗，刷防锈漆两遍，硅酸盐涂抹绝热 $\sigma=60$）	m	467
2	030601006001	低压 159×7 不锈钢管安装（热轧 1Cr18Ni9Ti 氩弧焊水压试验，酸洗四氯化碳脱脂，超细玻璃棉毡绝热 $\sigma=60$，镀锌铁皮保护层）	m	278
3	030604002001	低压碳钢 DN300 管件安装（电弧焊弯头 15 个，三通 10 个）	个	25
4	030604004001	低压不锈钢 DN200 管件安装（氩弧焊弯头 20 个，三通 5 个）	个	25
5	030607003001	低压碳钢 DN200 法兰阀门安装（J41H－25－150）	个	5
6	030607003002	低压不锈钢 150 法兰阀门安装（J41W－25P－150）	个	5
7	030610002001	低压碳钢 DN300 平焊法兰安装（电弧焊 2.5MPa）	副	7
8	03061006001	低压不锈钢 DN200 平焊法兰安装（氩弧焊 2.5MPa）	副	5
9	030616003001	焊缝 X 射线探伤（80×300）	张	56
10	030615001001	管支架制作安装（一般支架、人工除锈刷一遍防锈漆、三遍调和漆）	kg	240

第七章　消防工程工程量清单设置与计价举例

表 7－1　分部分项工程量清单

工程名称：A 高层(27 层)写字楼消防工程

序号	项目编码	项目名称	计量单位	工程数量
1	030701003001	消防栓管道安装，一般无缝钢管　108×4.5，镀锌，螺纹连接	m	650
2	030701001001	水喷淋管道安装　镀锌焊接钢管　DN100　螺纹连接	m	450
3	030701012001	报警装置安装　湿式　DN100	组	1
4	030701014001	水流指示器安装　法兰连接　DN100	个	27
5	030701016001	末端试水装置安装　DN25	组	27
6	030701015001	减压孔板安装　DN80	个	27
7	030701007001	阀门安装　DN100　法兰连接　J41T－16－100	个	30
8	030703004001	碳钢平焊法兰安装　DN100　电弧焊	副	30
9	030701011001	水喷头安装　有吊顶　DN15	个	4 050
10	030701018001	室内消火栓安装　双栓　DN70　铝合金箱	套	108
11	030701019001	地上式消防水泵结合器安装　DN100	套	4
12	030704001001	管支架制作安装，手工除轻锈，一次防锈漆，两次银粉	kg	1 850
13	030705001001	点型探测感烟器安装　总线制	只	250
14	030705003001	按钮安装	只	108
15	030705004001	模块安装　单输出	只	250
16	030705008001	重复显示器安装　总线制	台	27
17	030705007001	报警联动一体机安装 500 点以下　落地式	台	1
18	030706001001	自动化报警系统调试 500 点以下	系统	1
19	030706002001	水灭火系统控制装置调试 500 点以上	系统	1

表 7－2　措施项目清单

工程名称：A 高层(27 层)写字楼消防工程

序号	项目名称
1	临时设施费
2	文明施工费
3	安全施工费
4	二次搬运费
5	脚手架搭拆费

【例 1】　消防栓管道安装，φ108×4.5，一般无缝钢管，镀锌，螺纹连接。

【解】　(1)管道安装。

1)人工费：　　7.639 元/m×650m＝4965.35 元

2)材料费：　　8.012 元/m×650m＝5207.8 元

3)机械费：　　0.814 元/m×650m＝529.1 元

4)镀锌钢管：　　10.2m/10m×650m＝663m

663m×55 元/m＝36465 元

(2)无缝钢管镀锌费。

$$650m \times 7\text{ 元}/m = 4550\text{ 元}$$

(3)主体结构配合费[①]。

$$4965.35\text{ 元} \times 5\% = 248.27\text{ 元}$$

(4)高层建筑增加费[①]。

$$4965.35\text{ 元} \times 11\% = 546.19\text{ 元}$$

(5)综合。

1)直接费小计:52511.71 元

2)管理费: $52511.71\text{ 元} \times 34\% = 17853.98\text{ 元}$

3)利润: $52511.71\text{ 元} \times 8\% = 4200.94\text{ 元}$

4)总计: $(52511.71 + 17853.98 + 4200.94)\text{元} = 74566.63\text{ 元}$

5)综合单价: $74566.63\text{ 元} \div 650m = 114.72\text{ 元}/m$

【例 2】 水喷淋管道安装,镀锌焊接钢管 DN100,螺纹连接。

【解】 (1)水喷淋管道安装,镀锌焊接钢管 DN100,螺纹连接。

1)人工费: $7.639\text{ 元}/m \times 450m = 3437.55\text{ 元}$

2)材料费: $1.62\text{ 元}/m \times 450m = 729\text{ 元}$

3)机械费: $0.926\text{ 元}/m \times 450m = 416.7\text{ 元}$

(2)镀锌钢管。

$$1.02m/m \times 450m = 459m$$

$$459m \times 96\text{ 元}/m = 44064\text{ 元}$$

(3)镀锌钢管接头零件。

$$0.519\text{ 个}/m \times 450m = 234\text{ 个}$$

$$234\text{ 个} \times 35\text{ 元}/\text{个} = 8190\text{ 元}$$

(4)管网水冲洗。

1)人工费: $0.646\text{ 元}/m \times 450m = 290.7\text{ 元}$

2)材料费: $1.407\text{ 元}/m \times 450m = 633.15\text{ 元}$

3)机械费: $0.11\text{ 元}/m \times 450m = 49.5\text{ 元}$

(5)高层建筑增加费。

$$(3437.55 + 290.7)\text{元} \times 11\% = 410.11\text{ 元}$$

(6)综合。

1)直接费小计:58220.71 元

2)管理费: $58220.71\text{ 元} \times 34\% = 19795.04\text{ 元}$

3)利润: $58220.71\text{ 元} \times 8\% = 4657.66\text{ 元}$

4)总计: $(58220.71 + 19795.04 + 4657.66)\text{元} = 82673.41\text{ 元}$

5)综合单价: $82673.41\text{ 元} \div 450m = 183.72\text{ 元}/m$

【例 3】 湿式报警装置安装,DN100。

【解】 (1)湿式报警装置安装 DN100。

1)人工费: $159.99\text{ 元}/\text{组} \times 1\text{ 组} = 159.99\text{ 元}$

2)材料费: $341.07\text{ 元}/\text{组} \times 1\text{ 组} = 341.07\text{ 元}$

3)机械费: $29.68\text{ 元}/\text{组} \times 1\text{ 组} = 29.68\text{ 元}$

---

①其中主体结构配合费费率和高层建筑增加费费率见《消防及安全防范设备安装工程说明》。

(2)湿式报警装置。

25000 元/组 ×1 组 =25000 元

(3)平焊法兰。

2.2 片/组 ×1 组 =2.2 片

2.2 片 ×70 元/片 =154 元

(4)高层建筑增加费。

159.99 元 ×11% =17.60 元

(5)综合。

1)直接费合计: 25702.34 元

2)管理费: 25702.34 元 ×34% =8738.80 元

3)利润: 25702.34 元 ×8% =2056.19 元

4)合计: (25702.34 +8738.80 +2056.19)元 =36497.33 元

5)综合单价: 36497.33 元 ÷1 组 =36497.33 元/组

【例 4】 水流指示器安装法兰连接 DN100。

【解】 (1)水流指示器安装。

1)人工费: 34.60 元/个 ×27 个 =934.2 元

2)材料费: 42.37 元/个 ×27 个 =1143.99 元

3)机械费: 12.35 元/个 ×27 个 =333.45 元

(2)水流指示器。

5000 元/个 ×27 个 =135000 元

(3)平焊法兰 1.6MPaDN100。

2.2 片/个 ×27 个 =59.4 片,取 60 片

64 元/片 ×60 片 =3840 元

(4)高层建筑增加费。

934.2 元 ×11% =102.76 元

(5)综合。

1)直接费合计: 141354 元

2)管理费: 141354 元 ×34% =48060.36 元

3)利润: 141354 元 ×8% =11308.32 元

4)合计: (141354 +48060.36 +11308.32)元 =200722.68 元

5)综合单价: 200722.68 元 ÷27 个 =7434.17 元/个

其他项的综合单价计算方法均与以上几项相同,不再一一列举。

表 7-3 分部分项工程量清单计价表

工程名称:A 高层(27 层)写字楼消防工程

序号	项目编码	项目名称	计量单位	工程数量	金额/元	
					综合单价	合价
1	030701003001	消防栓管道安装 一般无缝钢管 108 ×4.5 镀锌螺纹连接	m	650	114.72	74566.63
2	030701001001	水喷淋管道安装 镀锌焊接钢管 DN100 螺纹连接	m	450	183.72	82673.41
3	030701012001	报警装置安装 湿式 DN100	组	1	36497.33	36497.33
4	030701014001	水流指示器安装 法兰连接 DN100	个	27	7434.17	200722.59

续表 7－3

序号	项目编码	项目名称	计量单位	工程数量	金额/元	
					综合单价	合价
5	030701016001	末端试水装置安装　DN25	组	27	195.64	5282.4
6	030701015001	减压孔板导安装　DN80	个	27	513.41	13862.04
7	030701007001	阀门安装　DN100　法兰连接　J41T－16－100	个	30	549.63	16489.04
8	030702004001	碳钢平焊接法兰安装　DN100　电弧焊	副	30	216.03	6480.88
9	030701011001	水喷头安装　有吊顶　DN15	个	4050	93.03	376771.5
10	030701018001	室内消火栓安装　双栓　DN70 铝合金箱	套	108	3041.35	328465.88
11	030701019001	地上式消防水泵结合器安装　DN100	套	4	3837.55	15350.19
12	030704001001	管支架制作安装,手工除轻锈,一次防锈漆,两次银粉	kg	1850	11.16	20641.33
13	030705001001	点型探测感烟器安装　总线制	只	250	242.39	60597.44
14	030705003001	按钮安装	只	108	114.56	12372.46
15	030705004001	模块安装　单输出	只	250	152.02	38005.59
16	030705008001	重复显示器安装　总线制	台	27	2793.19	75416.2
17	030705007001	报警联动一体机安装　500 点以下落地式	台	1	4207.15	4207.15
18	030706001001	自动化报警系统调试　500 点以下	系统	1	16887.35	16887.35
19	030706002001	水灭火系统控制装置调试　500 点以上	系统	1	15133.58	15133.58
		合　计				1400442.48

表 7－4　措施项目清单计价表

工程名称:A 高层(27 层)写字楼消防工程

序号	项目名称	金额/元
1	临时设施费	10840
2	文明施工费	4920
3	安全施工费	9840
4	二次搬运费	9340
5	脚手架搭拆费	2710
	合　计	37650

表 7－5　分部分项工程量清单综合单价计算表

工程名称:A 高层(27 层)写字楼消防工程　　计量单位:m

项目编号:030701003001　　工程数量:650

项目名称:消火栓管道安装　　综合单价:114.72 元

序号	定额编号	工程内容	单位	数量	其中/元					
					人工费	材料费	机械费	管理费	利润	小计
1	8－95	管道安装 ϕ108×4.5	m	650	4965.35	5207.8	529.1			
2		一般无缝钢管 ϕ108×4.5	m	663		36465				
3		无缝钢管镀锌费	元			4550				
4		主体结构配合费	元		248.27					
5		高层建筑增加费	元		546.19					
		合　计			5759.81	46222.8	529.1	17853.98	4200.94	74566.63

表7-6 分部分项工程量清单综合单价计算表

工程名称:A高层(27层)写字楼消防工程　　计量单位:m

项目编号:030701001001　　工程数量:450

项目名称:水喷淋管道安装　DN100　　综合单价:183.72元

序号	定额编号	工程内容	单位	数量	其中/元					
					人工费	材料费	机械费	管理费	利润	小计
1	7-73	管道安装　DN100	m	450	3437.55	729	416.7			
2		镀锌钢管	m	459		44064				
3		镀锌钢管接头零件	个	234		8190				
4	7-135	管网水冲洗	m	450	290.7	633.15	49.5			
5		高层建筑增加费	元		410.11					
		合　计			4138.36	53616.15	466.20	19795.04	4657.66	82673.41

表7-7 分部分项工程量清单综合单价计算表

工程名称:A高层(27层)写字楼消防工程　　计量单位:组

项目编号:030701012001　　工程数量:1

项目名称:湿式报警装置安装　DN100　　综合单价:36497.33元

序号	定额编号	工程内容	单位	数量	其中/元					
					人工费	材料费	机械费	管理费	利润	小计
1	7-80	湿式报警装置安装	组	1	159.99	341.07	29.68			
2		湿式报警装置	组	1		25000				
3		平焊法兰　1.6MPa	片	2.2		154				
4		高层建筑增加费	元		17.6					
		合　计			177.59	25495.07	29.68	8738.80	2056.19	36497.33

表7-8 分部分项工程量清单综合单价计算表

工程名称:A高层(27层)写字楼消防工程　　计量单位:个

项目编号:030701014001　　工程数量:27

项目名称:水流指示器安装法兰连接　DN100　　综合单价:7434.17元

序号	定额编号	工程内容	单位	数量	其中/元					
					人工费	材料费	机械费	管理费	利润	小计
1	7-94	水流指示器安装	个	27	934.2	1143.99	333.45			
2		水流指示器 DN100	个	27		135000				
3		平焊法兰 1.6MPa　DN100	片	59.4		3840				
4		高层建筑增加费	元		102.76					

续表 7-8

序号	定额编号	工程内容	单位	数量	其中/元					
					人工费	材料费	机械费	管理费	利润	小计
		合 计			1036.96	139983.99	333.45	48060.36	11308.32	200722.08

表 7-9 分部分项工程量清单综合单价计算表

工程名称:A 高层(27 层)写字楼消防工程　　计量单位:组

项目编号:030701016001　　工程数量:27

项目名称:末端试水装置安装　DN25　　综合单价:195.64 元

序号	定额编号	工程内容	单位	数量	其中/元					
					人工费	材料费	机械费	管理费	利润	小计
1	7-102	末端试水装置安装	组	27	947	1243	62			
2		阀门　Z15T-16-25	个	54.54		1364				
3		高层建筑增加费	元		104					
		合 计			1051	2607	62	1264.8	297.6	5282.4

表 7-10 分部分项工程量清单综合单价计算表

工程名称:A 高层(27 层)写字楼消防工程　　计量单位:个

项目编号:030701015001　　工程数量:27

项目名称:减压孔板安装　DN80　　综合单价:513.41 元

序号	定额编号	工程内容	单位	数量	其中/元					
					人工费	材料费	机械费	管理费	利润	小计
1	7-99	减压孔板安装	个	27	332	1101	223			
2		减压孔板　DN80	个	27		6750				
3		平焊法兰　1.6MPa	片	54		1319				
4		高层建筑增加费	元		37					
		合 计			369	9170	223	3319.08	780.96	13862.04

表 7-11　分部分项工程量清单综合单价计算表

工程名称:A 高层(27 层)写字楼消防工程　　　　计量单位:个

项目编号:030701007001　　　　工程数量:30

项目名称:法兰阀门安装　DN100　J41T-16-100　　　　综合单价:549.63 元

序号	定额编号	工程内容	单位	数量	其中/元					
					人工费	材料费	机械费	管理费	利润	小计
1	6-1278	法兰阀门安装	个	30	589	220	110			
2		法兰阀门　J41T-16-100	个	30		9150				
3		碳钢螺栓　16×70	个	480		1478				
4		高层建筑增加费	元		65					
		合　计			654	10848	110	3948.08	928.96	16489.04

表 7-12　分部分项工程量清单综合单价计算表

工程名称:A 高层(27 层)写字楼消防工程　　　　计量单位:副

项目编号:030702004001　　　　工程数量:30

项目名称:平焊法兰安装　1.6MPa　DN100　　　　综合单价:216.03 元

序号	定额编号	工程内容	单位	数量	其中/元					
					人工费	材料费	机械费	管理费	利润	小计
1	6-1507	法兰安装	副	30	299	226	218			
2		碳钢平焊法兰 1.6MPa　DN100	片	60		3788				
3		高层建筑增加费	元		33					
		合　计			332	4014	218	1551.76	365.12	6480.88

表 7-13　分部分项工程量清单综合单价计算表

工程名称:A 高层(27 层)写字楼消防工程　　计量单位:个
项目编号:030701011001　　工程数量:4050
项目名称:水喷头安装　DN15 有吊顶　　综合单价:93.03 元

序号	定额编号	工程内容	单位	数量	其中/元					
					人工费	材料费	机械费	管理费	利润	小计
1	7-77	水喷头安装	个	4050	25672.95	25988.85	6309.9			
2		有装饰盘水喷头　DN15	个	4091		204550				
3		高层建筑增加费	元		2824					
		合　计			28496.95	230538.85	6309.9	90217.54	21227.66	376790.9

表 7-14　分部分项工程量清单综合单价计算表

工程名称:A 高层(27 层)写字楼消防工程　　计量单位:套
项目编号:030701018001　　工程数量:108
项目名称:室内消火栓安装　双栓　DN70　　综合单价:3041.35 元

序号	定额编号	工程内容	单位	数量	其中/元					
					人工费	材料费	机械费	管理费	利润	小计
1	7-106	消火栓安装	套	108	3009	1057	117			
2		室内消火栓　DN70 双栓铝合金箱	套	108		226800				
3		高层建筑增加费	元		331					
		合　计			3340	227857	117	78646.76	18505.12	328465.88

表 7－15　分部分项工程量清单综合单价计算表

工程名称：A 高层(27 层)写字楼消防工程　　计量单位:组

项目编号:030701019001　　工程数量:4

项目名称:地上式消防水泵结合器安装　DN100　　综合单价:3837.55 元

序号	定额编号	工程内容	单位	数量	其中/元					
					人工费	材料费	机械费	管理费	利润	小计
1	7－123	地上式消防水泵结合器安装　DN100	组	4	194.12	573.52	21			
2		地上式消防水泵结合器　DN100	组	4		10000				
3		高层建筑增加费	元		21.35					
		合　计			215.47	10573.52	21	3675.40	864.80	15350.19

表 7－16　分部分项工程量清单综合单价计算表

工程名称:A 高层(27 层)写字楼消防工程　　计量单位:kg

项目编号:030704001001　　工程数量:1850

项目名称:管支架制作安装　　综合单价:11.16 元

序号	定额编号	工程内容	单位	数量	其中/元					
					人工费	材料费	机械费	管理费	利润	小计
1	7－131	管支架制作安装	kg	1850	3824	1929	1441			
2		型钢	kg	1961		5510				
3	11－7	支架手工除轻锈	kg	1850	146	46	129			
4	11－119	支架涂防锈漆一次	kg	1850	99	16	129			
5	11－122	支架涂两次银粉漆	kg	1850	189	132	258			
6	123	银粉漆	kg	8.88		75.48				
7		醇酸防锈漆	kg	17.02		144.67				
8		高层建筑增加费	元		468					
		合　计			4726	7853.15	1957	4942.29	1162.89	20641.33

表 7－17　分部分项工程量清单综合单价计算表

工程名称:A 高层(27 层)写字楼消防工程　　计量单位:只

项目编号:030705001001　　工程数量:250

项目名称:点型探测感烟器安装(总线制)　　综合单价:242.39 元

序号	定额编号	工程内容	单位	数量	其中/元					
					人工费	材料费	机械费	管理费	利润	小计
1	7－6	感烟器安装	只	250	3425	1177.5	195			
2		感烟器	只	250		37500				
3		高层建筑增加费	元		376.75					
		合　计			3801.75	38677.5	195	14509.25	3413.94	60597.44

表 7－18　分部分项工程量清单综合单价计算表

工程名称:A 高层(27 层)写字楼消防工程　　计量单位:只

项目编号:030705003001　　工程数量:108

项目名称:按钮安装　　综合单价:114.56 元

序号	定额编号	工程内容	单位	数量	其中/元					
					人工费	材料费	机械费	管理费	利润	小计
1	7－12	按钮安装	只	108	2157	786	133			
2		按钮	只	108		5400				
3		高层建筑增加费	元		237					
		合　计			2394	6186	133	2962.42	697.04	12372.46

表 7－19　分部分项工程量清单综合单价计算表

工程名称:A 高层(27 层)写字楼消防工程　　计量单位:只

项目编号:030705004001　　工程数量:250

项目名称:模块安装、单输出　　综合单价:152.02 元

序号	定额编号	工程内容	单位	数量	其中/元					
					人工费	材料费	机械费	管理费	利润	小计
1	7－13	模块安装	只	250	10565	2055	482.5			
2		模块	只	250		12500				
3		高层建筑增加费	元		1162					
		合　计			11727	14555	482.5	9099.93	2141.16	38005.59

表 7－20　分部分项工程量清单综合单价计算表

工程名称:A 高层(27 层)写字楼消防工程　　计量单位:台

项目编号:030705008001　　工程数量:27

项目名称:重复显示器安装、总线制　　综合单价:2793.19 元

序号	定额编号	工程内容	单位	数量	其中/元					
					人工费	材料费	机械费	管理费	利润	小计
1	7－49	重复显示器安装	台	27	9743	501	1295			
2		重复显示器	只	27		40500				
3		高层建筑增加费	元		1071					
		合　计			10814	41001	1295	18057.4	4248.8	75416.2

表 7－21　分部分项工程量清单综合单价计算表

工程名称：A 高层（27 层）写字楼消防工程　　计量单位：台

项目编号：030705007001　　工程数量：1

项目名称：报警联动一体机安装 500 点以下落地式　　综合单价：4207.15 元

序号	定额编号	工程内容	单位	数量	其中/元					
					人工费	材料费	机械费	管理费	利润	小计
1	7－44	报警联动一体机安装	台	1	1100	73.78	168			
2		一体机	台	1		1500				
3		高层建筑增加费	元		121					
		合　计			1221	1573.78	168	1007.35	237.02	4207.15

表 7－22　分部分项工程量清单综合单价计算表

工程名称：A 高层（27 层）写字楼消防工程　　计量单位：系统

项目编号：030706001001　　工程数量：1

项目名称：自动报警系统调试 500 点以下　　综合单价：16887.35 元

序号	定额编号	工程内容	单位	数量	其中/元					
					人工费	材料费	机械费	管理费	利润	小计
1	7－197	自动报警装置调试 500 点以下	系统	1	7210	673.74	3215.76			
2		高层建筑增加费	元		793					
		合　计			8003	673.74	3215.76	4043.45	951.4	16887.35

表 7-23　分部分项工程量清单综合单价计算表

工程名称:A 高层(27 层)写字楼消防工程　　　　计量单位:系统

项目编号:030705002001　　　　工程数量:1

项目名称:水灭火系统控制装置调试 500 点以上　　　　综合单价:15133.58 元

序号	定额编号	工程内容	单位	数量	其中/元					
					人工费	材料费	机械费	管理费	利润	小计
1	7-202	水灭火装置调试	系统	1	8743	235	717.45			
2		高层建筑增加费	元		962					
		合　计			9705	235	717.45	3623.53	852.60	15133.58

表 7-24　措施项目费计算表

工程名称:A 高层(27 层)写字楼消防工程

序号	工程内容	单位	数量	综合单价/元					
				人工费	材料费	机械费	管理费	利润	小计
1	临时设施费	项	1	2000	5000	1000	1260	1580	10840
2	文明施工费	项	1	1000	2000	500	630	790	4920
3	安全施工费	项	1	2000	4000	1000	1260	1580	9840
4	二次搬运费	项	1	2000	500	4000	1260	1580	9340
5	脚手架搭拆费	项	1	500	1500		315	395	2710
	合　计			7500	13000	6500	4725	5925	37650

【例5】 某大厦消防及喷淋系统安装工程，图7－1为大厦一层消防及喷淋系统平面图，图7－2为大厦喷淋管道系统图，求一层各管的工程量。

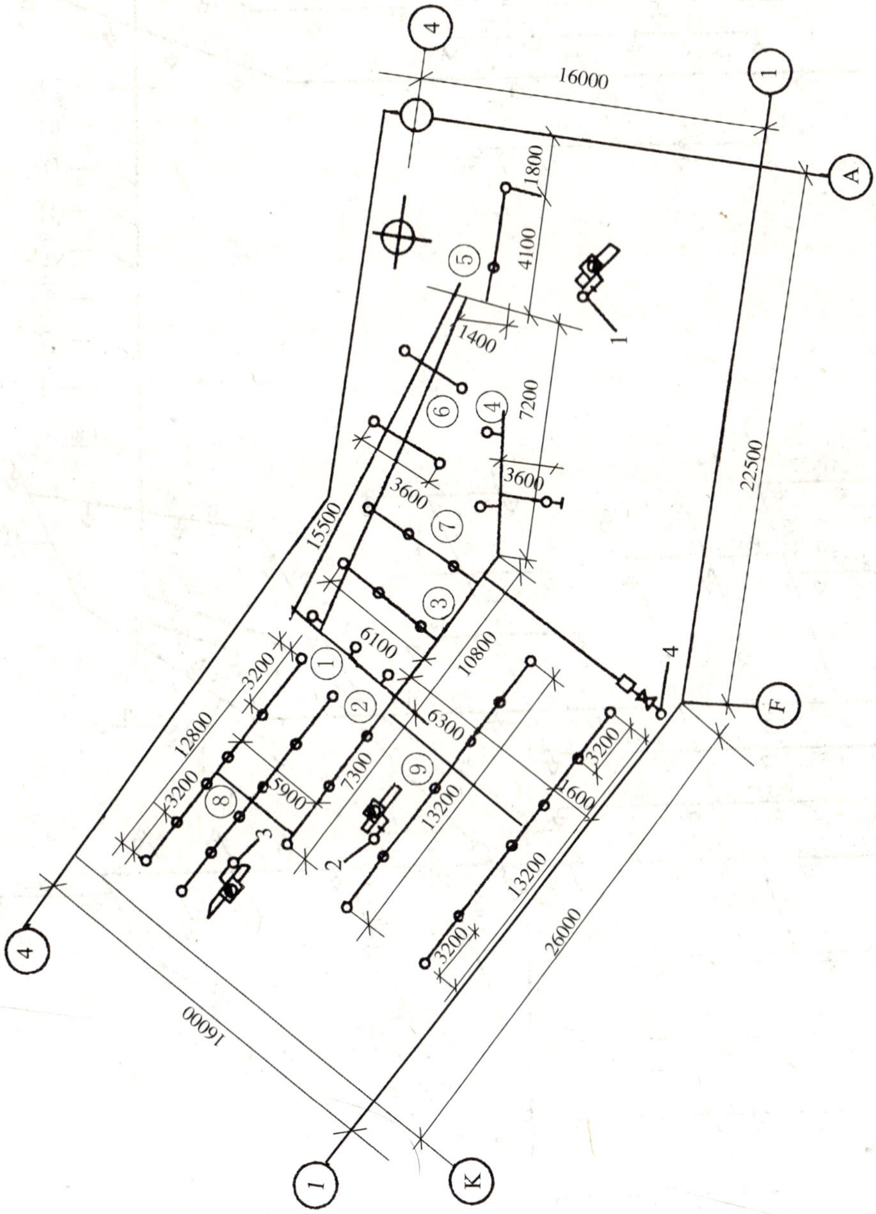

图7－1　某大厦一层消防及喷淋系统平面图

①－立管(XL－1)；②－立管(XL－2)；③－立管(XL－3)；④－供水管

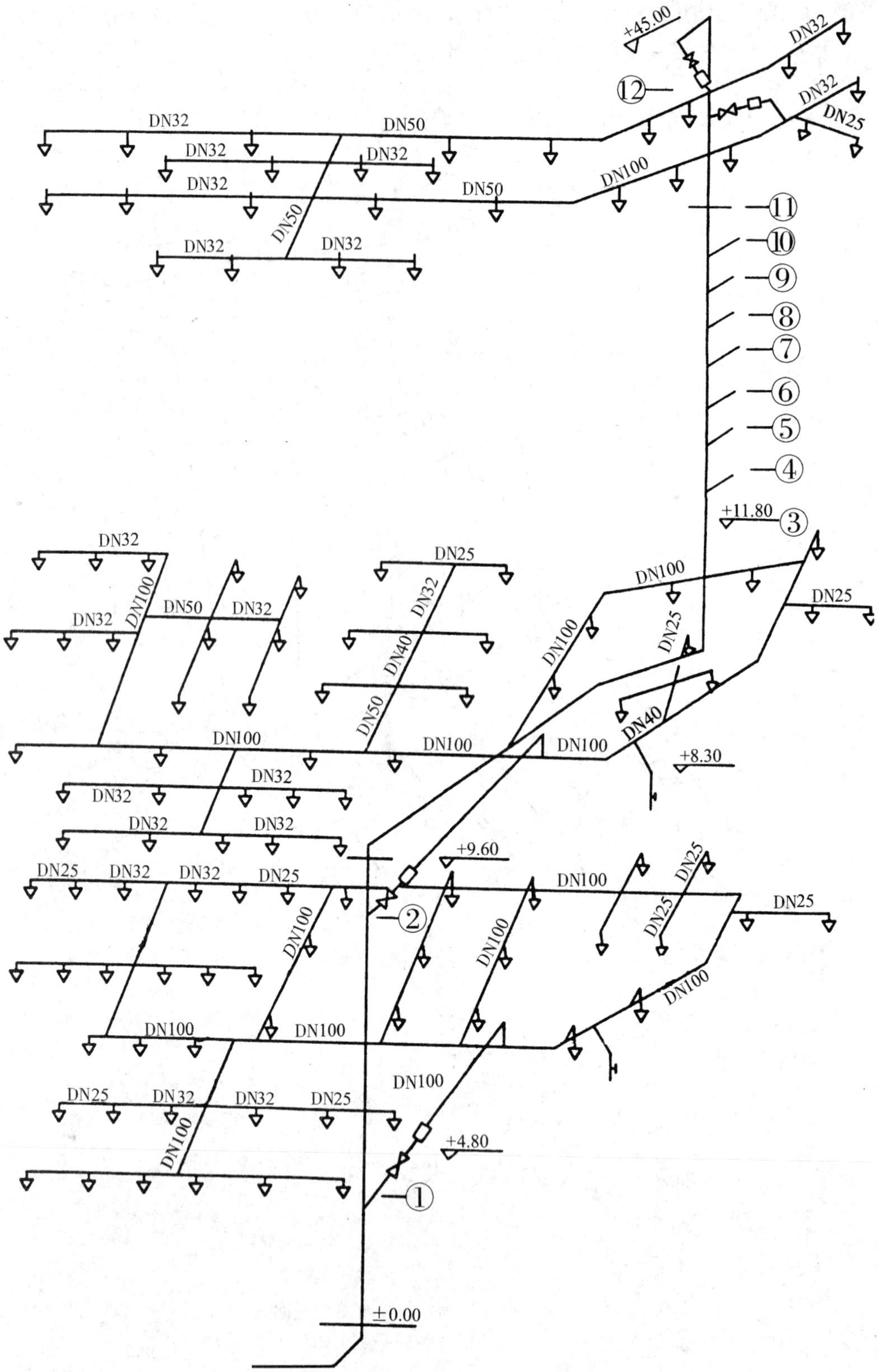

图 7－2　某大厦喷淋管道系统图

【解】 在图 7－1、7－2 中已标出了相对应的镀锌钢管 DN100 管件。

所以其工程量＝①＋②＋③＋④＋⑤＋⑥＋⑦＋⑧＋⑨

＝(8＋7.3＋10.8＋7.2＋1.4＋15.5＋6.1＋5.9＋6.3)m

＝68.5m

同理可得：镀锌钢管 DN32 工程量＝[(12.8－6.4)×2＋(13.2－6.4)×2]m＝26.4m

镀锌钢管 DN25 工程量＝[(3.6×2)＋4.1＋(3.2×4)＋3.2×4]m＝36.9m

镀锌钢管 DN50 工程量＝44m×0.25(综合)＝11m

【例 6】 本工程为上海市某饭馆火灾自动报警系统，如图 7－3、图 7－4 所示。该建筑为砖混结构，一层，高为 4.0m，作吊顶装修，人工天花板距地 3.2m。火灾自动报警系统控制主机选用南京消防电子技术有限公司生产的 JB－QB－J2000/s 智能型火灾报警控制器。主机、楼层、接线箱为壁挂式安装，底边距地 1.4m，探测器吸顶安装，声光报警器，模块底边距地 1.8m 安装，手动报警按钮底边距地 1.4m，报警控制总线 DC24V 主机电源线均采用阻燃型 BVR－2×1.5 穿钢管暗敷于墙内或吊顶内。计算工程量。

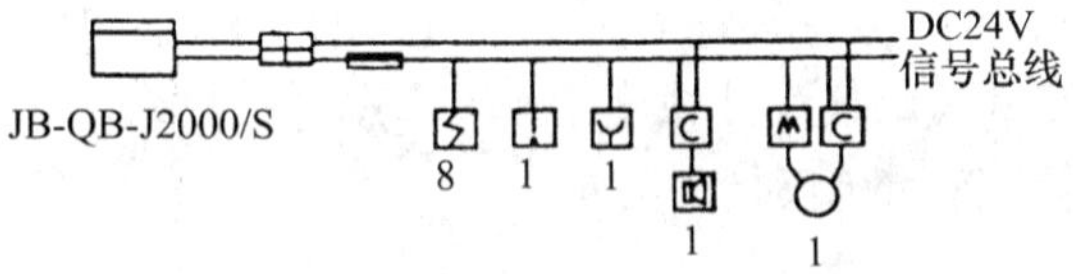

图 7－3 火灾自动报警系统图

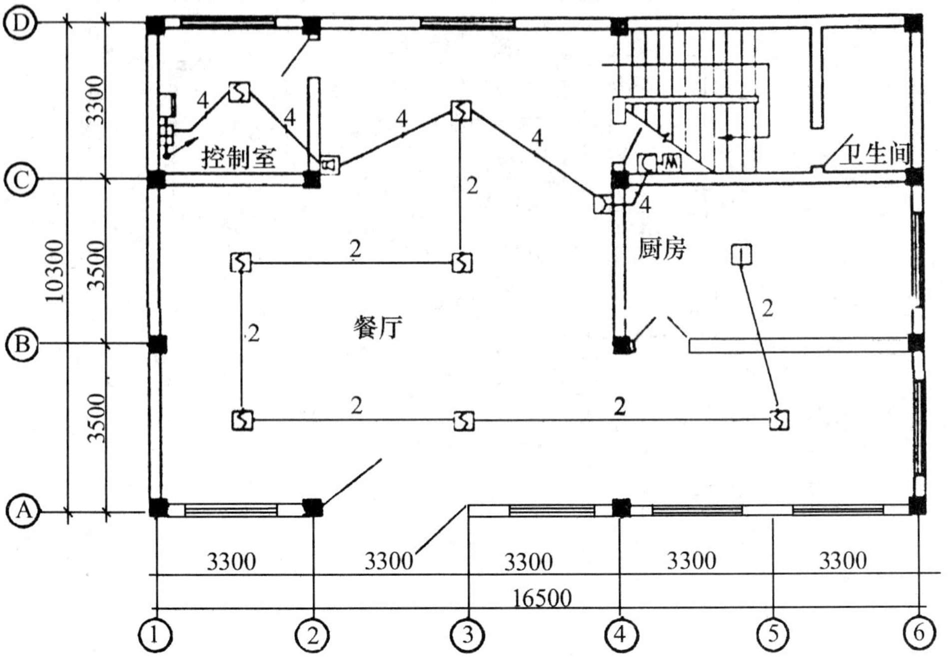

图 7－4 首层火灾自动报警平面图(1∶100)

【解】 (1)火灾报警控制器 JB－QB－J2000/s 的工程量＝1 台

(2)感烟探测器 JTY－LZ－ZM1551(配底座：DZ－B501)工程量＝8 套

(3)感温探测器 JTW－BD－ZM5551(配底座:DZ－B501)工程量＝1 套

(4)接线端子箱 200×150 的工程量＝1 只

(5)声光报警器 SGH·B 的工程量＝1 只

(6)手动报警按钮 J－SAP－M－M500K＝1 只

(7)输入模块 JSM－M500M 的工程量＝1 只

(8)输出模块 KM－M500C 的工程量＝2 只

(9)总线隔离器 GLM－M500X 的工程量＝1 只

(10)钢管埋墙暗敷 G20 的工程量＝10.2m＝0.1(100m)

(11)钢管顶棚内暗敷 G20 的工程量＝39.2m＝0.39(100m)

(12)金属软管顶棚内暗敷 ϕ20 的工程量＝2.4m＝0.02(100m)

(13)管内穿线 BVR－1.5 的工程量＝104m＝1.04(100m)

(14)接线盒暗装的工程量＝11 个＝1.1(10 个)

(15)系统调试的工程量＝1 系统

【例 7】 如图 7－5、图 7－6、图 7－7 所示,本设计分三个防护区,采用组合分配式高压二氧化碳全淹没灭火系统,二氧化碳设计浓度为 62%,物质系数采用 2.25,二氧化碳剩余量按设计用量的 8% 计算。计算工程量(仅指一防护区)。

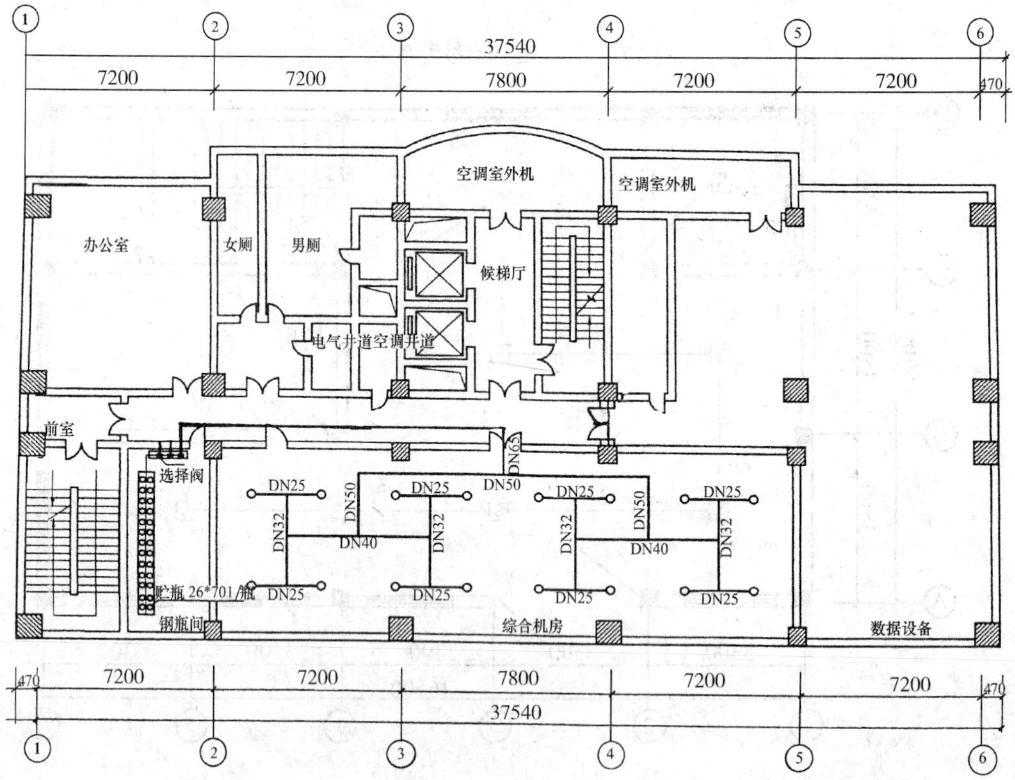

图 7－5　高压二氧化碳灭火系统图

【解】 (1)无缝钢管(法兰连接)DN65 的工程量＝(2＋1.2＋12.5＋1.2)m＝16.9m

(2)无缝钢管(螺纹连接)DN50 的工程量＝(5.5×2＋2.4×2)m＝15.8m

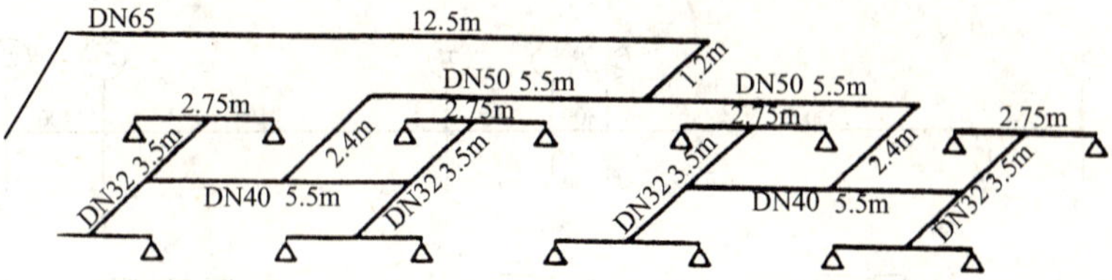

图 7－6　高压二氧化碳灭火系统图

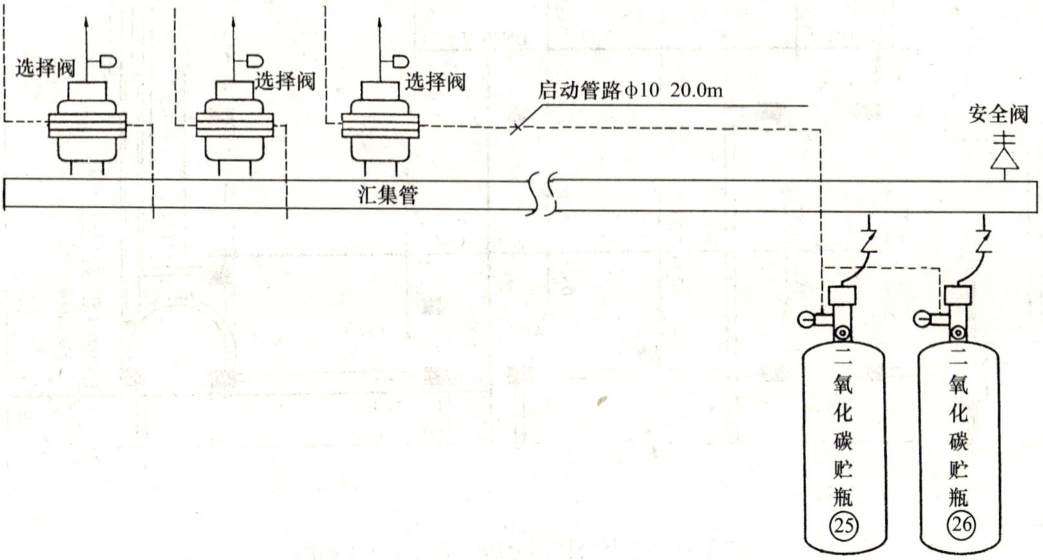

图 7－7　钢瓶间示意图

(3)无缝钢管(螺纹连接)DN40 的工程量 = (5.5 ×2)m = 11m

(4)无缝钢管(螺纹连接)DN32 的工程量 = (3.5 ×4)m = 14m

(5)无缝钢管(螺纹连接)DN25 的工程量 = (3.5 ×4)m = 14m

(6)喷头安装 DN20 的工程量 = 16 个

(7)气动管道 φ10 = 20m

(8)选择阀 DN65 = 1 个

(9)贮存装置 40L = 1 套

(10)二氧化碳称重检漏装置安装工程量 = 2 套

(11)气体灭火系统调试的工程量 = 1 个

(12)一般钢管安装 DN65 = 1 个

【例 8】 某写字楼部分房间自动喷水系统的一部分,如图 7－8,图 7－9 所示,喷淋系统均采用热镀锌钢管,螺纹连接。消防水管穿基础侧墙设柔性防水套管,穿楼板时设一般钢套管,水平干管在吊顶内敷设。计算其工程量。

【解】 (1)镀锌钢管 DN100 的工程量 = {4 + [−0.4 − (1 − 1.40)] + 5.6 + [4.2 − (− 0.4)]} m = 14.2m

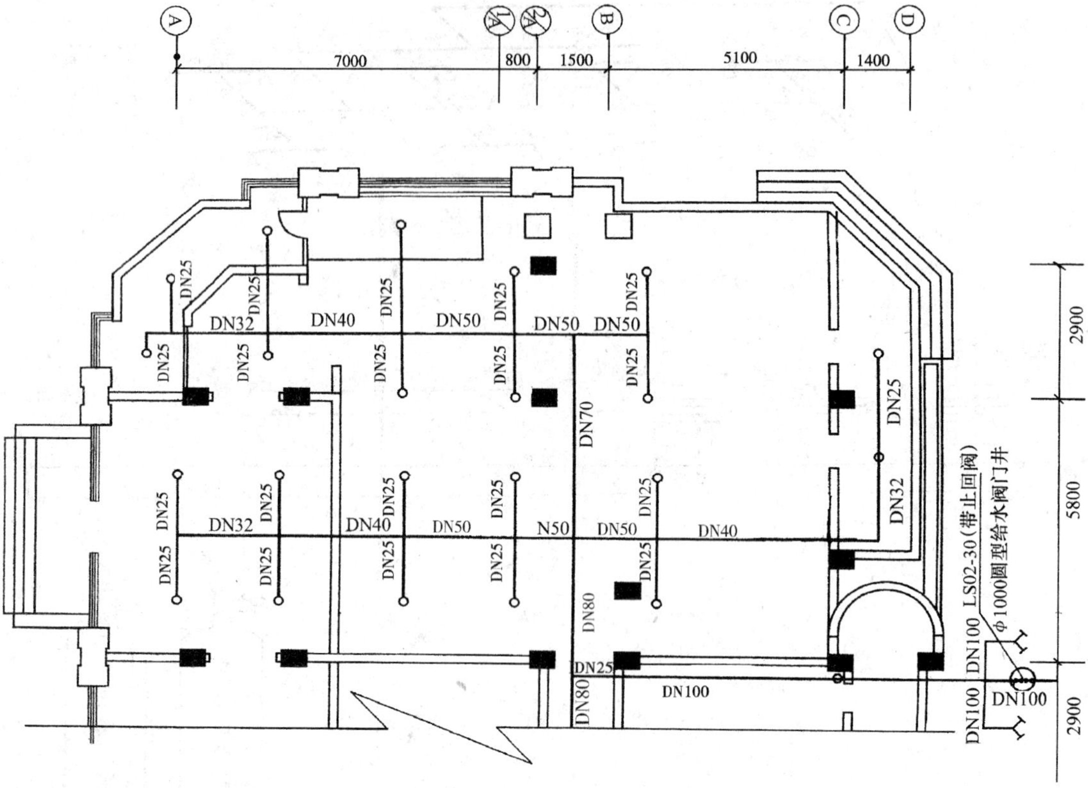

图 7－8　某办公楼部分房间消防喷淋平面图

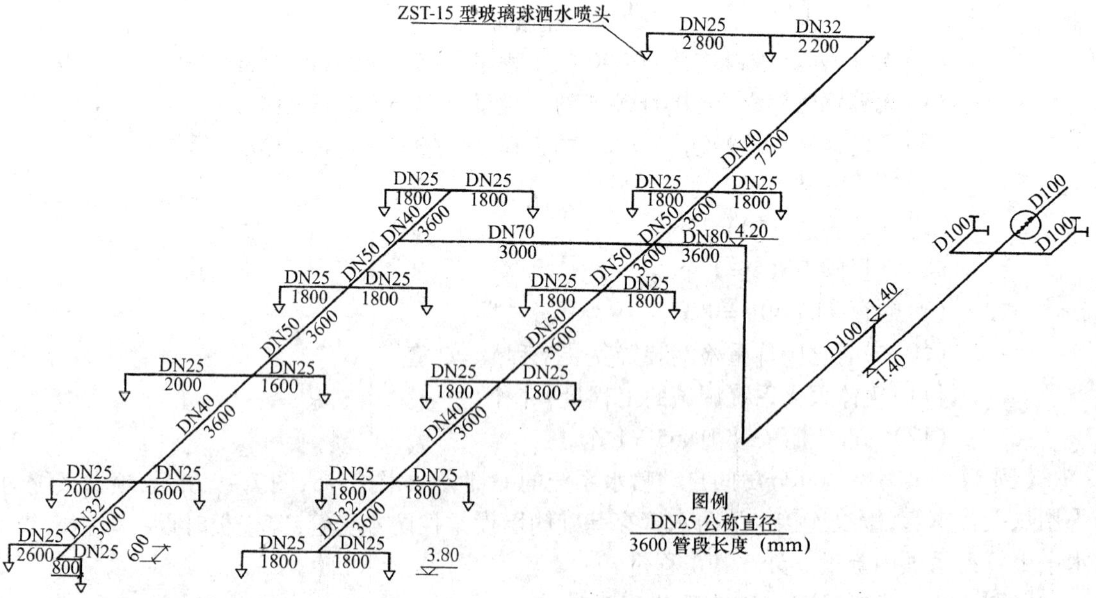

图 **7－9**　某办公楼部分房间消防喷淋系统图

(2)镀锌钢管 DN80 的工程量 =3m

(3)镀锌钢管 DN70 的工程量 =8m

(4)镀锌钢管 DN50 的工程量 =(3.6+3.6+3.6+3.6+3.6)m=18.0m

(5)镀锌钢管 DN40 的工程量 =(3.6+3.6+7.2)m=14.4m

(6)镀锌钢管 DN32 的工程量 =(3.6+3.6+2.2)m=9.4m

(7)镀锌钢管 DN25 的工程量 =[2.6+0.8+0.6+(2.0+1.6)×2+(1.8+1.8)×7+2.8+(4.2-3.8)×36]m=53.6m

(8)ZXT-15 型洒水喷头的工程量=22 个

(9)柔性防水套管制作安装 DN100 的工程量=1 个

(10)一般钢套管制作安装 DN100 的工程量=1 个

(11)消防水泵接合器 DN100 的工程量=2 套

【例 9】 某一多线制火灾自动报警系统设有离子感烟探测器 20 只,光电感烟探测器 15 只,复合式感烟感温探测器 15 只,警铃报警器 5 只,多线制报警控制器 3 台。试编制分部分项工程量清单。

【解】 分部分项工程量清单见表 7-25。

表 7-25 分部分项工程量清单

序号	项目编码	项目名称	计量单位	数量
1	030705001001	点型探测器,多线制离子感烟	台	20
2	030705001002	点型探测器,多线制光电感烟	台	15
3	030705001003	点型探测器,多线制复合式感烟感温	台	15
4	030705009001	警铃报警器	台	5
5	030705005001	多线制报警控制器	台	3

【例 10】 某一泡沫灭火系统,采用 PHF 管线式负压比例混合器两台,角钢支架安装固定,支架重 0.2t,手工除轻锈,刷红丹防锈漆两遍。DN100 的低压电弧焊碳钢管 150m,管道钢支架 0.15t,人工除中锈、刷红丹防锈漆两遍,试编制分部分项工程量清单。

【解】 分部分项工程量清单见表 7-26。

表 7-26 分部分项工程量清单

序号	项目编码	项目名称	计量单位	工程数量
1	030703001001	不锈钢管安装 DN100,低压电弧焊,人工除中锈,刷红丹防锈漆两遍	m	150
2	030703007001	PHF 型管线式比例混合器,角钢支架防轻锈,刷红丹防锈漆两遍	台	2
3	030704001001	管道钢支架安装,人工除中锈,刷红丹防锈漆两遍	kg	150

【例 11】 某工程部分消防工程,采用水喷淋管道安装,采用镀锌焊接管道 DN100 螺纹连接 300m,消防栓管适宜安装一般无缝钢管 DN100 400m,镀锌螺纹连接,试列出其工程量。

【解】 (1)水喷淋管道安装

镀锌钢管 DN100　300m

镀锌钢管接头:0.519 个/m × 300m = 156 个

(2)消防栓管道安装

无缝钢管 400m

镀锌工程量 = πDL = (3.14 × 0.114 × 400)m^2 = 143.2m^2

【例 12】 某建筑物消防栓灭火系统,安装 DN150 火镀管 200m,DN100 火镀管 30m,DN150 穿墙套管 15 个,管道刷银粉漆两遍,试求其工程量。

【解】 (1)DN150

管道安装 150m

一般穿墙制作,安装 15 个

刷银粉漆:πDL = 3.14 × 0.168 × 200m^2 = 105.5m^2

(2)DN100

管道安装 30m

刷银粉漆:πDL = 3.14 × 0.114 × 30m^2 = 10.74m^2

【例 13】 某商场一层高 4.5m,吊顶高 4m。其火灾报警系统组成如图 7－10 所示。

(1)区域报警器 AR 支挂式,板面尺寸 520 × 800,安装高度 1.5m。

(2)防火卷帘开关安装及消防按钮开关安装高度 1.5m。

(3)SS 及 ST 和地址解码器,注用四总线制,配 BV－4 × 1 线,穿 PVC20 管,暗敷设在吊顶内。试计算工程量。

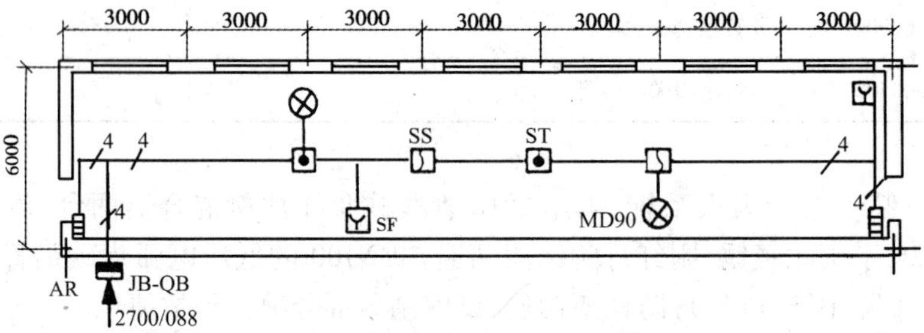

图 7－10　某商场火灾报警系统

【解】 工程量计算见表 7－27。

表 7－27　工程量计算表

编号	项目名称	单位	工程量
1	火灾区域报警器	套	1
2	防火卷帘门开关安装	套	2
3	卷帘门开关暗敷	个	2
4	消防按钮安装	10 个	0.2
5	按钮暗盒安装	10 个	0.2
6	感温探测器安装	10 个	0.2

续表 7－27

编号	项目名称	单位	工程量
7	感烟探测器安装	10 个	0.2
8	探测器显示灯	10 套	0.3
9	PVC20 管吊顶内明敷	10m	3.45
10	管内穿线 BV－1	100m	2.317
11	探测器及显示灯头盒安装	10 个	0.6
12	接线盒安装	10 个	0.9
13	塑料波纹管 φ20	10m	0.3

【例 14】 图 7－11 所示为某建筑物室内消防系统安装工程的底层消防平面图，消防给水由室外消防水池及消防水泵供水，消防管道布置成环状。建筑物每层设有 3 套消火栓装置，试计算其工程量。

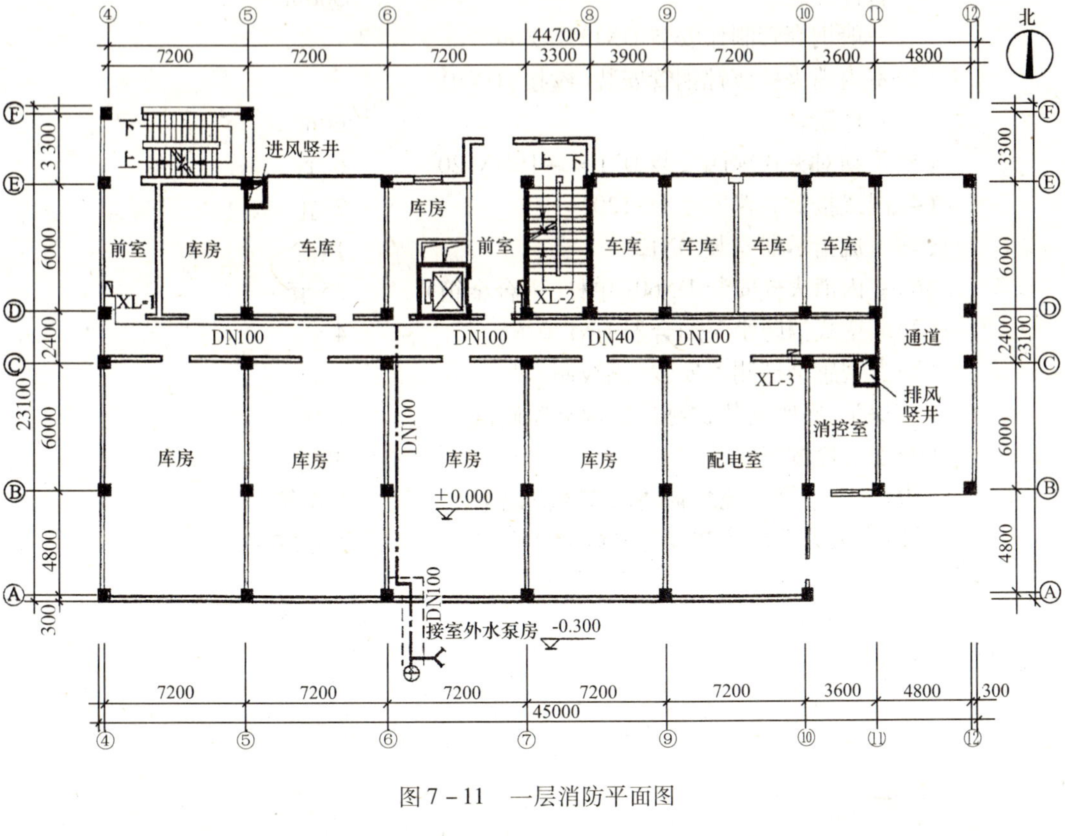

图 7－11 一层消防平面图

【解】 (1)管道铺设

①消防管 DN100 (36.0+16.2+3.4+1.5)m=57.1m

②消防管 DN80 3m×3=9m

(2)消防器具

①消火栓 DN65	3套
②消火栓箱	3套
试验消火栓	1个
$15m^3$ 组合水箱	1套
水泵结合器 DN100	1套

【例15】 某10层办公楼,消防工程的部分工程项目如下:

1. 消火栓灭火系统:墙壁式消防水泵结合器 DN120=4套,室内消火栓(单栓,铝合金箱 DN60=35套;手动对夹式蝶阀)(D71×-6)DN120=6个;镀锌钢管安装(丝接)DN120=300m(管道穿墙及楼板采用一般钢套管,DN125=8m),DN50=60m;管道角钢支架=585kg。

2. 自动喷淋灭火系统:水流指示器 DN120=14个,湿式报警装置 DN120=2组。

3. 火灾自动报警系统:点型感烟探测器(总线制)=160个,消火栓按钮=36个。

【解】 部分工程项目的工程量计算如下:

(1)室内消火栓镀锌钢管安装(丝接)DN120	
管件安装	300m
一般钢套管制作安装 DN125=8m	
(2)室内消火栓镀锌钢管安装(丝接)DN50	
管件安装	60m
(3)手动对夹式蝶阀安装 D71×-16DN120	6个
(4)湿式报警装置安装 DN120	2组
(5)水流指示器安装 DN120	14个
(6)室内消火栓安装 DN60(单栓、铝合金箱)	35套
(7)墙壁式消防水泵结合器 DN120	4套
(8)点型感烟探测器安装(总线制)	
探头、底座安装,校接线、探测器调试	160个
(9)消火栓按钮安装	36个
(10)自动报警系统装置调试258点以下	1系统
(11)水灭火系统控制装置调试200点以下	1系统

第八章　给排水、采暖、燃气工程工程量清单设置与计价举例

表 8－1　分部分项工程量清单

工程名称:某高层(12 层)住宅楼采暖工程

序号	项目编码	项目名称	计量单位	工程数量
		室内焊接钢管安装螺纹连接,手工除锈,刷一次防锈漆,两次银粉漆,镀锌铁皮套管		
1	030801002001	DN15	m	1325
2	030801002002	DN20	m	1855
3	030801002003	DN25	m	1030
4	030801002004	DN32	m	95
		室内焊接钢管安装和手工电弧焊,手工除锈,刷两次防锈漆,纤维管壳保温,$\delta=50$,玻璃布保护层,刷两次调和漆,钢套管		
5	030801002005	DN40	m	120
6	030801002006	DN50	m	230
7	030801002007	DN70	m	180
8	030801002008	DN80	m	95
9	030801002009	DN100	m	70
		方形伸缩器制作		
10	030803013001	DN100	个	2
11	030803013002	DN80	个	2
12	030803013003	DN70	个	4
13	030803013004	DN50	个	4
		阀门安装,螺纹连接		
14	030803001001	J11T－16－15	个	84
15	030803001002	J11T－16－20	个	76
16	030803001003	J11T－16－25	个	52
17	030803003001	法兰阀门安装　J11T－16－100	个	6
18	030805001001	铸铁暖气片安装柱型　813,手工除锈,刷一次防锈漆,两次银粉漆	片	5385
19	030803005001	自动排气阀安装　DN20	个	5
20	030802001001	管道支架制作安装,手工除锈,一次防锈漆,两次调和漆	kg	1200
21	030807001001	采暖系统调整	系统	1

表 8－2　措施项目清单

工程名称:某高层(12 层)住宅楼采暖工程

序号	项目名称
1	临时设施费
2	文明施工费
3	安全施工费
4	二次搬运费
5	脚手架搭拆费

【例1】 室内焊接钢管安装，DN15，螺纹连接，镀锌铁皮套管，手工除锈，刷一次防锈漆，两次银粉漆。

【解】 (1)管道安装，DN15，螺纹连接。

1)人工费： 42.49 元/10m × 1325m = 5629.93 元

2)材料费： 12.41 元/10m × 1325m = 1644.33 元

3)机械费：无

4)焊接钢管 DN15： 1.02m/m × 1325m = 1351.50m

1351.50m × 4 元/m = 5406 元

(2)镀锌铁皮套管制作，DN25，250 个。

1)人工费： 0.7 元/个 × 250 个 = 175 元

2)材料费： 1.00 元/个 × 250 个 = 250 元

3)机械费：无

(3)管道除轻锈，手工，$88m^2$。

1)人工费： 7.89 元/$10m^2$ × $88m^2$ = 69.43 元

2)材料费： 3.38 元/$10m^2$ × $88m^2$ = 29.74 元

3)机械费：无

(4)管道刷一次防锈漆，两次银粉漆，$88m^2$。

1)人工费： (6.27 + 6.5 + 6.27)元/$10m^2$ × $88m^2$ = 167.552 元

2)材料费： (1.13 + 4.81 + 4.37)元/$10m^2$ × $88m^2$ = 90.728 元

3)机械费：无

4)酚醛防锈漆： 1.31kg/$10m^2$ × $88m^2$ = 11.53kg

11.53kg × 8.5 元/kg = 98.005 元

5)酚醛清漆： (0.36 + 0.33)kg/$10m^2$ × $88m^2$ = 6.07kg

6.07kg × 8 元/kg = 48.56 元

(5)高层建筑增加费。

人工费合计 × 3% = 181.26 元

(6)主体结构配合费。

人工费合计 × 5% = 302.10 元

(7)综合。

1)直接费合计： 14092.64 元

2)管理费： 14092.64 元 × 34% = 4791.50 元

3)利润： 14092.64 元 × 8% = 1127.41 元

4)总计： (14092.64 + 4791.50 + 1127.41)元 = 20011.55 元

5)综合费用： 20011.55 元 ÷ 1325m = 15.10 元/m

【例2】 室内焊接钢管电弧焊连接，DN40，钢套管制作安装，手工除锈，刷两次防锈漆，缠玻璃布保护层，刷两次调和漆。

【解】 (1)DN40 钢管焊接，安装。

1)人工费： 42.03 元/10m × 120m = 504.36 元

2)材料费： 6.19 元/10m × 120m = 74.28 元

3)机械费： 5.89 元/10m × 120m = 70.68 元

4)焊接钢管 DN40： 1.02m/m × 120m = 122.4m

123m × 13 元/m = 1591.2 元

(2)钢套管制作安装，DN50，9m。

1)人工费：　　22.29 元/10m × 9m = 20.061 元

2)材料费：　　16.87 元/10m × 9m = 15.183 元

3)机械费：　　11.52 元/10m × 9m = 10.368 元

4)焊接钢管 DN50：　　1.02m/m × 9m = 9.2m

9.2m × 15 元/m = 138 元

(3)管道手工除轻锈；$18m^2$。

1)人工费：　　7.89 元/$10m^2$ × $18m^2$ = 14 元

2)材料费：　　3.38 元/$10m^2$ × $18m^2$ = 6 元

3)机械费：无

(4)管道刷两遍防锈漆：$18m^2$。

1)人工费：　　(6.27 + 6.27)元/$10m^2$ × $18m^2$ = 23 元

2)材料费：　　(1.13 + 1.01)元/$10m^2$ × $18m^2$ = 4 元

3)机械费：无

4)酚醛防锈漆：　　(1.31 + 1.12)kg/$10m^2$ × $18m^2$ = 4.37kg

4.37kg × 8.5 元/kg = 37 元

(5)纤维管壳保温，δ = 50mm；$2.17m^3$。

1)人工费：　　108.44 元/m^3 × $2.17m^3$ = 235.3 元

2)材料费：　　27.84 元/m^3 × $2.17m^3$ = 60.4 元

3)机械费：　　6.75 元/m^3 × $2.17m^3$ = 14.65 元

4)岩棉瓦：　　$1.03m^3/m^3$ × $2.17m^3$ = $2.24m^3$

$2.24m^3$ × 650 元/m^3 = 1456 元

(6)玻璃布保护层：$65m^2$。

1)人工费：　　1.091 元/m^2 × $65m^2$ = 71 元

2)材料费：　　0.02 元/m^2 × $65m^2$ = 1 元

3)机械费：无

4)玻璃丝布：　　$1.4m^2/m^2$ × $65m^2$ = $91m^2$

$91m^2$ × 4.5 元/m^2 = 409.5 元

(7)玻璃布面刷两次调和漆 $65m^2$。

1)人工费：　　(2.113 + 1.834)元/m^2 × $65m^2$ = 257 元

2)材料费：　　(0.064 + 0.046)元/m^2 × $65m^2$ = 7.2 元

3)机械费：无

4)酚醛调和漆：　　(0.19 + 0.15)kg/m^2 × $65m^2$ = 22.1kg

22.1kg × 8.5 元/kg = 187.85 元

(8)高层建筑增加费。

人工费合计 × 3% = 33.74 元

(9)主体结构配合费。

人工费合计 × 5% = 56.24 元

(10)综合。

1)直接费合计：　　5298.01 元

2)管理费：　　5298.01 × 34% = 1801.32 元

3)利润：　　5298.01 × 8% = 423.84 元

4)总计：　　　　(5298.01 +1801.32 +423.84)元 =7523.17 元

5)综合费用：　　　　7523.17 元 ÷120m =62.69 元/m

【例3】 方形伸缩器制作,安装,DN100。

【解】 (1)方形伸缩器制作,安装,DN100。

1)人工费：　　　　95.67 元/个 ×2 个 =191.34 元

2)材料费：　　　　53.47 元/个 ×2 个 =106.94 元

3)机械费：　　　　34.48 元/个 ×2 个 =68.96 元

(2)高层建筑增加费。

191.34 元 ×3% =5.74 元

(3)主体结构配合费。

191.34 元 ×5% =9.567 元

(4)综合。

1)直接费合计：　　　　382.55 元

2)管理费：　　　　382.55 元 ×34% =130.07 元

3)利润：　　　　382.55 元 ×8% =30.60 元

4)总计：　　　　(382.55 +130.07 +30.60)元 =543.22 元

5)综合单价：　　　　543.22 元 ÷2 个 =271.61 元/个

【例4】 螺纹阀门安装;DN15。

【解】 (1)螺纹阀门安装,DN15,84 个。

1)人工费：　　　　2.32 元/个 ×84 个 =194.88 元

2)材料费：　　　　2.11 元/个 ×84 个 =177.24 元

3)机械费:无

4)螺纹阀门：　　　　1.01 个/个 ×84 个 =85 个

85 个 ×12 元/个 =1020 元

(2)高层建筑增加费。

194.88 元 ×3% =5.846 元

(3)主体结构配合费。

194.88 元 ×5% =9.744 元

(4)综合。

1)直接费合计：　　　　1407.71 元

2)管理费：　　　　1407.71 ×34% =478.62 元

3)利润：　　　　1407.71 ×8% =112.62 元

4)合计：　　　　(1407.71 +478.62 +112.62)元 =1998.95 元

5)综合单价：　　　　1998.95 元 ÷84 个 =23.80 元/个

【例5】 铸铁暖气片安装,柱型 813,暖气片人工除锈,刷一次防锈漆,两次银粉漆。

【解】 (1)铸铁散热器安装。

1)人工费：　　　　0.96 元/片 ×5385 元 =5169.6 元

2)材料费：　　　　7.81 元/片 ×5385 元 =42056.85 元

3)机械费:无

4)柱型散热器 813 足片： 0.32 片/片 ×5385 片 =1723 片

1723 片 ×14.9 元/片 =25672.7 元

5)柱型散热器 813 无足： 0.7 片/片 ×5385 片 =3770 片

3770 片 ×14 元/片 = 52780 元

(2)暖气片人工除锈，$1508m^2$。

1)人工费：　0.84 元/$m^2 \times 1508m^2 = 1267$ 元

2)材料费：　0.34 元/$m^2 \times 1508m^2 = 512.72$ 元

3)机械费：无

(3)暖气片刷一次防锈漆、两次银粉漆。

1)人工费：　$(0.77 + 0.79 + 0.77)$ 元/$m^2 \times 1508m^2 = 3513.64$ 元

2)材料费：　$(0.12 + 0.47 + 0.54)$ 元/$m^2 \times 1508m^2 = 1704.04$ 元

3)机械费：无

4)酚醛防锈漆：　$0.11kg/m^2 \times 1508m^2 = 165.88kg$

$165.88kg \times 8.5$ 元/kg = 1409.98 元

5)酚醛清漆：　$(0.045 + 0.041)kg/m^2 \times 1508m^2 = 129.69kg$

$129.69kg \times 8$ 元/kg = 1037.52 元

(4)高层建筑增加费。

人工费合计 ×3% = 298.52 元

(5)主体结构配合费。

人工费合计 ×5% = 497.53 元

(6)综合。

1)直接费合计：　135920.1 元

2)管理费：　135920.1 元 ×34% = 46212.83 元

3)利润：　135920.1 元 ×8% = 10873.61 元

4)总计：　(135920.1 + 46212.83 + 10873.61)元 = 193006.54 元

5)综合单价：　193006.54 元 ÷5385 片 = 35.84 元/片

【例 6】 管道支架制作、安装，手工除锈、刷一次防锈漆，两次调和漆。

【解】 (1)管道支架制作、安装。

1)人工费：　2.35 元/kg ×1200kg = 2820 元

2)材料费：　1.94 元/kg ×1200kg = 2328 元

3)机械费：　2.24 元/kg ×1200kg = 2688 元

4)型钢：　1.06kg/kg ×1200kg = 1272kg

1272kg ×3.7 元/kg = 4706.4 元

(2)管道支架除轻锈。

1)人工费：　0.079 元/kg ×1200kg = 94.8 元

2)材料费：　0.025 元/kg ×1200kg = 30 元

3)机械费：　0.07 元/kg ×1200kg = 84 元

(3)管道支架刷一次防锈漆、两次银粉漆。

1)人工费：　(5.34 + 5.11 + 5.11)元/100kg ×1200kg = 186.72 元

2)材料费：　(0.81 + 3.93 + 3.18)元/100kg ×1200kg = 95.04 元

3)机械费：　(6.96 + 6.96 + 6.96)元/100kg ×1200kg = 250.56 元

4)酚醛防锈漆：　0.92kg/100kg ×1200kg = 11.04kg

11.04kg ×8.5 元/kg = 93.84 元

5)酚醛清漆：　(0.25 + 0.23)kg/100kg ×1200kg = 5.76kg

5.76kg ×8 元/kg = 46.08 元

(4)高层建筑增加费。

人工费合计 ×3% =93.05 元

(5)主体结构配合费。

人工费合计 ×5% =155.1 元

(6)综合。

1)直接费合计: 13671.59 元

2)管理费: 13671.59 元 ×34% =4648.34 元

3)利润: 13671.59 元 ×8% =1093.73 元

4)总计: (13671.59 +4648.34 +1093.73)元 =19413.66 元

5)综合单价: 19413.66 元 ÷1200kg =16.18 元/kg

表 8-3 分部分项工程量清单计价表

工程名称:某高层(12 层)住宅楼采暖工程

序号	项目编码	项目名称	计量单位	工程数量	金额/元	
					综合单价	合价
		室内焊接钢管安装螺纹连接,手工除锈,刷一次防锈漆,两次银粉漆,镀锌铁皮套管				
1	030801002001	DN15	m	1325	15.10	20011.55
2	030801002002	DN20	m	1855	18.72	34723.3
3	030801002003	DN25	m	1030	25.13	25883.76
4	030801002004	DN32	m	95	30.48	2895.74
		室内焊接钢管安装和手工电弧焊,手工除锈,刷两次防锈漆,纤维管壳保温,$\delta=50$,玻璃布保护层,刷两次调和漆,钢套管				
5	030801002005	DN40	m	120	62.78	7533.6
6	030801002006	DN50	m	230	68.37	15724.17
7	030801002007	DN70	m	180	86.32	15536.96
8	030801002008	DN80	m	95	107.93	10253.08
9	030801002009	DN100	m	70	133.20	9323.72
		方形伸缩器制作				
10	030803013001	DN100	个	2	271.61	543.22
11	030803013002	DN80	个	2	204.48	408.96
12	030803013003	DN70	个	4	148.39	593.56
13	030803013004	DN50	个	4	86.98	347.9
		阀门安装,螺纹连接				
14	030803001001	J11T-16-15	个	84	23.80	1998.95
15	030803001002	J11T-16-20	个	76	26.66	2026.34
16	030803001003	J11T-16-25	个	52	32.91	1711.1
17	030803003001	法兰阀门安装 J11T-16-100	个	6	967.73	5806.38
18	030805001001	铸铁暖气片安装柱型 813,手工除锈,刷一次防锈漆,两次银粉漆	片	5385	35.84	193006.54
19	030803005001	自动排气阀安装 DN20	个	5	87.47	437.36
20	030802001001	管道支架制作安装,手工除锈,一次防锈漆,两次调和漆	kg	1200	16.18	19413.66
21	030807001001	采暖系统调整	系统	1	9168.94	9168.94
		合 计				377348.79

表 8-4　分部分项工程量清单综合单价计算表

工程名称:某高层(12 层)住宅楼采暖工程　　　　计量单位:个

项目编号:030801002001　　　　工程数量:1325

项目名称:室内焊接钢管安装螺纹连接　DN15　　　　综合单价:15.10 元

序号	定额编号	工程内容	单位	数量	其中/元					
					人工费	材料费	机械费	管理费	利润	小计
1	8-98	管道安装　DN15	m	1325	5629.93	1644.33				
2		焊接钢管　DN15	m	1351.50		5406				
3	8-169	镀锌铁皮套管制作 DN25	个	250	175	250				
4	11-1	手工除锈	m^2	88	69.43	29.74				
5	11-53、56、57	刷一次防锈漆,两次粉漆银	m^2	88	167.552	90.728				
6		酚醛防锈漆	kg	11.53		98.005				
7		酚醛清漆	kg	6.07		48.56				
8		高层建筑增加费	元		181.26					
9		主体结构配合费	元		302.10					
		合　计			6525.272	7567.363		4791.50	1127.41	20011.55

表 8-5　分部分项工程量清单综合单价计算表

工程名称:某高层(12 层)住宅楼采暖工程　　　　计量单位:m

项目编号:030801002002　　　　工程数量:1855

项目名称:室内焊接钢管安装螺纹连接　DN20　　　　综合单价:18.72 元

序号	定额编号	工程内容	单位	数量	其中/元					
					人工费	材料费	机械费	管理费	利润	小计
1	8-99	管道安装　DN20	m	1855	7882	3825				
2		焊接钢管　DN20	m	1892		10368				
3	8-170	镀锌铁皮套管制作安装　DN32	个	267	371	401				
4	11-1	手工除锈	m^2	159	125.5	54				
5	11-52、56、57	刷一次防锈漆,两次银粉漆	m^2	159	303	164				
6		酚醛防锈漆	kg	21		177				
7		酚醛清漆	kg	11		88				
8		高层建筑增加费	元		260.45					
9		主体结构配合费	元		434.08					
		合　计			9376.03	15077		8314.03	1956.24	34723.3

表 8-6　分部分项工程量清单综合单价计算表

工程名称:某高层(12 层)住宅楼采暖工程　　　　计量单位:m

项目编号:030801002003　　　　工程数量:1030

项目名称:室内焊接钢管安装螺纹连接　DN25　　　　综合单价:25.13 元

序号	定额编号	工程内容	单位	数量	其中/元					
					人工费	材料费	机械费	管理费	利润	小计
1	8-100	管道安装　DN25	m	1030	5261	3014	106			
2		焊接钢管　DN25	m	1051		8461				
3	8-171	镀锌铁皮套管制作 DN40	个	105	146	158				
4	11-1	手工除锈	m^2	109	86	37				
5	11-53、56、57	刷一次防锈漆,两次银粉漆	m^2	109	208	113				
6		酚醛防锈漆	kg	14.3		122				
7		酚醛清漆	kg	7.5		60				
		小　计	元		5701	11965	106			
8		高层建筑增加费	元		171					
9		主体结构配合费	元		285					
		合　计			6157	11965	106	6197.52	1458.24	25883.76

表 8-7　分部分项工程量清单综合单价计算表

工程名称:某高层(12 层)住宅楼采暖工程　　　　计量单位:m

项目编号:030801002004　　　　工程数量:95

项目名称:室内焊接钢管安装螺纹连接　DN32　　　　综合单价:30.48 元

序号	定额编号	工程内容	单位	数量	其中/元					
					人工费	材料费	机械费	管理费	利润	小计
1	8-101	管道安装　DN32	m	95	485	335	10			
2		焊接钢管　DN32	m	97		1000				
3	8-172	镀锌铁皮套管制作 DN40	个	21	29	32				
4	11-1	手工除锈	m^2	12	9	4				
5	11-52、56、57	刷一次防锈漆,两次银粉漆	m^2	12	42	23				
6		酚醛防锈漆	kg	2		17				
7		酚醛清漆	kg	1		8				
		小　计	元		565	1419	10			
8		高层建筑增加费	元		17					
9		主体结构配合费	元		28.25					
		合　计			610.25	1419	10	693.35	163.14	2895.74

表 8－8　分部分项工程量清单综合单价计算表

工程名称:某高层(12 层)住宅楼采暖工程　　　　计量单位:m

项目编号:030801002005　　　　工程数量:120

项目名称:室内焊接钢管电弧焊连接　DN40　　　　综合单价:62.69 元

序号	定额编号	工程内容	单位	数量	其中/元					
					人工费	材料费	机械费	管理费	利润	小计
1	8－110	管道安装　DN40	m	120	504.36	74.28	70.68			
2		焊接钢管　DN40	m	122.4		1591.2				
3	8－26	钢套管制作安装 DN70	m	9	20.061	15.183	10.368			
4		焊接钢管　DN50	m	9.2		138				
5	11－1	手工除锈	m^2	18	14	6				
6	11－53、54	刷油	m^2	18	23	4				
7		防锈漆	kg	4.4		37				
8	11－1826	纤维管壳保温　$\delta=50$	m^3	2.17	235.3	60.4	14.65			
9		岩棉瓦	m^3	2.24		1456				
10	11－2153	玻璃布保护层	m^2	65	71	1				
11		玻璃丝布	m^2	91		409.5				
12	11－246、247	布面油漆	m^2	65	257	7.2				
13		调和漆	kg	22		187.85				
		小　计	元		1124.721	3987.613	95.698			
14		高层建筑增加费	元		33.74					
15		主体结构配合费	元		56.24					
		合　计			1214.701	3987.613	95.698	1801.32	423.84	7523.17

表 8－9　分部分项工程量清单综合单价计算表

工程名称:某高层(12 层)住宅楼采暖工程　　　　计量单位:m

项目编号:030801002006　　　　工程数量:230

项目名称:室内焊接钢管电弧焊连接　DN50　　　　综合单价:68.37 元

序号	定额编号	工程内容	单位	数量	其中/元					
					人工费	材料费	机械费	管理费	利润	小计
1	11－111	管道安装　DN50	m	230	1063	255	147			
2		焊接钢管　DN50	m	235		3636				
3	8－273	钢套管制作安装 DN70	m	15	35	23	18			
4		焊接钢管　DN70	m	15.2		325				
5	11－1	手工除锈	m^2	43	34	15				
6	11－53、54	刷油	m^2	43	55	3				
7		防锈漆	kg	6		100				
8	11－1826	纤维管壳保温　$\delta=50$	m^3	4.16	451	116	28			
9		岩棉瓦	m^3	4.28		2780				
10	11－2136	玻璃布保护层	m^2	125	136	3				
11		玻璃丝布	m^2	175		796				
12	11－246、247	布面油漆	m^2	125	493	15				
13		调和漆	kg	43		365				
		小　计	元		2267	8432	193			
14		高层建筑增加费	元		68.01					
15		主体结构配合费	元		113.35					
		合　计			2448.36	8432	193	3764.94	885.87	15724.17

表 8－10 分部分项工程量清单综合单价计算表

工程名称:某高层(12层)住宅楼采暖工程　　计量单位:m

项目编号:030801002007　　工程数量:180

项目名称:室内焊接钢管电弧焊连接 DN70　　综合单价:86.32元

序号	定额编号	工程内容	单位	数量	其中/元					
					人工费	材料费	机械费	管理费	利润	小计
1	8－112	管道安装 DN70	m	180	936	567	505			
2		焊接钢管 DN70	m	184		3934				
3	8－28	钢套管制作安装 DN80	m	10	28	20	13			
4		焊接钢管 DN80	m	10.2		278				
5	11－1	手工除锈	m^2	43	34	15				
6	11－53、54	刷油	m^2	43	27	5				
7		防锈漆	kg	6		100				
8	11－1834	纤维管壳保温 $\delta=50$	m^3	3.73	205	71	25			
9		岩棉瓦	m^3	3.84		2495				
10	11－2153	玻璃布保护层	m^2	107	117	2				
11		玻璃丝布	m^2	150		683				
12	11－246、247	布面油漆	m^2	107	422	12				
13		调和漆	kg	36		306				
		小　计	元		1769	8488	543			
14		高层建筑增加费	元		53.07					
15		主体结构配合费	元		88.45					
		合　计			1910.52	8488	543	3720.12	875.32	15536.96

表 8-11　分部分项工程量清单综合单价计算表

工程名称:某高层(12 层)住宅楼采暖工程　　　　　　　　　　　　计量单位:m

项目编号:030801002008　　　　　　　　　　　　　　　　　　　工程数量:95

项目名称:室内焊接钢管电弧焊连接　DN80　　　　　　　　　　　综合单价:107.93 元

序号	定额编号	工程内容	单位	数量	其中/元					
					人工费	材料费	机械费	管理费	利润	小计
1	8-113	管道安装　DN80	m	95	560	356	318			
2		焊接钢管　DN80	m	97		2645				
3	8-29	钢套管制作安装　DN100	m	9	30.6	37.8	9.9			
4		焊接钢管　DN100	m	9.14		328				
5	11-1	手工除锈	m^2	27	21	9				
6	11-53、54	刷油	m^2	27	169	31				
7		防锈漆	kg	12		81				
8	11-1834	纤维管壳保温　$\delta=50$	m^3	2.17	119	41	15			
9		岩棉瓦	m^3	2.24		1455				
10	11-2153	玻璃布保护层	m^2	60	65	1				
11		玻璃丝布	m^2	84		382				
12	11-246、247	布面油漆	m^2	60	237	7				
13		调和漆	kg	20		170				
		小　计	元		1201.6	5543.8	342.9			
14		高层建筑增加费	元		36.05					
15		主体结构配合费	元		96.13					
		合　计			1333.78	5543.8	342.9	2454.96	577.64	10253.08

表 8－12　分部分项工程量清单综合单价计算表

工程名称：某高层（12 层）住宅楼采暖工程　　　　计量单位：m

项目编号：030801002009　　　　工程数量：70

项目名称：室内焊接钢管电弧焊连接　DN100　　　　综合单价：133.20 元

序号	定额编号	工程内容	单位	数量	其中/元					
					人工费	材料费	机械费	管理费	利润	小计
1	8－114	管道安装　DN100	m	70	510	378	320			
2		焊接钢管　DN100	m	71		2550				
3	8－30	钢套管制作安装　DN125	m	9	36	54	13			
4		焊接钢管　DN125	m	9.14		478				
5	11－1	手工除锈	m^2	24	19	8				
6		刷油	m^2	24	15	3				
7	11－53、54	防锈漆	kg	3		50				
8	11－1834	纤维管壳保温　$\delta=50$	m^3	1.8	99	34	12			
9		岩棉瓦	m^3	1.85		1202				
10	11－2153	玻璃布保护层	m^2	49	53	1				
11		玻璃丝布	m^2	69		314				
12	11－246、247	布面油漆	m^2	49	193	5				
13		调和漆	kg	17		145				
		小　计	元		925	5222	345			
14		高层建筑增加费	元		28					
15		主体结构配合费	元		46					
		合　计			999	5222	345	2232.44	525.28	9323.72

表 8 - 13　分部分项工程量清单综合单价计算表

工程名称:某高层(12 层)住宅楼采暖工程　　计量单位:个

项目编号:030803013001　　工程数量:2

项目名称:方形伸缩器制作　DN100　　综合单价:271.61 元

序号	定额编号	工程内容	单位	数量	其中/元					
					人工费	材料费	机械费	管理费	利润	小计
1	8 - 222	方形伸缩器制作	个	2	191.34	106.94	68.96			
2		高层建筑增加费	元		5.74					
3		主体结构配合费	元		9.567					
		合　计			206.65	106.94	68.96	130.07	30.60	543.22

表 8 - 14　分部分项工程量清单综合单价计算表

工程名称:某高层(12 层)住宅楼采暖工程　　计量单位:个

项目编号:030803013002　　工程数量:2

项目名称:方形伸缩器制作　DN80　　综合单价:204.48 元

序号	定额编号	工程内容	单位	数量	其中/元					
					人工费	材料费	机械费	管理费	利润	小计
1	8 - 221	方形伸缩器制作	个	2	134	76	67			
2		高层建筑增加费	元		4					
3		主体结构配合费	元		7					
		合　计			145	76	67	97.92	23.04	408.96

表 8-15　分部分项工程量清单综合单价计算表

工程名称:某高层(12 层)住宅楼采暖工程　　计量单位:个

项目编号:030803013003　　工程数量:4

项目名称:方形伸缩器制作　DN70　　综合单价:148.39 元

序号	定额编号	工程内容	单位	数量	其中/元					
					人工费	材料费	机械费	管理费	利润	小计
1	8-220	方形伸缩器制作	个	4	151	120	134			
2		高层建筑增加费	元		5					
3		主体结构配合费	元		8					
		合　计			164	120	134	142.12	33.44	593.56

表 8-16　分部分项工程量清单综合单价计算表

工程名称:某高层(12 层)住宅楼采暖工程　　计量单位:个

项目编号:030803013004　　工程数量:4

项目名称:方形伸缩器制作　DN50　　综合单价:86.98 元

序号	定额编号	工程内容	单位	数量	其中/元					
					人工费	材料费	机械费	管理费	利润	小计
1	8-219	方形伸缩器制作	个	4	89	82	67			
2		高层建筑增加费	元		3					
3		主体结构配合费	元		4					
		合　计			96	82	67	83.3	19.6	347.9

表 8－17　分部分项工程量清单综合单价计算表

工程名称:某高层(12 层)住宅楼采暖工程　　计量单位:个
项目编号:030803001001　　工程数量:84
项目名称:螺纹阀门安装　DN15　　综合单价:23.80 元

序号	定额编号	工程内容	单位	数量	其中/元					
					人工费	材料费	机械费	管理费	利润	小计
1	8－241	阀门安装	个	84	194.88	177.24				
2		阀门　J11T－16－15	个	85		1020				
3		高层建筑增加费	元		5.846					
4		主体结构配合费	元		9.744					
		合　计			210.47	1197.24	－	478.62	112.62	1998.95

表 8－18　分部分项工程量清单综合单价计算表

工程名称:某高层(12 层)住宅楼采暖工程　　计量单位:个
项目编号:030803001002　　工程数量:76
项目名称:螺纹阀门安装　DN20　　综合单价:26.66 元

序号	定额编号	工程内容	单位	数量	其中/元					
					人工费	材料费	机械费	管理费	利润	小计
1	8－242	阀门安装	个	76	176	204				
2		阀门　J11T－16－20	个	77		1033				
3		高层建筑增加费	元		5					
4		主体结构配合费	元		9					
		合　计			190	1237	－	485.18	114.16	2026.34

表 8－19　分部分项工程量清单综合单价计算表

工程名称:某高层(12 层)住宅楼采暖工程　　计量单位:个

项目编号:030803001003　　工程数量:52

项目名称:螺纹阀门安装　DN25　　综合单价:32.91 元

序号	定额编号	工程内容	单位	数量	其中/元					
					人工费	材料费	机械费	管理费	利润	小计
1	8－243	阀门安装	个	52	145	179				
2		阀门　J11T－16－25	个	53		870				
3		高层建筑增加费	元		4					
4		主体结构配合费	元		7					
		合　计			156	1049	－	409.7	96.4	1711.1

表 8－20　分部分项工程量清单综合单价计算表

工程名称:某高层(12 层)住宅楼采暖工程　　计量单位:个

项目编号:030803003001　　工程数量:6

项目名称:焊接法兰阀安装　DN100　　综合单价:967.73 元

序号	定额编号	工程内容	单位	数量	其中/元					
					人工费	材料费	机械费	管理费	利润	小计
1	8－261	阀门安装	个	6	130	929				
2		阀门　J11T－16－100	个	6		2942	77			
3		高层建筑增加费	元		4					
4		主体结构配合费	元		7					
		合　计			141	3871	77	1390.26	327.12	5806.38

表 8－21　分部分项工程量清单综合单价计算表

工程名称:某高层(12 层)住宅楼采暖工程　　计量单位:片

项目编号:030805001001　　工程数量:5385

项目名称:铸铁暖气片安装柱型　813　　综合单价:35.84 元

序号	定额编号	工程内容	单位	数量	其中/元					
					人工费	材料费	机械费	管理费	利润	小计
1	8－491	铸铁暖气片安装	片	5385	5169.6	42056.85				
2		暖气片柱型 813 有足	片	1723		25672.7				
3		暖气片柱型 813 无足	片	3769		52780				
4	11－4	暖气片人工除锈	m^2	1508	1267	512.72				
5	11－198、200、201	暖气片油漆	m^2	1508	3513.64	1704.04				
6		防锈漆	kg	165.88		1409.98				
7		酚醛清漆	kg	130		1037.52				
		小　计	元		9950.24	125173.81				
8		高层建筑增加费	元		298.52					
9		主体结构配合费	元		497.53					
		合　计			10746.29	125173.81	－	46212.83	10873.61	193006.54

表 8－22　分部分项工程量清单综合单价计算表

工程名称:某高层(12 层)住宅楼采暖工程　　计量单位:个

项目编号:030803005001　　工程数量:5

项目名称:自动排气阀安装　DN20　　综合单价:87.47 元

序号	定额编号	工程内容	单位	数量	其中/元					
					人工费	材料费	机械费	管理费	利润	小计
1	8－300	自动排气阀安装	个	5	26	32				
2		自动排气阀	个	5		248				
3		高层建筑增加费	元		1					
4		主体结构配合费	元		1					
		合　计			28	280	－	104.72	24.64	437.36

表 8－23　分部分项工程量清单综合单价计算表

工程名称:某高层(12 层)住宅楼采暖工程　　　　计量单位:kg

项目编号:030802001001　　　　工程数量:1200

项目名称:管道支架制作安装　　　　综合单价:16.18 元

序号	定额编号	工程内容	单位	数量	其中/元					
					人工费	材料费	机械费	管理费	利润	小计
1	8－178	支架制作安装	kg	1200	2820	2328	2688			
2		型钢	kg	1224		4706.4				
3	11－7	除锈	kg	1200	94.8	30	84			
4	11－119、122、123	油漆	kg	1200	186.72	95.04	250.56			
5		防锈漆	kg	11		93.84				
6		酚醛清漆	kg	6		46.08				
		小　计	元		3101.52	7299.36	3022.56			
7		高层建筑增加费	元		93.05					
8		主体结构配合费	元		155.1					
		合　计			3349.67	7299.36	3022.56	4648.34	1093.73	19413.66

表 8－24　分部分项工程量清单综合单价计算表

工程名称:某高层(12 层)住宅楼采暖工程　　　　计量单位:系统

项目编号:030807001001　　　　工程数量:1

项目名称:采暖工程系统调整　　　　综合单价:9168.94 元

序号	工程内容	单位	数量	其中/元					
				人工费	材料费	机械费	管理费	利润	小计
1	采暖工程系统调整	系统	1	1271	5085				
2	高层建筑增加费	元		38					
3	主体结构配合费	元		63					
	合　计			1372	5085	－	2195.38	516.56	9168.94

表 8－25　措施项目费计算表

工程名称:某高层(12 层)住宅楼采暖工程

序号	项目名称	单位	数量	综合单价/元					
				人工费	材料费	机械费	管理费	利润	小计
1	临时设施费	项	1	1500	4000	1000	945	1185	8630
2	文明施工费	项	1	1000	1500	500	630	790	4420
3	安全施工费	项	1	1000	2500	1000	630	790	5920
4	二次搬运费	项	1	2000	500	4000	1260	1580	9340
5	脚手架搭拆费	项	1	400	1200		252	316	2168
	合　计			5900	9700	6500	3717	4661	30478

【例 7】　某市××住宅给排水管道安装工程的平面图和系统图如图 8－1～图 8－3 所示，试求室内排水系统 JL－1 系统衬塑钢管安装(丝接)工程量。

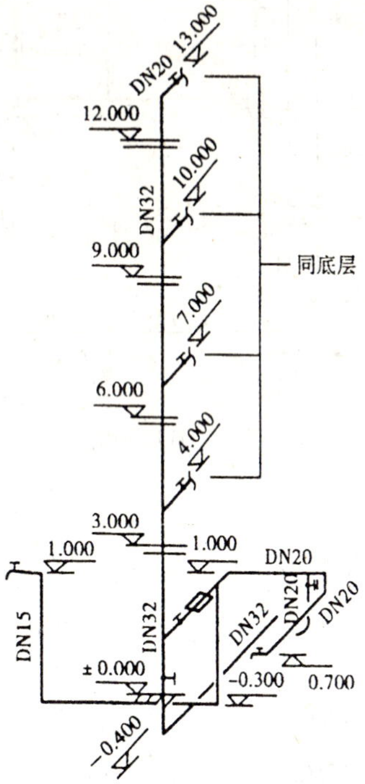

图 8-1　给水系统图（JL-1系统）

注:给水管道采用衬塑钢管、螺纹连接。

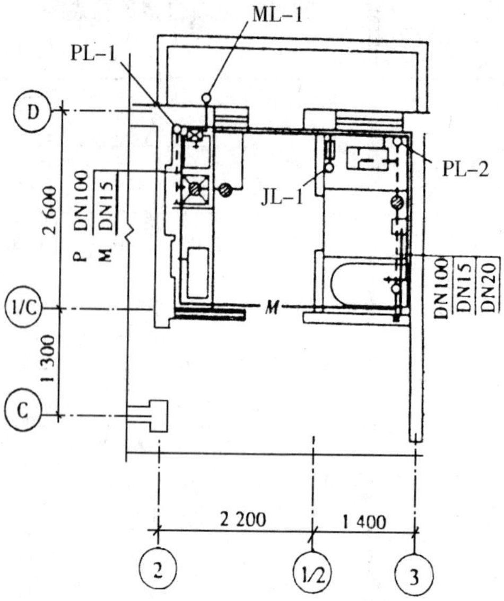

图 8-2　2~5层平面图

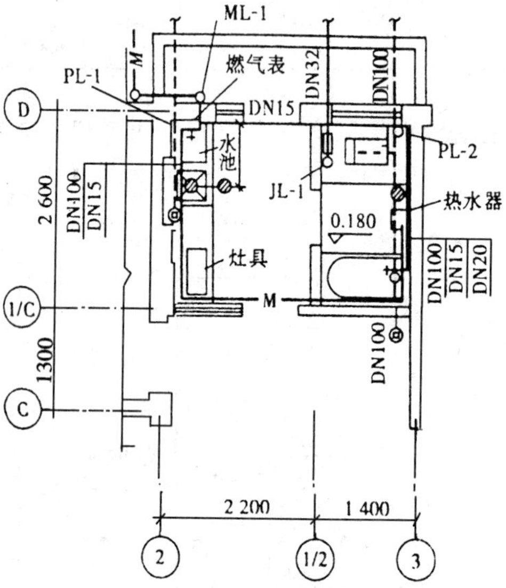

图 8-3　底层平面图

【解】　(1)衬塑钢管 DN32

工程量 = [1.5(室外入户部分) + 1(经阳台一段) + 0.05(立管中心到外墙内皮之距) + 13(立管明敷段) + 0.4(立管埋地段)]m = 15.95m

(2)衬塑钢管 DN20

工程量 = {0.8(立管中心距Ⓓ轴墙内皮) + [1.4(½轴到③轴之距) - 0.24(两个半墙厚)] + [2.6(1/C轴到Ⓓ轴之距) - 0.24(两个半墙厚) - 0.37(半个浴缸宽)]}m ×5 = 19.75m

(3)衬塑钢管 DN15

工程量 = {(1 + 0.3)(在厕所内接出的支立管段,由标高 1 下降至 -0.3) + [2.2(②轴至

$\frac{1}{2}$轴）−0.3（半个水池宽）］+（1+0.3）（在水池旁由 −0.3 升至 1 的立管段）+ 0.2（厕所间接至热水器的管头子）｝m ×5 =23.5m

【例 8】 某室内燃气管道工程平面图和系统图如图 8−4、图 8−5 所示，试计算其室内燃气管道安装工程量。

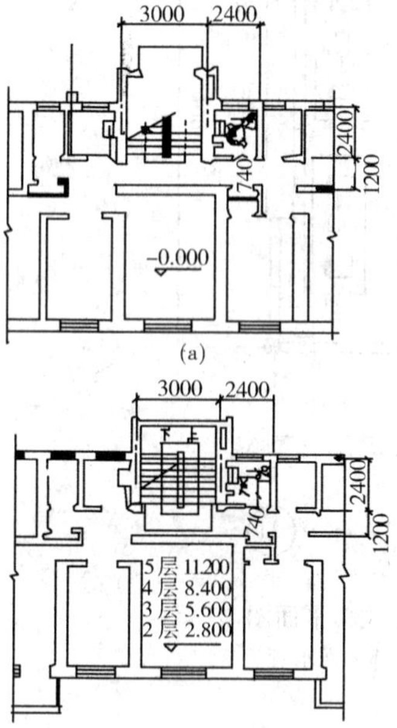

图 8-4 室内燃气管道平面图

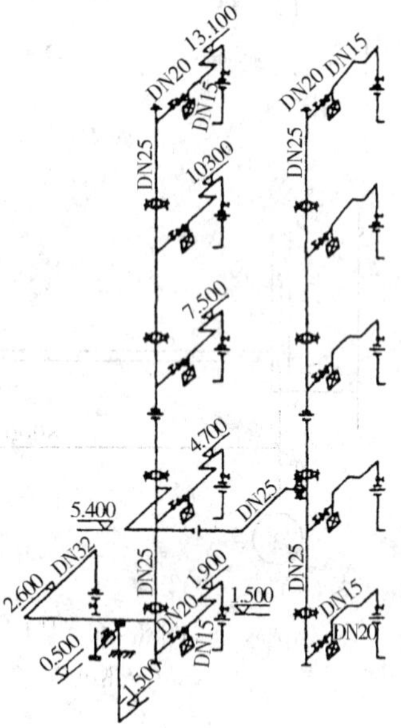

图 8-5 室内燃气管道系统图

【解】 (1)镀锌钢管 DN15

燃气表至灶前阀门间的支管长度（煤气灶安装中已包括了灶至阀门前管道）

工程量 =［（0.78 +0.12）（水平长度）+（1.9 −1.5）（垂直长度）］m ×10

=13m

(2)镀锌钢管 DN20

立管到煤气表间的支管长度

工程量 =［0.74（煤气表中心距墙面净距）−0.07（立管中心距墙面距离）］×10

=6.7m

(3)镀锌钢管 DN25

两根煤气立管和两立管间的水平管

工程量 =［2 ×（13.1 −1.9）（每根立管长度）+3（水平管）+0.37（两墙半厚）+0.07 ×2（立管中心离墙距离）+2 ×1.2（水平管）］m

=28.31m

(4)镀锌钢管 DN32

引入管长度，用户引入管是从地上引入室内，根据室内外管道分界，地上引入室内的管道以墙外三通为界

工程量 =［（2.4 +0.25 +2.4 −0.07 ×2）（水平长度）+（2.6 −0.5）（垂直长度）］m

=7.01m

其中，0.25 为轴线外长度。

【例9】 某工业厂房大门安装,图8-6、图8-7为大门热风幕平面图和系统图,求其工程量。

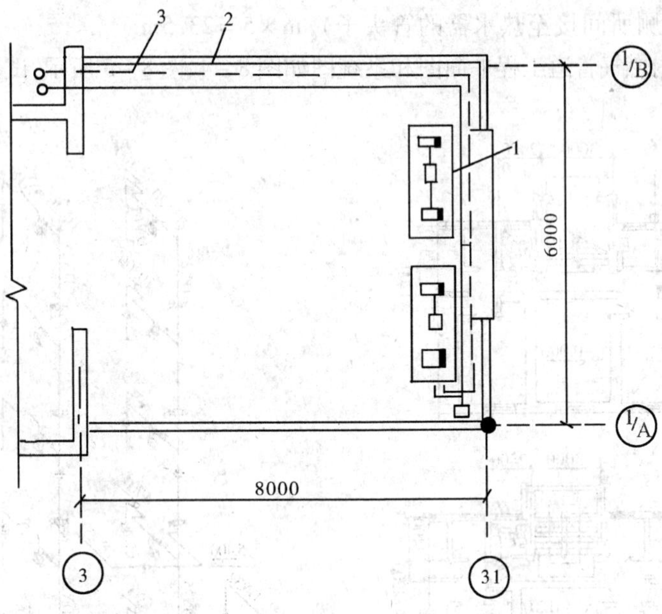

图8-6 某厂房大门热风幕平面图

1-热风幕 2-供水管 3-回水管

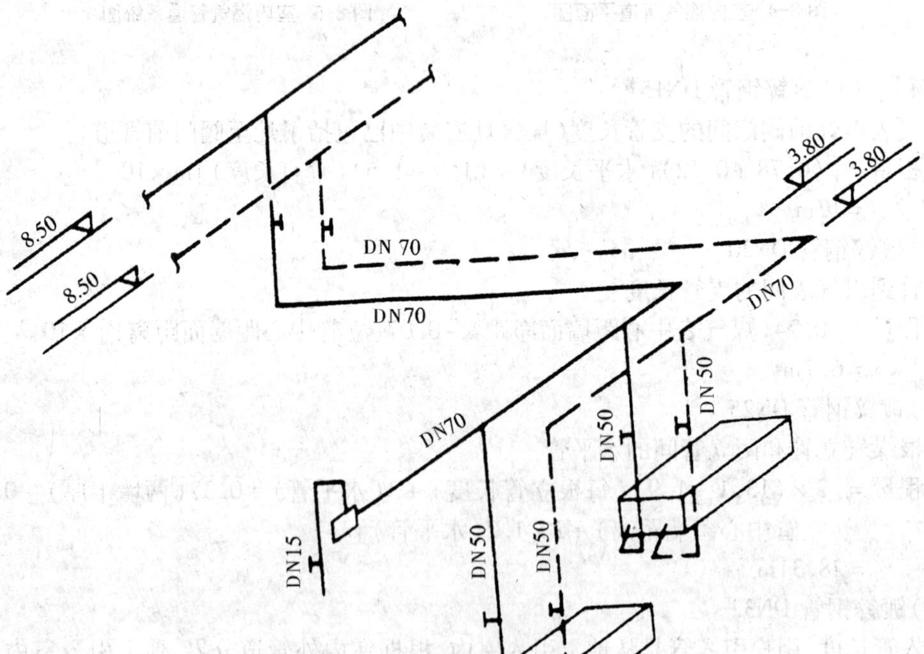

图8-7 大门热风幕接管系统图(1: 100)

【解】 (1)热风幕(SGRMd 型)

工程量 =2 套

(2)闸阀 DN70:工程量 =2 个

(3)闸阀 DN50:工程量 =4 个

(4)铜阀 DN15:工程量 =1 个

(5)焊接钢管。

按图 1:100 比例测算方法:

工程量:DN70 = 38m

DN50 = 8m

DN15 = 3m

【例 10】 某室的采暖工程平面图和系统图如图 8 -8、图 8 -9 所示,试计算其钢管焊接 DN25 及钢管丝接 DN20 的工程量。

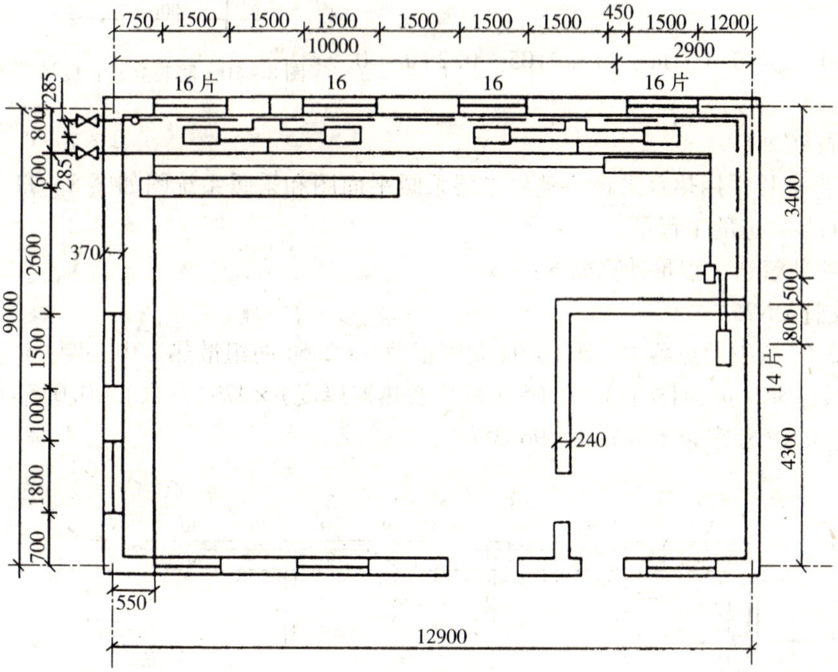

图 8-8 采暖平面图

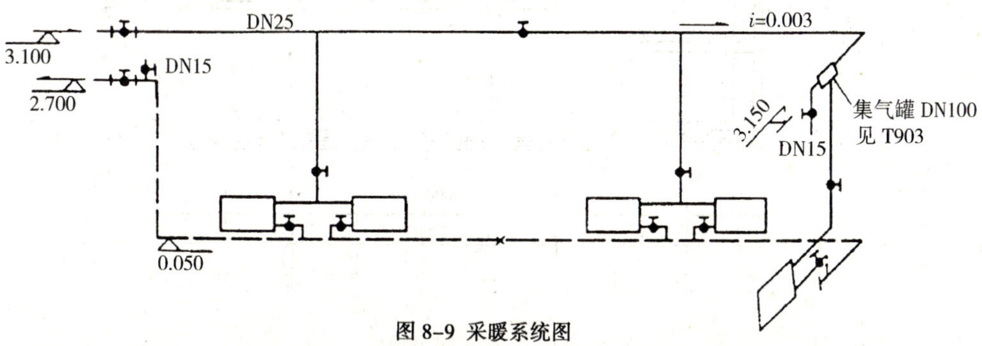

图 8-9 采暖系统图

【解】 (1)钢管焊接 DN25

工程量 = {[(1.5 + 0.185 + 12.9 − 0.285 + 3.4 − 0.285) × 2 + 2.7](热水与回水管) − 0.05(回水立管)} m = 37.48m

(2)钢管丝接 DN20

工程量 = {[(3.1 + 3.15)/2 − 0.768] × 3} m(立管) + [(3 − 0.057 × 16) + (3.45 − 0.057 × 16) + (0.25 + 0.126 − 0.05) × 4] m(支管) + [1.3 − 0.057 × 14/2) × 2 + (0.126 − 0.05)] m(支管) = 14.88m

【例 11】 根据图 8 − 10 所示某地沟内暗装立管示意图,计算该暗装立管长度。

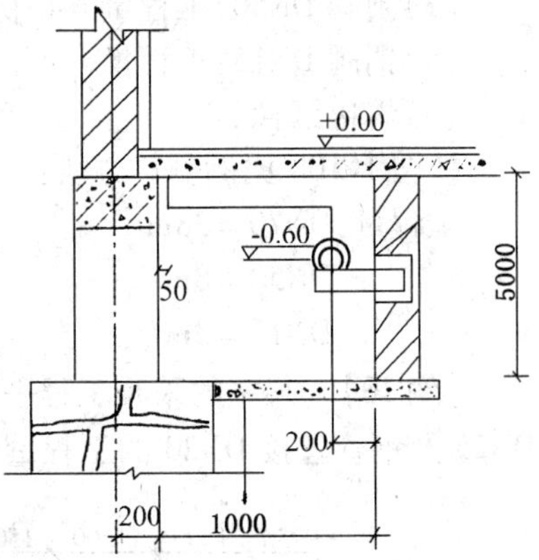

图 8 − 10 暗装立管长度计算图

【解】 L(每根立支管长度) = 竖直长度 + 水平长度 + 乙字弯增加长度

即:L = [0.00 − (−0.5)] m + (1 − 0.05 − 0.2) m + 0.06m
= 1.31m

【例 12】 某办公楼采用热水采暖,一层、二层采暖平面图和采暖系统图如图 8 − 11 ~ 图 8 − 13所示,求其明装管道的工程量。

【解】 明装管道工程量计算如下:

(1)散热器支管 DN25

工程量 = {[3.0(两组散热器中心距) × 9(立管根数) + 2.5(两组散热器中心距) × 1(立管根数)] × 2(层数) × 2(进、回支管) − 0.057(每片散热器厚度) × 429(片数) + 0.035(每个乙字弯增加长度) × 80(乙字弯个数)} m = 96.35m

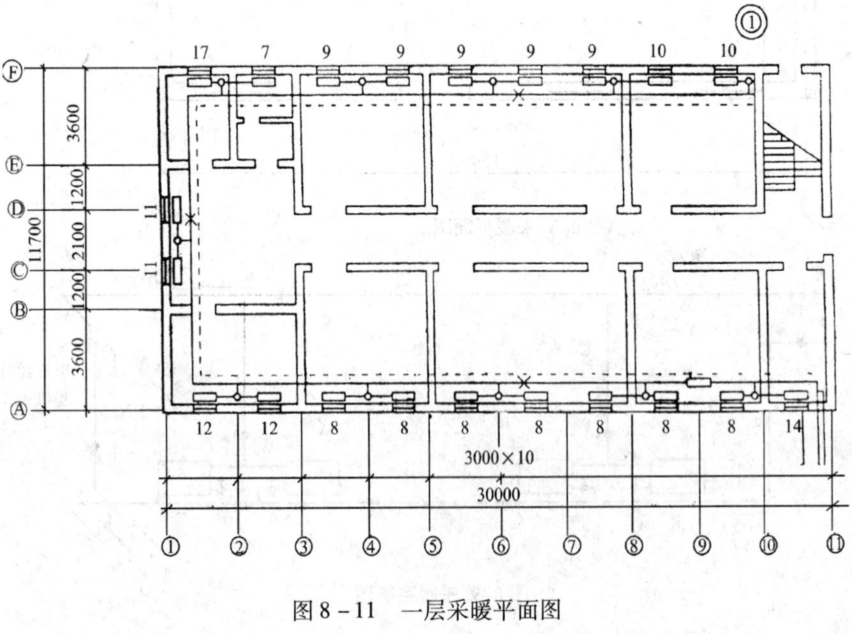

图 8 − 11 一层采暖平面图

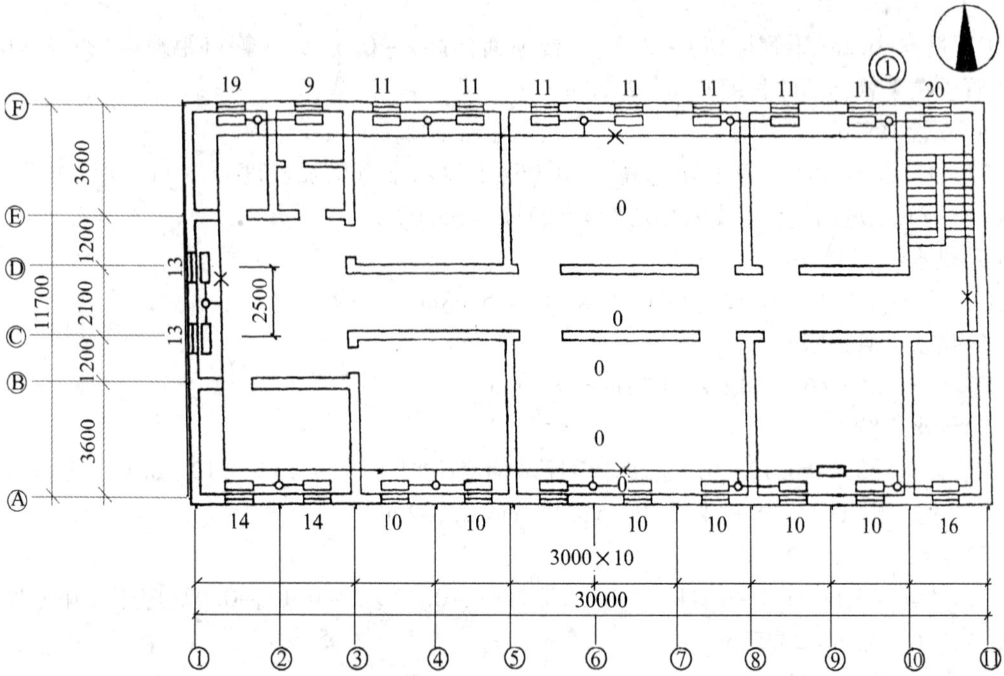

图 8－12　二层采暖平面图

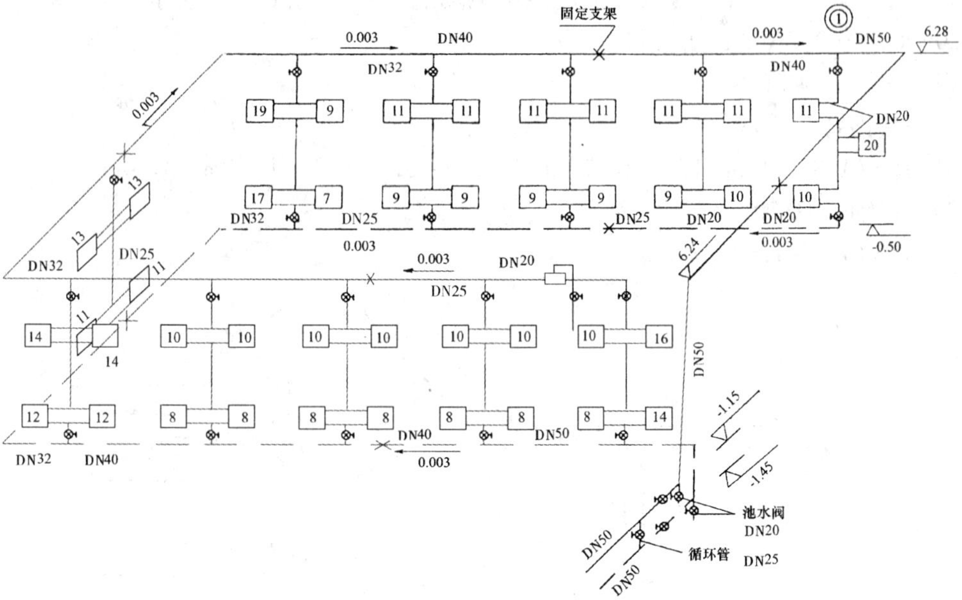

图 8－13　某办公楼采暖系统图

(2)散热器支管 DN20

工程量 $=\{[\frac{3.0}{2}-0.12$(半墙厚)-0.04(DN20 立管中心距墙面净距)$]\times4+(\frac{3.0}{2}+0.12+0.04)\times2-0.057\times41+0.035\times6\}\mathrm{m}=6.55\mathrm{m}$

(3)放气管 DN25

工程量 =[6.28(干管标高) -3.3(二楼地面标高) -0.5(放气管口距地面尺寸) +0.3(放气管子在干管上部的长度)]m =2.78m

(4)立管 DN20

工程量 ={[6.28(立管上端标高) +0.06(上端乙字弯增加长度)] ×11(立管根数) -0.64(四柱 813 散热器上、下支管中心距) ×23}m =55.02m

(5)供水干管 DN20

工程量 =(3.0 ×2 -0.12 ×2 -0.04 ×2)m =5.68m

(6)供水干管 DN25

工程量 =(3.0 ×6 +0.12 +0.04)m =18.16m

(7)供水干管 DN32

工程量 ={[3.0 -0.12 -0.15(横干管距墙面净距)] +[3.0 ×3 -0.12 -0.15 -0.2(变径点位移尺寸)] +(11.7 -0.12 ×2 -0.15 ×2)}m =22.42m

(8)供水干管 DN50

工程量 ={(3.0 +0.2 +0.04 -0.15) +[11.7 -0.12 ×2 -0.15 -0.07(竖干管中心距墙面净距)] +6.24}m =20.57m

(9)供水干管 DN40

工程量 =(3 ×6 +0.2 -0.12 -0.04)m =18.04m

【例 13】 某市 × ×住宅楼采暖工程,系统图如图 8 -14、图 8 -15 所示,试计算焊接钢管 DN70,DN50,DN40,DN32 的工程量。

【解】 工程量如下:

(1)焊接钢管 DN70

工程量 =(1.8 +11.3 +1.1 +10.7 +1.5 +1.9 +0.2 +1.1 +1.8)m =31.4m

(2)焊接钢管 DN50

工程量 =(4.7 +1.6)m =6.3m

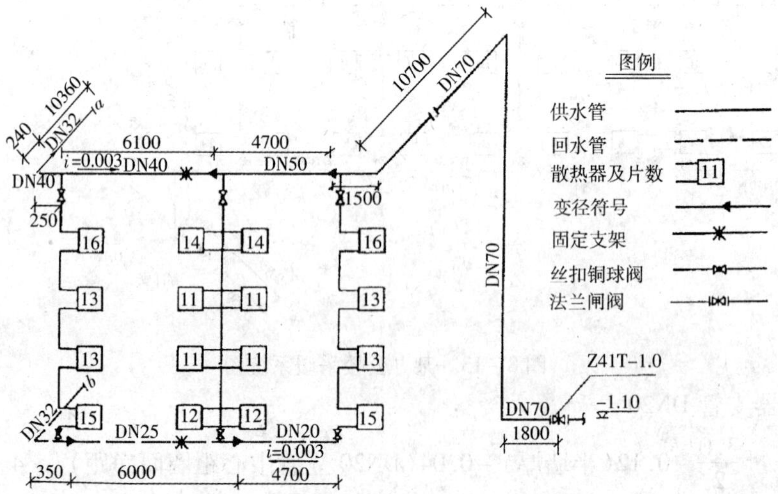

图 8 -14　后半部分系统图

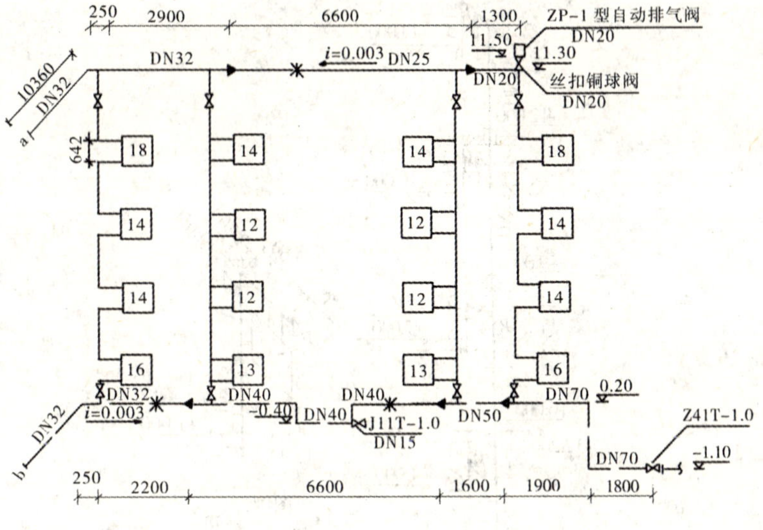

图 8-15 前半部分系统图

(3)焊接钢管 DN40

工程量 = [6.1 + 0.25 + 0.24 + 6.6 + (0.2 + 0.4) × 2]m = 14.39m

(4)焊接钢管 DN32

工程量 = (10.36 + 0.25 + 2.9 + 0.35 + 0.24 + 10.36 + 0.25 + 2.2)m = 26.91m

【例 14】 某市××小区住宅楼平面图和燃气管道系统图如图 8-16～图 8-18 所示，试计算其工程量（该住宅有四个单元），工程概况如下：

(1)燃气为天然气，每户装 JZ 双眼灶一台，额定用气量 1.4m^3/h，管材采用镀锌钢管，丝扣连接。住宅楼层高 3.0m，同一单元两侧系统图对称。

(2)图中标高以 m 计，其余以 mm 计。

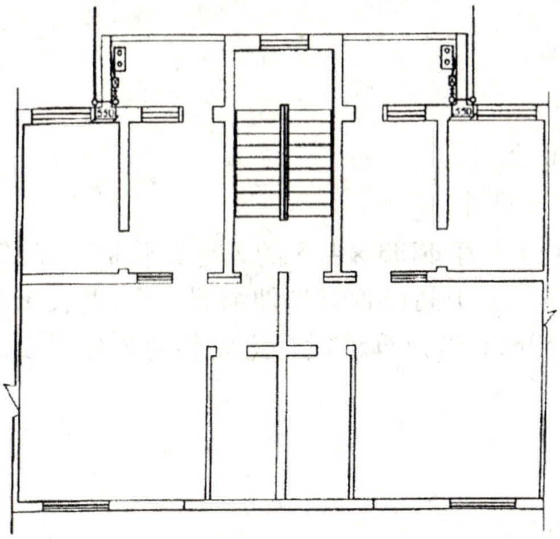

图 8-16 底层平面图

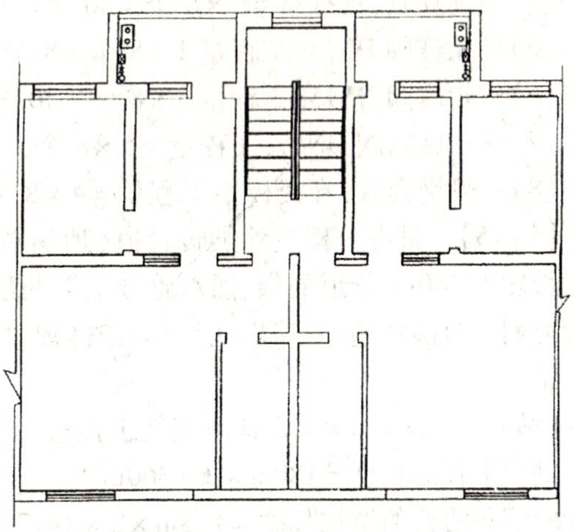

图 8-17 标准层平面图

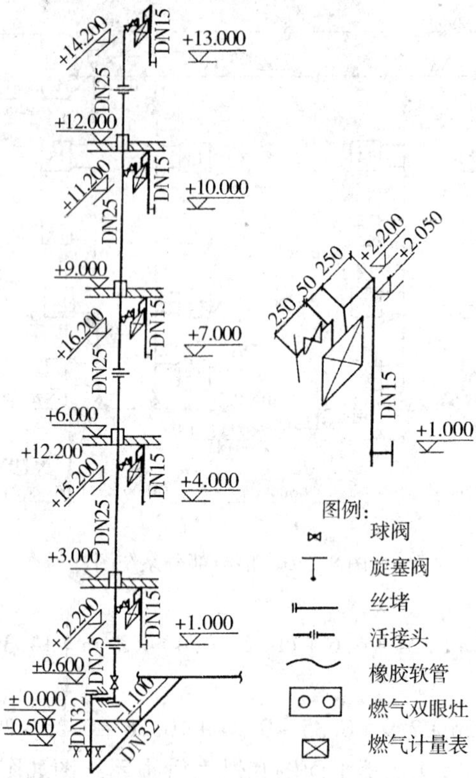

图 8－18　系统图

【解】　工程量计算

(1)镀锌钢管(丝扣)DN25:工程量 = (14.2 − 0.6)m × 8 = 108.8m

(2)镀锌钢管(丝扣)DN15:工程量 = [0.25 + 0.15 + (2.2 − 2.05) × 2 + 2.2 − 1]m × 5 × 8 = 76m

(3)燃气计表:工程量 = 5 × 8 个 = 40 个

(4)燃气灶具:工程量 = 5 × 8 个 = 40 个

(5)丝扣球阀 DN25:工程量 1 × 8 个 = 8 个

(6)丝扣球阀 DN15:工程量 5 × 8 个 = 40 个

(7)丝扣旋塞阀 DN15:工程量 = 5 × 8 个 = 40 个

(8)一般钢套管(穿楼板):工程量 = 4 × 8 个 = 32 个

【例 15】　某办公楼室外供暖管道(地沟敷设)中有 ϕ133 × 4.5 的无缝钢管道一段,管沟起止长度为 180m,管道的供、回水管分上下两层安装、中间设置方型伸缩器一个,臂长 1.8m,该管道刷红丹漆两遍,珍珠岩瓦绝热,绝热厚度 50mm,试计算该段管道安装的各分项项目的工程量。

【解】　(1)ϕ133 × 4.5 管道安装工程量

供回水管的长度 = 180m × 2 = 360m

伸缩器两臂的增加长度 = 1.8m × 2 × 2 = 7.2m

室外供热管道的安装工程量 = (360 + 7.2)m = 367.2m

(2)管道刷红丹漆工程量

以 m^2 计算,查《单位估价表》第十三册附录九可直接得出管道表面积,得 ϕ133 无缝钢管

每 100m 的表面积为 48.10m^2

则工程量 = (367.2 × 48.1/100) m^3 = 176.62m^3

(3) 膨胀珍珠岩瓦工程量

查《单位估价表》第十三册附录，得 φ133 无缝钢管绝热厚度 50mm，每 100m 管道，绝热层的体积为 3m^3

则工程量 = (367.2 × 3/100) m^3 = 11.02m^3

【例 16】 某学校男生宿舍给排水工程

【解】 (1) 工程概况

1) 工程地址　该工程位于重庆市沙坪坝区。

2) 工程结构　该工程为 3 层砖混结构，建筑面积 1800m^2，层高 3.2m。

3) 给排水工程　如图 8 - 19、图 8 - 20、图 8 - 21 所示。给水管道为镀锌钢管丝扣连接；淋浴器为钢管组装冷热水型；排水管道为 PVC 管道；蹲式手押延时阀冲洗便器，底层大便器排水管末端装有一个地面扫除口，其他楼层大便器排水管末端装一个 DN100 丝扣"清通口"。

(2) 工程承包情况

1) 发包单位　某学校。

2) 承包单位　长河建筑工程公司，集体二级企业，公司驻地距工程所在地 80km。

3) 采用定额及取费标准　执行现行 2000 版《全国统一安装工程预算定额重庆市单位基价表》、配套取费定额和有关文件。

(3) 预算书编制

预算书主要内容见表 8 - 26 ~ 表 8 - 30。

本预算书省去了封面、编制说明等内容，这些内容，可参见本教材第 3 章"电气工程"、第 6 章"设备安装工程预算书编制实例"。

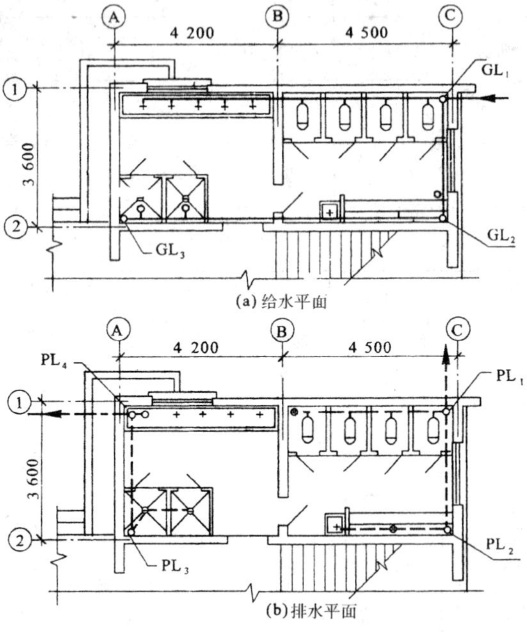

图 8 - 19　给排水平面

表 8－26　安装工程费用及造价计算表

建设单位:某学校

工程名称:男生宿舍给排水工程

序　号	费用名称	计算式	金额/元	备注
1	直接费	1.1＋1.2＋1.3	9178.27	
1.1	直接工程费	1.1.1＋1.1.2＋1.1.3＋1.1.4	9178.27	
1.1.1	定额直接费	见预算计价分析表	7890.48	
	其中定额人工费及价差	$R=1482.94$		
1.1.2	其他直接费	$R\times43.86\%$	650.42	二类工程
1.1.3	临时设施费	$R\times23.70\%$	351.46	二类工程
1.1.4	现场管理费	$R\times19.28\%$	285.91	二类工程
1.2	价　　差	1.2.1＋1.2.2＋1.2.3		未　调
1.2.1	计价材料价差			
1.2.2	未计价材料价差			
1.2.3	机械台班价差			
1.3	可按实际计算的费用			
2	间接费	2.1＋2.2＋2.3＋2.4	908.15	
2.1	企业管理费	$R\times35.61\%$	528.07	二类工程
2.2	财务费用	$R\times5.56\%$	82.45	二类工程
2.3	劳动保险费	$R\times20.07\%$	297.63	核定费率
2.4	可按实际计算的费用			
3	利　润	$R\times52.16\%$	773.50	二类工程
4	定额管理费	(1＋2＋3)×0.16%	17.38	
5	税　金	(1＋2＋3＋4)×3.56%	387.23	市　区
6	工程造价	1＋2＋3＋4＋5	11264.53	

表 8－27　主要材料汇总表

工程名称:某学校男生宿舍给排水工程

材料名称	规格	单位	数量	材料名称	规格	单位	数量
排水 PVC 管	DN75	m	51.03	尼龙淋蓬头	DN15	个	6.00
排水 PVC 管	DN100	m	46.70	白瓷便器	蹲式	个	12.00
地漏	DN75	个	16.00	手押延时阀	DN25	个	12.00
地面扫除口	DN100	个	1.00	截止阀	J11T－16,DN50	个	1.00
镀锌钢管	DN50	m	3.78	截止阀	J11T－16,DN32	个	4.00
镀锌钢管	DN40	m	6.52	截止阀	J11T－16,DN25	个	1.00
镀锌钢管	DN32	m	26.42	截止阀	J11T－16,DN20	个	6.00
镀锌钢管	DN25	m	38.30	截止阀	J11T－16,DN15	个	12.00
镀锌钢管	DN20	m	31.25	水嘴	DN15	个	18.00
镀锌钢管	DN15	m	20.00	清通口	DN100	个	2.00

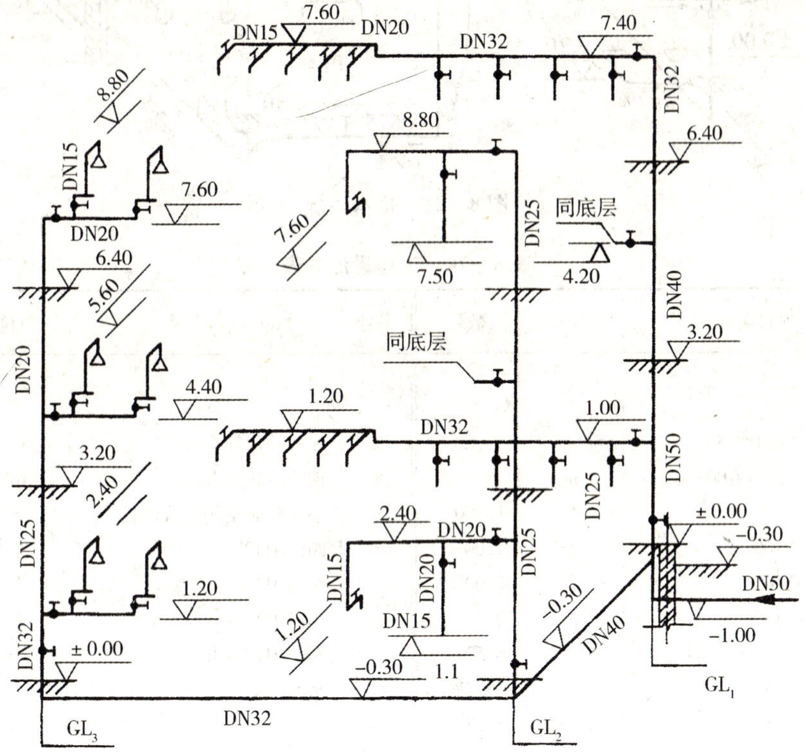

图 8－20　给水系统

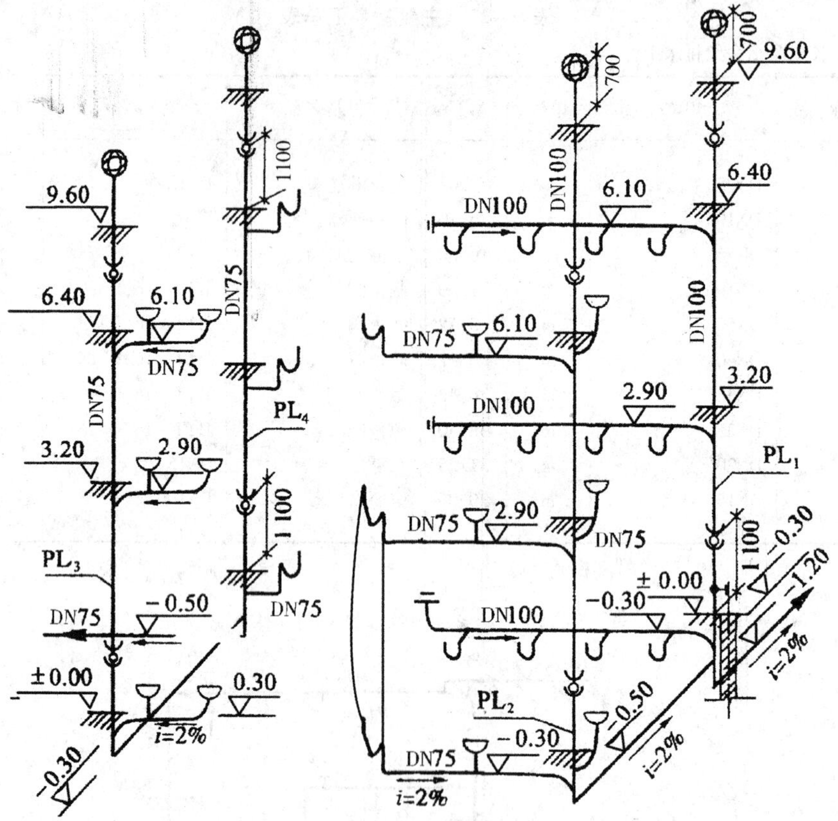

图 8－21　排水系统

表 8－28　工程量汇总表

序号	项目名称	单位	数量	序号	项目名称	单位	数量
1	排水 PVC 管 DN75	m	51.03	7	多孔冲水管 DN15	m	9.05
2	排水 PVC 管 DN100	m	46.7	8	钢管冷热水淋浴器	组	6.00
3	地漏 DN75	个	16.00	9	手压延时闸阀蹲式便器	组	12.00
4	清扫口 DN100	个	1.00	10	阀门 J11T－16DN50	个	1.00
5	清通口 DN100	个	2.00		阀门 J11T－16DN32	个	4.00
6	镀锌钢管 DN50	m	3.78		阀门 J11T－16DN25	个	1.00
	镀锌钢管 DN40	m	6.52		阀门 J11T－16DN20	个	6.00
	镀锌钢管 DN32	m	26.42	11	水嘴 DN15	个	18.00
	镀锌钢管 DN25	m	26.3	14			
	镀锌钢管 DN20	m	31.25				
	镀锌钢管 DN15	m	9.2	15			

表 8－29　安装工程预算计价分析表

工程名称：重庆市某学校男生宿舍给排水工程

序号	定额编号	工程或费用名称	工程量		安装费（元）		其中						未计价材料					
							人工费（元）		材料费（元）		机械费（元）							
			单位	数量	基价	合价	基价	合价	基价	合价	基价	合价	材料名称	单位	定额量	计算量	单位（元）	合价（元）
1	08－0087	镀锌管丝接 DN15	10m	0.920	61.37	56.46	40.41	37.18	20.96	19.28			镀锌钢管 DN15	m	10.20	9.38	4.71	44.18
2	08－0088	镀锌管丝接 DN20	10m	3.125	64.80	202.50	40.41	126.28	24.39	76.22			镀锌钢管 DN20	m	10.20	31.88	5.96	190.00
3	08－0089	镀锌管丝接 DN25	10m	2.630	77.02	202.56	48.58	127.77	27.38	72.01	1.06	2.79	镀锌钢管 DN25	m	10.20	26.83	8.88	238.25
4	08－0090	镀锌管丝接 DN32	10m	2.642	86.92	229.64	48.58	128.35	37.28	98.49	1.06	2.80	镀锌钢管 DN32	m	10.20	26.95	11.43	308.04
5	08－0091	镀锌管丝接 DN40	10m	0.652	93.92	61.24	57.85	37.72	35.01	22.83	1.06	0.69	镀锌钢管 DN40	m	10.20	6.65	14.84	96.69
6	08－0092	镀锌管丝接 DN50	10m	0.378	109.71	41.47	59.17	22.37	47.60	17.99	2.94	1.11	镀锌钢管 DN50	m	10.20	3.86	18.86	72.80
7	08－0451	多孔冲水管丝接 DN15	10m	0.905	188.27	170.38	143.30	129.69	18.54	16.78	26.43	23.92	镀锌钢管 DN15	m	10.20	9.23	4.71	43.47
8	08－0398	钢管冷热水淋浴器	10 套	0.60	372.50	223.50	49.46	29.68	323.04	193.82			阀 DN15 及淋蓬头	个	10.00	各 6	18.93	113.58
9	08－0405	手押延时阀蹲式便器	10 组	1.20	564.36	677.23	127.18	152.62	437.18	524.62			瓷便器及延时阀	个	10.00	12.00	171.08	2052.96
10	08－0237	阀门 DN20	个	6	6.02	36.12	2.21	13.26	3.02	18.12			J11T－16DN20	个	1.01	6.06	16.73	101.38
11	08－0238	阀门 DN25	个	1	8.17	8.17	2.65	2.65	5.20	5.20			J11T－16DN25	个	1.01	1.01	17.77	17.95
12	08－0239	阀门 DN32	个	4	11.77	47.08	3.31	13.24	8.46	33.84			J11T－16DN32	个	1.01	4.04	30.22	122.09
13	08－0241	阀门 DN50	个	1	20.09	20.09	5.52	5.52	14.57	14.57			J11T－16DN50	个	1.01	1.01	60.64	61.25
14	08－0433	水嘴 DN15	10 个	1.80	6.86	12.35	6.18	11.12	0.68	1.22			水嘴	个	10.10	18.18	8.74	158.89
15	08－0230	管道消毒清洗	100m	1.352	19.13	25.86	11.48	15.52	7.65	10.34								
16	08－0156	承插 PVC 排水管 DN75	10m	5.103	62.76	320.26	45.93	234.38	16.30	83.18	0.53	2.70	PVC 排水管 DN75	m	9.63	49.14	5.83	286.49
													PVC 管件 DN75	个	10.76	54.91	3.50	192.19
17	08－0157	承插 PVC 排水管 DN100	10m	4.670	73.8	344.65	51.23	239.24	22.04	102.93	0.58	2.48	PVC 排水管 DN100	m	8.52	39.79	6.75	268.58
													PVC 管件 DN100	个	11.38	53.14	4.20	223.19
18	08－0443	PVC 地漏 DN75	10 个	1.60	114.79	183.66	82.26	131.62	32.43	51.89			PVC 地漏	个	10.00	16.00	15.60	249.60
19	08－0448	清扫口 DN100	10 个	0.10	23.17	2.32	21.42	2.14	1.75	0.18			清扫口 DN100	个	10.00	1.00	36.80	36.80
20	08－0448	清通口 DN100	10 个	0.20	23.17	4.63	21.42	4.28	1.75	0.35			PVC 清通口	个	10.00	2	34.19	68.38
		合计				2870.17		1464.63		1363.56		36.46						4946.76
21		脚手架搭拆费 1464.63×5%				73.23				54.92								
		其中人工费 73.23×25%						18.31										
22		总计				2943.40		1482.94		1418.48		72.95						4946.76
23		定额直接费 2943.40＋4946.76				7890.16												

表 8-30　排水、给水工程量计算表

工程名称:重庆市某学校男生宿舍

序号	项目名称	单位	数量	部位提要	计算式
1	排水 PVC 管 DN100	m	3.64	PL_1 轴	出户管 1.5+0.28+1.2(PL_1)(9.6+0.7)+(4.5+4×0.5)×3 层
2	排水 PVC 管 DN100	m	13.92	PL_2 轴	(C 轴)(3.6-0.28)+0.3+(9.6+0.7)
	排水 PVC 管 DN75	m	15.53	PL_2 支管	$(\frac{4.5}{4}\times3+2\times0.3)\times3$ 层 +(0.9+0.3)×3 层
3	排水 PVC 管 DN75	m	19.80	PL_3 轴	出户管(1.5+0.5+0.28)+(3.6-0.28)+0.3+(9.6+0.7)+支管(0.6+1+2×0.3)×3 层
4	排水 PVC 管 DN75	m	12.7	PL_4 轴	(9.6+0.7)+(0.5+0.3)×3 层
5	地漏 DN75	个	18		PL_2 轴(3×3)+PL_3(2×3)+PL_4(1×3)
6	清扫口 DN100	个	1		PL_1(1×1)
7	清通口 DN100	个	2		PL_1(1×2)
8	镀锌钢管 DN50 镀锌钢管 DN40 镀锌钢管 DN32 镀锌钢管 DN25 镀锌钢管 DN20 镀锌钢管 DN15	m m m m m m	3.78 6.52 16.7 16.2 11.22 2.7	GL_1 轴 GL_1 轴	入户管(1.5+0.28+1)+1 (4.2-1)+(3.6-0.28) (7.4-4.2)+4.5×3 层 (1.5-0.15)×4×3 层 (4.2-0.28-0.18)×3 层 水嘴(0.18×5×3 层)
9	镀锌钢管 DN25 镀锌钢管 DN20 镀锌钢管 DN15 多孔冲水管 DN15	m m m m	7.9 11.33 6.5 9.05	GL_2 轴	7.9 $[(\frac{4.5}{4}\times3)\times\frac{1}{2}]\times2\times3$ 层 +0.4×3 $[(\frac{4.5}{4}\times3)\times\frac{1}{2}]\times3$ 层 +(1.5-1.2+0.18)×3 层 $[\frac{4.5}{4}\times3-2\times0.18]\times3$ 层
10	镀锌钢管 DN32 镀锌钢管 DN25 镀锌钢管 DN20 钢管冷热水淋浴器	m m m 组	9.72 2.2 8.7 6	GL_3 轴	(4.2+4.5-0.28+0.3)+1 3.2-1 (7.4-3.2)+(2-0.5)×3 层 2×3 层
11	手压延时阀蹲式便器 阀门 DN50	组 个	12 1		4×3
	阀门 DN32	个	4		1×3+1
	阀门 DN25	个	1		
	阀门 DN20	个	6		1×3+1×3
	水嘴 DN15	个	18		5×3+1×3

【例 17】 现以 2003 年重庆市某住宅(2 个单元 5 层楼)给排水管道安装工程(图 8-22 ~ 图 8-24 及其施工说明,图中表示 1 个单元,另 1 个单元与此相同)为例,编制施工图预算。

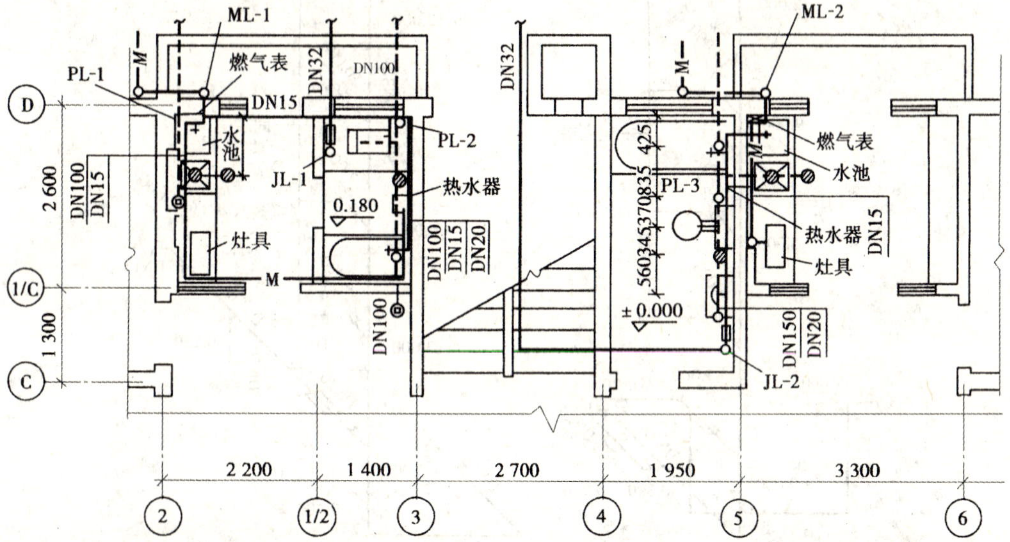

(a) 1 层平面图

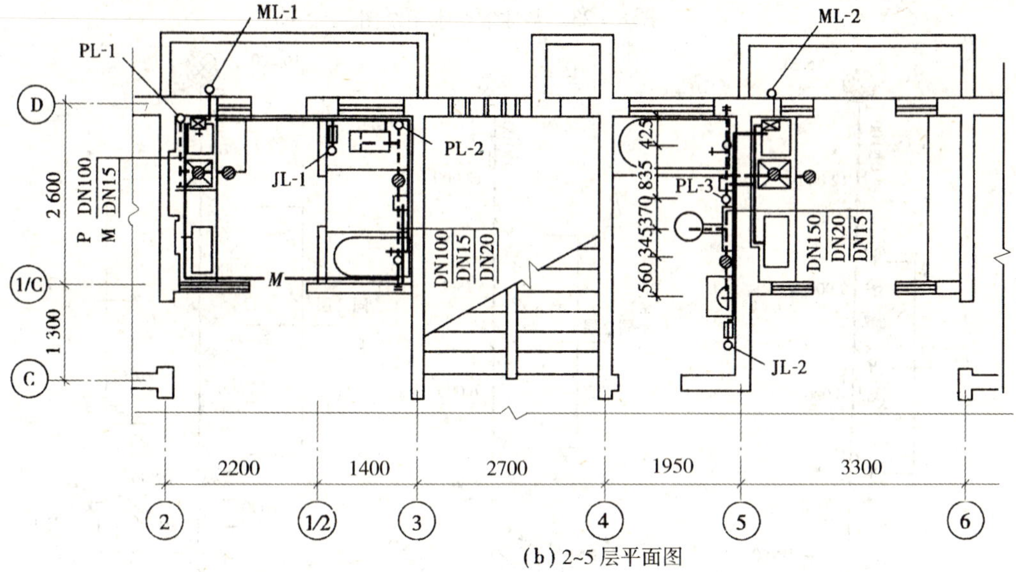

(b) 2~5 层平面图

图 8-22 某住宅给排水平面图

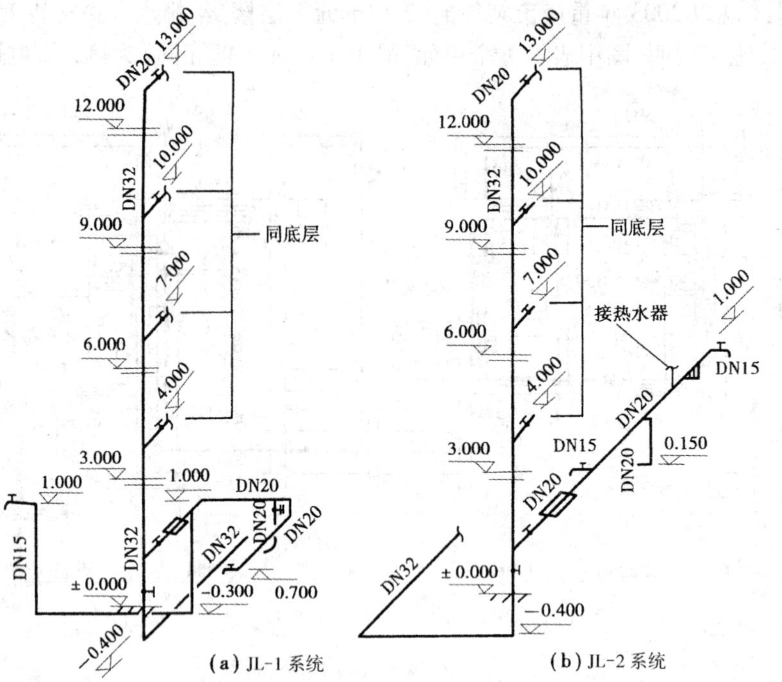

(a) JL-1 系统　　(b) JL-2 系统

图 8－23　某住宅给水系统图

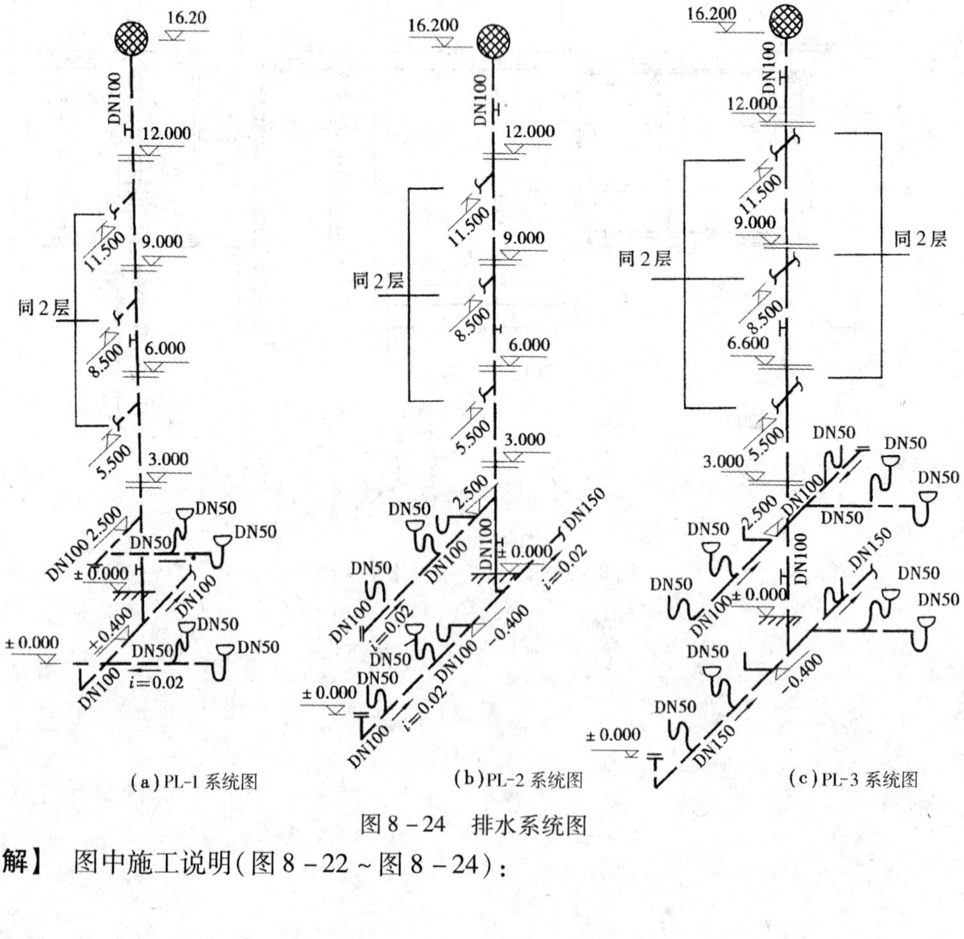

(a) PL-1 系统图　　(b) PL-2 系统图　　(c) PL-3 系统图

图 8－24　排水系统图

【解】　图中施工说明(图 8－22～图 8－24)：

①给水管道采用衬塑钢管，螺丝连接。排水管道采用排水承插塑料管，承插粘接。

②衬塑钢管穿墙穿楼板时，应装钢套管。

③水表采用旋翼式湿式水 LXS－15 型。

④自闭式冲洗阀蹲式大便器安装、低水箱坐式大便器安装、冷水洗脸盆安装、冷水浴盆安装分别参照 90S342－67、90S342－48、90S342－32 乙型、90S342－83 进行安装。

⑤浴盆采用规格为 1600mm×754mm 和 1080mm×680mm 的玻璃钢浴盆。

⑥未尽事宜，按《建筑给水排水及采暖工程施工质量验收规范》GB50242 执行。

编制步骤与方法如下：

①熟悉图纸，了解施工方法，收集有关资料，如工程所在地区现行计价定额即 2000 年《重庆市安装工程单位基价表》等。

②计算工程量。

工程量计算顺序：给水系统按进户管→干管→立管→支管→管线上连接的设备的顺序进行；排水系统按排出管→干管→立管→支管→管线连接的卫生设备的顺序进行。计算支管及支管上的卫生器具工程量时，由于每层相同，故计算出一层（2 户）的支管和设备工程量后，乘以 5 即得 1 个单元的支管和设备的工程量，再乘以 2 即得该住宅楼全部支管和设备的工程量。

该住宅给排水工程的工程量计算表和工程量汇总表分别见表 8－31 和表 8－32。

③套安装基价，编制工程计价表（表 8－33 工程预算表）。

套安装基价就是套用重庆市安装工程单位基价表中基价及其中的人工单价、材料单价、施工机械单价，该预算中无换算项目。由于该单位基价表中缺衬塑钢管安装项目，又无补充项目，故这里套用了镀锌钢管（螺纹连接）项目。未计算材料单价采用重庆地区的市场价与信息价。

未计价材料费用＝工程量×当地现行安装基价表现定材料消耗数量×工程所在地区材料市场价或信息价。

按 2000 年《重庆市安装工程单位基价表》第八篇说明规定，下列 5 项费用可按系数计取（同《全国统一安装工程预算定额》GYDGZ－208－2000）：

脚手架搭拆费按人工费的 5% 计算，其中人工工资占 25%；

采暖工程系统调整费按采暖工程人工费的 15% 计算，其中人工工资占 20%；

设置于管道间，管廊内的管道以及阀门、法兰、支架，其中人工费乘以 1.3；

高层建筑（高度在 6 层或在 20m 以上的工业和民用建筑）的增加费按表 8－34 分别计取（其中人工费占 100%）；

超高增加费按基价人工费乘以表 8－35 所列系数计取（超高是指工作物，操作物高度超过 3.6m 界限的超过部分）。

本预算实例仅计脚手架搭拆费。

表 8－31　工程量计算表(一个单元的工程量)

单位工程名称:某住宅(给排水)

序号	项目名称	型号规格	单位	计算式	合计
一 (一) 1	室内给水系统 JL－1 系统衬塑钢管安装(丝接)	DN32	m	1.5(室外入户部分)＋1.0(经阳台一段)＋0.05(立管中心到外墙内皮之距)＋13.000(立管明敷段)＋0.40(立管埋地段)＝15.95	15.95
		DN20	m	1 层去厕所支管: 0.8(立管中心距Ⓓ轴墙内皮)＋[1.4 ½轴到③轴之距)]－0.24(二个半墙厚)＋[2.6(½轴到Ⓓ轴之距)－0.24(二个半墙厚)－0.37(半个浴缸宽)]＝3.95 去厕所层去支管共 3.95×5＝19.75	19.75
		DN15	m	1 层去厨房支管: (1＋0.3)(在厕所内接出的支立管段,由标高 1.000 下降至－0.3)＋[2.2(②轴至½轴)－0.3(半个水池宽)]＋(1＋0.3)(在水池旁由－0.3 升至 1.000 的立管段)＋0.2(厕所间接至热水器的管头子)＝4.705 层去厨房支管共 4.70×5＝23.50	23.50
2	旋翼式湿式水表	LXS－15	组	1×5＝5(1 层 1 组,5 层共 5 组) (包括水表前的一个阀门安装)	5
3	截止阀安装	J11T－1.6 DN32	个	装于 JL－1 立管底端,仅有一个	1
4	水龙头安装	DN15	个	1×5＝5(水池处,1 层 1 个,5 层共 5 个)	5
5	钢套管	DN50	个	JL－1 立管穿卫生间楼板,套管 4 个	4
		DN25	个	去厨房支管穿墙、楼板,套管 9 个	9
(二) 1	JL－2 系统 衬塑钢管安装(丝接)	DN32	m	1.5(室外入户部分)＋[3.9(Ⓒ轴至Ⓓ轴之距)＋0.12(半墙厚)－0.35(Ⓒ轴至 JL－2 立管之距)]＋[1.2＋1.95－0.12](楼梯间中部至⑤轴水平埋地段)＋0.4(埋地立管)＋13.00(明敷立管)＝21.60	21.60
		DN20	m	一层支管 3.9(Ⓒ轴至Ⓓ轴之距)－0.12(半墙厚)－0.305(Ⓒ轴 JL－2 立管)－0.38(半个浴盆宽)＝3.095 1 层至 5 层共 3.095×5＝15.48	15.48
		DN15	m	1 层支管: (0.24＋0.04＋0.04)(接厨房水池支管)＋0.2(去热水器管头子)＝0.52 1 至 5 层共 0.52×5＝2.60	2.60
2	旋翼式湿式水表	LXS－15 型	组	1 层 1 个,5 层共 5 个 (水表安装包括水表前的 1 个阀门安装)	5

续表 8－31

序号	项目名称	型号规格	单位	计算式	合计
3	截止阀	J11T－1.6 DN32	个	1(JL－2 立管下端)	1
4	水龙头	DN15	个	1×5(厨房水池,1 层 1 个,5 层共 5 个)	5
5	钢套管	DN50	个	JL－2 立管穿楼板 套管 4 个	4
		DN25	个	去水池支管穿⑤轴墙 套管 5 个	5
二 (一) 1	室内排水系统 PL－1 系统排水塑料管道安装(埋地部分)	DN100	m	1.5(室外出户部分)+1.0(经阳台水平段)+0.24(墙厚)+0.14(立管中心距墙内皮)+0.4(立管段)+1.2(沿②轴支管)+0.4(清扫口立管段)=4.88	4.88
		DN50	m	0.7(排厨房地坪污水与污水池污水的水平支管)+0.7(地坪地漏立管,包括存水弯)+0.7(污水池地漏立管,包括存水弯)=2.1	2.1
2	明敷排水塑料管	DN100	m	16.2(立管段)+1.2(沿②轴支管)×4(层数)=21	21
		DN50	m	0.7(排厨房地坪污水与污水池污水的水平支管)×4(层数)+[0.8(地坪地漏立管)+0.8(污水地漏立管段)]×4(层数)=9.2	9.2
3	钢套管	DN150	个	排水立管穿楼板 4 个	4
(二) 1	PL－2 系统埋地排水塑料管道安装	DN150	m	1.5(室内出房部分)+1.0(经阳台水平段)+0.24(墙厚)+0.14(立管中心距墙内皮)=2.88	2.88
		DN100	m	2.6(Ⓓ轴至(1/C)轴)－0.12(半墙厚)－0.14(立管中心距墙内皮)+0.4(扫清口立管)+0.4(总立管段)=3.14	3.14
		DN50	m	0.7(地坪地漏立管)+0.1(浴盆排水立管不含存水弯)=0.8	0.8
2	明敷排水塑料管道安装承插粘接	DN100	m	16.2(总立管段)+2.6(Ⓓ轴至(1/C)轴)×4(层数)=26.6	26.6
		DN50	m	[0.8(地坪地漏立管,包括存水弯)+0.2(浴盆排水立管,不含存水弯)]4=4	4
3	钢套管	DN150	个	立管穿板	4

续表 8-31

序号	项目名称	型号规格	单位	计算式	合计
（三） 1	PL-3 系统埋地排水塑料管道安装承插粘接	DN150	m	1.5（室外出户部分）+0.24（墙厚）+（0.425+0.853+0.37+0.345+0.56）+0.4（清扫口立管）=4.693	4.69
		DN100	m	0.4 立管	0.4
		DN50	m	0.65（洗脸盆排水立管）+0.7（地坪地漏立管，含存水弯）+0.1（浴盆排水立管，不含存水弯）=1.45	1.45
2	明敷排水塑料管道安装承插粘接	DN100	m	16.2（总立管）+（0.37+0.345+0.56）（立管至洗面盆的支管）×4（层数）+（0.24+0.425+0.835）（立管中心至Ⓓ轴墙外皮）×4=27.3 或者 16.2（总立管）+[0.24（墙厚）+0.425+0.835+0.37+0.345+0.56]×4=27.3	27.3
		DN50	m	[0.65（洗面盆立管）+0.8（地漏立管，含存水弯）×3（个数）+0.1（浴盆排水立管，不含存水弯）]×4（楼层数）=12.6	12.6
3	钢套管	DN150	个	立管穿板	4
4	钢套管	DN80	个	支管穿墙	4
（四） 1	PL-1、PL-2、PL-3 合计埋地部分	DN150 DN100 DN50	m m m	2.88+4.69=7.57 4.88+3.14+0.4=8.42 2.1+0.8+1.45=4.35	7.57 8.42 4.35
2	明敷部分	DN100 DN50	m m	21+26.6+27.3=74.9 9.2+4+12.6=25.8	74.9 25.8
三	卫生洁具安装				
1	自闭式蹲式大便器安装		组	1 层 1 组，5 层共 5 组	5
2	低水箱坐式大便器安装		组	同上	5
3	冷水浴盆安装		组	1 层 2 组，5 层共 10 组	10
4	冷水洗面盆安装		组	1 层 1 组，5 层共 5 组	5
5	清扫口安装	DN100	个	5（PL-1）+5（PL-2）+5（PL-3）=15	15
6	地漏安装	DN50	个	PL-1 系统：2×5=10；PL-2 系统：1×5=5；PL-3 系统：3×5=15	30

注：管沟挖土方及回填土应按土建定额另计，这里略。

表 8-32　某住宅给水排水工程量汇总表

单位工程名称:某住宅(给排水)

序号	项目名称	型号规格	单位	工程量	备注
1	钢套管安装	DN25	个	14	9+5=14
2	钢套管安装	DN50	个	8	4+4=8
3	钢套管安装	DN80	个	4	4(PL-3 系统)
4	钢套管安装	DN150	个	12	4(PL-1)+4(PL-2)+4(PL-3)=12
5	衬塑钢管安装,丝接	DN15	m	52.2	(23.5+2.6)×2=52.2
6	衬塑钢管安装,丝接	DN20	m	70.46	(19.75+15.48)×2=70.46
7	衬塑钢管安装,丝接	DN32	m	75.1	(15.95+21.60)×2=75.1
8	塑料排水管安装,承插粘接	DN50	m	60.3	其中埋地 4.35×2=8.7 明装 25.8×2=51.6
9	塑料排水管安装,承插粘接	DN100	m	166.64	其中埋地 8.42×2=16.84 明装 74.9×2=149.8
10	塑料排水管安装,承插粘接	DN150	m	15.14	7.57×2=15.14
11	给水管道消毒冲洗	DN50 以内	m	197.76	52.2+70.46+75.1=197.76
12	排水管道冲洗	DN100 以内	m	226.94	60.3+166.64=226.94
13	排水管道冲洗	DN150 以内	m	15.14	
14	截止阀安装 J11T-1.6	DN32	个	4	(1+1)×2=4
15	旋翼式湿式水表安装	LXS-15	个	20	(5+5)×2=20
16	钢管镶接冷水浴盆安装		组	20	10×2=20 (其中 10 组规格为 1080mm×680mm 另 10 组规格为 1600mm×754mm)
17	冷水洗脸盆安装		组	10	5×2=10(规格为 500mm)
18	水龙头安装	DN15	个	20	(5+5)×2=20
19	自闭式冲洗阀蹲式大便器安装		组	10	5×2=10
20	低水箱坐式大便器安装		组	10	5×2=10
21	清扫口安装	DN100	个	30	15×2=30
22	地漏安装	DN50	个	60	30×2=60

表 8－33　建筑工程预(结)算表

工程名称:某住宅楼给排水工程(安装工程)

序号	定额编号	项目名称	单位	工程量	计价工程费(元)								未计价材料					
					单位价值				总价值				名称	单位	定额耗量	数量	单价(元)	合价(元)
					基价	人工费	材料费	机械费	合计	人工费	材料费	机械费						
1	08－0087	衬塑钢管安装 DN15	10m	5. 220	61. 37	40. 41	20. 96		320. 35	210. 94	109. 41		衬塑钢管 DN15	m	10. 20	53. 24	4. 71	250. 78
2	08－0088	衬塑钢管安装 DN20	10m	7. 046	64. 80	40. 41	24. 39		456. 58	284. 73	171. 85		衬塑钢管 DN20	m	10. 20	71. 87	5. 98	429. 78
3	08－0090	衬塑钢管安装 DN32	10m	7. 51	86. 92	48. 58	37. 28	1. 06	652. 77	364. 84	279. 97	7. 96	衬塑钢管 DN32	m	10. 20	76. 60	11. 43	875. 54
4	08－0155	塑料排水管(零件粘接)安装 DN50	10m	6. 030	46. 10	33. 78	11. 79	0. 53	277. 98	203. 69	71. 09	3. 20	塑料排水管 DN50	m	9. 67	58. 31	6. 84	398. 84
													塑料排水管件 DN50	个	9. 02	54. 39	4. 60	250. 20
5	08－0157	塑料排水管(零件粘接)安装 DN100	10m	16. 664	73. 80	51. 23	22. 04	0. 53	1229. 80	853. 70	367. 27	8. 83	塑料排水管 DN100	m	8. 52	141. 98	19. 51	2770. 03
													塑料排水管件 DN100	个	11. 38	189. 64	5. 70	1080. 95
6	08－0158	塑料排水管(零件粘接)安装 DN150	10m	1. 514	92. 47	72. 20	19. 74	0. 53	140. 00	109. 31	29. 89	0. 80	塑料排水管 DN150	m	9. 47	14. 34	35. 36	507. 06
													塑料排水管件 DN150	个	6. 98	10. 57	6. 80	71. 88
7	08－0230	给水管道消毒、冲洗 DN50 以内	100m	1. 978	19. 13	11. 48	7. 65		37. 84	22. 71	15. 13							
8	08－0231	排水管道冲洗 DN100 以内	100m	2. 269	27. 25	15. 01	12. 24		61. 83	34. 06	27. 77							
9	08－0230	排水管道冲洗 DN50 以内	100m	0. 151	19. 13	11. 48	7. 65		2. 89	1. 73	1. 16							
10	08－0239	截止阀安装 DN32	个	4. 000	11. 77	3. 31	8. 46		47. 08	13. 24	33. 84		截止阀 DN32	个	1. 01	4. 04	30. 32	122. 49
11	08－0352	旋翼式湿式水表安装 DN15	组	20. 000	23. 65	7. 51	16. 14		473. 00	150. 20	322. 80		旋翼式湿式水表 DN15	个	1. 00	20. 00	25. 21	504. 20
12	08－0373	钢管镶接冷水浴盆安装	10 组	2. 000	1142. 61	166. 92	975. 69		2285. 22	333. 84	1951. 38		玻璃钢浴盆	个	10. 00	20. 00	1029. 00	20580. 00

续表 8-33

序号	定额编号	项目名称	单位	工程量	计价工程费(元)								未计价材料					
					单位价值				总价值				名称	单位	定额耗量	数量	单价（元）	合价（元）
					基价	人工费	材料费	机械费	合计	人工费	材料费	机械费						
													浴盆水嘴 DN150	个	20.20	40.40	13.60	549.44
13	08-0377	冷水浴盆安装	10 组	1.000	443.78	104.22	339.56		443.78	104.22	339.56		洗脸盆	个	10.10	10.10	58.08	586.61
													水嘴全铜磨光 DN15	个	10.10	10.10	16.00	161.60
14	08-0433	水龙头 DN15	10 个	2.000	6.86	6.18	0.68		13.72	12.36	1.36		铜水嘴	个	10.10	20.20	16.00	323.20
15	08-0407	自闭蹲式大便器安装	10 套	1.000	439.18	149.70	289.48		439.18	149.70	289.48		蹲式大便器	个	10.10	10.10	43.68	441.17
													自闭式冲阀 DN20	个	10.00	10.00	127.40	1274.00
16	08-0409	低水箱坐式大便器安装	10 套	1.000	475.78	177.30	295.48		475.78	177.30	298.48		坐式大便器	个	10.10	10.10	81.41	822.24
													低水箱	个	10.10	10.10	136.40	1377.64
													低水箱配件	套	10.10	10.10	7.40	74.74
													坐便器桶盖	套	10.10	10.10	2.90	29.29
17	08-0442	地漏安装 DN50	10 个	6.000	55.15	35.33	19.82		330.90	211.98	118.92		地漏 DN50	个	10.00	60.00	9.12	547.20
18	08-0448	清扫口安装 DN100	10 个	3.000	23.17	21.42	1.75		69.51	64.26	5.25		地面扫除口 DN100	个	10.00	30.00	10.08	302.40
19	06-2971	钢套管制作安装 DN25	个	14.000	7.08	2.94	3.66	0.48	99.12	41.16	51.24	6.72	碳钢管 DN25	m	0.30	4.20	5.96	25.03
20	06-2971	钢套管制作安装 DN50	个	8.000	7.08	2.94	3.66	0.48	56.64	23.52	29.28	3.84	碳钢管 DN50	m	0.30	2.40	14.43	34.63
21	06-2972	钢套管制作安装 DN80	个	4.000	16.57	8.24	7.85	0.48	66.28	32.96	31.40	1.92	碳钢管 DN80	m	0.30	1.20	22.57	27.08
22	06-2973	钢套管制作安装 DN150	个	12.000	28.44	15.88	12.08	0.48	341.28	190.56	144.96	5.76	碳钢管 DN150	m	0.30	3.60	36.76	132.34
23	08补-1	脚手架搭拆费	100 元	36.965	5.00	1.25	3.75		184.83	46.21	138.62							
		小计							8506.36	3637.22	4830.11	39.03						34550.36
		合计							8506.36	3637.22	4830.11	39.03						34550.36

表 8－34　高层建筑的增加费

层数	9 层以下/30m	12 层以下/40m	15 层以下/50m	18 层以下/60m	21 层以下/70m	24 层以下/80m	27 层以下/90m	30 层以下/100m	33 层以下/110m
按人工费的比例/(%)	2	3	4	6	8	10	13	16	19
层数	36 层以下	39 层以下	42 层以下	45 层以下	48 层以下	51 层以下	54 层以下	57 层以下	60 层以下
按人工费的比例/(%)	22	25	28	31	34	37	40	43	46

表 8－35　超高增加费系数

超高范围/m	3.6～8	3.6～12	3.6～16	3.6～20
超高系数	1.10	1.15	1.20	1.25

④编制工程取费表

按 2000 年《重庆市安装工程费用定额》，该例中工程类别为二类，劳动保险费为 C 级（其费率为 12.84%），工程定额测定费为 0.14%，税金按市区计。

⑤编制说明与封面等

略。

【例 18】　以某住宅楼（1 个单元 10 户 5 层）的给排水工程（如图 8－25、图 8－26）为例，编制施工图预算。

【解】　(1)图纸的设计施工说明

1)本设计为某住宅给排水系统设计，每层两户厨厕的给排水均相同。

2)管材及连接方式为：给水管道采用镀锌钢管，螺纹连接，明管安装；排水管采用排水铸铁，水泥接口，明管安装。明装管道表面除锈后，先刷红丹一遍，后刷银粉漆两遍，埋地铸铁管先除锈，然后刷冷底子油一遍、热沥青两遍。

3)水表采用旋叶式叶轮湿式 LXS－20。

4)卫生设备安装详见 90S342。

(2)计算书、预算书编制

计算书、预算书主要内容见表 8－36～表 8－40（根据《全国统一安装工程预算定额河南省安装工程单位估价表》（以下简称《单位估价表》）及费用定额编制）。

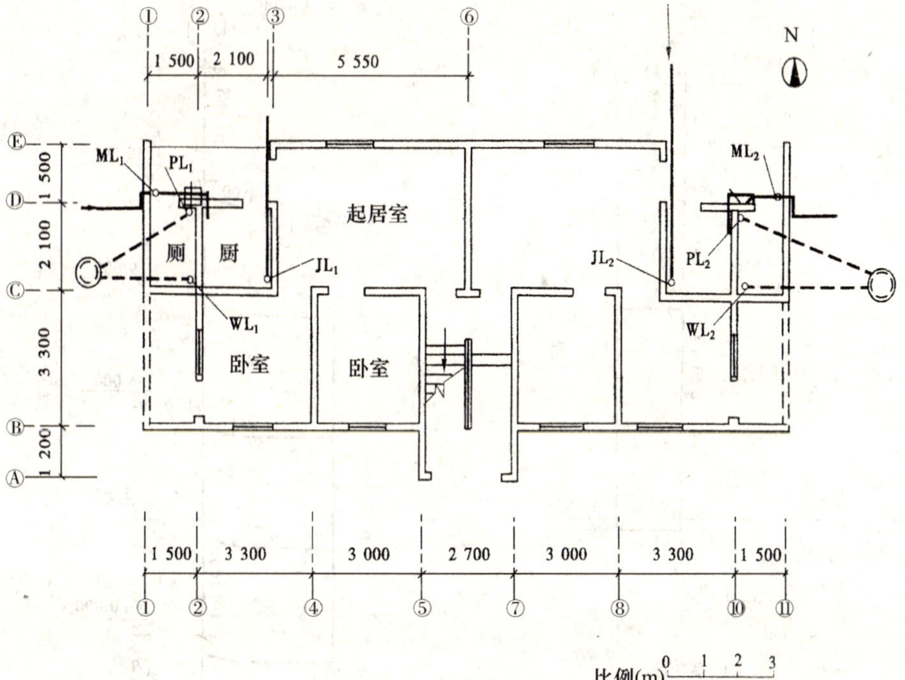

(a)某住宅1层水气平面图

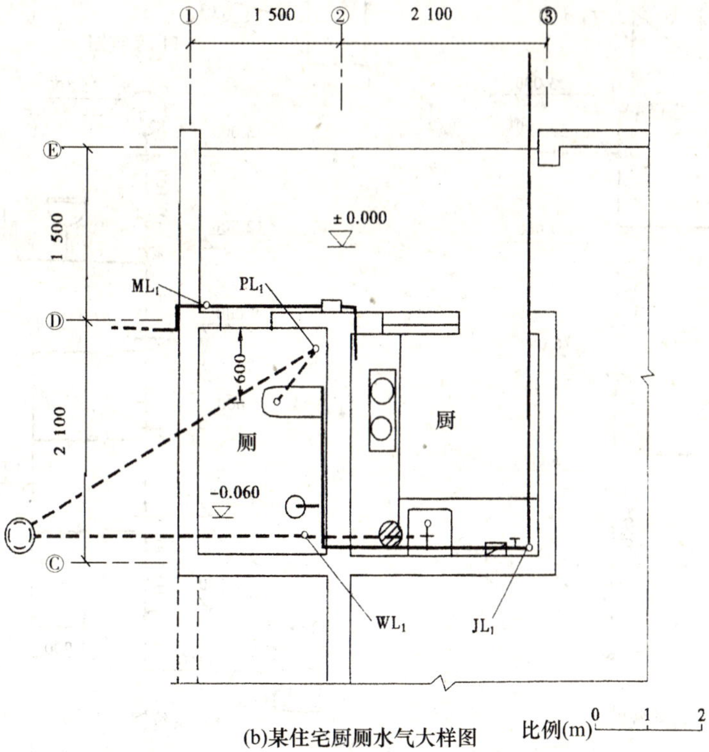

(b)某住宅厨厕水气大样图

图 8－25　厨厕给排水 1 层平面图及大样图

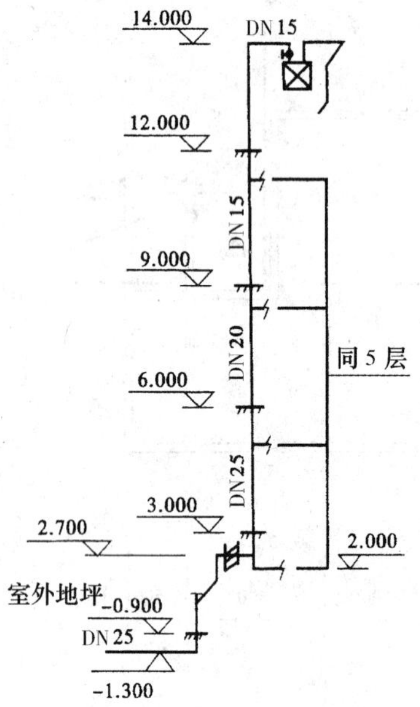

ML1系统图

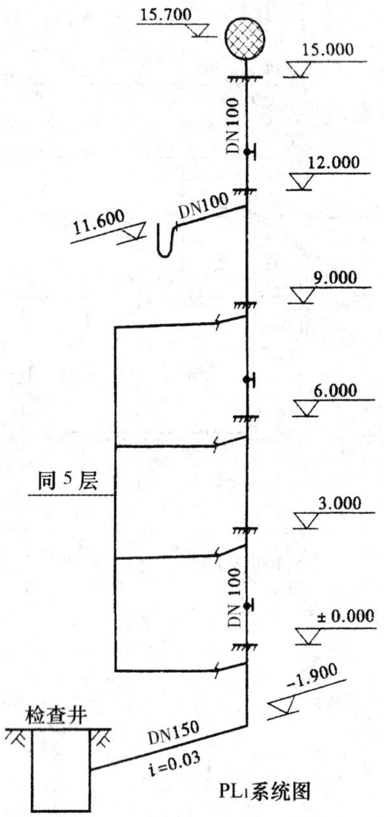

PL1系统图

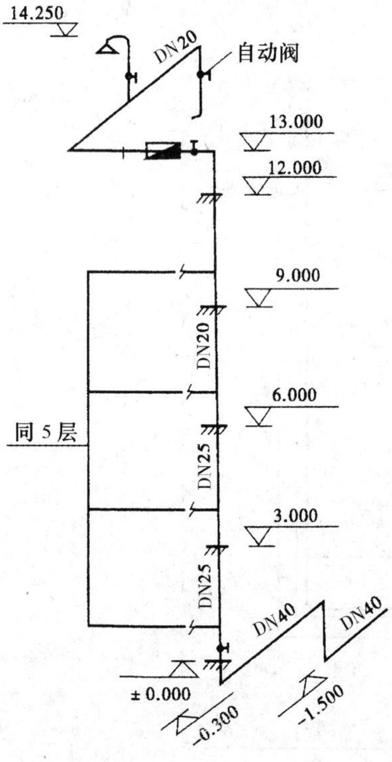

JL_1 系统图

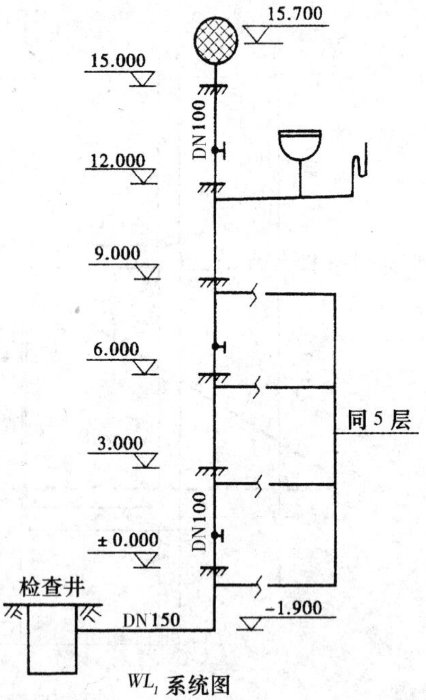

WL_1 系统图

图 8－26　厨厕给排水系统图

表 8-36　工程量计算表

单位工程名称：××住宅(给排水)

序号	工程名称	单位	数量	计算公式
1	镀锌钢管安装,丝接 DN40 (给水系统 JL_1 系统引入管及室内埋地部分)	m	6.1	1.5+(1.5-0.3)+0.24 室外　室外立管　墙厚 +(2.1-0.24)+(1+0.3)=6.1 室内埋地　　室内立管 或者 1.5+2.1+(1+1.5)=6.1 室外　室内埋地(含穿墙)二段立管总长
2	镀锌钢管安装,丝接,DN25(立管)	m	6	(6+1)-1=6 二支管标高差
3	镀锌钢管安装,丝接,DN20	m	6	13-(6+1)=6 两端标高差
4	镀锌钢管安装,丝接,DN20(各层水平支管)	m	16.8	[2.1+(2.1-0.24-0.6)]×5=16.8 沿①轴墙　沿①轴墙　层数
5	截止阀安装 DN40J11T-1.0 截止阀安装 DN20	个 个	1 5	1(立管下端) 1×5=5(各户给水支管)
6	水表安装(丝接)DN20 LXS-20	个	5	1×5=5 各户给水支管始端
7	各项目名称及数量均与 JL_1 系统相同 (JL_2 系统)			
8	镀锌钢管安装,丝接 DN40 镀锌钢管安装,丝接 DN25 镀锌钢管安装,丝接 DN20 截止阀安装 J11T-1.0DN40 截止阀安装 J11T-1.0DN20 水表 LXS-20DN20 (JL_1 与 JL_2 系统合计)	m m m 个 个 个	12.2 12 45.6 2 10 10	6.1+6.1=12.2 6+6=12 (6+16.8)×2=45.6 1×2=2 5×2=10 5×2=10
9	铸铁排水管安装 DN150 水泥接口 (排水系统 PL_1 系统)	m	4.8	3.3+(1.9-0.4)=4.8 埋地　立管
10	铸铁排水管安装 DN100 (排水系统 PL_1 系统)	m	19.1	(15.7+0.4)+0.6×5=19.1 立管　各户支管层数
11	铸铁排水管安装 DN150 水泥接口 (PL_2 系统)	m	6.5	5+(1.9-0.4)=6.5 埋地　　立管
12	铸铁排水管安装 DN100 (PL_2 系统)	m	19.1	(同 PL_1 系统中的 DN100)

续表 8－36

序号	工程名称	单位	数量	计算公式
13	铸铁排水管安装 DN150 水泥接口 铸铁排水管安装 DN100 （PL_1 与 PL_2 系统合计）	m m	11.3 38.2	4.8＋6.5＝11.3 PL_1　PL_2 19.1＋19.1＝38.2 PL_1　PL_2
14	铸铁排水管安装 DN150 水泥接口 （污水系统 WL_1 系统）	m	4.6	3＋（1.9－0.3）＝4.6 埋地　立管
15	铸铁排水管安装 DN120 （污水系统 WL_1 系统）	m	16	15.7＋0.3＝16 立管
16	铸铁排水管安装 DN50 水泥接口 （污水系统 WL_1 系统）	m	13.25	（1.8＋0.3＋0.55）×5＝13.25 水平　地漏　洗涤盆　层数 支管　立管　立管
17	铸铁排水管安装 DN150 水泥接口 （WL_2 系统）	m	5.7	4.1＋（1.9－0.3）＝5.7 埋地　立管
18	铸铁排水管安装 DN100 水泥接口 （WL_2 系统）	m	16	（同 WL_1 系统中的 DN100）
19	铸铁排水管安装 DN50 水泥接口 （WL_2 系统）	m	13.25	（同 WL_1 系统中的 DN50）
20	铸铁排水管安装 DN150 铸铁排水管安装 DN100 铸铁排水管安装 DN50 （WL_1 与 WL_2 系统合计）	m m m	10.3 32 26.5	4.6＋5.7＝10.3 16×2＝32 13.25×2＝26.5
21	自闭阀冲洗大便器安装 洗涤盆安装 淋浴器组成与安装（冷水） 铸铁地漏安装 DN50 （卫生设备）	组 组 组 个	10 10 10 10	1×5＋1×5＝10 JL_1（PL_1）JL_2（PL_2） 1×5＋1×5＝10 1×5＋1×5＝10 1×5＋1×5＝10
22	管道消毒冲洗 DN50 以内	m	69.8	12.2＋12＋45.6＝69.8 DN40　DN25　DN20
23	镀锌铁皮套管制作 DN25	个	14	14
24	镀锌铁皮套管制作 DN32	个	4	4
25	镀锌铁皮套管制作 DN50	个	2	2

续表 8-36

序号	工程名称	单位	数量	计算公式
26	铸铁排水管人工除锈(轻锈)	m^2	40.10	DN50:$\pi DL=3.14\times0.06\times26.5=5m^2$ DN100:$\pi DL=3.14\times0.11\times(38.2+32)=24.25m^2$ DN150:$\pi DL=3.14\times0.16\times(11.3+10.3)=10.85m^2$ (DN150 属埋地) 合计 $5+24.25+10.85=40.10m^2$
27	铸铁管表面刷红丹漆一遍 铸铁管表面刷银粉漆(第一遍) 铸铁管表面刷银粉漆(第二遍) 铸铁管表面刷冷底子油 铸铁管表面刷热沥青(第一遍) 铸铁管表面刷热沥青(第二遍)	m^2 m^2 m^2 m^2 m^2 m^2	29.25 29.25 29.25 10.85 10.85 10.85	$5+24.25=29.25m^2$ $5+24.25=29.25m^2$ $5+24.25=29.25m^2$ 同 DN150 管子表面除锈 同 DN150 管子表面除锈 同 DN150 管子表面除锈

表 8-37 工程量汇总量

建设单位:__________

单位工程名称:××住宅(给排水)

序号	工程名称	单位	数量	计算公式
	(一)给水管道部分			
1	镀锌钢管安装,丝接,DN20	m	45.6	
2	镀锌钢管安装,丝接,DN25	m	12	
3	镀锌钢管安装,丝接,DN40	m	12.2	
4	截止阀安装,丝接,J11T-1.0 DN40	个	2	
5	截止阀安装,丝接,J11T-1.0 DN20	个	10	
6	螺纹水表安装,LXS-20 DN20	个	10	
7	管道消毒冲洗 DN50 以内	m	69.8	
	(二)卫生器具部分			
8	自闭阀冲洗蹲式大便器安装	组	10	
9	洗涤盆安装	组	10	
10	冷水淋浴器组成与安装	组	10	
11	铸铁地漏安装 DN50	个	10	

续表 8－37

序号	工程名称	单位	数量	计算公式
	(三)排水管道部分			
12	铸铁排水管安装,水泥接口　DN50	m	26.5	
13	铸铁排水管安装.水泥接口　DN100	m	70.2	38.2＋32＝70.2
14	铸铁排水管安装,水泥接口　DN150	m	21.6	11.3＋10.3＝21.6
15	铸铁排水管人工除锈	m^2	40.1	
16	铸铁排水管刷红丹漆(第一遍)	m^2	29.3	
17	铸铁排水管刷银粉漆(第一遍)	m^2	29.3	
18	铸铁排水管刷银粉漆(第二遍)	m^2	29.3	
19	埋地铸铁管刷冷底子油(第一遍)	m^2	10.85	
20	埋地铸铁管刷热沥青(第一遍)	m^2	10.85	
21	埋地铸铁管刷热沥青(第二遍)	m^2	10.85	
22	镀锌铁皮套管制作 DN25	个	14	
23	镀锌铁皮套管制作 DN32	个	4	
24	镀锌铁皮套管制作 DN50	个	2	

表 8－38　安装工程施工图预算表

工程名称:××住宅(给排水)

定额编号	工程名称	单位	数量	金额/元		其中:人工费/元	
				单价	合价	单价	合价
8－72	镀锌钢管安装,丝接 DN20	10m	4.56	48.9	222.9	31.58	144.00
8－73	镀锌钢管安装,丝接 DN25	10m	1.2	58.12	69.74	35.82	42.98
8－75	镀锌钢管安装,丝接 DN40	10m	1.22	67.24	82.03	42.49	51.84
8－209	管道消毒冲洗 DN50 以内	100m	0.70	13.78	9.65	10.42	7.30
8－128	排水铸铁管道安装,水泥接口,DN50	10m	2.65	85.06	225.41	36.30	96.20
8－130	排水铸铁管安装,水泥接口,DN100	10m	7.02	212.02	1488.38	55.84	392.00
8－131	排水铸铁管安装,水泥接口,DN150	10m	2.16	195.15	421.52	60.40	130.46
8－231	螺纹截止阀安装　DN20	个	10	4.32	43.2	1.47	14.70
8－234	螺纹截止阀安装　DN40	个	2	11.36	22.72	3.91	7.82
8－338	螺纹水表安装　DN20	个	10	15.36	153.6	3.09	30.90
8－362	洗涤盆安装(冷水)	10 组	1	542.16	542.16	65.93	65.93
8－369	冷水淋浴器组成与安装	10 组	1	280.75	280.75	34.35	34.35
8－377	自闭阀冲洗蹲式大便器安装	10 组	1	698.51	698.51	89.21	89.21
8－400	铸铁地漏安装　DN50	10 个	1	42.32	42.32	24.42	24.42
13－1	铸铁管除轻锈(人工)	$10m^2$	4.01	7.43	29.79	5.37	21.53
13－97	铸铁管刷冷底子油(第一遍)	$10m^2$	1.10	16.72	18.39	4.56	5.02
13－126	铸铁管刷红丹漆(一遍)	$10m^2$	2.93	18.03	52.83	5.86	17.17
13－128	铸铁管刷银粉漆(第一遍)	$10m^2$	2.93	14.84	43.48	6.02	17.64
13－129	铸铁管刷银粉漆(第二遍)	$10m^2$	2.93	13.76	40.32	5.86	17.17
13－134	铸铁管刷热沥青(第一遍)	$10m^2$	1.10	62.99	69.29	19.37	21.31
13－135	铸铁管刷热沥青(第二遍)	$10m^2$	1.10	28.74	31.61	9.12	10.03
8－143	镀锌铁皮套管制作 DN25	个	14	1.25	17.5	0.49	6.86
8－144	镀锌铁皮套管制作 DN32	个	4	1.39	5.56	0.98	3.92
8－146	镀锌铁皮套管制作 DN50	个	2	2.31	4.62	0.98	1.96
	小　计				4616.38		1254.72
	脚手架搭拆费 1254.72×8%				100.38		
	其中人工费 100.38×25%						25.09
	合　计				4716.76		1279.81

表 8－39　未计价材汇总表

序号	材料名称	规格型号	单位	数量	单价	合价/元
1	镀锌钢管	DN20	m	46.51	4.53	210.70
2	镀锌钢管	DN25	m	12.24	6.25	76.50
3	镀锌钢管	DN40	m	12.44	9.70	123.68
4	螺纹截止阀 J11T－1.6	DN20	个	10.10	8.90	89.89
5	螺纹截止阀 J11T－1.6	DN40	个	2.02	40.17	81.14
6	排水铸铁管	DN50	m	17.41	10.05	174.97
7	排水铸铁管	DN100	m	62.50	19.30	1202.39
8	排水铸铁管	DN150	m	20.74	34.30	711.23
9	螺纹水表 LXS－20	DN20	个	10	36.59	365.90
10	洗涤盆		个	10.10	92.21	931.32
11	莲蓬喷头		个	10.00	8.41	84.10
12	自闭阀冲洗蹲式大便器		个	10.10	31.29	316.03
13	延时自闭冲洗阀		个	10.10	90.88	917.89
14	铸铁地漏	DN50	个	10	9.80	98.00

表 8－40　安装工程预算费用汇总表（三类短途）

工程名称：××住宅（给排水）

项号	费用项目	取费基数	费率/%	金额/元	备注
1	定额直接费	安装单位估价表		4716.76	
2	定额人工费	安装单位估价表	100	1279.81	
3	人工费附加	(2)×费率	16.3	208.61	三类短途
4	其他直接费	(2)×费率	11.1	142.06	三类短途
5	现场经费	(2)×费率	20.2	258.52	三类短途
6	调整：①人工费	按规定		未调	
7	②机械费	按规定		未调	
8	③主要材料费	未计价材（市场价）		5399.18	
9	④地方材料费	(1)×地区基价系数		未调	
10	⑤工程包干费	[(1)+(8)]×包干费率		未调	
11	企业管理费	(2)×费率	17.5	223.97	三类短途
12	离退劳保基金	(2)×费率	12.8	163.82	三类短途
13	在职养老待业保险	(2)×费率	1.2	15.36	三类短途
14	调整：土地税	(2)×费率		未调	
15	利润	(2)×费率	43.3	554.16	
16	税金	[(1)~(15)－(2)]×税率	3.413	398.72	
17	工程造价合计	[(1)~(16)]－(2)]		12081.16	

【例 19】 某工程 DN80 法兰水表节点的设计图示如图 8－27 所示，确定该水表安装工程量清单项目的综合单价。水表价格 230 元，定额见表 8－41。

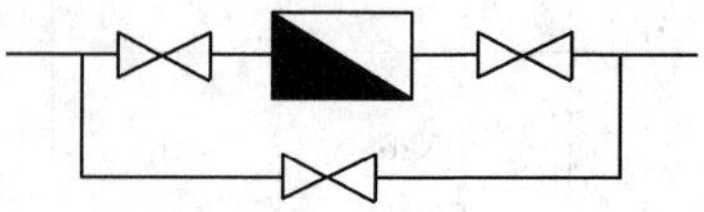

图 8－27　法兰水表节点图示

表 8－41　安装工程预算表

定额编号					8－368
项目		单位	单价	数量	合价/元
综合单价		元			1847.33
其中	人工费	元			111.28
	材料费	元			1485.00
	机械费	元			183.17
	管理费	元			52.30
	利润	元			15.58
二类工		工日	26.0	4.280	111.28
材料	法兰水表 DN80	个		(1.00)	
	法兰闸阀 Z45T－10DN80	个	140.93	3.0	422.79
	法兰止回阀 Z44T－10DN80	个	228.0	1.0	228.00
	碳钢平焊法兰 1.6MPaDN80	片	45.60	14.000	638.40
	焊接钢管 DN80	m	30.88	2.0	61.760
	其他材料费合计(名称省略)	元			134.05
机械	直流弧焊机	台班	105.88	1.110	117.53

【解】 DN80 法兰水表安装综合单价为：

[(1847.33－228)＋230]元＝1849.33 元

其中：

人工费为　111.28 元

材料费为　[(1485.00－228)＋230]元＝1487.00 元

机械费为　117.53 元

管理费为　52.30 元

利润为　15.58 元

【例 20】 下文是某综合楼给排水管道安装工程工程量清单及计价实例。

某综合楼给排水管道安装　　工程

工程量清单

招　标　人：____________________（单位签字盖章）

法定代表人：____________________（签字盖章）

中介机构

法定代表人：____________________（签字盖章）

造价工程师

及注册证号：____________________（签字盖执业专用章）

编制时间：____________________

填 表 须 知

1. 工程量清单及其计价格式中所有要求签字、盖章的地方，必须由规定的单位和人员签字、盖章。

2. 工程量清单及其计价格式中的任何内容不得随意删除或涂改。

3. 工程量清单计价格式中列明的所有需要填报的单价和合价，投标人均应填报，未填报的单价和合价，视为此项费用已包含在工程量清单的其他单价和合价中。

4. 金额(价格)均应以人民币表示。

总　说　明

工程名称:某综合楼给排水管道安装工程

1. 工程概况:(略)

2. 招标范围:给排水工程。

3. 清单编制依据:《建设工程工程量清单计价规范》、施工设计图文件、施工组织设计等。

4. 工程质量应达优良标准。

5. 考虑施工中可能发生的设计变更或清单有误,预留金额0.3万元。

6. 投标人在投标时应按《建设工程工程量清单计价规范》规定的同意格式,提供“分部分项工程量清单综合单价分析表”、“措施项目费分析表”。

7. 随清单附有“主要材料价格表”,投标人应该按其规定填写。

表 8－42　分部分项工程量清单

工程名称:某综合楼给排水管道安装工程

序号	项目编码	项目名称	计量单位	工程数量
1	030801001001	镀锌钢管;室内;DN80:螺纹;钢套管	m	43
2	030801001002	镀锌钢管;室内;DN70 螺纹;钢套管	m	210
3	030801005001	塑料排水管;室内;DN75;零件粘接	m	51
4	030801005002	塑料排水管;室内;DN100;零件粘接;钢套管	m	460
5	030801005003	PP－R 塑料给水管;室内;DN15;热熔	m	66
6	030801005004	PP－R 塑料给水管;室内;DN20;热熔	m	148
7	030801005005	PP－R 塑料给水管;室内;DN40;热熔;钢套管	m	236
8	030801005006	塑料排水管;DN50;零件粘接	m	62
9	030802001001	管道支架制作安装	kg	85
10	030803003001	焊接法兰阀门:Z45T－10　DN80	个	10
11	030803001001	螺纹阀门;J11T－10　DN20	个	22
12	030803001002	螺纹阀门;J11T－10　DN40	个	10
13	030803010001	水表;LXS－20	组	10
14	030804003001	洗脸盆;台式	组	30
15	030804007001	淋浴器;冷水;钢管组成	套	8
16	030804012001	大便器;坐式、连体	套	40
17	030804016001	水龙头:DN15;铜质	个	40
18	030804017001	地漏;铸铁;DN75	个	4
19	030804017002	地漏;塑料;DN50	个	50
20	030701003001	消火栓镀锌钢管;DN50;室内;螺纹;水压试验	m	10
21	030701003002	消火栓镀锌钢管;DN100;室内;螺纹;水压试验	m	180
22	030701007001	法兰阀门;Z45T－16　DN100	个	8
23	030701018001	消火栓;室内;DN65;单出口	套	10
24	030701019001	消防水泵接合器;室外;地上式;DN100	套	2

表 8－43　措施项目清单

工程名称:某综合楼给排水管道安装工程

序号	项目名称	计量单位	工程数量
1	环境保护费	项	1
2	检验试验费	项	1
3	脚手架	项	1

表 8－44　其他项目清单

工程名称:某综合楼给排水管道安装工程　　　　第____页　共____页

序号	项目名称	合价
1	招标人部分	
	预留金	3000.0
	材料购置费	
	小计	
2	投标人部分	
	总承包服务费	
	零星工作项目费	
	小计	
	合计	

表 8－45　零星工作项目表

工程名称:某综合楼给排水管道安装工程　　　　第____页　共____页

序号	名称	计量单位	数量
1	人工	工日	
2	材料		
3	机械		

某综合楼给排水管道安装　　**工程**

工程量清单报价表

投　标　人：____________________（单位签字盖章）

法定代表人：____________________（签字盖章）

造价工程师

及注册证号：____________________（签字盖执业专用章）

编制时间：____________________

投 标 总 价

建 设 单 位：________________

工 程 名 称：某综合楼给排水管道安装工程（签字盖章）

投标总价（小写）：134 555.27

（大写）：壹拾叁万肆仟伍佰伍拾伍元贰角柒分

投 标 人：________________（单位签字盖章）

法定代表人：________________（签字盖章）

编制时间：________________

表 8-46　单位工程费汇总表

工程名称:某综合楼给排水管道安装工程

序号	项目名称	金额/元
1	分部分项工程量清单计价合计	121449.86
2	措施项目清单计价合计	3255.32
3	其他项目清单计价合计	3000.00
4	规　费	2375.32
5	税　金	4474.77
	合　计	134555.27

表 8-47　分部分项工程量清单计价表

工程名称:某综合楼给排水管道安装工程

序号	项目编码	项目名称	计量单位	工程数量	金额/(元)	
					综合单价	合价
1	030801001001	镀锌钢管;室内;DN80;螺纹;钢套管;水压试验	m	43	60.18	2587.74
2	030801001002	镀锌钢管;室内;DN70;螺纹;钢套管;水压试验	m	210	49.72	10441.20
3	030801005001	塑料排水管;室内;DN75;零件粘接	m	51	25.87	1319.37
4	030801005002	塑料排水管;室内;DN100;零件粘接;钢套管	m	460	47.62	21905.20
5	030801005003	PP-R 塑料给水管;室内;DN15;热熔	m	66	14.89	982.74
6	030801005004	PP-R 塑料给水管;室内;DN20;热熔	m	148	18.39	2721.72
7	030801005005	PP-R 塑料给水管;室内;DN40;热熔;钢套管	m	236	29.12	6871.32
8	030801005006	塑料排水管;室内;DN50;零件粘接	m	62	15.70	973.40
9	030802001001	管道支架制作安装	kg	85	13.45	1143.25
10	030803003001	焊接法兰阀门;Z45T-10DN80	个	10	310.88	3108.8
11	030803001001	螺纹阀门;J11T-10DN20	个	22	20.36	447.92
12	030803001002	螺纹阀门;J11T-10DN40	个	10	51.54	515.4
13	030803010001	水表;LXS-20	组	10	57.48	574.8
14	030804003001	洗脸盆;台式	组	30	444.64	13339.20
15	030804007001	淋浴器;冷水;钢管组成	套	8	49.51	396.08
16	030804012001	大便器;坐式;连体	套	40	545.97	21838.80
17	030804016001	水龙头;DN15;铜质	个	40	16.42	656.80

续表 8－47

序号	项目编码	项目名称	计量单位	工程数量	金额/(元)	
					综合单价	合价
19	030804017002	地漏;塑料;DN50	个	50	17.04	852.00
20	030701003001	消火栓镀锌钢管;室内;DN50;螺纹;水压试验	m	10	32.17	321.70
21	030701003002	消火栓镀锌钢管;室内;DN100;螺纹;水压试验	m	180	75.28	13550.40
22	030701007001	法兰阀门;Z45T－16DN100	个	8	464.56	3716.48
23	030701018001	消火栓;室内;DN65;单出口	套	10	892.41	8924.1
24	030701019001	消防水泵接合器;室外;地上式;DN100	套	2	2036.7	4073.4
		合　计				121449.86

表 8－48　措施项目清单计价表

工程名称:某综合楼给排水管道安装工程

序号	项目名称	金额/(元)
1	环境保护费[工程量清单计价×2%]	2429.00
2	检验试验费[工程量清单计价×0.3%]	36.43
3	脚手架	789.89
	合计	3255.32

表 8－49　其他项目清单计价表

工程名称:某综合楼给排水管道安装工程

序号	项目名称	合价/元
1	招标人部分	
	预留金	3000.0
	材料购置费	0
	小计	3000.0
2	投标人部分	
	总承包服务费	0
	零星工作项目费	0
	小计	0
	合计	3000.0

表 8-50　零星工作项目计价表

工程名称:某综合楼给排水管道安装工程

序号	名称	计量单位	数量	金额	综合单价	合价
1	人工	工日				
	小计					
2	材料					
	小计					
3	机械					
	小计					
	合计					

表 8-51　主要材料价格表

工程名称:某综合楼给排水管道安装工程

序号	材料编号	名称规格	单位	用量	单价	合价/元
1	504054	镀锌钢管 DN50	m	10.2	16.7	170.34
2	504055	镀锌钢管 DN65	m	214.2	29.5	6318.9
3	504059	镀锌钢管 DN100	m	183.6	48	8812.8
4	505037	地漏 DN50	个	50	8.5	425
5	505038	地漏 DN75	个	4	28	112
6	506204	螺纹阀门 DN20	个	22.22	13	288.86
7	506207	螺纹阀门 DN40	个	10.1	32	323.2
8	512027	洗脸盆立式水嘴	个	30.3	120	3636
9	512029	莲蓬喷头	个	8	18	144
10	605056	承插塑料排水管 DN50	m	59.954	5.5	329.75
11	605057	承插塑料排水管 DN75	m	49.113	9.8	481.31
12	605058	承插塑料排水管 DN100	m	391.92	16.5	6466.68
13	605060	承插塑料排水管件 DN50	个	55.924	2.5	139.81
14	605061	承插塑料排水管件 DN75	个	54.876	5	274.38

续表 8－51

序号	材料编号	名称规格	单位	用量	单价	合价/元
15	605062	承插塑料排水管件 DN100	个	523.48	12	6281.76
16	605070	给水聚丙烯管	m	67.32	8.5	572.22
17	605070	给水聚丙烯管	m	150.96	11.92	1799.44
18	605070	给水聚丙烯管	m	240.72	19.5	4694.04
19	703021	螺纹水表 LXS－20	个	10	27.5	275
20	901142	连体坐便器	个	40.4	450	18180
21	901211	洗脸盆	个	30.3	250	7575
22	901261	坐便器桶盖	套	40.4	20	808
23	902257	连体进水阀配件	套	40.4	20	808
24	902258	连体排水口配件	套	40.4	20	808
25	902352	室内消火栓	套	10	850	8500
26	902413	消防水泵接合器	套	2	1850	3700
27	903007	型钢(综合)	kg	90.1	3.2	288.32
28	903059	焊接钢管 DN50	m	15.225	16.7	254.26
29	903061	焊接钢管 DN80	m	12.18	37	450.66
30	903062	焊接钢管 DN100	m	3.045	48	146.16
31	903063	焊接钢管 DN125	m	48.72	66.5	3239.88
32	903074	法兰阀门 DN80	个	10	140	1400
33	903075	法兰阀门 DN100	个	8	254	2032
34	903079	水嘴(全铜磨光)15	个	40.4	15	606
35	903081	镀锌钢管 DN80	m	43.86	37	1622.82

表 8 – 52　分部分项工程量清单综合单价分析表

工程名称：某综合楼给排水管道安装工程

序号	项目编码	项目名称	定额编号	工程内容	综合单价（元）	综合单价组成（元）				
						人工费	机械费	材料费	管理费	利润
1	030801001001	镀锌钢管；DN80；室内；螺纹；钢套管；水压试验			60. 18	7. 94	0. 54	46. 87	3. 72	1. 11
			8 – 94	镀锌钢管螺纹连接直径 80mm 以内		7. 54	0. 38	43. 14	3. 54	1. 06
			8 – 28	钢套管直径 100mm 以内		0. 22	0. 16	3. 5	0. 1	0. 03
			8 – 231	钢管消毒冲洗直径 100mm 以内		0. 18		0. 23	0. 08	0. 02
2	030801001002	镀锌钢管；室内；DN70；螺纹；钢套管；水压试验			49. 72	7. 47	0. 49	37. 22	3. 51	1. 04
			8 – 93	镀锌钢管螺纹连接直径 65mm 以内		7. 12	0. 36	34. 78	3. 35	1
			8 – 27	焊接钢管直径 80mm 以内		0. 17	0. 13	2. 21	0. 08	0. 02
			8 – 231	管道消毒冲洗直径 100mm 以内		0. 18		0. 23	0. 08	0. 02
3	030801005001	塑料排水管；室内；DN75；零件粘接			25. 87	5. 41	0. 04	17. 13	2. 54	0. 76
			8 – 156	承插塑料排水管零件粘接直径 75mm 以内		5. 41	0. 04	17. 13	2. 54	0. 76
4	030801005002	塑料排水管；室内；DN100；零件粘接；钢套管			47. 62	6. 35	0. 22	37. 18	2. 99	0. 88
			8 – 157	承插塑料排水管零件粘接直径 100mm 以内		6. 03	0. 04	31. 43	2. 84	0. 84
			8 – 29	钢套管直径 125mm 以内		0. 32	0. 18	5. 75	0. 15	0. 04
5	030801005003	PP – R 塑料给水管；室内；DN15；热熔			14. 89	3. 13	0. 06	9. 79	1. 47	0. 44
			8 – 省补 10	室内给水塑料管热熔直径 15mm		2. 99	0. 06	9. 65	1. 41	0. 42
			8 – 230	管道消毒冲洗直径 50mm 以内		0. 14		0. 14	0. 06	0. 02
6	030801005004	PP – R 塑料给水管；室内；DN20；热熔			18. 39	3. 13	0. 06	13. 30	1. 47	0. 44

续表 8－52

序号	项目编码	项目名称	定额编号	工程内容	综合单价（元）	综合单价组成(元)				
						人工费	机械费	材料费	管理费	利润
			8－省补 11	室内给水塑料管热熔直径 20mm		2.99	0.06	13.16	1.41	0.42
			8－230	管道消毒冲洗直径 50mm 以内		0.14		0.14	0.06	0.02
7	030801005005	PP－R 塑料给水管；室内；DN40；热熔；钢套管			29.12	4.31	0.11	22.07	2.02	0.6
			8－省补 14	室内给水塑料管热熔直径 40mm		4.03	0.1	20.80	1.89	0.56
			8－230	管道消毒冲洗直径 50mm 以内		0.14		0.14	0.06	0.02
			8－25	焊接钢管直径 50mm 以内		0.14	0.01	1.13	0.07	0.02
8	030801005006	塑料排水管；室内；DN50；零件粘接			15.7	3.98	0.04	9.25	1.87	0.56
			8－155	承插塑料排水管零件粘接直径 50mm 以内		3.98	0.04	9.25	1.87	0.56
9	030802001001	管道支架制作安装			13.45	2.64	4.35	4.86	1.24	0.37
			8－178	制作安装一般管架		2.64	4.35	4.86	1.24	0.37
10	030803003001	焊接法兰阀门；Z45T－10DN80			310.88	19.5	24.35	255.13	9.17	2.73
			8－260	焊接法兰阀直径 80mm 以内		19.5	24.35	255.13	9.17	2.73
11	030803001001	螺纹阀门；J11T－10DN20			20.36	2.6		16.18	1.22	0.36
			8－242	螺纹阀直径 20mm 以内		2.6		16.18	1.22	0.36
12	030803001002	螺纹阀门；J11T－10DN40			51.54	6.5		41.07	3.06	0.91
			8－245	螺纹阀直径 40mm 以内		6.5		41.07	3.06	0.91
13	030803010001	水表；LXS－20			57.48	10.4		40.73	4.89	1.46
			8－358	螺纹水表直径 20mm 以内		10.4		40.73	4.89	1.46
14	030804003001	洗脸盆；台式			444.64	13.73		422.53	6.45	1.92
			8－383	洗脸盆钢管组成冷水		13.73		422.53	6.45	1.92
15	030804007001	淋浴器；冷水；钢管组成			49.51	5.82		40.13	2.74	0.82

续表 8 -52

序号	项目编码	项目名称	定额编号	工程内容	综合单价（元）	综合单价组成（元）				
						人工费	机械费	材料费	管理费	利润
			8 -403	淋浴器钢管组成冷水		5.82		40.13	2.74	0.82
16	030804012001	大便器；坐式；连体			545.97	17.65		517.55	8.3	2.47
			8 -416	坐式大便器连体水箱坐便		17.65		517.55	8.3	2.47
17	030804016001	水龙头；DN15；铜质			16.42	0.73		15.16	0.34	0.1
			8 -438	水龙头直径 15mm 以内		0.73		15.16	0.34	0.1
18	030804017001	地漏；铸铁；DN75			47.01	9.7		31.4	4.56	1.36
			8 -448	地漏 75		9.7		31.4	4.56	1.36
19	030804017002	地漏；塑料；DN50			17.04	4.16		10.34	1.96	0.58
			8 -447	地漏 50		4.16		10.34	1.96	0.58
20	030701003001	消火栓镀锌钢管；室内；DN50；螺纹；水压试验			32.17	6.97	0.25	20.70	3.28	0.98
			8 -92	镀锌钢管螺纹连接直径 50mm 以内		6.97	0.25	20.70	3.28	0.98
21	030701003002	消火栓镀锌钢管；室内；DN100；螺纹；水压试验			75.28	8.76	1.21	59.94	4.12	1.23
			8 -95	镀锌钢管螺纹连接直径 100mm 以内		8.55	1.09	56.08	4.02	1.2
			8 -29	钢套管直径 125mm 以内		0.21	0.12	3.86	0.1	0.03
22	030701007001	法兰阀门；Z45T -16DN100			464.56	24.18	28.59	397.04	11.36	3.39
			8 -261	焊接法兰阀直径 100mm 以内		24.18	28.59	397.04	11.36	3.39
23	030701018001	消火栓；室内；DN65；单出口			892.41	20.77	0.5	858.47	9.76	2.91
			7 -105	室内消火栓直径 65mm 以内单栓		20.77	0.5	858.47	9.76	2.91
24	030701019001	消防水泵接合器；室外；地上式；DN100			2036.7	46.2	7.99	1954.33	21.71	6.47
			7 -123	地上式 100 消防水泵接合器		46.2	7.99	1954.33	21.71	6.47

表 8-53　分部分项工程量清单综合单价计算表

工程名称：某综合楼给排水管道安装工程　　　　第____页　共____页

序号	定额编号	工程内容	单位	数量	小计	其中(元)				
						人工费	机械费	材料费	管理费	利润
1	030801001001	镀锌钢管；室内；DN80；螺纹；钢套管	m	43	2587.9					
2	8-94	镀锌钢管螺纹连接直径 80mm 以内	10m	4.3	2393.12	324.22	16.29	1855.21	152	45.4
3	8-28	钢套管直径 100mm 以内	10m	0.3	172.32	9.36	6.97	150.28	4.39	1.31
4	8-231	管道消毒冲洗直径 100mm 以内	100m	0.43	21.99	7.6		9.74	3.57	1.06
5	030801001002	镀锌钢管；室内；DN70；螺纹；钢套管	m	210	10441					
6	8-93	镀锌钢管螺纹连接直径 65mm 以内	10m	21	9787.1	1496.04	75.6	7302.96	703	209
7	8-27	焊接钢管直径 80mm 以内	10m	1.2	546.13	34.94	26.29	463.57	16.4	4.89
8	8-231	管道消毒冲洗直径 100mm 以内	100m	2.1	107.39	37.12		47.6	17.5	5.2
9	030801005001	塑料排水管；室内；DN75；零件粘接	m	51	1319.52					
10	8-156	承插塑料排水管零件粘接直径 75mm 以内	10m	5.1	1319.52	275.8	2.14	873.31	129.63	38.6
11	030801005002	塑料排水管；室内；DN100；零件粘接；钢套管	m	460	21905.68					
12	8-157	承插塑料排水管零件粘接直径 100mm 内	10m	46	18944.64	2774.72	19.32	14458.26	1304	388
13	8-29	钢套管直径 125mm 以内	10m	3.8	2961	145.23	84.62	2642.61	68.2	20.3
14	030801005003	PP-R 塑料给水管；室内；DN15；热熔	m	66	982.89					
15	8-省补 10	室内给水塑料管热熔直径 15mm	10m	6.6	959.17	197.34	3.89	637.56	92.7	27.7
16	8-230	管道消毒冲洗直径 50mm 以内	100m	0.66	23.72	8.92		9.35	4.19	1.24
17	030801005004	PP-R 塑料给水管；室内；DN20；热熔	m	148	2721.04					
18	8-省补 11	室内给水塑料管热熔连接直径 20mm	10m	14.8	2667.84	442.52	8.73	1946.64	207.94	62.01
19	8-230	管道消毒冲洗直径 50mm 以内	100m	1.48	53.19	20		20.98	9.39	2.79
20	030801005005	PP-R 塑料给水管；室内；DN40；热熔钢套管	m	236	6871.7					
21	8-省补 14	室内给水塑料管热熔直径 40mm	10m	23.6	6464.7	951.08	24.07	4909.46	447	133
22	8-230	管道消毒冲洗直径 50mm 以内	100m	2.36	84.81	31.9		33.46	15	4.46

续表 8－53

序号	定额编号	工程内容	单位	数量	小计	其中(元)				
						人工费	机械费	材料费	管理费	利润
23	8－25	焊接钢管直径 50mm 以内	10m	1.5	322.08	33.54	3	265.07	15.8	4.69
24	030801005006	塑料排水管;室内;DN50;零件粘接	m	62	973.58					
25	8－155	承插塑料排水管零件粘接直径 50mm 以内	10m	6.2	973.58	246.63	2.6	573.86	116	34.5
26	030802001001	管道支架制作安装	kg	85	1143.2					
27	8－178	制作安装一般管架	100kg	0.85	1143.2	224.09	369.5	412.94	105	31.4
28	030803003001	焊接法兰阀门;Z45T－10DN80	个	10	3108.8					
29	8－260	焊接法兰阀直径 80mm 以内	个	10	3108.8	195	243.5	2551.3	91.7	27.3
30	030803001001	螺纹阀门;J11T－10DN20	个	22	447.92					
31	8－242	螺纹阀直径 20mm 以内	个	22	447.92	57.2		355.96	26.8	7.92
32	030803001002	螺纹阀门;J11T－10DN40	个	10	515.4					
33	8－245	螺纹阀直径 40mm 以内	个	10	515.4	65		410.7	30.6	9.1
34	030803010001	水表;LXS－20	组	10	574.8					
35	8－358	螺纹水表直径 20mm 以内	组	10	574.8	104		407.3	48.9	14.6
36	030804003001	洗脸盆;台式	组	30	13339					
37	8－383	洗脸盆钢管组成冷水	10 组	3	13339	411.84		12675.99	194	57.7
38	030804007001	淋浴器;冷水;钢管组成	套	8	396.04					
39	8－403	淋浴器钢管组成冷水	10 组	0.8	396.04	46.59		321.04	21.9	6.52
40	030804012001	大便器;坐式;连体	套	40	21839					
41	8－416	坐式大便器连体水箱坐便	10 组	4	21839	706.16		20702	332	98.9
42	030804016001	水龙头;DN15;铜质	个	40	656.68					
43	8－438	水龙头直径 15mm 以内	10 个	4	656.68	29.12		609.8	13.7	4.08
44	030804017001	地漏;铸铁;DN75	个	4	188.05					

续表 8 - 53

序号	定额编号	工程内容	单位	数量	小计	其中(元)				
						人工费	机械费	材料费	管理费	利润
45	8 - 448	地漏 75	10 个	0.4	188.05	38.79		125.6	18.2	5.43
46	030804017002	地漏;塑料;DN50	个	50	851.9					
47	8 - 447	地漏 50	10 个	5	851.9	208		517.05	97.8	29.1
48	030701003001	消火栓镀锌钢管;室内;DN50;螺纹;水压试验	m	10	321.72					
49	8 - 92	镀锌钢管螺纹连接直径 50mm 以内	10m	1	321.72	69.68	2.45	207.08	32.8	9.76
50	030701003002	消火栓镀锌钢管;室内;DN100;螺纹;水压试验	m	180	13550					
51	8 - 95	镀锌钢管螺纹连接直径 100mm 以内	10m	18	12770	1539.72	196.6	10094.76	724	216
52	8 - 29	钢套管直径 125mm 以内	10m	1	779.22	38.22	22.27	695.42	18	5.35
53	030701007001	法兰阀门;Z45T - 16DN100	个	8	3716.5					
54	8 - 261	焊接法兰阀直径 100mm 以内	个	8	3716.5	193.44	228.7	3176.32	90.9	27.1
55	030701018001	消火栓;室内;DN65;单出口	套	10	8924.1					
56	7 - 105	室内消火栓直径 65mm 以内单栓	套	10	8924.1	207.7	5	8584.7	97.6	29.1
57	030701019001	消防水泵接合器;室外;地上式;DN100	套	2	4073.4					
58	7 - 123	地上式 100 消防水泵接合器	套	2	4073.4	92.4	15.98	3908.66	43.4	12.9
		总计			121448.75	11263.91	1357.5	101956.58	5293.75	1576.74

【例 21】 某工厂硫酸车间扩建消防设施安装单位工程预算造价为 85000 元,其中人工费为 18425 元,试计算上述两项费用为多少。

【解】 (1)安装与生产同时进行增加费 = 18425 元 × 10% = 1842.50 元

(2)在有害身体健康环境中施工增加费 = 18425 元 × 10% = 1842.50 元

或 18425 元 × (10% + 10%) = 3685.00 元

实际施工中,如用金属软管做卫生器具上水分支管时,定额内分支管材料可以换算,其余不变,其他类似情况,如蹲便高水箱冲洗管使用塑料管代替镀锌管时,均可照此办理。

【例 22】 ×市区×住宅楼一个单元的室内给排水工程预算

【解】(一)工程概况

(1)×市区×住宅楼一个单元的室内给排水工程给排水平面图见图 8-28、图 8-29,给水系统见图 8-30,排水系统见图 8-31。图中标高均以 m 计,其他尺寸标注均以 mm 计。

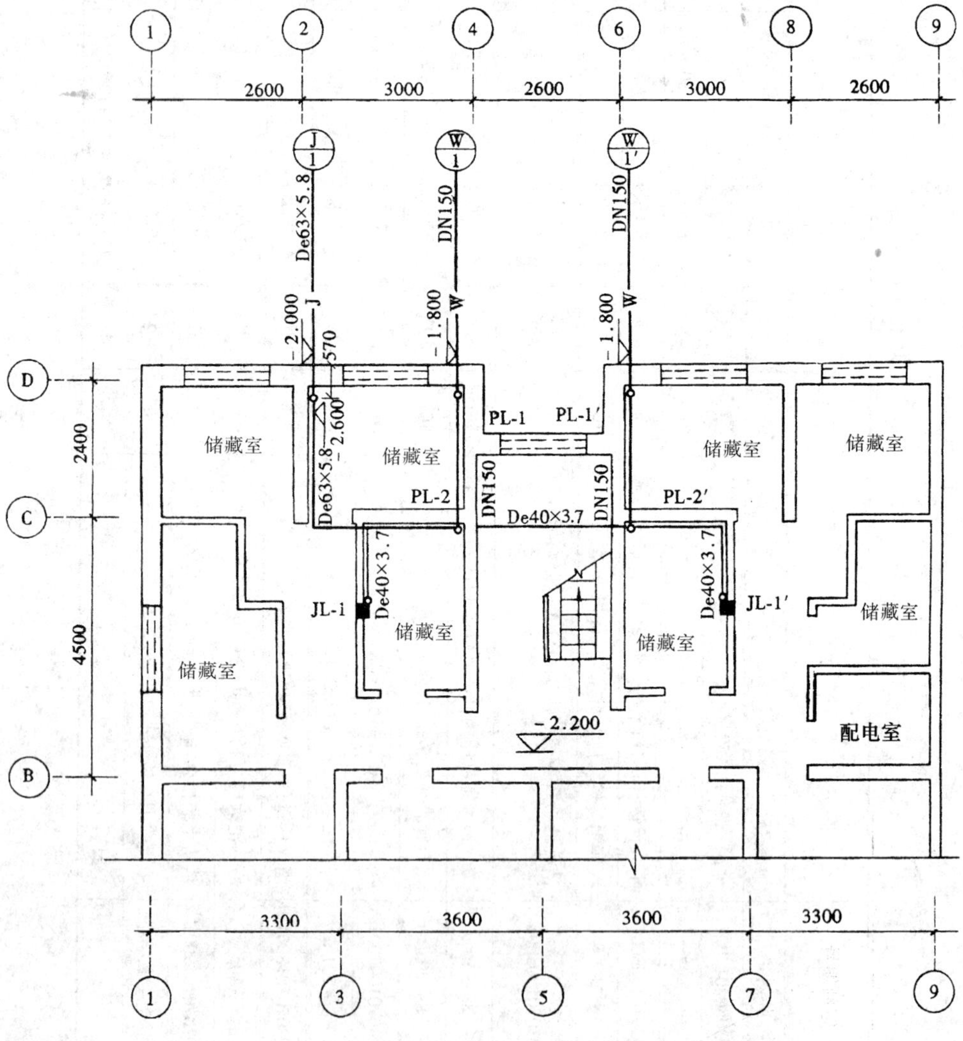

图 8-28 半地下室给排水平面图

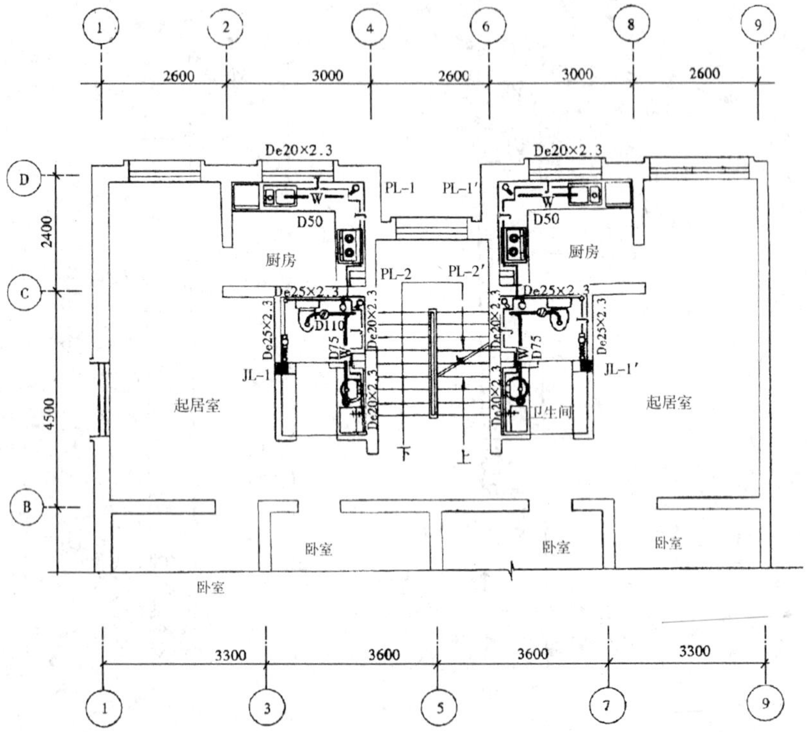

图 8－29　1～6 层给排水平面图

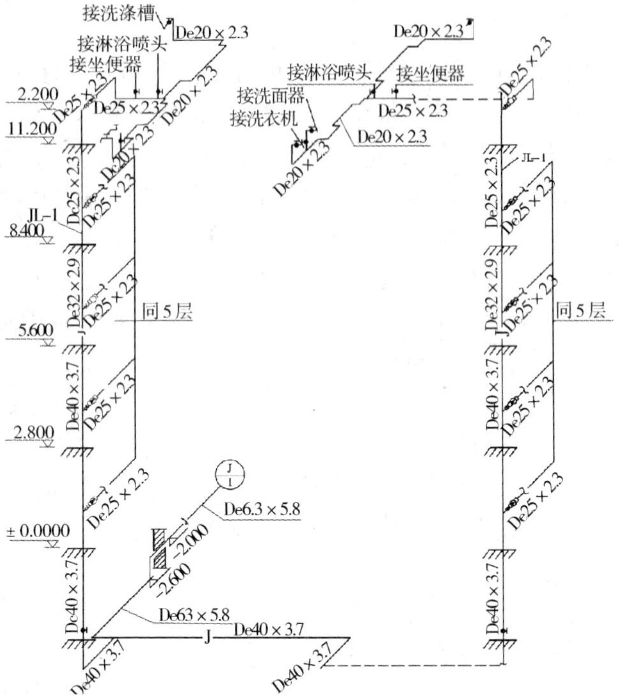

图 8－30　给水系统图

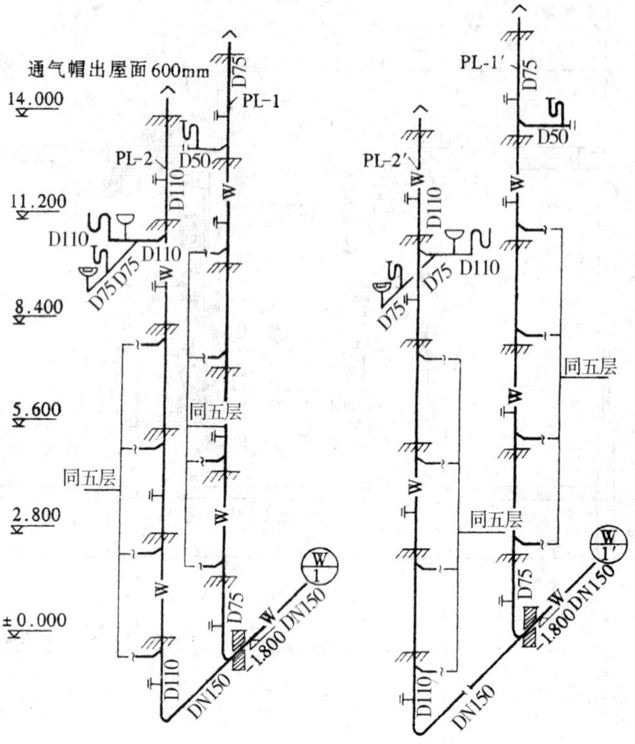

图 8-31　排水系统图

(2)给水管道采用 PP-R 管,热熔连接,PP-R 管采用专用管件连接,专用管卡固定。排水立管采用 UPVC 螺旋消音管,承插式胶粘剂粘接;排水横支管采用铸铁排水管,石棉水泥接口。

(3)各用户室内冷水计量采用旋翼干式远传水表,卫生洁具采用节水型。

(4)洗脸盆水龙头为冷水嘴,洗涤盆水龙头为普通冷水嘴。

(5)给水管、排水管穿越楼板时设钢套管,管道穿基础侧墙设柔性防水套管。

(6)施工完毕,给水系统进行静水压力试验,试验压力为 0.6MPa;排水系统安装完毕进行灌水试验,施工完毕再进行通水、通球试验。

(7)管道及卫生器具安装参照山东省标准设计《给水排水设备安装图集》。

(二)采用定额

本例题采用《山东省安装工程价目表》(下册)《山东省安装工程消耗量定额》(第八册给排水、采暖、燃气工程)中的有关内容为计算依据。(2003 年出版)

(三)编制方法

(1)本例题暂不计刷油、保温等工作内容。

(2)未尽事宜执行现行施工及验收规范的有关规定。

(3)工程量计算结果见表 8-54,安装工程施工图预算结果见表 8-55。

表 8－54 工程量计算书

工程名称：××住宅给水排水工程

序号	分部分项工程名称	单位	工程量	计算公式
	给水管道			
1	塑料给水管 De63×5.8	m	5.97	1.5+0.57+[−2.0−(−2.6)]+2.3+1=5.97
2	塑料给水管 De40×3.7	m	26.9	①1.3+2.6+2.8×2+1=10.5
				②6.3+1.3+2.6+2.6×2+1=16.4
3	塑料给水管 De32×2.9	m	5.6	2.8+2.8=5.6
4	塑料给水管 De25×2.3	m	12.2	(2.8+1.3+0.8+1.2)×2=12.2
5	塑料给水管 De20×2.3	m	7.7	(2.3+0.3×2+1.5+2.4+0.3×3)=7.7
	排水管道			
6	铸铁排水管 DN150	m	8.8	(1.5+2.9)×2=8.8
7	塑料排水管 D110	m	44.8	①(1.8+14+0.6)×2=32.8
				②1.2×5×2=12
8	塑料排水管 D75	m	52.8	①(1.8+14+0.6)×2=32.8
				②2×5×2=20
9	塑料排水管 D50	m	15	1.5×5×2=15
	卫生器具			
10	坐式大便器	套	10	10
11	洗脸盆	组	10	10
12	洗涤池	组	10	10
13	地漏 DN100	个	10	10
14	地漏 DN75	个	10	10
15	水表 DN25	组	10	10
16	水龙头 DN15	个	10	10
17	丝扣阀门 DN40	个	2	2
18	丝扣阀门 DN20	个	10	10
	其他			
19	柔性防水套管制作安装 De150	个	2	2
20	柔性防水套管制作安装 De63	个	1	1
21	一般钢套管制作安装 De40	个	8	8
22	一般钢套管制作安装 De32	个	2	2
23	一般钢套管制作安装 De25	个	2	2
24	一般钢套管制作安装 De100	个	12	12
25	一般钢套管制作安装 De75	个	12	12

表 8-55　安装工程预算表

工程名称：××住宅楼给排水工程

序号	定额编号	定额名称	单位	工程量	定额基价/(元)	定额合价/(元)	人工单价/(元)	人工合价/(元)
1	8-352	给排水室内塑料给水管(热熔)管外径 20mm 以内	10m	0.770	77.13	59.39	26.60	20.48
	2249	塑料给水管 D20	m	7.854				
2	8-353	给排水室内塑料给水管(热熔)管外径 25mm 以内	10m	1.220	84.99	103.69	28.27	34.49
	2250	塑料给水管 *D*25	m	12.444				
3	8-354	给排水室内塑料给水管(热熔)管外径 32mm 以内	10m	0.560	90.08	50.44	31.83	17.82
	1737	塑料给水管 *D*32	m	5.712				
4	8-355	给排水室内塑料给水管(热熔)管外径 40mm 以内	10m	2.690	97.89	263.32	33.88	91.14
	1738	塑料给水管 *D*40	m	27.438				
5	8-357	给排水室内塑料给水管(热熔)管外径 63mm 以内	10m	0.600	163.93	98.36	46.40	27.84
	1740	塑料给水管 *D*63	m	6.120				
6	8-389	给排水室内承插铸铁排水管(石棉水泥接口)公称直径 150mm 以内	10m	0.880	489.65	430.85	101.16	89.02
	1753	承插铸铁排水管 DN50	m	8.448				
7	8-412	给排水室内承插塑料排水管(粘接)公称直径 50mm 以内	10m	1.500	120.00	100.00	40.02	60.03
	1760	承插塑料排水管 *D*50	m	14.505				
8	8-413	给排水室内承插塑料排水管(粘接)公称直径 75mm 以内	10m	5.280	193.55	1021.94	55.95	295.42
	1761	承插塑料排水管 *D*75	m	50.846				
9	8-414	给排水室内承插塑料排水管(粘接)公称直径 100mm 以内	10m	4.480	267.56	1198.67	63.76	285.64
	1762	承插塑料排水管 *D*110	m	38.170				
10	8-481	坐式大便器安装低水箱坐便	10 套	1.000	283.59	283.59	177.25	177.25
	1833	低水箱坐便器	个	10.100				
	1837	坐式低水箱	个	10.100				
	1839	低水箱配件	套	10.100				
	1844	坐便器桶盖	套	10.100				
	1799	角型阀(带铜活)DN15	个	10.100				
11	8-448	洗脸盆安装钢管组成普通冷水嘴	10 组	1.000	287.58	287.50	110.37	110.37

续表 8－55

序号	定额编号	定 额 名 称	单位	工程量	定额基价/(元)	定额合价/(元)	人工单价/(元)	人工合价/(元)
	1793	洗脸盆	个	10.100				
	1795	水嘴(全铜磨光)DN15	个	10.100				
	1800	洗脸盆下水口(铜)DN32	个	10.100				
12	8－457	洗涤盆安装单嘴	10组	1.000	556.24	556.24	111.10	111.10
	1806	洗涤盆	个	10.100				
	1795	水嘴(全铜磨光)DN15	个	10.100				
13	8－515	地漏安装75	10个	1.000	115.02	115.02	83.23	83.23
	1867	地漏DN75	个	10.000				
14	8－516	地漏安装100	10个	1.000	124.48	124.48	83.56	83.56
	1868	地漏DN100	个	10.000				
15	8－698	螺纹水表组成、安装公称直径25mm以内	组	10.000	32.76	327.60	10.56	105.60
	1971	螺纹水表DN25	个	10.000				
16	8－505	水龙头安装公称直径15mm以内	10个	1.000	7.04	7.04	6.16	6.16
	1864	水嘴	个	10.100				
17	8－527	螺纹阀门安装公称直径20mm以内	个	10.000	4.80	48.00	2.20	22.00
	1876	螺纹阀门DN20	个	10.100				
18	8－530	螺纹阀门安装公称直径40mm以内	个	2.000	11.75	23.50	5.50	11.00
	1878	螺纹阀门DN40	个	2.020				
19	6－2977	柔性防水套管制作安装介质管道公称直径De63	个	1.000	215.27	215.27	50.78	50.78
20	6－2980	柔性防水套管制作安装介质管道公称直径De150	个	2.000	334.33	668.66	77.53	155.06
21	6－3011	一般穿墙套管制作安装介质管道公称直径De25	个	2.000	15.34	30.68	3.10	6.20
22	6－3011	一般穿墙套管制作安装介质管道公称直径De32	个	2.000	15.34	30.68	3.10	6.20
23	6－3012	一般穿墙套管制作安装介质管道公称直径De40	个	8.000	25.93	207.44	5.10	40.80
24	6－3014	一般穿墙套管制作安装介质管道公称直径De75	个	12.000	40.70	488.40	8.87	106.44
25	6－3015	一般穿墙套管制作安装介质管道公称直径De100	个	12.000	55.60	669.60	12.36	148.32
26		合计－定额子项				7 470.68		2 145.95
27		给排水脚手架搭拆费[序号1－18全部子项的定额人工×5%](其中工资占25%)				81.61		20.40
28		脚手架搭拆费(第六册工业管道工程)[序号19－25全部子项的定额人工×7%](其中工资占25%)				35.96		8.99
29		合计－技术措施费				117.57		29.39

【例 23】 图 8－32 为某幢单元住宅楼的某户厨房与卫生间的给排水设计图。给水用镀锌焊接钢管（丝接），排水用铸铁承插排水管（水泥接口）。

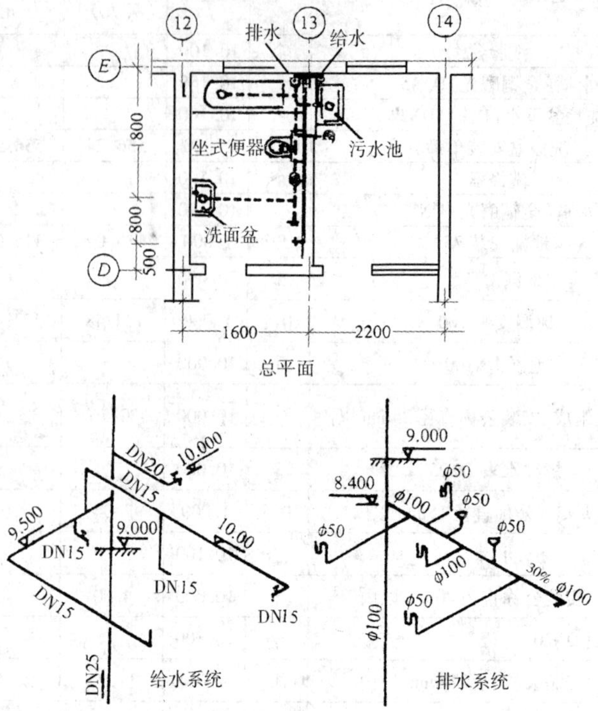

图 8－32　单元住宅某户给排水施工图

试计算该户给排水工程的预算工程量。

【解】 列表分项计算见表 8－56。

表 8－56　某户给排水工程量计算表（实例）

序号	分项工程	工程说明及算式	单位	数量
	一、管道敷设			
1	给水：(1) DN20	0.4＋0.1	m	0.50
	(2) DN15	1.6＋1.8＋0.1＋0.2＋0.5＋2.5＋0.1＋0.8＋0.1	m	7.7
2	排水：(1) DN50	0.6＋1.2＋0.8＋0.5＋0.6＋0.5＋0.6＋0.8＋1.1	m	6.7
	(2) DN100	0.6＋0.3＋2.1	m	3
	二、器具			
1	DN15 水龙头	1＋1	个	2
2	DN20 水龙头		个	1
3	浴盆		组	1
4	坐式大便器		套	1
5	洗面盆		套	1
6	排水栓	DN50	套	1
7	地漏	DN50	个	2

【例 24】 以“某学校车库宿舍工程”为例，该工程⑦～⑨轴线之间为楼梯、厕所；Ⓒ～Ⓓ轴线间底层和 2 层的厕所内，构成简单的给水和排水系统。

室内给排水工程设计图共3张：图8－33为厕所给水排水平面图，图8－34为给水系统图，图8－35为排水系统图。

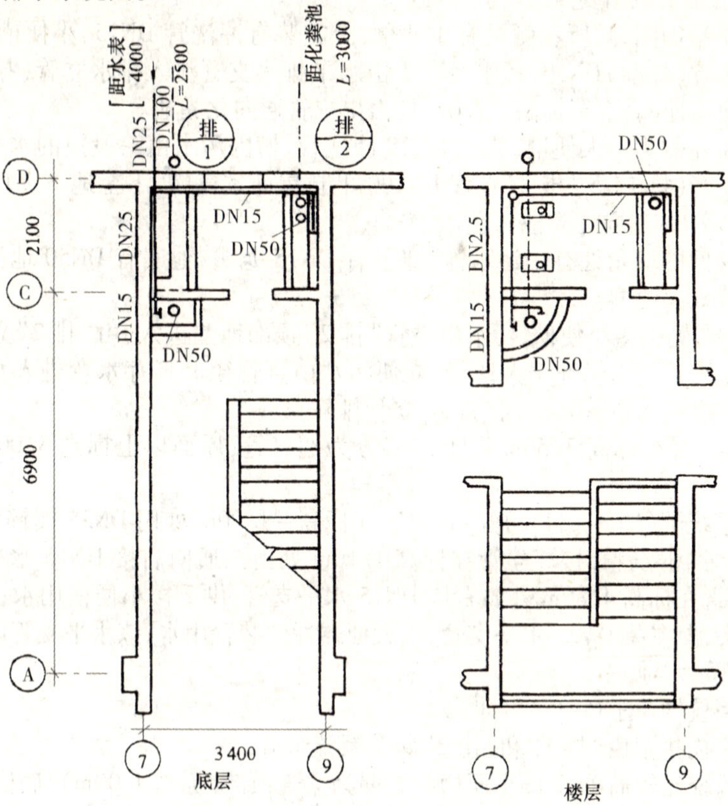

图8－33　厕所给水排水平面图

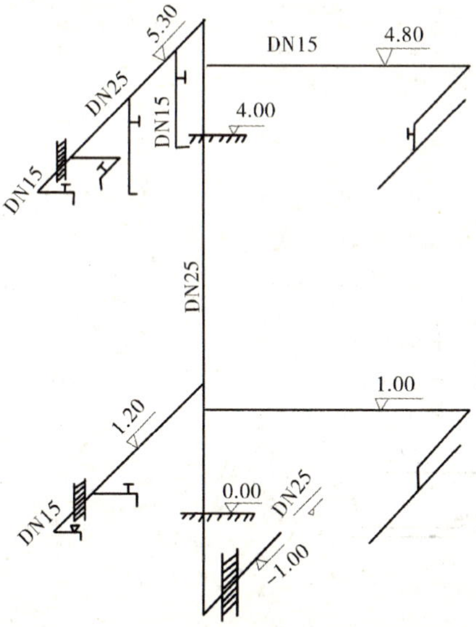

图8－34　给水系统图

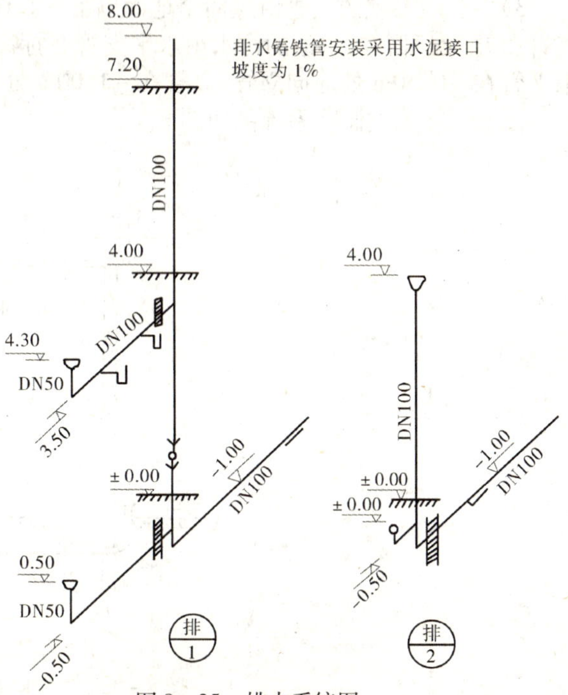

图8－35　排水系统图

本工程位于市内禁区，由全民企业采用包工包料方式施工。

【解】 1. 给排水识图要点

1)先看底层平面图，厕所右侧设有小便槽，上方装有冲洗管 DN15，小便槽靠外墙一端底部装有一个排水碗(地漏)DN50，污水经弯头由水平排水支管流入排水立管(排 2)；"排 2"立管上接二楼小便槽地漏，下至标高 -1.0m 处由出户管通向化粪池。

2)底层厕所左侧为一大便槽，装有 DN25 冲洗管，槽内污水由一段短的水平管穿过外墙、流入室外排水立管(排 1)。"排 1"立管 DN100 上自屋面透气帽，下至地下 -1.00 标高处，由水平排水干管 DN100 通向化粪池。

3)底层楼梯间的墙角处有一污水池，池上有 DN15 龙头，池底有 DN50 地漏，污水由地漏经弯管穿隔墙流入大便槽。

4)2 层厕所右侧仍为小便槽，污水由立管"排 2"顶部地漏进入，由"排 2"立管排除。2 层厕所左侧在两个蹲式高水箱冲洗大便器，粪便污水由直管径 P 形存水弯进入水平排水管(走廊污水池的污水也进入该管)，通向"排 1"立管排除。

5)立管"排 1"，在标高 3.50m 以上的部分为通气管，屋面以上标高 8.00m 处管顶设透气帽。

6)由给水系统图(图 8 -34)可知：进户管在标高 -1.00m 处用 DN25 镀锌管水平引入，通过弯头与 DN25 室内立管相接。立管在标高 1.10m 处由三通向右接 DN15 水平支管，供底层小便槽用水，立管在标高 4.80m 处向右接 DN15 水平支管，供 2 楼小便槽用水；立管在标高 5.30m 处接一弯头，向左装 DN25 水平支管，供大便器冲洗装置用水；该水平支管以 DN15 管穿过隔墙延伸至 2 楼污水池。

7)由排水系统图(图 8 -35)可知：

1)该工程室内排水由"排 1"和"排 2"两个系统组成；

2)"排 2"系统比较简单，2 楼小便槽的地漏为立管顶部(标高 4.00m)，底层小便槽的污水由地漏经水平管引入立管，立管在 -1.00m 处接出户管；

3)"排 1"系统的立管由屋面至地面以下 -1.00m 处(位于室外墙边)，2 层楼面以上为通气管；2 层大便器、污水池的污水由水平支管在标高 3.50m 处通向立管；底层污水池的污水由水平管在 -0.50m 处通向立管，立管在 -1.00m 处接出户管。

图 8 -36 为"排 1"系统剖面图。

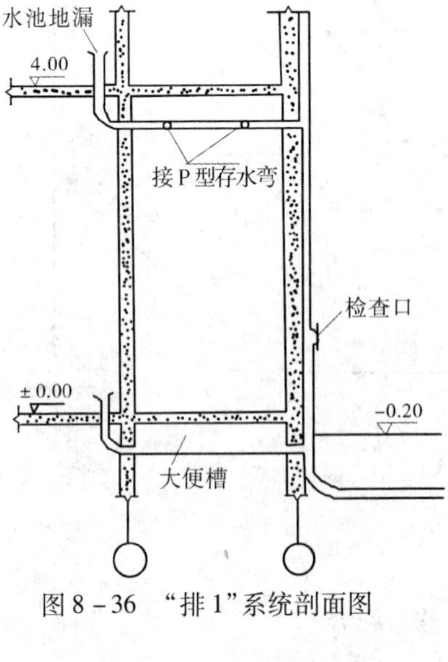

图 8 -36 "排 1"系统剖面图

2. 给排水工程预算编制

(1)给排水安装工程量计算(见表 8－57);

(2)主材费和定额安装费的计算:表 8－58 为采用全国定额的套价计算,表 8－59 为应用江苏"估价表"的计算结果;

(3)预算费用计算:根据 2001 年《江苏省安装工程预算费用定额》的规定(附录六),各项费用计算见表 8－60。

表 8－57　车库宿舍给排水工程预算工程量计算表(实例)

序号	项目	计算式	单位	工程量	备注
	一、管道敷设				
1	给水①DN25	$\overset{\text{进}\leftarrow}{4.0}+(\overset{\text{立}}{5.3}+1)\uparrow$ +1 层($\overleftarrow{1.8}+\overrightarrow{0.5}+0.1\downarrow$) +2 层 $\overleftarrow{2.1}$	m	14.8	镀锌管、丝口
	②DN15	1 层($\overleftarrow{0.6}+0.1\downarrow+\overrightarrow{0.3}+\overleftarrow{0.9}+0.1\downarrow$) +2 层($\overleftarrow{0}.3+\overrightarrow{0.4}+2\times0.5\downarrow+\overrightarrow{3.0}+\overleftarrow{0.9}+0.1\downarrow$)	m	7.7	镀锌管、丝口
	③雨淋管	DN15 =2 ×1.7 =3.4	m	3.4	
2	排 1①DN100	2 层($\overrightarrow{0.3}+\overrightarrow{2.1}+\overrightarrow{0.2}$) + 主管(8 +1)↓ +底层$\overrightarrow{0.3}$ +出户$\overrightarrow{2.5}$	m	14.4	铸铁管、水泥接口
	②DN50	2 层(4.3 －3.5)↓ +底层(0.2↓ +$\overrightarrow{0.5}$)	m	1.5	
3	排 2①DN100	(4 +1)↓ +出户$\overrightarrow{3.0}$	m	8.0	
	②DN50	1 层(0.5↓ +$\overrightarrow{0.3}$)	m	0.8	
	二、器具				
1	给水:①闸阀	DN25 －1　DN15 －3	只	4	螺纹口
	②水龙头	DN15 －3	只	3	螺纹口
2	排水:①地漏	DN50 －4	个	4	
	②大便器	高水箱蹲式大便器	套	2	

表 8－58　安装工程定额直接费计算表（全国定额）

工程名称：车库宿舍（给排水）

定额编号	项目	数量	单位	单价/元				定额直接费/元			
				主材	安装	其中		主材	安装费	其中	
						人工	机械			人工费	机械费
8－87	DN15 镀锌管（丝口）安装	0.77	10m		65.45	42.49	－		50.40	32.72	－
8－89	DN25 镀锌管（丝口）安装	1.48	10m		82.91	51.08	1.03		122.71	75.60	1.52
8－144	DN50 铸铁下水管（水泥接口）	0.23	10m		133.41	52.01	－		30.68	11.96	－
8－146	DN100 铸铁下水管（水泥接口）	2.24	10m		357.39	80.34	－		800.55	179.96	－
8－241	DN15 闸阀安装	3	个		4.43	2.32	－		13.29	6.96	－
8－243	DN25 闸阀安装	1	个		6.24	2.79	－		6.24	2.79	－
8－407	蹲式大便器	0.2	10 组		1033.39	224.31	－		206.68	44.86	
主材	瓷高水箱、铜活	0.2	10 个		－	－	－		－	－	－
主材	瓷高水箱配件	0.2	10 套		－	－	－		－	－	－
8－438	DN15 水龙头安装	0.3	10 个		7.48	6.50	－		2.24	1.95	－
8－447	DN50 地漏	0.4	10 个		55.88	37.15	－		22.35	14.86	－
8－456	小便槽 DN15 冲洗管	0.34	10m		246.24	150.70	12.48		83.72	51.24	4.24
	合计								1338.86	422.90	5.76

注：主材单价＝定额指标×本地预算单价。

表 8－59　安装工程定额直接费计算表（江苏"估价表"）

工程名称：车库宿舍（给排水）

定额编号	项目	数量	单位	单价/元				定额直接费/元			
				主材	安装	其中		主材	安装费	其中	
						人工	机械			人工费	机械费
8－87	DN15 镀锌管（丝口）安装	0.77	10m	10.2×4.73	71.47	47.58	－	37.15	55.03	36.64	－
8－89	DN25 镀锌管（丝口）安装	1.48	10m	10.2×9	90.63	57.20	1.41	135.86	134.13	84.66	2.09
8－144	DN50 铸铁下水管（水泥接口）	0.23	10m	8.8×13.43	136.96	58.24	－	27.18	31.50	13.40	－

续表 8－59

定额编号	项目	数量	单位	单价/元				定额直接费/元			
				主材	安装	其中		主材	安装费	其中	
						人工	机械			人工费	机械费
8－146	DN100 铸铁下水管（水泥接口）	2.24	10m	8.90×52.28	381.39	89.96	－	1042.25	854.31	201.51	－
8－241	DN15 闸阀安装	3	个	1.01×12	5.53	2.60	－	36.36	16.59	7.80	－
8－243	DN25 闸阀安装	1	个	1.01×21	8.02	3.12	－	21.21	8.02	3.12	－
8－407	蹲式大便器	0.2	10 组	10.1×40	966.62	251.16	－	80.80	193.32	50.23	－
主材	瓷高水箱、铜活	0.2	10 个	10.1×40	－	－	－	80.80	－	－	－
主材	瓷高水箱配件	0.2	10 套	10.1×15	－	－	－	30.30	－	－	－
8－438	DN15 水龙头安装	0.3	10 个	10.1×6	8.24	7.28	－	18.18	2.47	2.18	－
8－447	DN50 地漏	0.4	10 个	10.0×8	58.05	41.6	－	32.00	23.22	16.64	－
8－456	小便槽 DN15 冲洗管	0.34	10m	－	259.85	168.74	26.5	－	88.35	57.37	9.01
	合　计							1542.09	1400.94	473.55	11.10

表 8－60　安装工程预算费用计算表

工程名称：车库宿舍（给排水）

序号	费用名称		计算式	费用金额/元	备注
1	定额直接费		（人工费＋机械费＋安装辅材费）	1400.94	
2	其中	人工费	（工程量×定额人工基价）	473.55	
3		机械费	（工程量×定额机械费）	11.10	
4		辅材费	（工程量×定额材料费）	916.29	
5	主材费		（工程量×主材价格）	1542.09	
6	人工费调差		（定额人工费÷26×人工差价）	0	暂不调整
7	安装辅材价差		（安装辅材费×调增系数%）	0	暂不调整
8	机械费调差		（安装机械费×调增系数%）	0	暂不调整
9	独立费合计			0	合同未列
10	综合间接费		人工费×35%＝473.55×35%	165.74	四类工程
11	劳动保险费		人工费×13%＝473.55×13%	61.56	取费证书
12	利润		人工费×12%＝473.55×12%	56.83	四类工程
13	税金		（1＋5＋6＋7＋8＋9＋10＋11＋12）×3.44%	111.01	
14	总造价		（1＋5＋6＋7＋8＋9＋10＋11＋12＋13）	3338.17	

【例 25】 给排水国家标准图集 S161 沿墙安装 DN100 单管托架 10 付。套用定额及计算工程量。

【解】 (1)工程量计算　计量单位为“100kg”,各付钢材用量查图集:

∟75×7,l=1080mm,单位重量:8.62kg;∟40×4,l=240mm,单位重量:0.58kg

钢材施工图重量=[(8.62+0.58)×1]kg/付=9.2kg/付,计量单位:100kg

套用定额工程量=(9.2×10/100)kg=0.92kg。

(2)套用定额 8-178　定额基价 653.91 元(其中工资 235.45 元)。

型钢定额含量(106),设型钢综合假定价 2.89 元/kg

型钢单位价值=(2.89×106)元=306.34 元。

【例 26】 立管 DN32 穿 2、3 层楼板,需设 DN50 镀锌钢套管,每个长按 0.2m 计。

【解】 工程量=0.2m/个×2 个=0.4m,套用定额 8-25,基价 28.78 元,其中工资 19.97 元。

主材镀锌钢管 DN50 定额含量(10.15),应另行计算。

镀锌铁皮套管制作,以“个”为计量单位,其安装已包括在管道安装定额内,不另计工程量。

【例 27】 如图 8-37 为钢管配焊接法兰,计算法兰工程量及套用定额(假定平焊法兰 1.6MPa)。

【解】 工程量按图示 3 副,套用定额 8-194。计量单位:副,基价 46.58,其中工资 11.61 元;DN100 碳钢法兰定额含量 2 片,本例法兰工程量 3 副,每副法兰定额含法兰 2 片计 6 片,但其中由设备本身带来 1 片,另一端为法兰盖,故实际法兰数为 6-2=4 片。

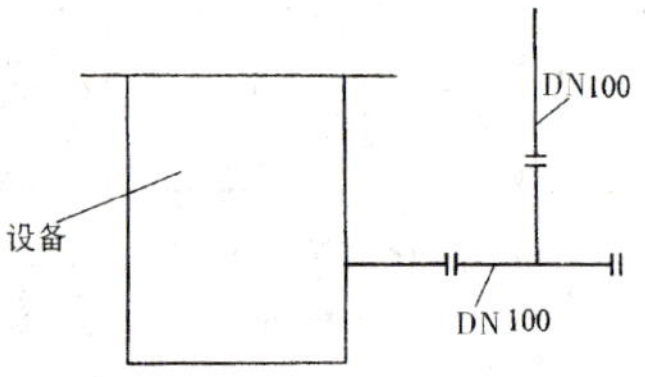

图 8-37　钢管配焊接法兰

法兰盖 1 片,法兰单价 31.36 元/片,法兰盖 47.05 元/片

法兰主材费=(31.36×1×4)元=125.44 元

法兰盖主材费=47.05×1×1 元=47.05 元

【例 28】 以某水处理车间给排水施工图为例。计算该工程的工程量,如图 8-38 和图 8-39所示。

本施工图为车间内单独的生活给排水,故按第八册综合基价的规定计算。

说明:1. 尺寸单位:标高以“m”计,其他以“mm”计。

2. 给水管 ϕ200 采用给水铸铁管,小于 32 采用镀锌管。

3. 排水部分采用塑料排水管。

4. 虚线部分为工艺图纸。

为了便于计算工程量,可将系统分成几个管段并进行编号,计算工程量可根据编号逐段计算。设①为室外引入管;②为从工艺管接至水泵的引水管(只计算到室外 1.5m 处);③为沿Ⓓ轴线敷设的管道;④为沿⑤轴线敷设的一段管线;⑤为底层沿Ⓐ轴线敷设的管道;⑥为 2 层沿Ⓐ轴线敷设的管道;⑦为沿Ⓒ轴线敷设的一段管道。

【解】 (一)计算工程量

计算工程量通常是采用工程量计算表的方法进行,其计算过程见表 8-61。

(二)工程量汇总

为了便于编制预算表套用定额,要把以上计算出来的工程量中同名称、同规格、同型号、同材料的工程量相加在一起。这一工作通常是采用编制工程量汇总表的办法来完成,其计算过程见表 8 -62。

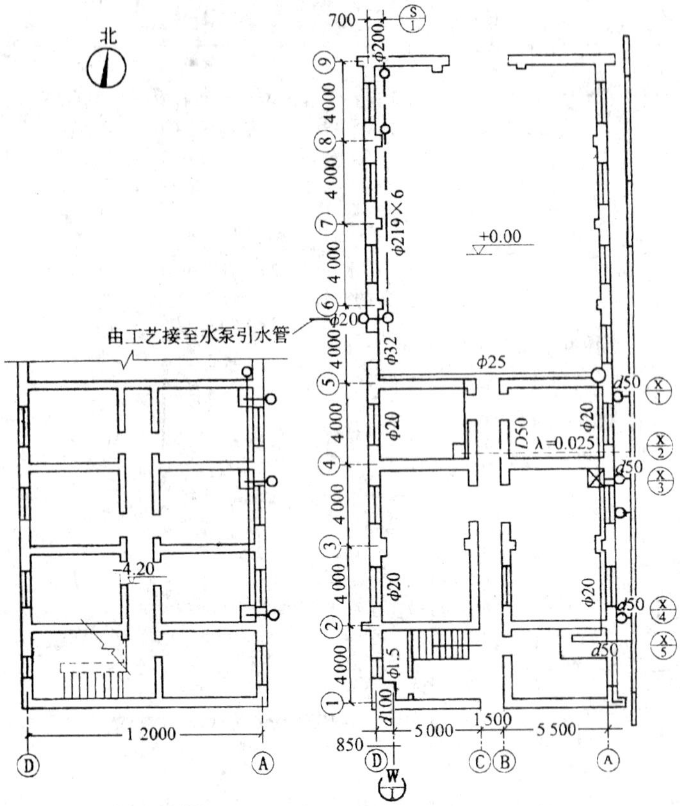

(a) 2层平面图　　(b) 底层平面图

图 8 - 38　给水排水平面图

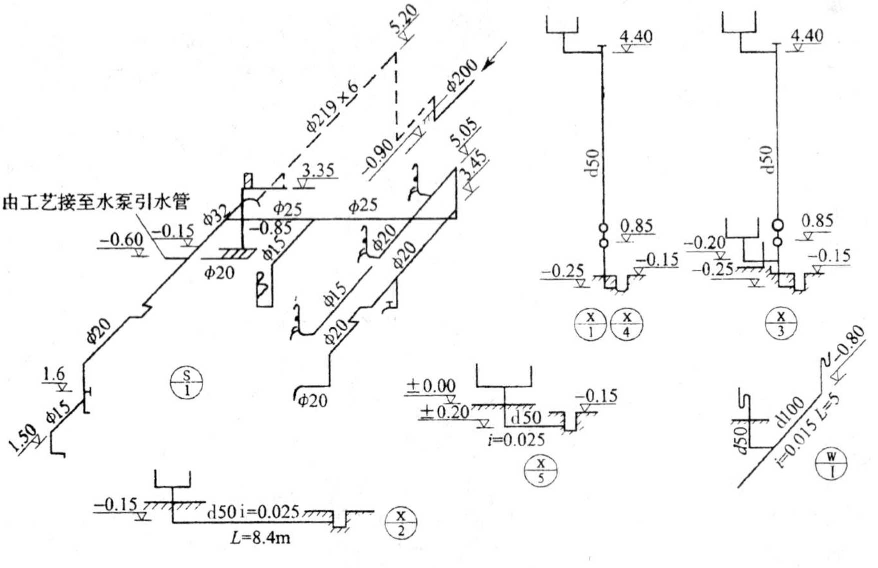

图 8 - 39　给水排水系统轴测图

注：水龙头离地均为 1m。

表 8-61 工程量计算表

工程量名称	单位	计算公式	合计数量
给排水系统 ①给水铸铁管 d200	m	1.5(墙外)+0.9(室内立管)+0.3(川样)	2.7
②镀锌管 DN32	m	5.2-3.35(立管,标高差)+0.7(水平管)	2.55
镀锌管 DN20	m	0.3(穿墙至室外)+3.35+0.6(墙外立管)+1.5(算至墙外1.5m处)	5.75
截止阀 J11T-16DN20	个	1(墙外)	1
③镀锌管 DN32	m	4(从水泵引出管接出)	4
镀锌管 DN20	m	3×4(水平管3跨,每跨4m)+0.5(绕柱)+2.35(至大便器的支管)	14.85
镀锌管 DN15	m	4(水平直管)+1.5-1(立管)	4.5
截止阀 J1T16 DN20	个	1	1
水龙头 DN15	个	1	1
低水箱蹲式大便器	组	1	1
④镀锌管 DN25	m	12(水平管)+3.45-3.35(立管,标高差)	12.1
截止阀 J11T-16 DN25	个	1	1
⑤镀锌管 DN20	m	3×4(水平管,3跨,每跨4m)+0.5(绕柱)+(3.45-1)×2(立管2根)+2(至水池的水平支管)	19.4
水龙头 DN20	个	2	2
⑥镀锌管 DN20	m	5.05-3.45(立管,标高差)+4(水平管)	5.60
镀锌管 DN15	m	2×4(水平管、两跨,每跨4m)	8
双联化验盆	组	3	3
⑦镀锌盆 DN15	m	4+3.35-0.85	6.5
双联化验盆	组	1	1
铸铁管 d50 X_1,X_4	m	[0.6(室内支管)+4.4+0.25(墙外立管)+1(水平管)]×2	12.5
检查口 d50	个	2	2
铸铁管 d50 X_2	m	0.4+0.15(立管)+7(水平管)+1(水平管至排水沟)	8.55
铸铁管 d50 X_3	m	0.6×2(室内支管2根)+4.4+0.25(墙外立管)+1(水平管至排水沟)	6.85
检查口 d50	个	1	1
铸铁管 d50 X_5 W_1	m	0.2(立管)+2(水平管)+1(水平管至排水沟)+0.5+0.4	4.10
铸铁管 d100 W_1	m	1.5(墙外)+0.4×2(立管2根)+5(水平管)	7.3
埋地铸铁管防腐(二布三油)			
d200	m	2.7	2.7
d100	m	1.5+0.4×2+5	7.3
d50	m	4.1+(0.1+1)×2+8.55+0.1+1	15.95
埋地管挖土方			
d200	m	1.5+0.3	1.8
d100	m	5	5
d50	m	0.5+(0.6+1)×2+8.4+1+3+1.5	17.6
外露铸铁管刷沥青漆			
d200		0.5	0.5
d100		0.5	0.5
d50		10+0.5+5.6+0.5+0.5	17.1
		(外径×长度)×π	
换算为面积	m^2	(0.220×0.5+0.059×17.1+0.11×0.5)×3.14	3.69
镀锌钢管刷银粉	m^2	(0.21×16.5+0.27×45.08+0.34×12.1+0.42×6.55)×3.14	70.66

表 8－62　工程量汇总表

工程量	单位	系　统						
		①	②	③	④	⑤	⑥	⑦
镀锌管　DN15	m			4.5			8	6.5
镀锌管　DN20	m		5.75	14.85		19.4	5.6	
镀锌管　DN25	m				12.1			
镀锌管　DN32	m		2.55	4				
给水铸铁管　d200	m	2.7						
截止阀　J11T－16DN25	个				1			
截止阀　J11T－16DN20	个		1	1				
水龙头　DN20						2		
水龙头　DN15	个			1				
双联化验盆	个						3	1
蹲式大便器(阀门冲洗)	组			1				
铸铁管防腐(二布三油)	组							
d200	m							
d100	m							
d50	m							
埋地管土方	m							
d100	m							
d200	m							
d50	m							
铸铁管刷沥青漆	m^2							
镀锌钢管刷银粉	m^2							

注:1. 本实例仅到工程量汇总,套用综合基价及计算程序从略。

2. 镀锌钢管 DN15～DN32 所含支架的除锈、刷油工程计算从略。

3. 排水系统从略。

【例 29】　本题以某单位住宅楼为例,介绍室内给排水施工图预算的编制。

1. 设计依据

(1)建筑施工图。

(2)建筑给水排水设计规范 GBJ15－88。

2. 给水

(1)给水由室外干管引入,入口压力不低于 0.3MPa,给水采用下行上给式。

(2)管材采用镀锌钢管,螺纹连接,阀门 DN＞50 采用闸阀,DN≤50 采用截止阀。

(3)穿墙或穿楼板的管道应设置套管,厕所间套管应高出地面 59mm。

(4)管道安装试验压力为 0.6MPa,10 分钟压力降为 0.05MPa,再降至工作压力,做外观检查,以不渗漏为合格。

(5)管道标高指管中心。

3. 排水

(1)排水管管材为 PVC 管,粘结连接,室外埋地管采用铸铁管,石棉水泥接口承插连接。

(2)卫生器具安装按标准图 91SB2。

(3)管道安装完毕应做通水试验,不渗漏为合格。

(4)管道标高指管底。

4. 埋地管涂热沥青两道，镀锌钢管刷两道银粉漆，支架刷两道红丹防锈漆和两道银粉漆。

5. 图中尺寸以 mm 为单位，标高以 m 为单位。

6. 施工图详见图 8－40～图 8－43。

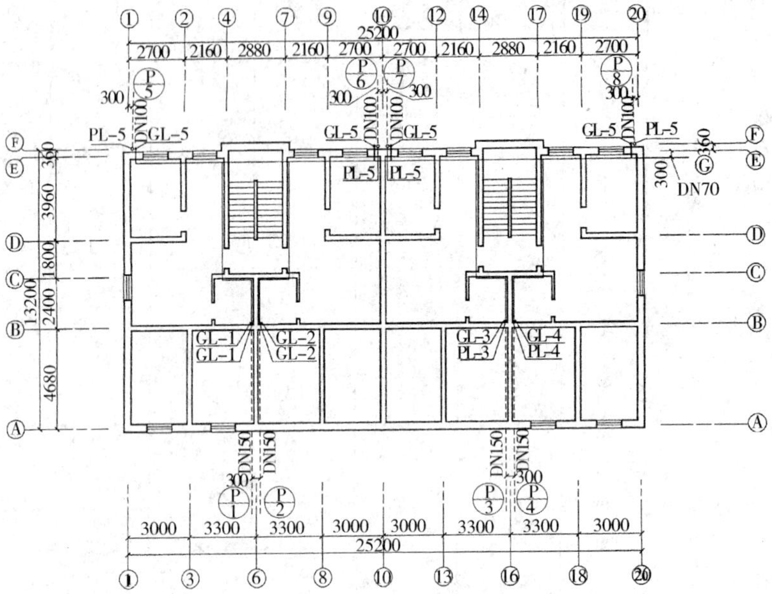

图 8－40　地下室给排水平面图(1∶100)

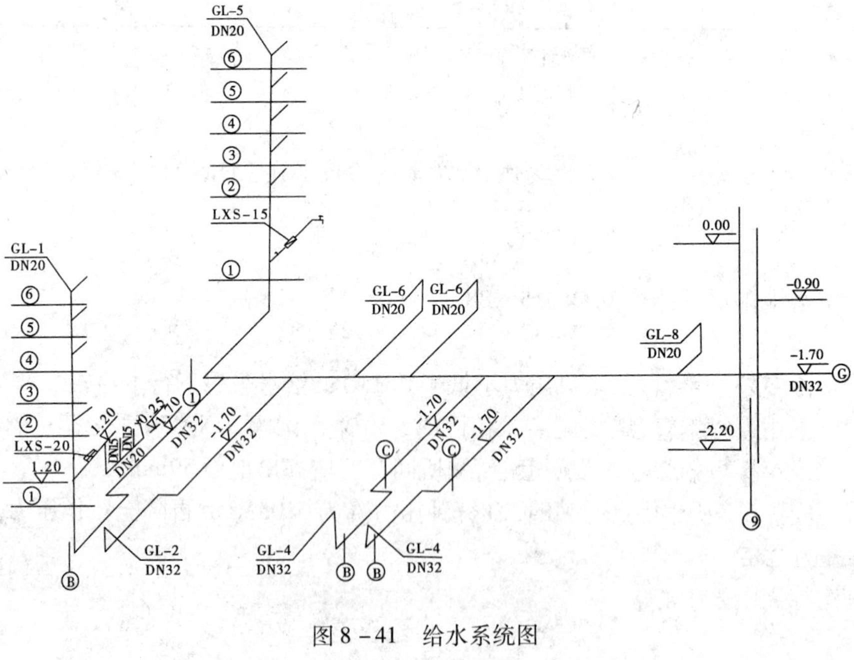

图 8－41　给水系统图

注：GL－2、3、4 参考 GL－1；GL－6、7、8 参考 GL－5

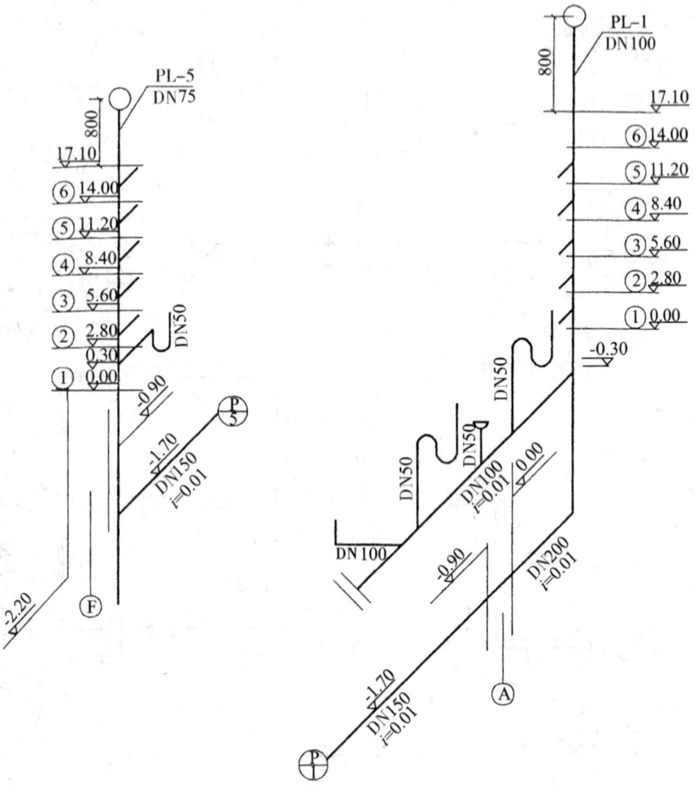

图 8－42　排水系统图

注：PL－2、3、4 参考 PL－1；PL－6、7、8 参考 PL－5

编制依据及有关说明

1. 编制依据

(1)本施工图预算是按某单位职工住宅楼给排水施工图计算工程量。

(2)定额采用 2000 年《全国统一安装工程预算定额——××省价目表》及《××省建设工程费用定额》。

(3)本工程属于三类工程，施工企业按乙类取费。

(4)材料价格按 2000 年《××地区建设工程材料预算价格》取定。

2. 有关说明

给水引入管和排水排出管进户处均应做防水套管，本定额暂未考虑。

工程量计算表、预算价格分析表、材料价差计算表格式、安装工程预算总值表分别见表 8－63、表 8－64、表 8－65、表 8－66。

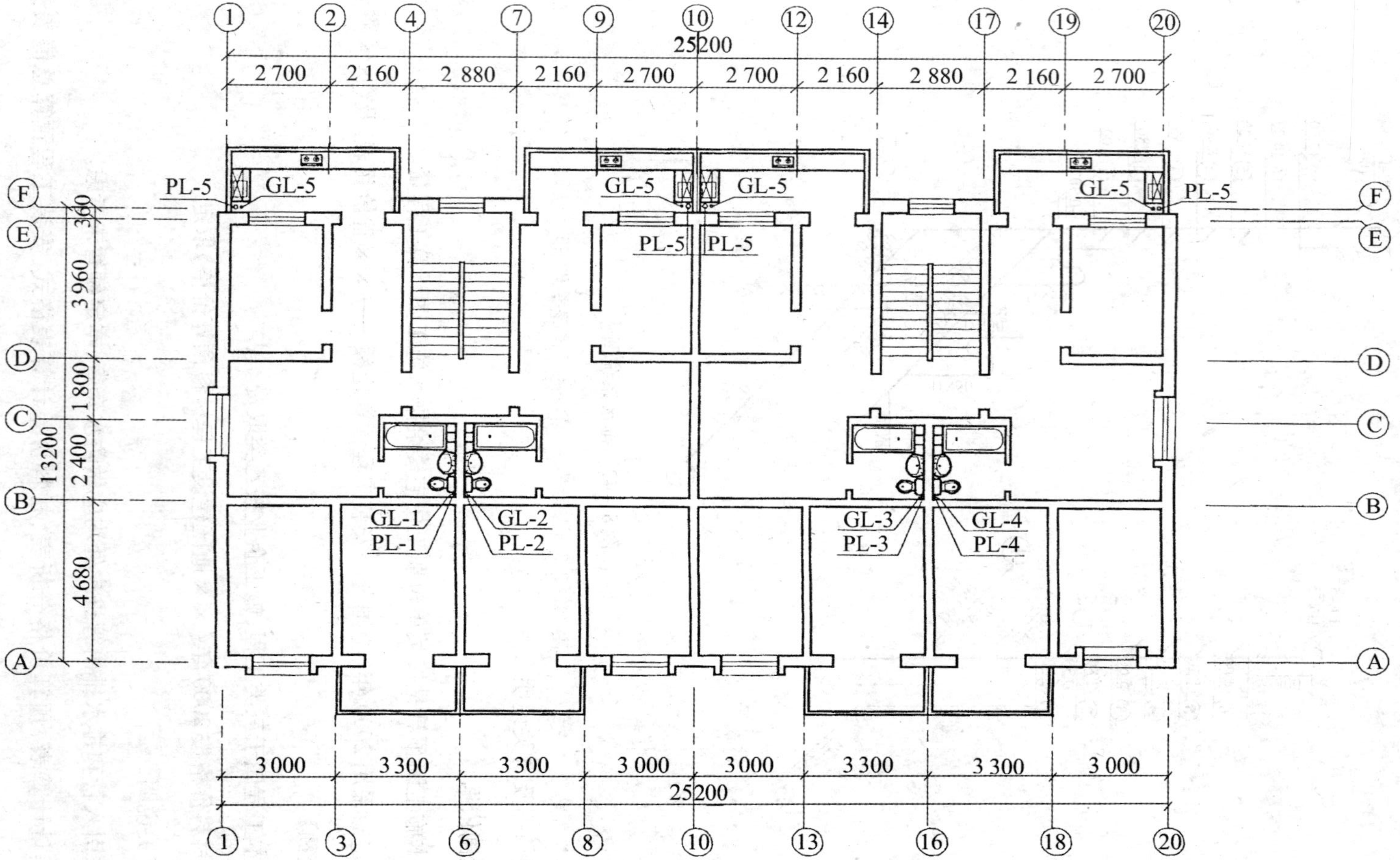

图8-43 标准层给排水平面图（1：100）

表 8－63　工程量计算表

序号	设计部位和图号	项目名称	单位	计算式	数量
(一)		卫生器具统计			
		坐便器 浴盆 洗脸盆 洗涤盆 地漏 DN50 清扫口 DN100	套 套 套 套 个 个	1×24 户 1×24 户 1×24 户 1×24 户 1×24 户 1×24 户	24 24 24 24 24 24
(二)		给水管道安装			
1	室外 地下室内 地下室内	干管安装 DN70 DN70 DN32	m m m	1.5+0.26 1.5——室外到外墙皮管长 0.26——外墙皮到轴线的距离 25.2+0.13－0.13－0.1 0.13——轴线到内墙皮的距离 0.1——管中心到内墙皮的距离 (3.96－0.13－0.1+1.8+1.44－0.13－0.1+2.4－0.13－0.1)×4 根	1.76 25.1 35.64
2	GL_1～GL_4 GL_5～GL_8	立管安装 DN32 DN20	m m	[2.8×5+1.2－(－1.7)]×4 根 [0.38+0.1×2+2.8×5+1.2－(－1.7)]×4 根	67.6 69.92
3	至卫生间 至厨房	横管安装 DN20 DN15	m m	[1.74+(1.2－0.25)]×24 户 1.74——横管水平长度 (0.7－0.1)×24 户	64.56 14.4
4		给水管道汇总 DN15 DN20 DN32 DN70	m m m m	14.4 69.92+64.56 35.64+67.6 1.76+25.1	14.4 134.48 103.24 26.86
(三)		钢套管安装			
1	地下室干管穿墙	DN32 DN50 DN100	m m m	DN20 穿墙:4×0.4 DN32 穿墙:4×0.4 DN70 穿墙:10×0.4	1.6 1.6 4
2	立管穿楼板	DN50 DN32	m m	GL_1～GL_4　6×0.2×4 根 GL_5～GL_8　6×0.2×4 根	4.8 4.8
(四)		给水管道冲洗消毒 DN50 以内 DN100 以内	m m	14.4+132.2+102.7 26.7	249.3 26.7
(五)		给水管道支架的制作与安装 DN≥32	kg	支架个数=26.7÷6=5 1.19×5	6
(六)	GL_1～GL_4 GL_5～GL_8 给水干管	阀门安装 截止阀 DN32 截止阀 DN20 闸阀 DN70	个 个 个	1×4 1×4 1	4 4 1

续表 8-63

序号	设计部位和图号	项目名称	单位	计算式	数量
(七)		水表安装			
	厨房 卫生间	水表 LXS-15 水表 LXS-20	个 个	1×24 1×24	24 24
(八)		排水管安装			
1	P1～P4 P5～P8	室外铸铁管安装 DN150 DN100	m m	(3+0.26)×4 (3-0.1)×4 3——室外至建筑物外墙皮的长度	13.04 11.6
2		室内 PVC 管			
(1)	P1～P4	干管安装 DN150	m	(4.68+0.26+0.1+0.13)×4 0.26——单砖墙及抹灰厚度 0.13——墙中心至内墙皮的距离	20.68
(2)	PL_1～PL_4 PL_5～PL_8	立管安装 DN100 DN75	m m	[17.1+0.8-(-1.7)]×4 [17.1+0.8-(-1.7)]×4	78.4 78.4
(3)	厨房 卫生间	横管安装 DN50 DN100	m m	(0.7-0.1)×6×4 (1.74+0.2)×6×4 0.2——清扫口增加长度	14.4 46.56
(4)	厨房 卫生间	支管安装 DN50 DN100 以内 DN50	m m m	0.5×6×4 0.5×6×4 0.5×3×6×4 0.5——卫生器具排水支管的长度	12 12 36
3		排水管道汇总 铸铁管 DN100 铸铁管 DN150 PVC 管 DN50 PVC 管 DN75 PVC 管 DN100 PVC 管 DN150	m m m m m m	11.6 13.04 14.4+12+36 78.4 78.4+46.56+12 20.68	11.6 13.04 62.4 78.4 137 20.68
(九)		除锈、刷油			
1		镀锌管道刷银粉两遍	m^2	除锈、每遍刷油的面积=Σ(某规格管道每米的外表面积×该规格管道的安装长度) 0.067×14.4+0.084×134.48+0.105×103.24+0.237×26.86	29.47
2		埋地铸铁管道除锈、刷热沥青漆两遍	m^2	0.518×13.04×1.2+0.358×11.6×1.2	13.09
3		支架除锈、刷红丹底漆两道、银粉两遍	kg	DN>32mm 的给水管道上所有支架的重量	6

表 8－64　预算价格分析表

工程名称：某单位职工住宅楼给排水

序号	定额号	工程及费用名称	单位	数量	预算价格		总价分析							
					单价/元	总价/元	主材费/元		人工费/元		材料费/元		机械费/元	
							单价	总价	单价	总价	单价	总价	单价	总价
		第八册：给排水、采暖、燃气工程												
1	8－23	钢套管 DN32	10m	0.16	21.79	3.49			16.83	2.70	2.77	0.44	2.19	0.35
		焊接钢管 DN32	m	1.63		0	10.12	16.50		0	0	0	0	0
2	8－25	钢套管 DN50	10m	0.16	29.17	4.67		0	20.38	3.26	6.60	1.06	2.19	0.35
		焊接钢管 DN50	m	1.63		0	15.17	24.73		0		0	0	0
3	8－28	钢套管 DN100	10m	0.4	65.17	26.07		0	28.44	11.38	20.80	8.32	15.96	6.37
		焊接钢管 DN100	m	4.06		0	33.15	134.59		0	0	0	0	0
4	8－87	室内镀锌钢管（螺纹连接）DN15	10m	1.44	59.67	85.92		0	43.37	62.45	16.30	23.47		0
		镀锌钢管	m	14.3		0	4.19	59.92		0	0	0	0	0
5	8－88	室内镀锌钢管（螺纹连接）DN20	10m	13.45	60.86	818.57		0	43.37	583.33	17.49	235.24		0
		镀锌钢管	m	137.19		0	5.46	749.06		0	0	0	0	0
6	8－90	室内镀锌钢管（螺纹连接）DN32	10m	10.32	78.83	813.53		0	52.14	538.08	25.62	264.40	1.07	11.04
		镀锌钢管	m	105.26		0	10.12	106.23		0	0	0	0	0
7	8－94	室内镀锌钢管（螺纹连接）DN70	10m	2.69	123.00	330.87		0	68.73	184.88	49.74	133.80	4.53	12.19
		镀锌钢管	m	27.44		0	20.29	556.76		0	0	0	0	0
8	8－169	室内承插铸铁排水管（石棉水泥接口）DN100	10m	1.16	258.82	300.23		0	82.00	95.12	176.82	205.11		0
		铸铁排水管承插式 100×1000mm	m	10.32		0	27.35	282.52		0	0	0	0	0
9	8－170	室内承插铸铁排水管（石棉水泥接口）DN150	10m	1.30	247.79	322.13		0	86.98	113.07	160.81	209.05		0
		铸铁排水管承插式 150×1000mm	m	12.48		0	48.73	608.15		0	0	0	0	0
10	189	DN50 改性硬聚氯乙烯 UPVC	10m	6.24	60.26	376.02			36.26	226.26	23.74	148.14	0.26	1.62
		改性硬聚氯乙烯 UPVC 排水管 50×2.0	m	60.34		0	5.66	341.52		0		0		0
11	190	DN75 改性硬聚氯乙烯 UPVC	10m	7.84	98.10	769.10		0	49.30	386.51	48.54	380.55	0.26	2.04
		改性硬聚氯乙烯 UPVC 排水管 75×2.0	m	75.50		0	9.70	732.34		0		0		0
12	191	DN100 改性硬聚氯乙烯 UPVC	10m	13.70	148.52	2034.73		0	54.98	753.23	93.28	1277.94	0.26	3.56
		改性硬聚氯乙烯 UPVC 排水管 100×2.0	m	116.72		0	15.12	1764.81		0		0		0

续表 8-46

序号	定额号	工程及费用名称	单位	数量	预算价格		总价分析							
					单价/元	总价/元	主材费/元		人工费/元		材料费/元		机械费/元	
							单价	总价	单价	总价	单价	总价	单价	总价
13	192	DN150 改性硬聚氯乙烯 UPVC	10m	2.07	197.51	408.85		0	77.50	160.43	119.75	247.88	0.26	0.54
		改性硬聚氯乙烯 UPVC 排水管 150×2.0	m	19.60		0	33.43	655.23		0		0		0
14	8-212	室内管道支架制作安装	100kg	0.06	681.74	40.90		0	240.32	14.42	164.68	9.88	276.74	16.60
		型钢	kg	6.36		0	2.29	14.56		0		0		0
15	8-264	管道冲洗、消毒 DN50 以内	100m	2.49	26.17	65.17		0	12.32	30.68	13.85	34.49		0
16	8-265	管道冲洗、消毒 DN100 以内	100m	0.27	38.28	10.34		0	16.12	4.35	22.16	5.98		0
17	8-276	螺纹阀 DN20 以内	个	4	4.55	18.20		0	2.37	9.48	2.18	8.72		0
		螺纹截止阀 J11T-16DN20	个	4.04		0	6.48	26.18		0		0		0
18	8-278	螺纹阀 DN32 以内	个	4	7.48	29.92		0	3.56	14.24	3.92	15.68		0
		螺纹截止阀 J11T-16DN32	个	4.04		0	12.76	51.55		0		0		0
19	8-281	螺纹阀 DN70 以内	个	1	21.87	21.87		0	8.77	8.77	13.10	13.10		0
		螺纹截止阀 J11T-16DN70	个	1.01		0	54.37	54.91		0		0		0
20	8-391	螺纹水表 DN15 以内	组	24	18.00	432.00		0	8.06	193.44	9.94	238.56		0
		螺纹水表 DN15	个	24			39.00	936.00		0				0
21	8-392	螺纹水表 DN20 以内	组	24	21.54	516.96			9.48	227.52	12.06	289.44		
		螺纹水表 DN20	个	24		0	41.00	984.00		0				
22	8-408	搪瓷浴盆(冷水)	10 组	2.4	946.07	2270.57		0	193.87	465.29	752.20	1805.28		
		铸铁搪瓷浴盆(普釉 1860)	件	24		0	497.00	11928.00		0				
		浴盆龙头(镀铬 20)	套	24.24		0	26.60	664.78		0				
		浴盆存水弯(PVC50mm)	个	24.12		0	4.43	106.85		0				
23	8-417	洗脸盆(冷水钢管组成)	10 组	2.4	879.89	2111.74		0	125.14	300.34	754.75	1811.40		
		台式洗面盆(普釉白色 450)	件	24.24		0	36.10	875.06		0				
		存水弯 DN32	个	24.12		0	6.72	162.09		0				
24	8-425	洗涤盆	10 组	2.4	495.15	1188.36		0	102.62	246.29	392.53	942.07		
		洗槽(普釉白色直沿、卷边 610mm × 460mm × 200mm)	件	24.24		0	36.80	892.03		0				
		存水弯 DN40S 型	个	24.12		0	7.52	181.38		0				
25	8-448	坐式大便器	10 组	2.4	370.60	889.44		0	190.31	456.74	180.29	432.70		
		低水箱坐便器(带盖)	个	24.24		0	64.78	1570.27		0				

续表 8－46

序号	定额号	工程及费用名称	单位	数量	预算价格		总价分析							
					单价/元	总价/元	主材费/元		人工费/元		材料费/元		机械费/元	
							单价	总价	单价	总价	单价	总价	单价	总价
		低水箱(普釉白色 480mm×215mm×365mm)	件	24.24		0	25.10	608.42		0				
		低水箱洁具(塑料)	套	24.24		0	17.80	431.47		0				
26	8－481	地漏 DN50	10 个	2.4	52.32	125.57		0	37.92	91.01	14.40	34.56		
		地漏 DN50	个	24		0	3.95	94.80		0				
27	8－487	地面扫除口	10 个	2.4	24.29	58.30			22.99	55.18	1.30	3.12		
		地面扫除口 DN100	个	24		0	3.41	81.84		0		0		
		第十一册:刷油、防腐蚀、绝热工程				0		0		0		0		
28	11－2	管道手工除锈(中锈)	$10m^2$	1.31	23.57	30.88		0	19.20	25.15	4.37	5.72		
29	11－8	一般钢结构手工除锈	100kg	0.06	24.14	1.45		0	12.80	0.77	3.17	0.19	8.17	0.49
30	11－56	管道刷油、银粉漆第一遍	$10m^2$	2.94	9.50	27.93		0	6.64	19.52	2.86	8.41		
		酚醛清漆	kg	1.05		0	9.59	10.07		0		0		
31	11－57	管道刷油、银粉漆第一遍	$10m^2$	2.94	9.01	26.49		0	6.40	18.82	2.61	7.67		
		酚醛清漆	kg	0.96		0	9.59	9.21		0		0		
32	11－117	一般钢结构刷油、红丹防锈漆第一遍	100kg	0.06	14.34	0.86		0	5.45	0.33	0.72	0.04	8.17	0.49
		醇酸防锈漆 G53－1	kg	0.07		0	9.98	0.69		0		0		
33	11－118	一般钢结构刷油、红丹防锈漆第二遍	100kg	0.06	14.00	0.84		0	5.21	0.31	0.62	0.04	8.17	0.49
		醇酸防锈漆 G53－1	kg	0.06		0	9.98	0.57		0		0		
34	11－122	一般钢结构刷油、银粉漆第一遍	100kg	0.06	15.63	0.94		0	5.21	0.31	2.25	0.14	8.17	0.49
		酚醛清漆	kg	0.02		0	9.59	0.19		0		0		
35	11－123	一般钢结构刷油、银粉漆第一遍	100kg	0.06	15.26	0.91		0	5.21	0.31	1.88	0.11	8.17	0.49
		酚醛清漆	kg	0.01		0	9.59	0.10		0		0		
36	11－206	铸铁管热沥青第一遍	$10m^2$	1.31	70.92	92.91		0	25.83	33.84	45.09	59.07		
37	11－207	铸铁管热沥青第二遍	$10m^2$	1.31	33.66	44.09		0	12.32	16.14	20.34	26.65		
		脚手架搭拆费	元	5347.96	0.05	267.40			0.01	53.48	0.04	213.92		
		总计				14562.00		25717.38		5401.44		9102.34		57.11

表 8－65　材料价差计算表

安装工程材料价差计算表(略)

序号	材料名称	单位	数量	单价/元		价差/元		备注
				定额价	市场价	价格差	合计	

表 8－66　安装工程预算总值表

工程名称:某单位职工住宅楼给排水

序号	工程或费用名称	计算公式或基数	费率/%	金额
1	直接费			40278.27
	其中:人工费			5401.44
	材料费			9102.34
	机械费			57.11
	主材费			25717.38
2	其他直接费	人工费×费率	6.00	324.09
3	临时设施费	人工费×费率	5.00	270.07
4	现场管理费	人工费×费率	21.00	1134.30
5	直接工程费小计	1+2+3+4		42006.73
6	企业管理费	人工费×费率	26.00	1404.37
7	劳动保险费	人工费×费率	20.00	1080.29
8	财务费用	人工费×费率	3.4	183.65
9	间接费小计	6+7+8		2668.31
10	利润	人工费×费率	85	4591.22
11	动态调整费			0
12	定额测编费	(5+9+10+11)×费率	0.114	57.16
13	税金	(5+9+10+11+12)×费率	3.14	1548.76
14	含税工程造价	5+9+10+11+12+13		50872.18
15	工程造价大写	伍万零捌佰柒拾贰元壹角捌分		

【例30】 以某商业楼给排水施工预算为例，介绍工程量清单在给排水工程中的应用。

一、某商业楼给排水施工图

1. 给水工程设计要求

(1)管材及连接:给水管材采用铝塑复合管，丝扣连接。

(2)水表安装详见 GB77S145 - 17 - 10。

(3)给水管道试验压力:PN = 0.8MPa。

2. 排水工程设计要求

(1)管材及连接

①室内及底层埋地排水管采用白色 UPVC 排水管，胶粘连接。

②室外排水管 DN≥200mm 时采用混凝土承插，水泥接口。安装详见 GB95S222 - 8。

(2)排水检查口安装高度距离所在楼(地)面高度为 1m。室内排水横管与横管、横管与立管连接应采用45°三通，排水立管与排出管连接应采用两个45°弯头。地漏顶面略低于安装位置楼(地)面 5 ~ 10mm。清扫口距离墙面不小于 0.15m，顶面安装位置与楼(地)面相平。

(3)排水管无注明者，采用以下标准坡度施工:DN50，$i = 0.035$;DN75，$i = 0.025$;DN100，$i = 0.02$;DN100 ~ DN200，$i = 0.01$;DN300，$i = 0.008$。

(4)排水管安装完毕后需做灌水试验，检查无漏水方为合格。

(5)室内排水立管每层应设置一个伸缩节。

(6)化粪池安装详见 GB92S213(一) - 5(1 - 2A00 型)。

3. 消防工程设计要求

(1)室内消防栓安装高度为栓口中心距楼(地)面 1.20m，出水方向与设置消防栓的墙面成90°。

(2)本设计中消防栓选用 SGY24 型成套产品，室内消防栓采用 SN65 型(C19 水枪，水龙带 $L = 25$m)。

(3)室内消防水管采用镀锌钢管，丝扣连接，刷银色调和漆两遍。

(4)室外消防水泵接合器安装详见 GB86S64 - 7 - 2。

(5)室外地上消防栓安装详见 GB88S164 - 4。

4. 其他要求

(1)所有管道在穿越楼板时，需预留套管。

(2)未尽事项请按照国家现行有关施工规范标准执行。

5. 给排水施工图见图 8 - 44 ~ 图 8 - 46。

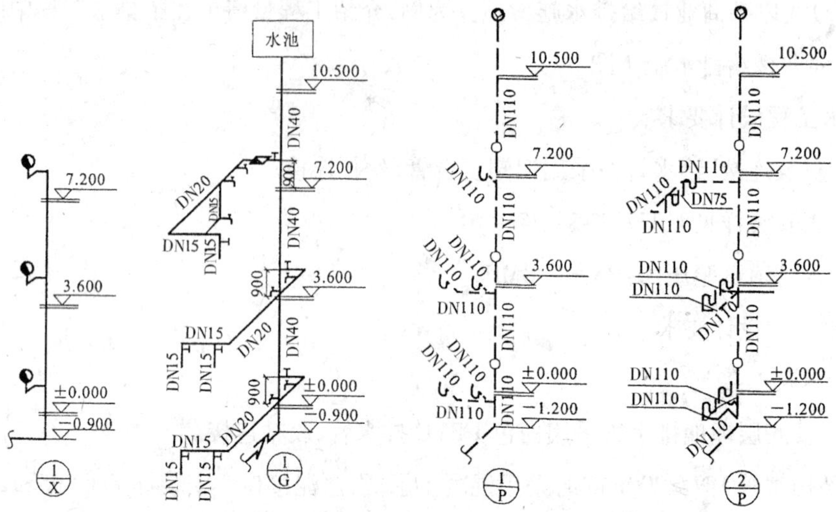

图 8－44　给排水消防系统图(1∶100)

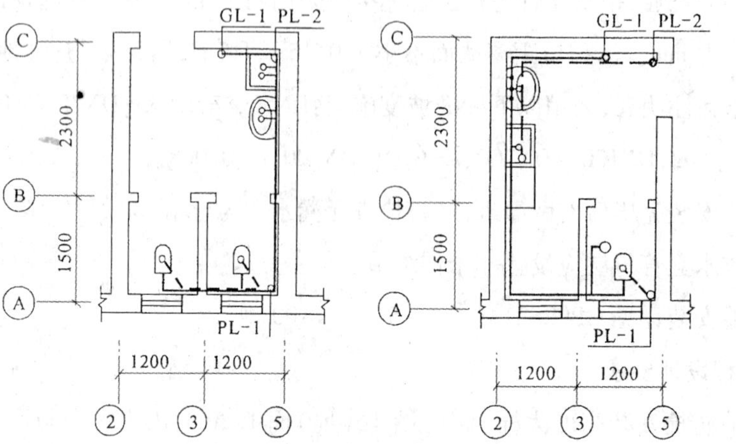

图 8－45　卫生间大样图(1∶50)及图例

图例	说明	图例	说明
— G —	给水管		止回阀
— P —	排水管		地　漏
	截止阀		蹲(坐)式大便器
	闸　阀		洗脸盆
	通气帽		水　表
	消防栓		

二、编制依据

(1)本施工图预算是按某商业楼给排水施工图计算工程量。

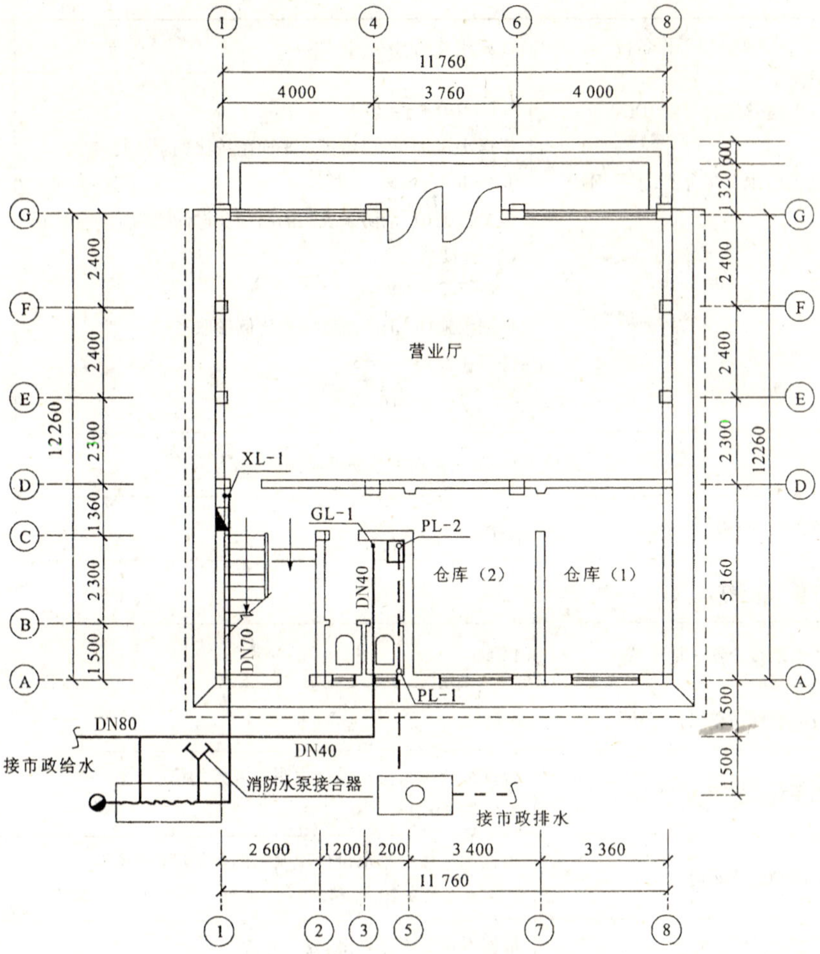

图 8－46　一层给排水平面图(1∶100)

(2)定额采用2000年《全国统一安装工程预算定额——××省价目表》及《××省建设工程费用定额》。

(3)本工程属于三类工程,施工企业按乙类取费。

(4)材料价格按2000年《××地区建设工程材料预算价格》取定。

工程量计算表、主要材料价格表、给排水工程量清单综合单价分析表分别见表8－67、表8－68、表8－69。

表8－67　工程量计算表

序号	分部分项工程名称	计算式及说明	单位	数量
一	XL－1系统			
1	镀锌钢管丝接 DN80 接市政给水,引入管、水平干管	根据水施03#一层给排水平面图按比例量取得 1.8＋2.5＝4.3	m	4.3

续表 8-67

序号	分部分项工程名称	计算式及说明	单位	数量
2	镀锌钢管丝接 DN70 接消防水泵接合器,水平钢管 立管 支管	8.9+9.0+3=20.9 根据水施03#一层给排水平面图按比例量取得 0.8+8.1=8.9 根据水施01#消防系统图的高程及设计说明第四条的第(1)条而得 0.9+7.2+0.9=9 根据水施01#消防系统图按比例量取得 (0.7+0.3)×3=3 3——3个室内消防栓	m	20.9

以下3~7项是根据消防系统图所得

序号	分部分项工程名称	计算式及说明	单位	数量
3	螺纹闸阀 DN80	1个	个	1
4	室外地上消防栓	1套	套	1
5	消防水泵接合器　地上式	1套	套	1
6	室内消防栓　单出口 *SN*65	3套	套	3
7	穿层套管 DN100	根据综合楼给排水设计说明第五条的第(1)条 0.3×3=0.9	m	0.9
8	管道刷调和漆两遍	根据综合楼给排水设计说明第四条的第(3)条 3.14×0.07×20.9=4.59	m^2	4.59
9	钢管支架制作与安装	根据本章2.3计算得 1.09×3+1.19×3=6.84	kg	6.84
10	金属结构刷调和漆两遍	根据综合楼给排水设计说明第四条的第(3)条 6.84	kg	6.84
11	管道冲洗、消毒 DN100以内	根据给水管安装工程施工规范 4.3+20.9=25.2	m	25.2
二	GL-1系统			
1	铝合金复合管丝接 DN40 引入管、水平干管 立管	11.1+12.5=23.6 根据水施03#一层给排水平面图按比例量取得 6.1+5.0=11.1 根据水施01#给水系统图的高程及设计说明第二条的第(1)条而得 0.9+10.5+1.1=12.5	m	23.6
2	铝合金复合管丝接 DN20 与立管相连接的水平支管	根据水施01#给水系统图及水施02#卫生间大样图按比例量得 (0.8+3.5+0.5)×2+(1.3+3.5)×1=14.4	m	14.4

续表 8-67

序号	分部分项工程名称	计算式及说明	单位	数量
3	铝合金复合管丝接 DN15 与水平管相连接的支管	根据水施 01#给水系统图及水施 02#卫生间大样图按比例量得 1.1×2+(1.7+0.7)×1=4.6	m	4.6
	以下 4~10 项根据给水系统图所得			
4	螺纹止回阀 DN40	1 个	个	1
5	螺纹水表 DN20	1 个	个	1
6	螺纹截止阀 DN20	2 个	个	2
7	洗脸盆(立式)	3 组	组	3
8	蹲式大便器	5 套	套	5
9	水龙头 DN15	4 个	个	4
10	淋浴器	1 组	组	1
11	排水栓安装 DN50	水池泄水处	个	1
12	穿层套管 DN65	根据综合楼给排水设计说明第五条的第(1)条 0.3×(4+1)=1.5	m	1.5
13	管道冲洗消毒 DN50 以内	23.6+14.6+4.6=42.8	m	42.8
三	PL-1、PL-2 系统			
1	UPVC 排水管胶接 DN100 排水立管 PL_1、PL_2 排水横管 PL_1 排水横管 PL_2 标高 -1.2m 处排出管 PL_2	27+5.1+7.6+6=45.7 根据水施 01#排水系统图的高程及 02#卫生间大样图按比例量得 (1.8+10.5+1.2)×2=27 0.5+(1.3+0.5+0.5)×2=5.1 1.9+1.4+0.5+(0.9+0.5+0.5)×2=7.6 6	m	45.7
2	UPVC 排水管胶接 DN75 排水横管	0.5	m	0.5
3	地漏 DN110	3 个	个	3
4	穿层套管 DN150	根据综合楼给排水设计说明第五条的第(1)条 0.3×4×2=2.4	m	2.4
5	人工挖沟槽土方	根据土建定额计算 排水系统 0.7×1.2×6=5.04 消防系统 0.6×0.9×(4.3+8.9)+0.9×1.6×0.9=8.4 合计 5.04+8.4=13.44	m^3	13.44

表 8-68　主要材料价格表

序号	编码	名称规格	单位	数量	单价/元	合价/元
1	03001-000	型钢	kg		2.53	
2	10001-000	洗脸盆	套		162.07	
3	10005-101	瓷蹲式喷头	个		42.07	

续表 8－68

序号	编码	名称规格	单位	数量	单价/元	合价/元
4	10023－000	莲蓬喷头	个		3.00	
5	11048－002	螺纹阀门 DN20	个		23.00	
6	11048－005	螺纹阀门 DN40	个		53.00	
7	11048－008	螺纹阀门 DN80	个		217.00	
8	12006－001	酚醛调和漆(各色)	kg		23.96	
9	19001－003	地上式消火栓深 100 型	套		665.00	
10	19003－000	室内消火栓箱成套	套		490.00	
11	19005－003	室外消防水泵接合器(DN100)	套		1106.00	
12	27001－007	镀锌钢管 DN70	m		27.14	
13	27001－009	镀锌钢管 DN80	m		35.23	
14	27002－010	焊接钢管 DN100	m		43.77	
15	27002－012	镀锌钢管 DN150	m		63.51	
16	27036－002	承插塑料排水管(UPVC,DN75×2.3)	m		11.66	
17	27036－003	承插塑料排水管(UPVC,DN100×3.2)	m		20.99	
18	27043－001	铝塑复合管 DN15	m		5.82	
19	27043－002	铝塑复合管 DN20	m		7.78	
20	27043－004	铝塑复合管 DN40	m		25.52	
21	28013－002	承插塑料排水管件(DN75)	个		22.61	
22	28013－003	承插塑料排水管件(DN100)	个		19.82	
23	28066－001	铝塑复合管件 DN15	个		7.37	
24	28066－002	铝塑复合管件 DN20	个		8.08	
25	28066－004	铝塑复合管件 DN40	个		24.32	
26	310012－002	螺纹水表(DN20)	个		26.04	
27	32001－101	普通水嘴(DN15)	个		7.51	
28	32002－204	排水栓(DN50/带链堵/带存水弯)	套		7.74	
29	32003－003	地漏(DN110/铸铁)	个		27.30	

表 8－69　给排水工程量清单综合单价分析表

序号	项目编号	项目名称	定额编号	工程内容	单位	数量	综合单价组成(元)					合价(元)	综合单价(元)
							人工费	材料费	机械费	管理费	利润		
1	030801001001	DN80 镀锌钢管			m	4. 30						187. 26	43. 55
			8－8	镀锌钢管 DN80 螺纹连接	10m	0. 43	22. 52	368. 37	1. 81	17. 21	19. 14	184. 49	
			8－265	管道冲洗、消毒	100m	0. 043	16. 12	22. 16	0	12. 32	13. 70	2. 77	
2	030801001002	DN70 镀锌钢管			m	20. 90						1156. 53	55. 34
			8－94	镀锌钢管 DN80 以内螺纹连接	10m	2. 09	68. 73	326. 57	4. 53	52. 51	58. 42	1067. 49	
			8－265	管道冲洗、消毒	100m	0. 209	16. 12	22. 16	0	12. 32	13. 70	13. 43	
			8－28	套管的制作 DN100 以内	10m	0. 09	28. 44	465. 07	15. 93	21. 73	24. 17	49. 98	
			11－56	管道刷银粉漆第一遍	10	0. 459	6. 64	11. 24	0	5. 07	5. 64	13. 12	
			11－57	管道刷银粉漆第二遍	10	0. 459	6. 40	10. 52	0	4. 89	5. 44	12. 51	
3	030802001001	支架制作安装			kg	6. 84						99. 82	14. 59
			8－212	管道支架制作安装	100kg	0. 068	240. 32	405. 36	276. 74	183. 60	204. 27	89. 62	
			11－8	一般钢结构除锈(中锈)	100kg	0. 068	12. 80	3. 17	8. 17	9. 78	10. 88	3. 06	
			11－119	支架刷防锈漆一遍	100kg	0. 068	5. 45	22. 71	8. 17	4. 16	4. 63	3. 09	
			11－122＋123	支架刷银粉两遍	100kg	0. 068	10. 42	15. 63	16. 34	7. 96	8. 86	4. 05	
4	030801005001	塑料排水管 DN100			m	45. 70						2101. 98	45. 72
			8－191	DN100 塑料排水管零件粘结	10m	4. 57	54. 98	272. 11	0. 26	42. 00	46. 73	1901. 15	
			8－30	套管 DN150	10m	0. 24	40. 05	707. 46	18. 67	30. 60	34. 04	200. 83	
5	030801005002	塑料排水管 DN75			m	0. 5						14. 50	29. 00
			8－190	DN75 塑料排水管零件粘结	10m	0. 05	49. 30	160. 83	0. 26	37. 67	41. 91	14. 50	

续表 8 - 69

序号	项目编号	项目名称	定额编号	工程内容	单位	数量	综合单价组成(元)					合价（元）	综合单价(元)
							人工费	材料费	机械费	管理费	利润		
6	03081007001	塑料复合管 DN40 螺纹连接			m	23.6						1103. 57	46. 76
			8 - 142	室内给水铝塑管复合管 DN40	10m	2. 36	16. 50	419. 87		12. 61	14. 03	1092. 70	
			8 - 264	管道冲洗消毒	100m	0. 236	12. 32	13. 85		9. 41	10. 47	10. 87	
7	03081007002	塑料复合管 DN20 螺纹连接			m	14. 4						339. 17	23. 55
			8 - 141	复合给水管 DN20	10m	1. 44	11. 6	200. 60		8. 86	9. 87	332. 54	
			8 - 264	管道冲洗消毒	100m	0. 144	12. 32	13. 85		9. 41	10. 47	6. 63	
8	03081007003	塑料复合管 DN15 螺纹连接			m	4. 6						76. 90	16. 72
			8 - 140	复合给水管 DN15	10m	0. 46	11. 61	132. 23		8. 86	9. 87	74. 78	
			8 - 264	管道冲洗消毒	100m	0. 046	12. 32	13. 85		9. 41	10. 47	2. 12	
9	030803001001	螺纹阀门 DN80	8 - 282		个	1	11. 85	237. 97		9. 05	10. 07	268. 94	268. 94
10	030803001002	螺纹阀门 DN40	8 - 279		个	1	5. 93	59. 40		4. 53	5. 04	74. 90	74. 90
11	030803001003	螺纹阀门 DN20	8 - 276		个	2	2. 37	25. 41		1. 81	2. 01	63. 20	31. 60
12	030803010001	螺纹水表 DN20	8 - 392		组	1	9. 48	49. 71		7. 24	8. 06	74. 49	74. 49
13	030804003001	洗脸盆	8 - 420		组	3	33. 75	167. 41		25. 79	28. 69	766. 92	255. 64
14	030804007001	淋浴器	8 - 437		组	1	5. 31	18. 86		4. 06	4. 51	32. 74	32. 74
15	030804012001	大便器	8 - 443		套	5	13. 65	73. 96		10. 43	11. 60	548. 10	109. 62
16	030804015001	排水栓 DN50	8 - 477		组	1	4. 50	8. 16		3. 44	3. 83	19. 93	19. 93
17	030804016001	水龙头铜 DN15	8 - 472		个	4	0. 66	7. 29		0. 50	0. 56	36. 04	9. 01
18	030804017001	地漏铸铁 DN110	8 - 484		个	3	13. 89	32. 35		10. 61	11. 09	203. 82	67. 94
19	030701018001	消火栓室外	7 - 114		套	1	23. 70	667. 34		18. 11	20. 15	729. 30	729. 30
20	030701018001	消火栓室内	7 - 105		套	3	22. 28	497. 18	0. 44	17. 02	18. 94	1667. 58	555. 86
21	030701019001	地上式消防水泵结合器 DN100	7 - 123		套	1	49. 53	1197. 26	6. 05	37. 84	42. 10	1332. 78	1332. 78
22	合　计											10891. 84	

【例31】 某大楼工程为现浇钢筋混凝土结构，建筑面积为17603m^2，地下室为2层，地上部分为13层。

1.该工程给水排水工程部分由室内给水、排水系统、消火栓系统、自动喷洒系统、热水供应系统等组成。

【解】 (1)给水系统

该系统在垂直高度上分为低区和高区，地下室至地上3层为低区；4～13层为高区。低区接自室外市政给水管网直接供水，主要用水点为公共卫生间，桑拿卫生间及开水间等；高区供水用2台65LG3型给水泵供至屋顶水箱，然后由水箱接至13层横管进而分流供至管道井内给水主管、开水间给水主管，公共卫生间给水主管等(即上行下给式的给水方式)，用水点为客房卫生间、公共卫生间及开水房。

(2)排水系统

该系统采用UPVC聚氯乙烯排水塑料管，客房卫生间在各客房管道井内设置排水主管，各主管在设备层汇人横管后再分成3根DN150主管排至室外化粪池，3根主管设DN100排气管伸出屋顶，各客房井内排水主管均伸出屋顶做透气用。公共卫生间、桑拿卫生间及开水间设排水主管接至室外，主管伸出屋顶通气。地下室排水由集水池收集后用潜污泵排至室外。大楼内的污水均经化粪池处理后进入城市排水管网。

(3)消火栓系统

本系统室内采用SG×24/65自救型消火栓箱，箱内带消防盘卷，箱内的消防按钮被按下时均可远距离启动地下室的消防水泵。室外设SQ－1消防泵结合器，地下室设消火栓供水泵组(两用一备)。本系统屋顶设试验消火栓供检测试验用。

(4)自动喷洒系统

本系统地下室设自动喷洒泵组及气压给水罐一套(两用一备)，以保证系统供水及压力，报警阀采用ZSZ×150型，每层喷洒出水管后设ZSFD－1.0型安全信号阀，喷头为68℃温度吊顶型玻璃球喷头，安装至高度平顶棚。供水主管在罩中部400mm处留孔设置，喷头因故要移动时，必须保证喷头间最大间距不超过3600mm，喷头离墙边不得超过1800mm，水力警铃设在泵房隔墙上。各层系统起端设水流指示器、安全信号阀等辅助报警装置，此部分装置信号引至消防控制室。

(5)热水供应系统

本系统热水主要供3层桑拿房间及4～7层客房卫生间使用，热水来自原花园宾馆热分换间内，采取当给水管平引敷设的方式进入各个卫生间管道井热水立管，立管中未使用消耗的热水，经设备层回水系统，汇集至地下室热水循环泵送入热交换器再次加热使用。

2.阅读图纸

本工程给水排水工程施工图(水施)共32张，表8－70是“水施”目录。

本预算编制实例仅取该工程部分内容作示范。图8－47～图8－49分别是该工程8～12层办公卫生间给水、排水平面图和系统图。图8－50是消火栓及屋顶水箱系统图，是8～12层给水的水源，与8～12层给排水系统图有紧密关系。从平面图和系统图可以看出，8～12层办公卫生间给水是由屋顶水箱经主管干管出水供给，在各层引出水平干管，沿墙再引出支管分别至洗手盆，电开水器，洗涤池及挂式小便器和蹲式大便器。

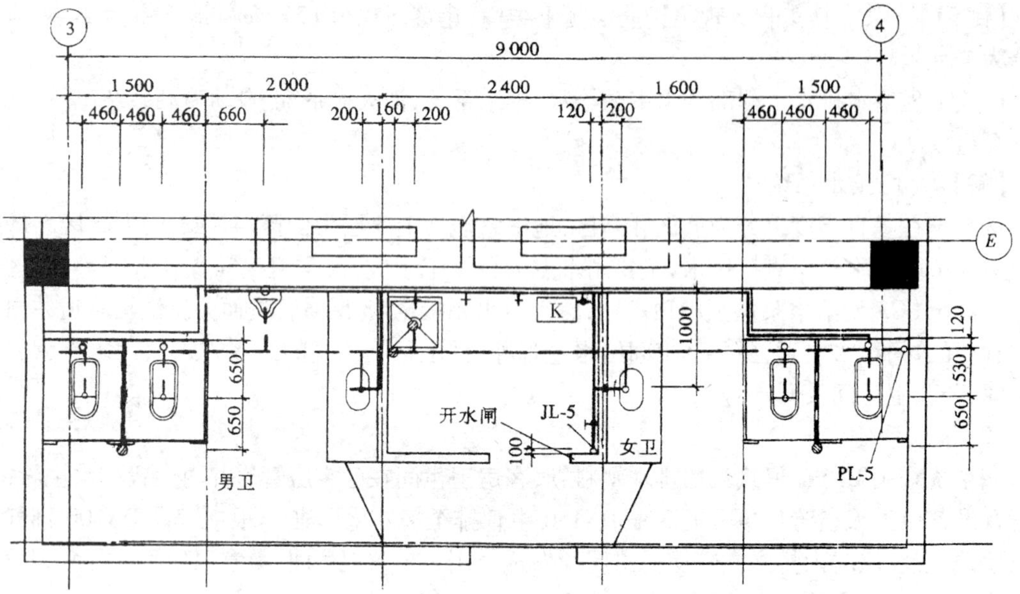

图 8－47　8～12 层办公卫生间平面图 1∶40

表 8－70　某大楼水施图目录

序号	图纸名称	图号	规格	备注
	现制图			
1	图纸目录	1	2 号	
2	设计说明	2	2 号	
3	主要设备材料表	3	2 号	
4	给排水总平面	4	1 号	
5	地下 2 层给排水平面	5	1 号	
6	地下 1 层给排水平面	6	1 号	
7	1 层给排水平面	7	1 号	
8	2 层给排水平面	8	1 号	
9	3 层给排水平面	9	1 号	
10	3 层吊顶层给排水平面	10	1 号	
11	4～7 层给排水平面	11	1 号	
12	8～12 层给排水平面	12	1 号	
13	屋顶层给排水平面	13	1 号	
14	地下 2 层自动喷洒平面	14	1 号	
15	地下 1 层自动喷洒平面	15	1 号	
16	1 层自动喷洒平面	16	1 号	
17	2 层自动喷洒平面	17	1 号	
18	3 层自动喷洒平面	18	1 号	
19	4～7 层自动喷洒平面	19	1 号	
20	8～12 层自动喷洒平面	20	1 号	
21	地下室卫生间给排水平面系统	21	1 号	
22	2 层公共卫生间给排水平面系统	22	2 号	

续表 8－70

序号	图纸名称	图号	规格	备注
23	客房公共卫生间给排水平面系统	23	2 号	
24	3 层桑拿卫生间给排水平面系统	24	2 号	
25	8～12 层公共卫生间给排水平面系统	25	2 号	
26	客房卫生间给排水平面系统	26	2 号	
27	水泵房给排水平面	27	1 号	
28	水泵房及自动喷洒系统	28	1 号	
29	给水系统	29	1 号	
30	热水系统	30	1 号	
31	消火栓及屋顶水箱系统	31	1 号	
32	排水系统	32	1 号	

看给水系统图 8－48，支管标高如图所示，立管长度按标高计算，水平支管按平面图尺寸计算，也可按比例量出平面图管道尺寸，各分支处均设有控制阀门。

看排水系统图 8－49，由上而下从卫生器具开始，沿流向经支管到立管，每层排水水平干管设有清通口一个，立管每隔一层设有检查口，并延伸出屋面或为通气管。立管长度通过标高计算，水平支管长度可用平面图尺寸和标准图集的大样图计算，也可由平面图按比例求得。

图 8－51 是蹲式大便器安装图，从中可以得出各种管道距墙面，距顶棚以及卫生器具的细部尺寸，这些尺寸紧凑合理，考虑了安装、检修作业所需合理尺寸。所选用的标准图集的安装型式，应由设计人员指定。

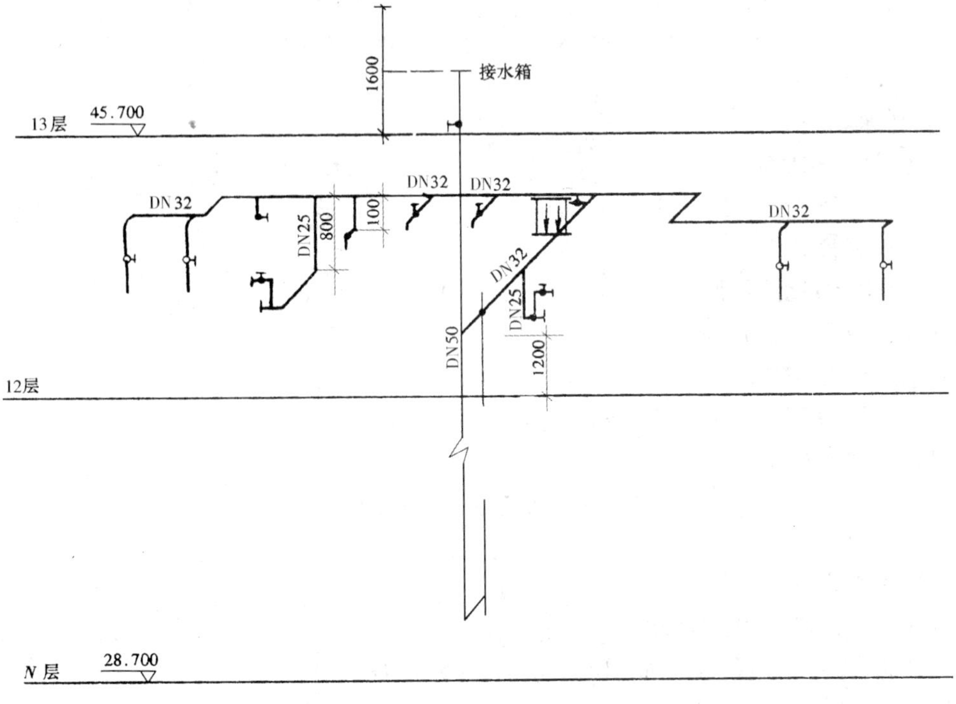

图 8－48　8～12 层办公卫生间给水系统图

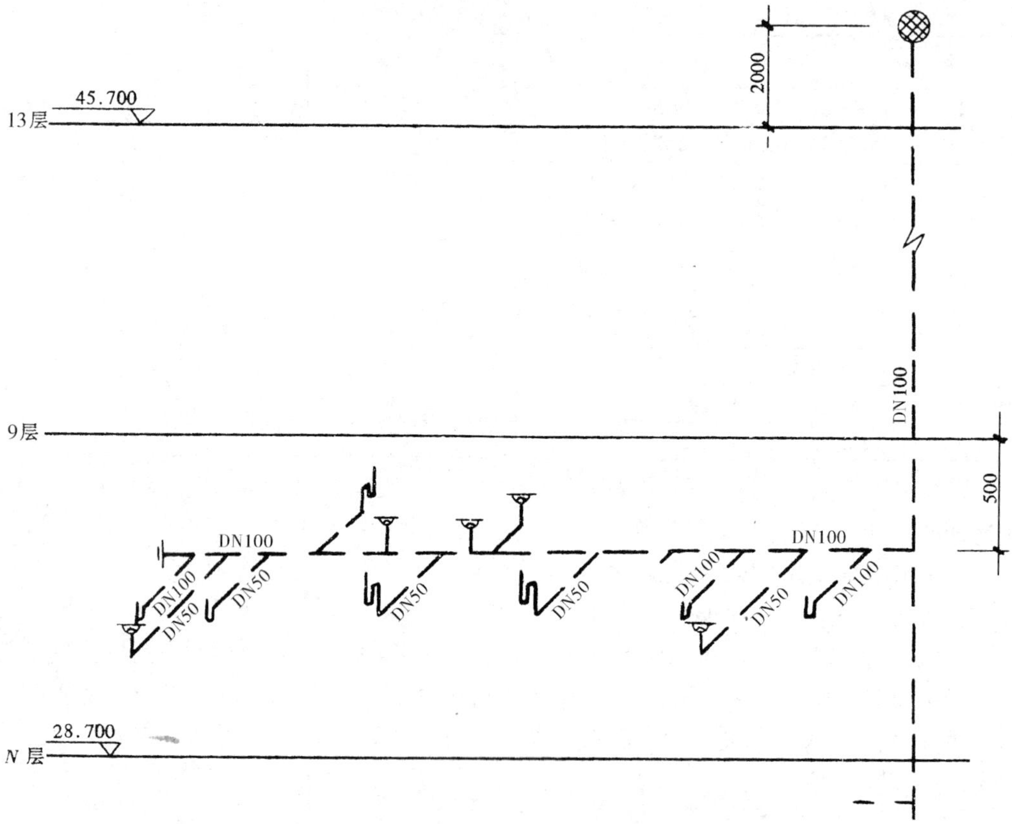

图 8－49　8～12 层办公卫生间排水系统图

3. 工程量计算

(1)给水系统

1)镀锌钢管 DN50

[(45.7－28.7－1.2)系统图＋1.6 至水箱]m＝17.4m

2)镀锌钢管 DN32

[1.8 图中按比例量得＋(2.0＋2.4＋1.6＋0.5×2＋0.45×6)平面图示尺寸＋0.15 至开水器支管]m×5(层数)＝58.25m

3)镀锌钢管 DN25

(0.8×2 系统图＋1.0 平面图示尺寸)m×5(层数)＝13.0m

4)镀锌钢管 DN15

[(0.18×3 水嘴＋0.4 系统图)×5(层数)]m＝4.7m

5)截止阀 J11T－10　DN50

1 个(系统图立管干管)

6)截止阀 J11T－10　DN32

(1 平面图水平干管＋1 平面图电开水器)×5(层数)＝10 个

7)电开水器

1 平面图×5(层数)＝5 个

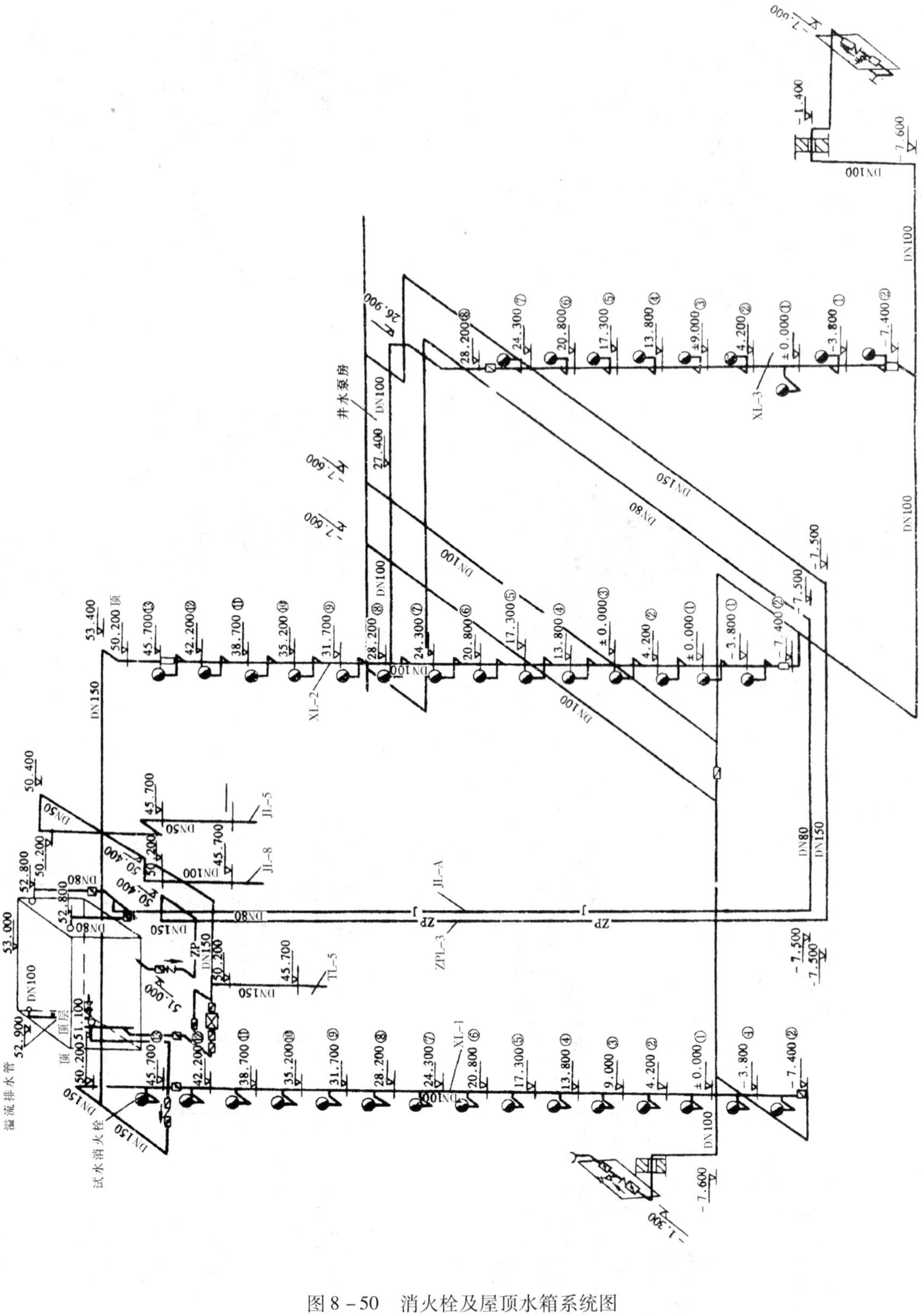

图 8－50　消火栓及屋顶水箱系统图

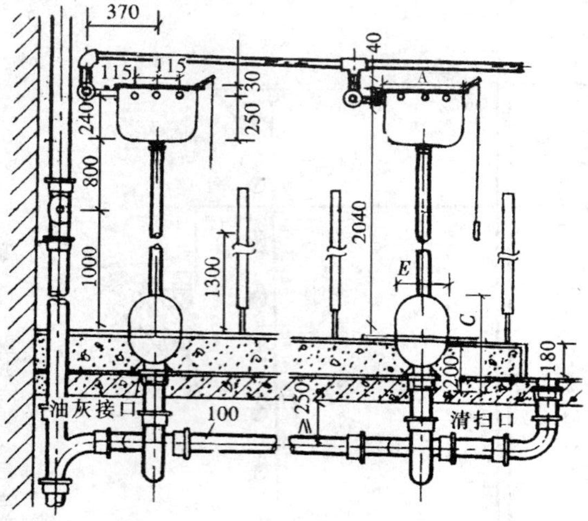

I - I

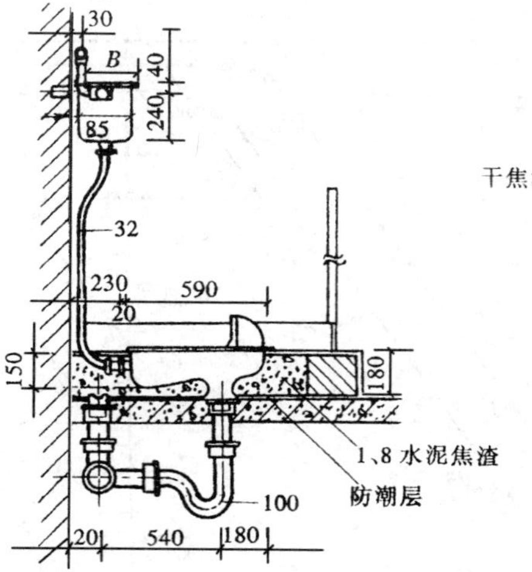

II - II

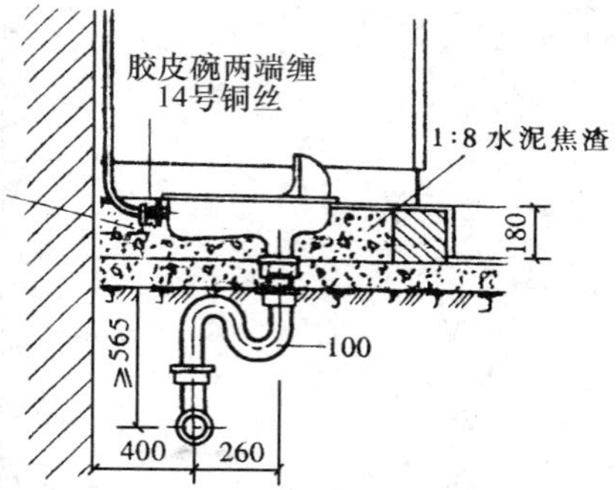

S 型存水弯安装图
（用于底层）

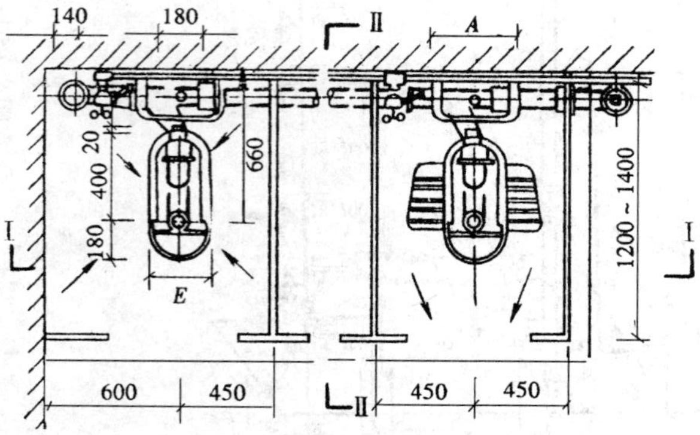

平面

名　称	编　号	A	B	C	E
高水箱	1 号	440	260	—	—
（mm）	2 号	420	240	—	—
大便器	1 号	—	—	400	280
（mm）	28 号	—	—	300	280
	29 号	—	—	330	260

说明：

1. 本图为高水箱蹲式大便器安装图。
2. 高水箱为北京水暖一厂产品。
3. 蹲式大便器也可成组安装。

图8-51　蹲式大便器安装图

8）水嘴 DN15

3 系统图 ×5（层数）=15 个

9）镀锌薄钢板套管 DN70

5 个（穿楼板）

10）镀锌薄钢板套管 DN40

2 穿墙 ×5（层数）=10 个

11）镀锌铁皮套管 DN25

1 穿墙 ×5（层数）=5 个

12）给水管道消毒冲洗 DN50 内

[17.4（DN50）+58.25（DN32）+13.0（DN25）+4.7（DN15）]m =93.35m

（2）排水系统

1）承插塑料排水管 DN100

（45.7 −28.7 +0.5）系统图 +2.0 至透气帽 +[（9.0 +0.25 +0.15）平面图水平干管 +0.65 ×4 平面图水平干管] ×5（层数）=79.5m

2）承插塑料排水管 DN50

[（0.53 +0.65）×2 平面图 +0.4 ×2 平面图至洗手盆 +0.3 至洗涤池 +0.5 至小便器 +0.3 ×5 系统图地漏至支管] ×5（层数）=27.3m

3）洗手盆（带配件）

2 平面图 ×5（层数）=10 个

4）手压延时阀蹲式大便器

4 平面图 ×5（层数）=20 个

5）挂斗式小便器（带配件）

1 平面图 ×5（层数）=5 个

6）地漏 DN50

5 系统图 ×5（层数）=25 个

7）检查口 DN100

3 个（系统图）

8）清通口 DN100

1 平面图 ×5（层数）=5 个

表 8-71　工程量计算表

序号	项目	图号及部位	计算式	单位	工程量
1	给水系统				
1)	镀锌钢管 DN50	图 8-47	(45.7-28.7-1.2)+1.6	10m	1.74
2)	镀锌钢管 DN32	卫生间平面图	(1.8+2.0+2.4+1.6+0.5×2+0.45×6+0.15)×5	10m	5.825
3)	镀锌钢管 DN25	图 8-48	(0.8×2+1.0)×5	10m	1.3
4)	镀锌钢管 DN15	给水系统图	(0.18×3+0.4)×5	10m	0.47
5)	截止阀 J11T-10DN50	图 8-49	1	个	1
6)	截止阀 J11T-10DN32	排水系统图	(1+1)×5	个	10
7)	电开水器		1×5	台	5
8)	水嘴 DN15		3×5	个	15
9)	镀锌薄钢板套管 DN70		5	个	5
10)	镀锌薄钢板套管 DN40		2×5	个	10
11)	镀锌薄钢板套管 DN25		1×5	个	5
12)	给水管道消毒冲洗 DN50 内		17.4+58.25+13.0+4.7	100m	0.9335
2	排水系统				
1)	承插塑料排水管 DN100		(45.7-28.7+0.5)+2.0+(9.0+0.25+0.15+0.65×4)	10m	7.95
2)	承插塑料排水管 DN50		×5[(0.53+0.65)×2+0.4×2+0.3+0.5+0.3×5]×5	10m	2.73
3)	洗手盆(带配件)		2×5	10 组	1
4)	挂式小便器(带配件)		1×5	10 组	0.5
5)	手押延时阀蹲式大便器		4×5	10 组	2
6)	清通口 DN100		1×5	10 个	0.5
7)	地漏 DN50		5×5	10 个	2.5
8)	检查口 DN100		3	10 个	0.3

表 8-72　工程量汇总表

序号	项目名称	单位	工程量	备注
1	镀锌钢管 DN50	10m	1.74	
2	镀锌钢管 DN32	10m	5.825	
3	镀锌钢管 DN25	10m	1.3	
4	镀锌钢管 DN15	10m	0.47	
5	截止阀 J11T-10DN50	个	1	
6	截止阀 J11T-10DN32	个	10	
7	承插塑料排水管 DN100	10m	7.95	
8	承插塑料排水管 DN50	10m	2.73	
9	电开水器	台	5	
10	水嘴 DN15	个	15	
11	地漏 DN50	10 个	2.5	
12	洗手盆(带配件)	10 组	1	
13	挂式小便器(带配件)	10 组	0.5	
14	手押延时阀蹲式大便器	10 组	2	
15	清通口 DN100	10 个	0.5	
16	检查口 DN100	10 个	0.3	
17	镀锌铁皮套管 DN70	个	5	
18	镀锌铁皮套管 DN40	个	10	
19	镀锌铁皮套管 DN25	个	5	
20	给水管道消毒冲洗 DN50 内	100m	0.9335	

表 8 - 71 是工程量计算表；

表 8 - 72 是工程量汇总表。

工程量汇总时注意事项：

(1)应按定额规定的工程子项序号顺序汇总，一般是按器材规格由小到大的顺序排列。

(2)应按楼层、系统汇总，一般是由下往上汇总。

(3)应注意定额规定可能有人工费等调增的区段，如超高作业层、高层建筑增加费楼层的统计。

4. 套用定额及费用计算

施工图预算工程量汇总后，再套用相应定额本示例套用《北京市建设工程预算定额》第五册给排水、采暖、燃气工程并执行与之配套的《北京建设工程费用定额》，按其规定计算，并编制预算说明。

【例 32】 (1)本例题为山东省某市市区 × × 住宅楼一个单元的室内给水排水工程，给水管道采用镀锌钢管，螺纹连接，排水管采用铸铁排水管，石棉水泥接口。

(2)各用户室内冷水计量采用旋翼干式远传水表，卫生洁具采用节水型。

(3)洗脸盆水龙头，洗涤盆水龙头均为普通冷水嘴。

(4)给水管穿越楼板时设一般钢套管，管道穿基础侧墙设柔性防水套管。

(5)施工完毕，给水系统进行静水压力试验，试验压力为 0.6MPa；排水系统安装完毕进行灌水试验，施工完毕再进行通水、通球试验。

(6)图中标高均以 m 计，其他尺寸标注均以 mm 计。

(7)管道及卫生器具安装参照山东省标准设计《给水排水设备安装图集》。

(8)本例题暂不计刷油、保温等工作内容。

(9)本例题图见图 8 - 52、图 8 - 53、图 8 - 54、图 8 - 55。工程量计算结果见表 8 - 73，安装工程施工图预算结果见表 8 - 74。

(10)未尽事宜执行现行施工及验收规范的有关规定。

(11)安装工程预算表，略。

表 8 - 73　工程量计算书

工程名称：× × 住宅给水排水工程

序号	分部分项工程名称	单位	工程量/m	计算公式
		给水管道		
1	镀锌钢管 DN50	m	10.1	1.5 + 0.50 + [(-0.3) - (-1.8)] + 2.6 + 0.6 + 3.4 = 10.1
2	镀锌钢管 DN40	m	8.9	3.5 + [(-0.3) - (-1.8)] + 0.7 + 1.9 + 1.3 = 8.9
3	镀锌钢管 DN32	m	22.1	①1.9 + 4.7 + 2.6 + 1.6 + 0.5 = 11.3 ②[1 - (-0.3)] × 4 + [1 - (-1.8)] × 2 = 10.8
4	镀锌钢管 DN25	m	34.8	2.9 × 12 = 34.8

续表 8－73

序号	分部分项工程名称	单位	工程量/m	计算公式
5	镀锌钢管 DN20	m	17.4	2.9×6=17.4
6	镀锌钢管 DN15	m	98.4	①2.9×6=17.4 ②0.8×5×4+[0.7+(1－0.2)+2.6+0.6+0.6+0.4+0.6+0.2]×5×2=81
		排水管道		
7	铸铁排水管 DN150	m	5.8	(1.5+1.4)×2=5.8
8	铸铁排水管 DN100	m	49.2	①{0.6+[(－0.5)－(－1.7)]+5.3}×2+[15.0－(－0.5)]×2=45.2 ②0.4×5×2=4
9	铸铁排水管 DN75		81.1	①[(15.0－(－1.7)]×3=50.1 ②(0.2+0.9+0.4)×5×2+(0.8+0.8)×5×2=31
		卫生器具		
10	坐式大便器	套	10	10
11	洗脸盆	组	10	10
12	洗涤池	组	10	10
13	地漏 DN75	个	40	40
14	水表 DN15	组	10	10
15	水龙头 DN15	个	10	10
16	阀门 DN32	个	6	6
17	阀门 DN15	个	10	10
	其他			
18	柔性防水套管制作安装 DN150	个	2	排水 2
19	柔性防水套管制作安装 DN50	个	1	给水 1
20	一般套管制作安装 DN32	个	6	给水立管 6
21	一般套管制作安装 DN25	个	12	给水立管 12
22	一般套管制作安装 DN20	个	6	给水立管 6
23	一般套管制作安装 DN15	个	6	给水立管 6
24	一般套管制作安装 DN100	个	12	排水立管 12
25	一般套管制作安装 DN75	个	24	排水立管 24

表 8－74　安装工程预算表

项目名称：××住宅给排水工程

序号	定额号	定额名称	单位	工程量	定额基价/元	定额合价/元	人工单价/元	人工合价/元
1	8－287	镀锌钢管(螺纹连接)DN15mm 以内	10m	9.840	58.71	577.71	39.34	387.11
	1663	镀锌钢管 DN15	m	100.368				
2	8－288	镀锌钢管(螺纹连接)DN20mm 以内	10m	1.740	58.85	102.40	39.34	68.45
	1664	镀锌钢管 DN20	m	17.748				
3	8－289	镀锌钢管(螺纹连接)DN25mm 以内	10m	3.480	73.30	255.08	47.06	163.77
	1665	镀锌钢管 DN25	m	35.496				
4	8－290	镀锌钢管(螺纹连接)DN32mm 以内	10m	2.210	78.93	174.44	47.06	104.00
	1666	镀锌钢管 DN32	m	22.542				
5	8－291	镀锌钢管(螺纹连接)DN40mm 以内	10m	0.890	117.59	104.66	63.10	56.16
	1667	镀锌钢管 DN40	m	9.078				
6	8－292	给排水室内镀锌钢管(螺纹连接)公称直径 50mm 以内	10m	1.010	143.83	145.27	66.77	67.44
	1668	镀锌钢管 DN50	m	10.302				
7	8－387	承插铸铁排水管(石棉水泥接口)公称直径 75mm 以内	10m	8.110	317.19	2572.41	71.17	577.19
	1750	承插铸铁排水管 DN75	m	75.423				
8	8－388	承插铸铁排水管(石棉水泥接口)公称直径 100mm 以内	10m	4.920	476.13	2342.56	91.34	449.39
	1751	承插铸铁排水管 DN100	m	43.788				
9	8－389	承插铸铁排水管(石棉水泥接口)公称直径 150mm 以内	10m	0.580	489.65	284.00	101.16	58.67
	1753	承插铸铁排水管 DN150	m	5.568				

续表 8-74

序号	定额号	定额名称	单位	工程量	定额基价/元	定额合价/元	人工单价/元	人工合价/元
10	8-481	坐式大便器安装低水箱坐便	10 套	1.000	283.59	283.59	177.25	177.25
	1833	低水箱坐便器	个	10.100				
	1837	坐式低水箱	个	10.100				
	1839	低水箱配件	套	10.100				
	1844	坐便器桶盖	套	10.100				
	1799	角型阀(带铜活)DN15	个	10.100				
11	8-448	洗脸盆安装钢管组成普通冷水嘴	10 组	1.000	287.58	287.58	110.37	110.37
	1793	洗脸盆	个	10.100				
	1795	水嘴(全铜磨光)DN15	个	10.100				
	1800	洗脸盆下水口(铜)DN32	个	10.100				
12	8-457	洗涤盆安装单嘴	10 组	1.000	556.24	556.24	111.10	111.10
	1806	洗涤盆	个	10.100				
	1795	水嘴(全铜磨光)DN15	个	10.100				
13	8-515	地漏安装 DN75	10 个	4.000	115.02	460.08	83.23	332.92
	1667	地漏 DN75	个	40.000				
14	8-696	螺纹水表组成、安装公称直径 15mm 以内	组	10.000	20.94	209.40	7.48	74.80
	1969	螺纹水表 DN15	个	10.000				
15	8-505	水龙头安装公称直径 15mm 以内	10 个	1.000	7.04	7.04	6.16	6.16
	1864	水嘴 DN15	个	10.000				
16	8-526	螺纹阀门安装公称直径 15mm 以内	个	10.000	4.21	42.10	2.20	22.00
	1875	螺纹阀门 DN15	个	10.100				
17	8-529	螺纹阀门安装公称直径 32mm 以内	个	6.000	7.93	47.58	3.30	19.80

续表 8-74

序号	定额号	定额名称	单位	工程量	定额基价/元	定额合价/元	人工单价/元	人工合价/元
	876	螺纹阀门 DN32	个	6.060				
18	6-2976	柔性防水套管制作安装介质管道公称直径 DN50	个	1.000	158.61	158.61	42.79	42.79
19	6-2980	柔性防水套管制作安装介质管道公称直径 DN150	个	2.000	334.33	668.60	77.53	155.06
20	6-3010	一般穿楼板套管制作安装介质管道公称直径 DN15	个	6.000	11.80	70.80	2.44	14.64
21	6-3010	一般穿楼板套管制作安装介质管道公称直径 DN20	个	6.000	11.80	70.80	2.44	14.64
22	6-3011	一般穿楼板套管制作安装介质管道公称直径 DN25	个	12.000	15.34	184.08	3.10	37.20
23	6-3011	一般穿楼板套管制作安装介质管道公称直径 DN32	个	6.000	15.34	92.04	3.10	18.60
24	6-3014	一般穿楼板套管制作安装介质管道公称直径 DN75	个	24.000	40.70	976.80	8.87	212.88
25	6-3015	一般穿楼板套管制作安装介质管道公称直径 DN100	个	12.000	55.80	669.60	12.36	148.32
26		脚手架搭拆费[序号 1~7 全部子项的定额人工×5%](其中工资占 25%)				139.33		34.83
27		脚手架搭拆费(第六册工业管道工程)[序号 18~25 全部子项的定额人工×7%](其中工资占 25%)				45.09		11.27
		合计技术措施费				184.42		46.10
		合计定额子项				11343.47		3430.71
28		合计				11527.89		3476.81

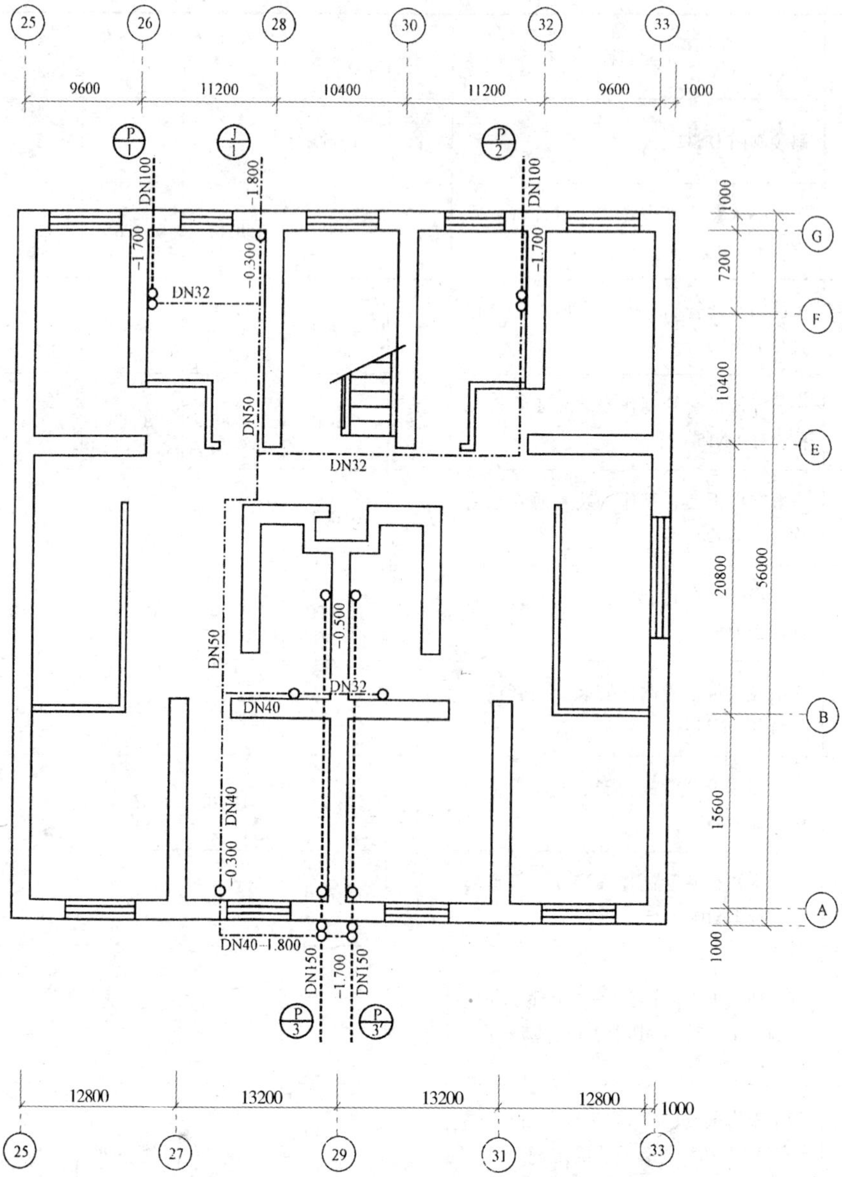

图 8－52　半地下室给排水平面图 1:100

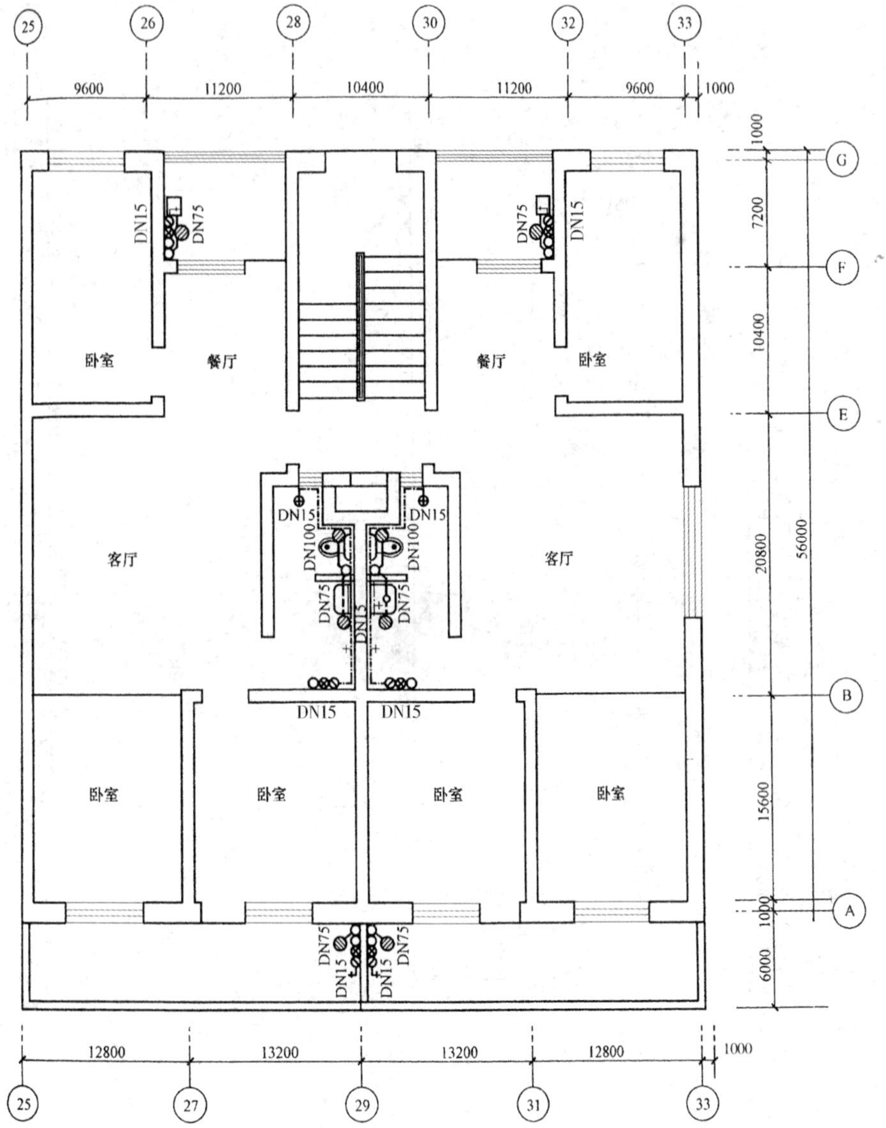

图 8－53　1～5 层给排水平面图 1:100

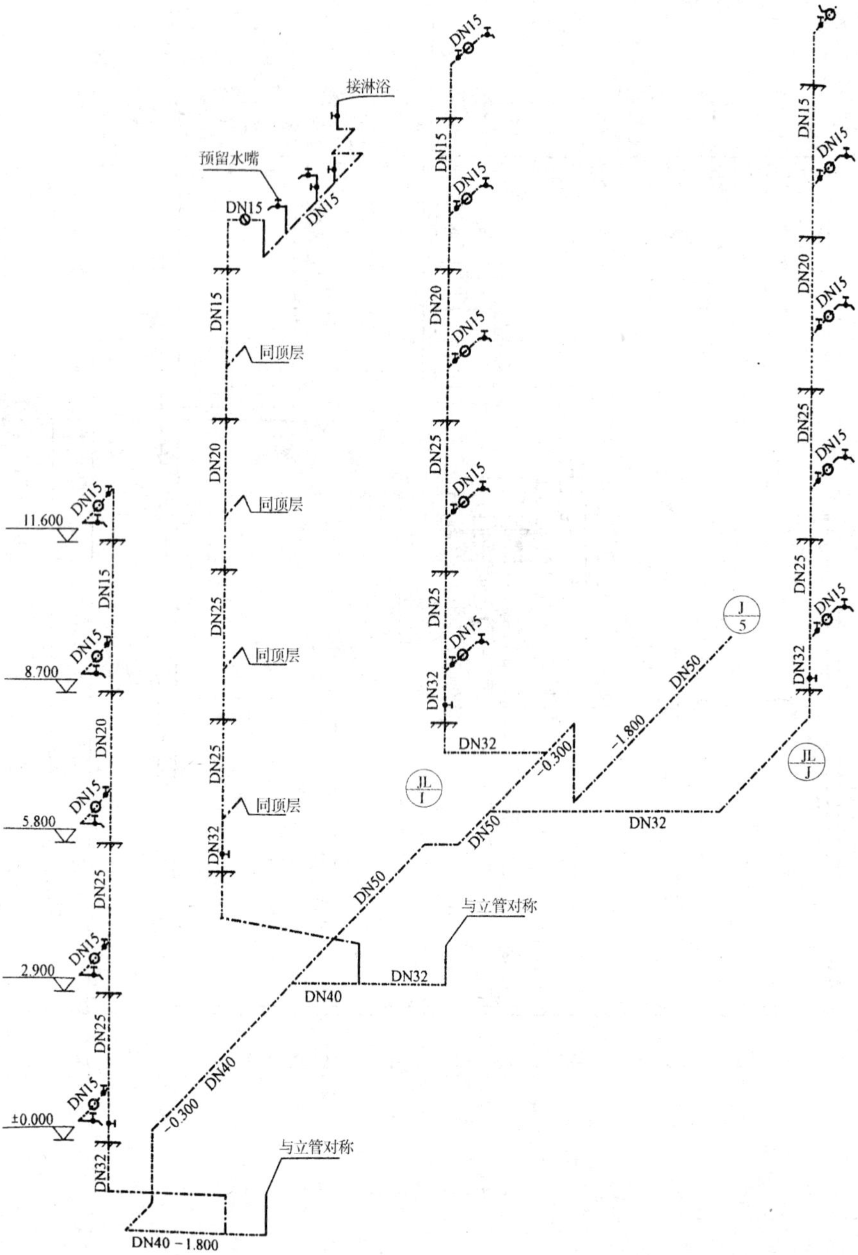

图 8－54　给水系统图 1∶100

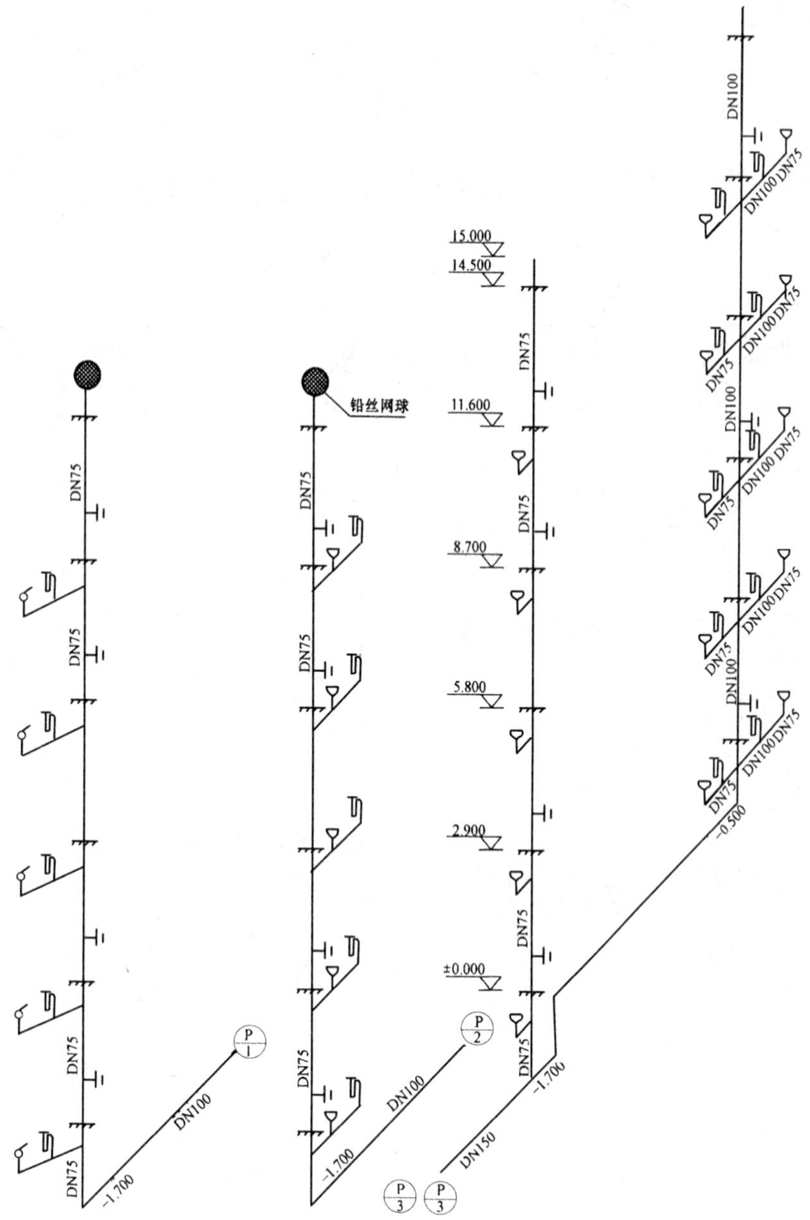

图 8－55　排水系统图 1∶100

第九章　通风空调工程工程量清单设置与计价举例

表 9－1　分部分项工程量清单

工程名称：某高层(21 层)写字楼通风空调工程　　　　第　页　共　页

序号	项目编码	项目内容	计量单位	工程数量
1	030901004001	空调器安装　ZK 系列　组装式　10000m^3/h　重量　3500kg	台	7
2	030901005001	风机盘管安装　吊顶式　YSFP－300	台	35
		圆形镀锌铁皮风管制作安装　咬口		
3	030902001001	直径　1200mm　$\delta=1.2mm$	m^2	1319
4	030902001002	直径　1000mm　$\delta=1mm$	m^2	1100
5	030902001003	直径　325mm　$\delta=0.75mm$	m^2	715
		风管圆形止回阀安装		
6	030903001001	直径　1200mm	个	7
7	030903001002	直径　1000mm	个	7
8	030903007001	双层百叶风口安装　400mm×400mm 碳钢	个	1050
9	030903007002	钢百叶窗安装　1000mm×1000mm	个	7
10	030904001001	通风工程检测调试	系统	1

表 9－2　措施项目清单

工程名称：某高层(21 层)写字楼通风空调工程　　　　第　页　共　页

序号	项目名称
1	临时设施费
2	文明施工费
3	安全施工费
4	设备保护费
5	脚手架搭拆费

【例 1】　空调器安装，3500kg，10000m^3/h，帆布接合管制作安装。

【解】　(1)空调器安装，100kg。

1)人工费：45.05 元/台×7 台＝315.35 元

2)材料费：无

3)机械费：无

4)空调器 ZK 系列，10000m^3/h

7 台×150000 元/台＝1050000 元

(2)帆布接合管制作安装，13m^2。

1)人工费：47.83 元/m^2×13m^2＝621.79 元

2)材料费：121.74 元/m^2×13m^2＝1582.62 元

3)机械费：1.88 元/m^2×13m^2＝24.44 元

(3)高层建筑增加费。

总人工费×5% =46.86 元

(4)综合。

1)直接费合计:　　　　　　　　1052591.06 元

2)管理费:1052591.06 元×34% =357880.96 元

3)利润:1052591.06 元×8% =84207.28 元

4)总计:(1052591.06 +357880.96 +84207.28)元 =1494679.30 元

5)综合单价:1494679.30 元÷7 台 =213525.61 元/台

【例2】 风机盘管安装,吊顶式,YSFP－300,帆布接合器制作安装。

【解】 (1)风机盘管安装,吊顶式。

1)人工费:23.45 元/台×35 台 =820.75 元

2)材料费:66.11 元/台×35 台 =2313.85 元

3)机械费:3.79 元/台×35 台 =132.65 元

4)风机盘管 YSFP－300:35 台×1045 元/台 =36575 元

(2)帆布接合管制作、安装,$10m^2$。

1)人工费:47.83 元/m^2 ×$10m^2$ =478.3 元

2)材料费:121.74 元/m^2 ×$10m^2$ =1217.4 元

3)机械费:1.88 元/m^2 ×$10m^2$ =18.8 元

(3)高层建筑增加费。

总人工费×5% =64.95 元

(4)综合。

1)直接费合计:　　　　　　　　41621.7 元

2)管理费:41621.7 元×34% =14151.38 元

3)利润:41621.7 元×8% =3329.74 元

4)总计:(41621.7 +14151.38 +3329.74)元 =59102.82 元

5)综合单价:59102.82 元÷35 台 =1688.65 元/台

【例3】 圆形镀锌铁皮风管制作安装,直径为 1200mm,δ =1.2mm,咬口,风管检查孔制作安装,规格 370mm×340mm,2.89kg/个,法兰加固框、支吊架刷一次防锈漆,两次银粉漆。

【解】 (1)圆形镀锌铁皮风管制作、安装。

1)人工费:19.783 元/m^2 ×$1319m^2$ =26093.78 元

2)材料费:20.355 元/m^2 ×$1319m^2$ =26848.25 元

3)机械费:0.696 元/m^2 ×$1319m^2$ =918.02 元

4)镀锌钢板 δ =1.2mm:1.138m^2/m^2 ×$1319m^2$ =$1501m^2$

$1501m^2$ ×60 元/m^2 =90060 元

(2)风管检查孔制作、安装,370mm×340mm,2.89kg/个。

1）人工费：4.87 元/kg × 2.89kg/个 × 70 个 = 985.2 元

2）材料费：5.44 元/kg × 2.89kg/个 × 70 个 = 1101 元

3）机械费：1.17 元/kg × 2.89kg/个 × 70 个 = 237 元

（3）法兰加固框，支吊架除锈，264kg。

1）人工费：7.89 元/100kg × 264kg = 20.8 元

2）材料费：2.50 元/100kg × 264kg = 6.6 元

3）机械费：6.96 元/100kg × 264kg = 18.4 元

（4）法兰加固框、支吊架刷一次防锈漆，两次银粉漆。

1）人工费：（5.34 + 5.11 + 5.11）元/100kg × 264kg = 41.0784 元

2）材料费：（0.81 + 3.93 + 3.18）元/100kg × 264kg = 20.9088 元

3）机械费：（6.96 + 6.96 + 6.96）元/100kg × 264kg = 55.1232 元

4）酚醛防锈漆：0.92kg/100kg × 264kg = 2.43kg

2.43kg × 8.5 元/kg = 20.66 元

5）酚醛清漆：（0.25 + 0.23）kg/100kg × 264kg = 1.27kg

1.27kg × 8 元/kg = 10.16 元

（5）高层建筑增加费。

总人工费 × 5% = 1357.04 元

（6）综合。

1）直接费合计： 147794.34 元

2）管理费：147794.34 元 × 34% = 50250.08 元

3）利润：147794.34 元 × 8% = 11823.55 元

4）总计：（147794.34 + 50250.08 + 11823.55）元 = 209867.97 元

5）综合单价：209867.97 元 ÷ 1319m^2 = 159.11 元/m^2

【例 4】 圆形风管止回阀安装，直径 1200mm。

【解】 （1）圆形风管止回阀安装。

1）人工费：11.61 元/个 × 7 个 = 81.27 元

2）材料费：19.63 元/个 × 7 个 = 137.41 元

3）机械费：无

4）圆形风管止回阀：600 元/个 × 7 个 = 4200 元

（2）高层建筑增加费。

81.27 元 × 5% = 4 元

（3）综合。

1）直接费合计： 4422.68 元

2）管理费：4422.68 元 × 34% = 1503.71 元

3）利润：4422.68 元 × 8% = 353.81 元

4）总计：（4422.68＋1503.71＋353.81）元＝6280.20 元

5）综合单价：6280.20 元÷7 个＝897.17 元/个

【例 5】 双层百叶窗安装，400mm×400mm。

【解】 （1）双层百叶窗安装，400mm×400mm。

1）人工费：10.45 元/个×1050 个＝10972.5 元

2）材料费：4.3 元/个×1050 个＝4515 元

3）机械费：0.22 元/个×1050 个＝231 元

4）双层百叶窗，400mm×400mm：1050 个×200 元/个＝210000 元

（2）高层建筑增加费。

10972.5 元×5%＝548.63 元

（3）综合。

1）直接费合计：　　　　226267.13 元

2）管理费：226267.13 元×34%＝76930.82 元

3）利润：226267.13 元×8%＝18101.37 元

4）总计：（226267.13＋76930.82＋18101.37）元＝321299.32 元

5）综合单价：321299.32 元÷1050 个＝306 元/个

表 9－3　分部分项工程量清单计价表

工程名称：某高层（21 层）写字楼通风空调工程

序号	项目编码	项目名称	计量单位	工程数量	金额/元	
					综合单价	合价
1	030901004001	空调器安装　ZK 系列组装式　10000m^3/h 重量　3500kg	台	7	213525.61	1494679.30
2	030901005001	风机盘管安装　吊顶式　YSFP－300	台	35	1688.65	59102.82
		圆形镀锌铁皮风管制作安装　咬口				
3	030902001001	直径　1200mm　δ＝1.2mm	m^2	1319	159.11	209866.09
4	030902001002	直径　1000mm　δ＝1mm	m^2	1100	133.34	146678.35
5	030902001003	直径　325mm　δ＝0.75mm	m^2	715	118.65	84835.56
		风管圆形止回阀安装				
6	030903001001	直径　1200mm	个	7	897.17	6280.20
7	030903001002	直径　1000mm	个	7	754.63	5282.4
8	030903007001	双层百叶风口安装　400mm×400mm 碳钢	个	1050	306	321299.32
9	030903007002	钢百叶窗安装　1000mm×1000mm	个	7	306.31	2144.2
10	030904001001	通风工程检测调试	系统	1	17987.14	17987.14
		合计				2348157.24

表9-4　分部分项工程量清单综合单价计算表

工程名称:某高层(21层)写字楼通风空调工程　　计量单位:台

项目编号:030901004001　　工程数量:7

项目名称:组装式空调器安装　10000m³/hZK系列　　综合单价:213525.61元

序号	定额编号	项目名称	单位	数量	其中/元					
					人工费	材料费	机械费	管理费	利润	小计
1	9-247	空调器安装　3500kg	台	7	315.35					
2		空调器ZK系列 10000m³/h	台	7		1050000				
3	9-41	帆布接合管制作安装	m²	13	621.79	1582.62	24.44			
		小　计			937.14	1051582.62	24.44			
4		高层建筑增加费	元		46.86					
		合　计			984	1051582.62	24.44	357880.96	84207.28	1494679.30

表9-5　分部分项工程量清单综合单价计算表

工程名称:某高层(21层)写字楼通风空调工程　　计量单位:台

项目编号:030901005001　　工程数量:35

项目名称:风机盘管安装吊顶式　YSFP-300　　综合单价:1688.65元

序号	定额编号	措施项目名称	单位	数量	其中/元					
					人工费	材料费	机械费	管理费	利润	小计
1	9-245	风机盘管安装	台	35	820.75	2314	133			
2		风机盘管　YSFP-300	台	35		36575				
3	9-41	帆布接合管制作安装	m²	10	478	1217	19			
		小　计			1298.75	40106	152			
4		高层建筑增加费	元		64.95					
		合　计			1363.7	40106	152	14151.38	3329.74	59102.82

表 9-6　分部分项工程量清单综合单价计算表

工程名称：某高层(21 层)写字楼通风空调工程　　计量单位：m^2

项目编号：030902001001　　工程数量：1319

项目名称：圆形镀锌铁皮风管制作安装　直径　1200mm　$\delta = 1.2$mm 咬口　　综合单价：159.11 元

序号	定额编号	措施项目名称	单位	数量	其中/元					
					人工费	材料费	机械费	管理费	利润	小计
1	9-4	圆形镀锌铁皮风管制作安装	m^2	1319	26094	26848	918			
2		镀锌薄钢板	m^2	1501		90060				
3	9-42	风管检查孔制作安装 370×340　2.89kg/个	个	70	985	1101	237			
4	11-119、122、123	法兰加固框、支吊架油漆，一次防锈漆，两次银粉漆	kg	264	41	21	55			
5		防锈漆	kg	2.43		20.7				
6		酚醛清漆	kg	1.3		10.2				
7	11-7	法兰加固框、支吊架除锈	kg	264	20.8	7	18.4			
		小计	元		27140.8	118067.9	1228.4			
8		高层建筑增加费	元		1357.04					
		合计			28497.84	118067.9	1228.4	50250.08	11823.55	209867.77

表 9-7　分部分项工程量清单综合单价计算表

工程名称：某高层(21 层)写字楼通风空调工程　　计量单位：m^2

项目编号：030902001002　　工程数量：1100

项目名称：圆形镀锌铁皮风管制作安装　直径　1000mm　$\delta = 1.0$mm 咬口　　综合单价：133.34 元

序号	定额编号	措施项目名称	单位	数量	其中/元					
					人工费	材料费	机械费	管理费	利润	小计
1	9-3	圆形镀锌铁皮风管制作安装	m^2	1100	17189.7	19415	1357			
2		镀锌薄钢板	m^2	1252		62409				
3	9-42	风管检查孔制作安装 370mm×340mm 2.89kg/个	个	56	789	881	189			
4	11-119、122、123	法兰加固框、支吊架油漆一次防锈漆，两次银粉漆	kg	220	34	17	46			
5		酚醛清漆	kg	1.5		12				
6		防锈漆	kg	2		17				
7	11-7	法兰加固框、支吊架除锈	kg	220	17.4	5	15			
		小计	元		18030.1	82756	1607			
8		高层建筑增加费	元		901.51					
		合计			18931.61	82756	1607	35120.17	8263.57	146678.35

表 9-8　分部分项工程量清单综合单价计算表

工程名称:某高层(21 层)写字楼通风空调工程　　　　计量单位:m^2

项目编号:030902001003　　　　工程数量:715

项目名称:圆形镀锌铁皮风管制作安装　直径　325mm　$\delta=0.75mm$ 咬口　　　　综合单价:118.65 元

序号	定额编号	措施项目名称	单位	数量	其中/元					
					人工费	材料费	机械费	管理费	利润	小计
1	9-2	圆形镀锌铁皮风管制作安装	m^2	715	14925	10396	1712			
2		镀锌薄钢板	m^2	814		30432				
3	9-42	风管检查孔制作安装 370mm×340mm 2.89kg/个	个	42	589	658	141			
4	11-119、122、123	法兰加固框、支吊架油漆一次防锈漆,两次银粉漆	kg	143	22	11	30			
5		酚醛清漆	kg	1		8				
6		防锈漆	kg	2		17				
7	11-7	法兰加固框、支吊架除锈	kg	143	11	4	10			
		小计	元		15547	41526	1893			
8		高层建筑增加费	元		777.35					
		合计			16324.35	41526	1893	20312.74	4779.47	84835.56

表 9-9　分部分项工程量清单综合单价计算表

工程名称:某高层(21 层)写字楼通风空调工程　　　　计量单位:个

项目编号:030903001001　　　　工程数量:7

项目名称:圆形风管止回阀安装　直径　1200mm　　　　综合单价:897.17 元

序号	定额编号	措施项目名称	单位	数量	其中/元					
					人工费	材料费	机械费	管理费	利润	小计
1	9-80	圆形风管止回阀安装	个	7	81.27	137.41				
2		圆形风管止回阀	个	7		4200				
3		高层建筑增加费	元		4					
		合计			85.27	4337.41	-	1503.71	353.81	6280.20

表 9－10　分部分项工程量清单综合单价计算表

工程名称:某高层(21 层)写字楼通风空调工程　　计量单位:个

项目编号:030903001002　　工程数量:7

项目名称:圆形风管止回阀安装　直径　1000mm　　综合单价:754.63 元

序号	定额编号	措施项目名称	单位	数量	其中/元					
					人工费	材料费	机械费	管理费	利润	小计
1	9－80	圆形风管止回阀安装	个	7	81	137				
2		圆形风管止回阀	个	7		3500				
3		高层建筑增加费	元		2					
		合计			83	3637	－	1264.8	297.6	5282.4

表 9－11　分部分项工程量清单综合单价计算表

工程名称:某高层(21 层)写字楼通风空调工程　　计量单位:个

项目编号:030903007002　　工程数量:1050

项目名称:双层百叶窗安装　400mm×400mm　　综合单价:306.00 元

序号	定额编号	措施项目名称	单位	数量	其中/元					
					人工费	材料费	机械费	管理费	利润	小计
1	9－135	双层百叶窗安装	个	1050	10972.5	4515	231			
2		双层百叶窗　400mm×400mm	个	1050		210000				
3		高层建筑增加费	元		548.63					
		合计			11521.13	214515	231	76930.82	18101.37	321299.32

表 9-12　分部分项工程量清单综合单价计算表

工程名称:某高层(21 层)写字楼通风空调工程　　　　计量单位:个

项目编号:030903007002　　　　工程数量:7

项目名称:钢百叶窗安装　1000mm×1000mm　　　　综合单价:306.31 元

序号	定额编号	措施项目名称	单位	数量	其中/元					
					人工费	材料费	机械费	管理费	利润	小计
1	9-163	钢百叶窗安装	个	7	82	24				
2		钢百叶窗　1000mm×1000mm	个	7		1400				
3		高层建筑增加费	元		4					
		合计			86	1424	-	513.4	120.8	2144.2

表 9-13　分部分项工程量清单综合单价计算表

工程名称:某高层(21 层)写字楼通风空调工程　　　　计量单位:系统

项目编号:030904001001　　　　工程数量:1

项目名称:通风工程检测调试　　　　综合单价:17987.14 元

序号	措施项目名称	单位	数量	其中/元					
				人工费	材料费	机械费	管理费	利润	小计
1	通风工程检测调试	系统	1	3166	9501				
	合计			3166	9501	-	4306.78	1013.36	17987.14

【例6】 某工业厂房通风空调工程，用 $\delta = 1.2\text{mm}$ 镀锌钢板制作、安装 $\phi = 1200\text{mm}$ 的通风管 25m(直管)，弯头 4 个，三通 2 个，防火阀 1 个，长度均为 1m；风管采用咬口连接；超细玻璃棉保温 $\delta = 80\text{mm}$，外缠塑料布一道，玻璃丝布二道，刷调合漆二道，请计算工程量与含量并编制分部分项工程量清单。

【解】 一、编制分部分项工程量清单

根据通风管道制作、安装(030902)确定

项目编码:030902001001

项目名称:碳钢通风管道制作、安装

1. 材质:镀锌钢板

2. 形状、规格:圆形 $\phi = 1200\text{mm}$

3. 板材厚度:$\delta = 1.2\text{mm}$

4. 接口形式:咬口连接

计量单位:m^2

工程数量:$\pi DL = 3.14 \times 1.2 \times (25 + 6)\text{m}^2 = 116.81\text{m}^2$

注:风管长度应包括弯头、三通等管件长度，但不包括阀门消音器等部件长度。

将上述内容填入“分部分项工程量清单”见表 9－14：

表 9－14 分部分项工程量清单

工程名称:某工业厂房通风空调工程　　第 1 页共 1 页

序号	项目编号	项目名称	计量单位	工程数量
1	030902001001	碳钢通风管道制作、安装 1. 材质:镀锌钢板 2. 形状、规格:圆形 $D = 1200\text{mm}$ 3. 板材厚度:$\delta = 1.2\text{mm}$ 4. 接口形式:咬口连接	m^2	116.81

二、计算工程量和含量

1. 根据现行的计算规则计算工程量

(1)风管制作、安装　　116.81m^2

(2)风管保温

根据 $V = \pi(D + 1.033\delta) \times 1.033\delta \times L$

$= 3.14 \times (1.2 + 1.033 \times 0.08) \times 1.033 \times 0.08 \times (25 + 6)\text{m}^3$

$= 10.32\text{m}^3$

(3)防潮层

根据 $S = \pi(D + 2.1\delta + 0.0082) \times L$

$= 3.14 \times (1.2 + 2.1 \times 0.08 + 0.0082) \times (25 + 6)\text{m}^2$

$= 133.96\text{m}^2$

(4)保护层

根据 $S = \pi(D + 2.1\delta + 0.0082) \times L \times 2m^2 = 133.96 \times 2\text{m}^2 = 267.92\text{m}^2$

(5)保护层刷油　　133.96m^2

2. 计算含量

(1)风管制作安装　1m^2

(2)风管保温　10.32 ÷ 116.81m^2 = 0.088m^2

(3)防潮层　133.96 ÷ 116.81m^2 = 1.147m^2

(4)保护层　267.92 ÷ 116.81m^2 = 2.294m^2

(5)保护层刷油　133.96 ÷ 116.81m^2 = 1.147m^2

【例 7】　某酒店 4 层空调扩建工程须增装矩形风管(1200mm × 400mm)共 45m,单层百叶风口的制作、安装(T202 - 2,550 × 375)共 30 个。请对各工程项目计算其工程量。

【解】　工程量的计算

(1)通风管道的制作与安装

(1.2 + 0.4) × 2 × 45m^2 = 144m^2 = 14.4(10m^2)

(2)单层百叶风口的制作

查标准部件重量表可知,T202 - 2 风口(550mm × 375mm),每个重 3.59kg,30 个共重 107.70kg = 1.08(100kg)

(3)单层、百叶风口安装工程量为 30 个。

【例 8】　图 9 - 1 为某办公楼空调管道平面图。风管为 δ = 1.5mm 的镀锌钢板(咬口)。试计算办公楼水平管道送风干管和支管的安装工程量。

【解】　(1)风管制作安装

从图 9 - 1 可知,计算管道是一条均匀送风管道,其截面是均匀减小的。

计算工程量(分管段)有关数据见表 9 - 15。

表 9 - 15　分管段工程量计算表

风管名称	风管断面面积/mm^2	断面周长/m	管长/m	工程量展开面积
干　管	300 × 300	0.3 × 4 = 1.20	1.55 + 1.8 = 3.35	4.02
	250 × 300	(0.25 + 0.3) × 2 = 1.10	0.6 + 0.8 = 1.40	1.54
	220 × 300	(0.22 + 0.3) × 2 = 1.04	1.00	1.04
	200 × 300	(0.2 + 0.3) × 2 = 1.00	0.9 + 1.2 = 2.10	2.10
支　管	280 × 200	(0.28 + 0.2) × 2 = 0.96	(0.82 + 0.14) × 4 = 3.84	3.69
风管安装工程量 = (4.02 + 1.54 + 1.04 + 2.10 + 3.69) ÷ 10 = 1.24				

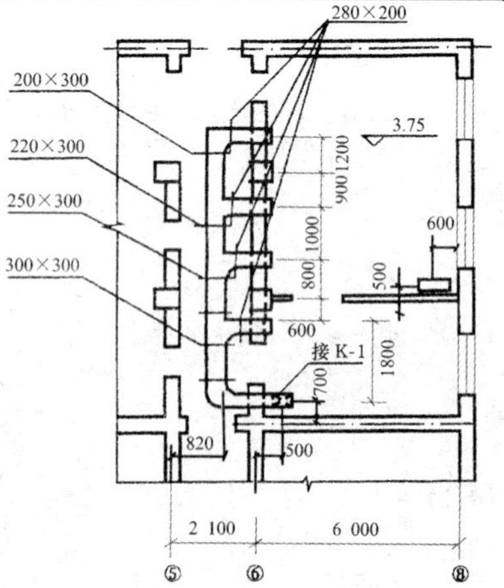

图 9 - 1　某办公楼空调管道平面图

【例 9】 某通风系统采用 $\delta=2\text{mm}$ 薄钢板圆形渐缩风管均匀送风，风管大头直径 $D=780\text{mm}$、小头直径 $D=220\text{mm}$、管长 100m，请计算安装直接费。

【解】 首先要求出平均直径，即

$(780+220)\text{mm}\div 2=500\text{mm}$

求工程量：

工程量 $=\pi L(R+r)\div 2=3.14\times 100\times 0.5\text{m}^2=157\text{m}^2=15.7(10\text{m}^2)$

查定额基价：直径为 500mm 的 $\delta=2\text{mm}$ 薄钢板圆形风管定额基价为 634.78 元(9－10)，其中人工费为 348.53 元。

套定额，计算安装直接费：安装直接费一般情况下等于基价与工程量的乘积。但该系统是圆形渐缩风管，按定额规定，其人工费应乘以系数 2.5。

所以安装直接费为：$[(634.78-348.53+348.53\times 2.5)\times 15.7]$元 $=18173.93$ 元。

【例 10】 某工程制作镀锌薄钢板($\delta=1.2\text{mm}$)空气幕风管，风管平均周长为 1200mm，风管工程量为 300m^2，试计算空气幕风管制作安装费、人工费。

【解】 因题中风管为空气幕风管，应套用相应矩形风管子目，其人工乘以系数 3。

风管制作安装费：根据题意，应套用(9－6)子目，并对该子目进行换算：

9－6(H)＝定额基价－人工费＋3×人工费

$=(387.05-154.18+3\times 154.18)$元 $=695.41$(元/10m^2)

风管制作安装费 $=30(10\text{m}^2)\times 695.41$(元/$10\text{m}^2$) $=20862.3$ 元。

人工费 $=30\times 154.18\times 3$ 元 $=13876.2$ 元

表 9－16 通风空调管道、部件的制作、安装比例划分

章号	项目	制作比例/%			安装比例/%		
		人工费	材料费	机械费	人工费	材料费	机械费
第一章	薄钢板通风管道制作安装	60	95	95	40	5	5
第二章	调节阀制作安装	85	98	99	15	2	1
第三章	风口制作安装	85	98	99	15	2	1
第四章	风帽制作安装	75	80	99	25	20	1
第五章	罩类制作安装	78	98	95	22	2	5
第六章	消声器制作安装	91	98	99	9	2	1
第七章	空调部件及设备支架制作安装	86	98	95	14	2	5
第八章	通风空调设备安装	0	0	0	100	100	100
第九章	净化通风管道及部件制作安装	60	85	95	40	15	5
第十章	不锈钢板通风管道及部件制作安装	72	95	95	28	5	5
第十一章	铝板通风管道及部件制作安装	68	95	95	32	5	5
第十二章	塑料通风管道及部件制作安装	85	95	95	15	5	5

【例 11】 某通风工程安装 $D=600$ 薄钢板风管 100m($\delta=2\text{mm}$ 焊接)。风管由甲方供应，乙方安装风管，应收多少直接安装费？

【解】 (1)查定额知定额基价为 541.81 元，其中人工费 256.35 元，材料费 211.04 元，机械费 74.42 元(定额编号 9－11)。

(2)从表 9－16 知，风管制作、安装费用划分比例为：人工安装费占 40%，材料费占 5%，机械费占 5%。

(3)求风管工程量：$\pi DL\div 10=3.14\times 0.6\times 100\text{m}^2\div 10=18.84(10\text{m}^2)$。

(4)求定额直接安装费：$(256.35\times 40\%+211.04\times 5\%+74.42\times 5\%)\times 18.84$ 元

$=116.813\times18.84$ 元 $=2200.76$ 元。

【例 12】 某系统安装了 HF25－01DDB 型恒温恒湿空调机一台，重 0.2t，计算空调机组安装的工程量、直接费及人工费。

【解】 根据工程量计算规则，整体式空调机组安装，空调器按不同重量和安装方式以"台"为计量单位。工程量为 1 台。

计算直接费及人工费：查《全国统一安装工程预算定额》第九册，定额编号 9－236，安装 1 台基价为 51.68 元，其中人工费 48.76 元，基价中不包括空调机组这台设备的价格，由于空调设备价格不作取费基数加入到基价中去，所以该基价亦属完全基价。

HF25－01DDB 空调机组安装直接费 $=1\times51.68$ 元 $=51.68$ 元

人工费 $=1\times48.76=48.76$ 元

【例 13】 镀锌薄钢板圆形风管 $\phi600$，$\delta=1\text{mm}$，长度 10m。试计算工程量，套用定额。

【解】 (1)风管展开面积。

$$F=\pi\times D\times L=3.14\times0.6\times10\text{m}^2=18.84\text{m}^2$$

(2)套用定额 9－3。镀锌薄钢板圆形风管($\delta=1\text{mm}$)直径 1120mm 以下。

基价：345.09 元，人工：156.27 元

制作安装费：345.09×1.88 元 $=648.77$ 元

其中人工费：156.27×1.88 元 $=293.79$ 元

未计价主材：$\delta=1\text{mm}$ 镀锌薄钢板，定额含量 11.380

【例 14】 某工程人防地下室滤毒间 $600\text{mm}\times400\text{mm}$ 薄钢板矩形风管，设计要求风管厚度 $\delta=3\text{mm}$，风管采用焊接，长度 2.8m。试计算工程量，套用定额。

【解】 (1)风管展开面积。

$$F=(A+B)\times2\times L=(0.6+0.4)\times2\times2.8\text{m}^2=5.6\text{m}^2$$

(2)套用定额 9－22。薄钢板矩形风管($\delta=3\text{mm}$)周长 2000mm 以下。

基价：668.75 元，人工：295.82 元

制作安装费：668.75×0.56 元 $=374.5$ 元

其中人工费：295.82×0.56 元 $=165.66$ 元

未计价主材：$\delta=3\text{mm}$ 普通薄钢板，定额含量(10.800)。

【例 15】部件手动密闭式对开多叶调节阀制作安装，规格 $630\text{mm}\times320\text{mm}$，T308－1，8 只，试计算工程量，套用定额。

【解】 (1)调节阀制作　查本册定额附录二"国标通风部件标准重量表"，T308－1 规格，$630\text{mm}\times320\text{mm}$，14.70kg/个，总重量 117.6kg。

套用定额 9－62，对开多叶调节阀制作(30kg 以下)，计量单位：100kg

基价：1103.29 元，人工：344.58 元

制作费：1103.29×1.176 元 $=1297.47$ 元

人工费：344.58×1.176 元 $=405.23$ 元

(2)调节阀安装套用定额 9－84，对开多叶调节阀安装(周长 2800mm 以内)计量单位：个。

基价：25.77 元，人工：10.45 元

安装费：25.77×8 元 $=206.16$ 元

人工费：10.45×8 元 $=83.6$ 元

注意：如为成品购买的调节阀，则不发生制作过程(费用)，执行调节阀安装定额，调节阀本身价值(作为未计价主材)另计。

【例 16】 部件双层百叶风口制作安装，规格 330mm×240mm，T202－2，10 只，计算工程量，套用定额。

【解】 (1)风口制作套用定额 9－96。查《全国统一安装工程预算定额》附录二“国标通风部件标准重量表”，T202－2，规格 330mm×240mm，3.48kg/个，总重量 34.8kg。

双层百叶风口制作(5kg 以下)，计量单位：100kg

基价：1727.72 元，人工：1201.63 元

制作费：1727.72×0.348 元＝601.25 元

人工费：1201.63×0.348 元＝418.17 元

(2)风口安装套用定额 9－134。

百叶风口安装(周长 1280mm 以内)计量单位：个。

基价：8.64 元，人工：5.34 元

安装费：8.64×10 元＝86.4 元

人工费：5.34×10 元＝53.4 元

注意：如为成品购买的风口，则不发生制作过程(费用)，执行风口安装定额，其本身价值(作为未计价主材)另计。

【例 17】 某工程一个风机减震台座 CG327，风机机号 No.4A，采用 4 只 GJT－2 减震器，计算工程量，套用定额。

【解】 查《全国统一安装工程预算定额》附录二“国标通风部件标准重量表”，风机减震台座 CG327，风机机号 No.4A，34.00kg/个。

套用定额 9－211。设备支架 CG327(50kg 以下)，计量单位：100kg。

基价 523.29 元；人工：159.75 元

制作安装费：523.29×0.34 元＝177.92 元

其中人工费：159.75×0.34 元＝54.32 元

注意：定额内不包括减震器，定额未列含量，应按设计施工图数量另行计算主材费。

假定 GJT－2 减震器单价为 135 元/只，则减震器主材单位价值(元)，135×4 元＝540 元在预算表中单列。

【例 18】 矩形薄钢板风管，展开面积 $60m^2$，设计要求风管外壁刷耐酸漆各二遍，计算工程量，套用定额。

【解】 (1)计算工程量。

风管刷油工程量＝风管展开面积合计＝$60m^2$＝6($10m^2$)

(2)套用定额 11－64～11－65(刷二遍)，计量单位：$10m^2$

基价：(7.05＋6.73)×1.2 元＝16.54 元

其中人工费：(6.50＋6.27)×1.2 元＝15.32 元

安装费：16.54×6 元＝99.24 元

人工费：15.32×6 元＝91.92 元

酚醛耐酸漆为未计价主材，定额含量0.730kg，假定20.0元/kg，则主材单位价值（元）= 0.730×20.0 = 14.6（元/$10m^2$）

主材价值（元）= 14.6×6元 = 87.6元

【例19】 有400mm×200mm送风管，长8m，设计要求采用$\delta = 40mm$自熄性聚苯乙烯泡沫塑料板保温，计算工程量，套用定额。

【解】 （1）计算工程量：$\delta = 40mm$。

风管保温工程量 = $[(0.4+0.2)\times2\times8\times0.04+0.04^2\times4\times8]m^3 = 0.44m^3$

（2）套用定额11－1955，计量单位：m^3。

基价：791.95元，其中人工费：357.59元

安装费：791.95×0.44元 = 348.46元

人工费：357.59×0.44元 = 157.34元

自熄性聚苯乙烯泡沫塑料板为未计价主材，定额含量1.200m^3，假定800元/m^3，则主材单位价值（元）= 1.200×800 = 960（元/m^3）

主材价值（元）= 960×0.44元 = 422.4元

【例20】 三个系统中（图略）每个系统使用T609No.14圆伞形风帽一个，试计算其制作安装工程量、直接费及人工费。

【解】 计算工程量。查标准图T609No.14，$D = 900mm$，每个重量18.27kg。

圆伞形风帽制作安装工程量 = 18.27×3÷100 = 0.55（单位工程量）。

计算直接费及人工费。查《全国统一安装工程预算定额》第九册，T609No.9圆伞形风帽重量大于50kg，定额编号9－168，制作安装100kg，基价为621.43元，其中人工费97.06元，基价中包括制作风帽用的钢板等材料费用，属于完全基价。

P－1～P－3系统圆伞形风帽制作安装直接费 = 0.55×621.43元 = 341.79元。

其中，人工费 = 0.55×97.06元 = 53.38元

【例21】 试计算3个T704－7钢板密闭门（800×500）的工程量、直接费及人工费。

【解】 计算工程量。根据工程量计算规则，钢板密封门制作安装工程量以"个"为单位进行计算。

钢板密封门制作安装工程量 = 1个×3 = 3个

计算直接费及人工费。查《全国统一安装工程预算定额》第九册，定额编号9－201，制作安装1个钢板密封门（800×500），基价为449.50元，其中人工费166.02元，基价中包括了全部制作材料的费用，属于完全基价。

钢板密封门的直接费 = 449.50×3元 = 1348.50元。

其中，人工费 = 166.02×3元 = 498.06元。

【例22】 某通风空调工程，有100m直径为600mm的薄钢板圆形风管（$\delta = 2mm$焊接），安装高度为6.5m。该风管要求内外表面刷带锈底漆一遍，请计算该项工程应计取多少超高增加费？

【解】 计算过程如下：

(1)计算工程量。

$$\pi DL = 3.14 \times 0.6 \times 100\text{m}^2 = 188.4\text{m}^2 = 18.84(10\text{m}^2)$$

(2)套定额。查定额9-11风管制作安装基价为541.81元,其中人工费为256.35元,材料费211.04元,机械费74.42元;风管刷油安装基价为7.31元,其中人工费为6.27元,材料费1.04元,机械费为0元(定额编号11-55)。

(3)计算超高增加费。

超高增加费=制作安装人工费×15%+(刷油人工费+刷油机械费)×30%

=(18.84×256.35×15%+18.84×6.27×1.1×30%)元=763.43元

式中,系数1.1是风管内外表面刷油的系数。

【例23】 图9-2~图9-5分别是某宾馆餐厅通风管道空调系统图、平面图、机房平面图和机房剖面图(空调风管平面图中走廊尺寸为2800mm)。试计算其工程造价。

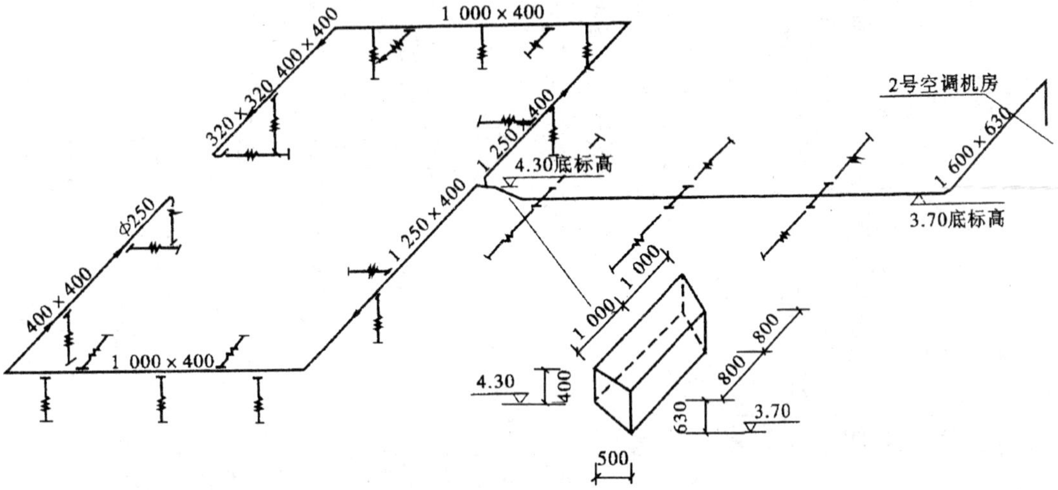

图9-2 餐厅风管系统图

一、技术说明

(1)本工程设计范围为舒适性空调,采用风管式送风,夏季使用空气调节机,冬季使用蒸汽采暖(采暖略)。系统形式为直流式,吊顶内自然排气。

(2)夏季室内调节温度27~29℃,冬季采暖温度16~18℃。

(3)夏季总送风量10000m³/h,过渡季节尽量使用新鲜空气。

(4)风管均采用薄钢管制作,风管材料厚度1.2mm。风管及风管法兰制作参见《全国通用通风风管管道配件重量表》。

(5)风管安装中的支架参见暖通国标T607第207~211页。

(6)机房内壁均采用木丝板贴面,外窗为双层钢窗。

(7)LH-48空气调节机,产冷量48000大卡/h,重1.5t。空气过滤器经常打扫,以免阻力过大,影响进风量。

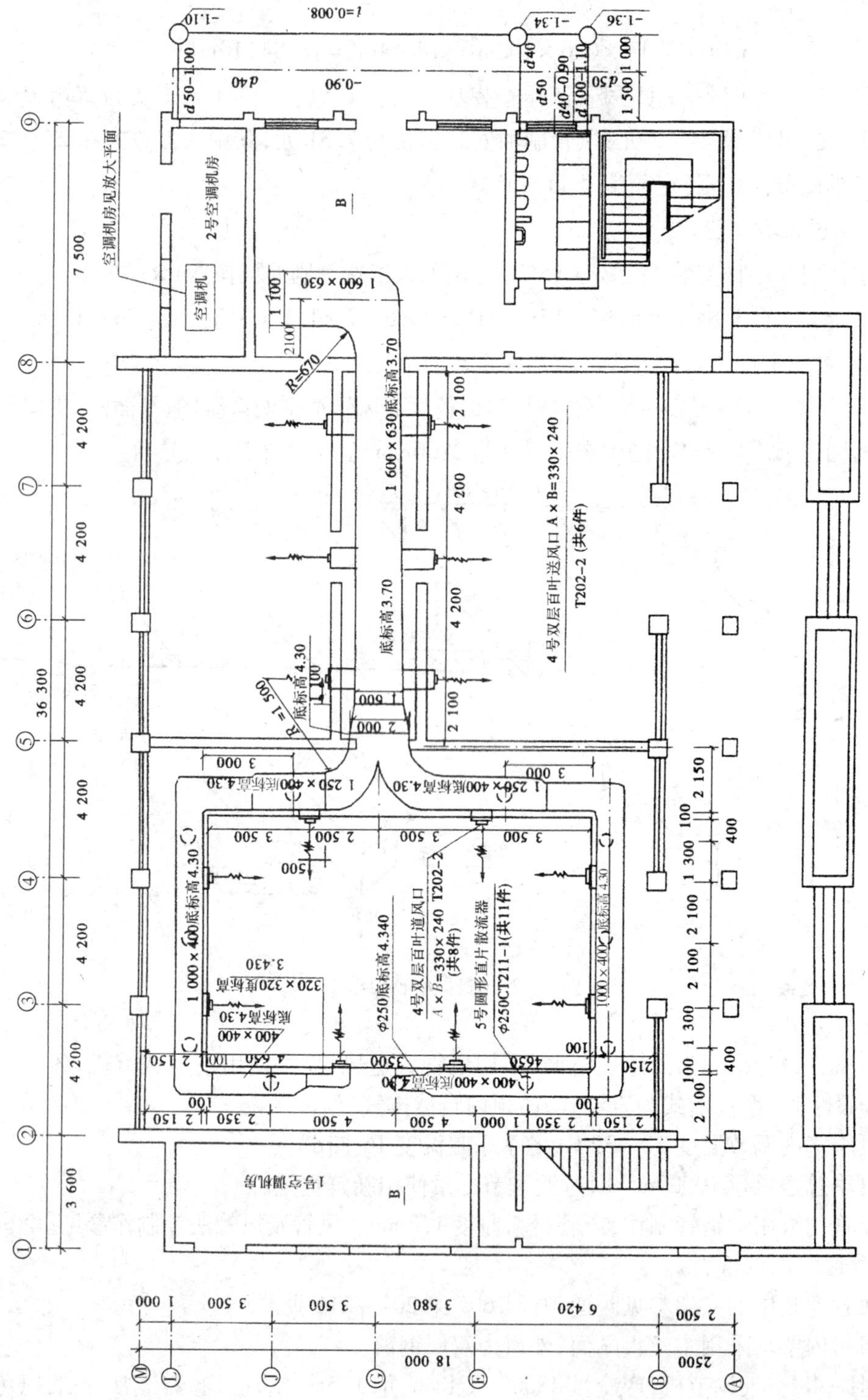
空调机房见放大平面
2号空调机房
空调机
1号空调机房
1 600 × 630底标高3.70
底标高3.70
4号双层百叶送风口 A × B=330 × 240
T202-2 (共6件)
4号双层百叶道风口
A × B=330 × 240 T202-2
(共8件)
5号圆形直片散流器
φ250CT211-1(共11件)
φ250底标高4.340
36 300
18 000

图 9-3　空调风管平面图

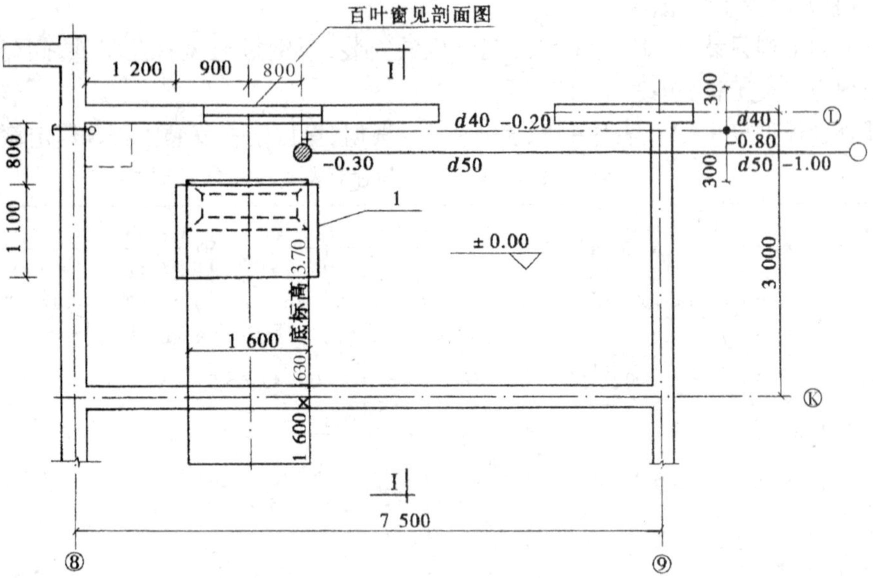

图 9－4　机房平面图

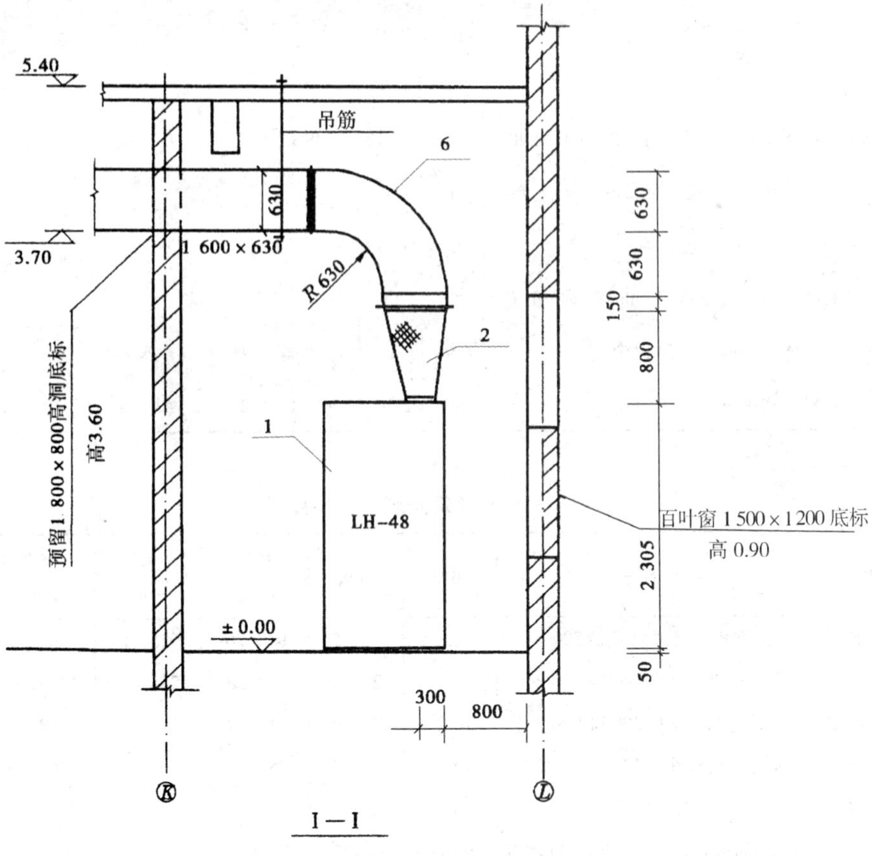

图 9－5　机房剖面图

二、编制方法及工程范围

通风空调工程只计算 LH－48 空气调节机的安装，薄钢板通风管及附件、阀门的制作安装。本工程为二类工程，短途。

其计算过程见表 9－17、表 9－18、表 9－19。根据《全国统一安装工程预算定额》编制。

表 9－17　工程量计算表

序号	定额编号	工程项目名称	单位	数量	计算式
1	9－16	1600×630 薄钢板矩形风管	m^2	95.20	[(0.15+0.63+0.63/2)立+(4.5－0.5－0.12－0.8－0.15+3.5)平+(2.1+0.12+2.1+4.2×2+1.1)平]×(1.6+0.63)×2
2	9－16	2000×400～1600×300 变径管	m^2	3.61	2×0.4+1.6×0.63+2×(1.6+2.0)/2×0.5
3	9－15	1250×400 正三通	m^2	7.77	$\frac{3.14}{4}$×1.5×2×(1.25+0.4)×2
4	9－15	1250×400 矩形风管	m^2	18.48	[(3.5+0.1)/2+0.5]+[(3.5+0.1)/2+1.5]×2×(1.25+0.4)
5	9－15	1000×400 矩形风管	m^3	65.24	[(3.5+0.1)/2+0.5+(4.2×3－2.1－2.15+0.5×2)]×2 段×2×(1+0.4)
6	9－14	400×400 矩形风管	m^2	18.70	{[(0.5+0.1+2.35+1+4.5/2)+(0.5+0.1+2.35+4.5/3)]餐厅+[(2.8－1.6)/2+0.24+0.2]×6 走廊}×2×(0.4+0.4)
7	9－14	320×320 矩形风管	m^2	2.18	[(4.5/3－0.32/2)+(0.33/2+0.2)]×2×(0.32+0.32)
8	9－9	200 圆形风管	m^2	1.55	4.5/2×3.14×0.22
9	9－96	4 号双层百叶送风 A×B＝400×240	kg	48.72	3.48×14
10	9－134	百叶风口(周长 1280mm 以内)安装	个	14	14
11	9－110	5 号圆形直片散流器	kg	60.94	5.54×11
12	9－150	圆形直片散流器(360mm 以内)安装	个	11	11
13	9－239	整体式空调机 1.5t 以内	台	1	1
14	9－41	帆布软接头	m^2	2.98	[(0.3+1.2)×2+(1.6+0.63)×2]/2×0.8

表 9－18　建筑安装工程预算表

序号	定额编号	项目名称	单位	数量	基价/元	其中人工费/元	合价/元	人工费合价/元
1	9－9	薄钢板圆形风管直径 200	$10m^2$	0.155	943.26	615.56	146.21	95.41
2	9－14	薄钢板矩形风管 2000 以下/2	$10m^2$	2.088	533.38	254.72	1113.70	531.86
3	9－15	薄钢板矩形风管 4000 以下/3	$10m^2$	9.149	410.82	179.72	3758.59	1644.26
4	9－16	薄钢板矩形风管 4000 以上/2	$10m^2$	9.881	380.69	157.43	3761.60	1555.57
5	9－41	帆布软接头	m^2	2.98	171.45	47.83	510.92	142.53
6	9－96	4 号双层百叶送风口 A×B＝400×240	100kg	0.487	1727.72	1201.63	841.40	585.19
7	9－110	5 号圆形直片散流器	100kg	0.609	2119.76	1805.69	1290.93	1099.67
8	9－134	百叶风口(1280mm 以内)安装	个	14	8.64	5.34	120.96	74.76

续表 9－18

序号	定额编号	项目名称	单位	数量	基价/元	其中人工费/元	合价/元	人工费合价/元
9	9－150	圆形直片散流器(360mm 以内)安装	个	11	8.82	7.89	97.02	86.79
10	9－239	整体式空调机 1.5t 以内	台	1	417.40	414.48	417.40	414.48
		合计					12058.73	6230.52
		脚手架搭拆费 6230.52×5%					311.53	
		其中人工费 311.53×25%						77.88
		系统调试费 6230.52×13%					809.97	
		其中人工费 809.97×25%						202.49
		总计					1121.5	280.37
		定额直接费					13180.23	6510.89

表 9－19　安装工程预算费用汇总表

序号	费用名称	计费基数	费率/%	金额/元
1	定额直接费	预算定额	100	13180.23
2	其中人工费	预算定额	100	6510.89
3	人工费附加	(2)×	23.0	1497.50
4	其他直接费	(2)×	16.3	1061.28
5	现场经费	(2)×	31.9	2076.97
6	主要材料	略		
7	地方材料	(1)×	0.8	105.44
8	直接费小计	Σ[(1)～(7)－(2)]		17921.42
9	企业管理费	(2)×	25.4	1653.77
10	离退劳保基金	(2)×	18.9	1230.56
11	在职养老侍业保险	(2)×	2.0	130.22
12	间接费小计	Σ[(9)～(11)]		3014.55
13	直接费加间接费	(8)+(12)		20935.97
14	利润	(2)×	45.60	2968.97
15	税前造价	(13)+(14)		23904.94
16	税金	(15)×	3.413	815.88
17	总造价	(15)+(16)		24720.82

【例 24】　×办公楼空调风管路工程施工图预算

(一)工程概况

(1)本例题为×市区×办公楼(部分房间)空调风管路工程预算,空调风管路平面图见图 9－6。

(2)本工程风管采用镀锌铁皮,咬口连接。其中:矩形风管 200mm×120mm,镀锌铁皮 $\delta=0.50$mm。矩形风管 320mm×250mm,镀锌铁皮 $\delta=0.75$mm。矩形风管 630mm×250mm、1000mm×200mm、1000mm×250mm,镀锌铁皮 $\delta=1.00$mm。

(3)图中密闭对开多叶调节阀、风量调节阀、铝合金百叶送风口、铝合金百叶回风口、阻抗复合消声器均按成品考虑。

(4)风机盘管采用卧式暗装(吊顶式),主风管(1000mm×250mm)上均设温度测定孔和风量测定孔各1个。

(二)采用定额

采用《全国统一安装工程预算定额 第九册 通风空调工程》(2000年出版)中的有关内容。

(三)编制方法

(1)本题暂不计主材费(只计主材消耗量)、管道刷油、保温、高层建筑增加费等内容。

(2)未尽事宜均参照有关标准或规范执行。

(3)工程量计算结果见表9-20,安装工程施工图预算结果见表9-21。

表9-20 工程量计算书

工程名称:×办公楼空调风管路工程

序号	分部分项工程名称	单位	工程量	计算公式
1	镀锌钢板200×120(咬口)$\delta=0.5$mm	m^2	14.66	200mm×120mm
				$L=3.40+[3.20-0.20+(3.40-0.20-2.70)]\times3+[1.50-0.20+(3.40-0.20-2.70)]\times5=22.90$
				$S=(0.20+0.12)\times2\times22.90=14.66$
2	镀锌钢板320×250(咬口)$\delta=0.75$mm	m^2	7.64	320mm×250mm
				$L=2.80+3.90=6.70$
				$S=(0.32+0.25)\times2\times6.70=7.64$
3	镀锌钢板630×250(咬口)$\delta=1.0$mm	m^2	19.71	630mm×250mm
				$L=11.20$
				$S=(0.63+0.25)\times2\times11.20=19.71$
4	镀锌钢板1000×250(咬口)$\delta=1.0$mm	m^2	13.35	1000mm×250mm
				$L=8.90-0.20-0.30-1.00-0.30-1.76=5.34$
				$S=(1.00+0.25)\times2\times5.34=13.35$
5	镀锌钢板1000×200(咬口)$\delta=1.0$mm	m^2	29.40	1000mm×200mm
				$L=[1.75-0.30+(3.20-0.20-2.70)]\times7=12.25$
				$S=(1+0.20)\times2\times12.25=29.40$
6	DBK型新风机组(5000m^3/h)/0.4t	台	1	
7	阻抗复合式消声器安装T-701-6型号3#	台	1	
8	风机盘管暗装(吊顶式)	台	7	
9	密闭对开多叶调节阀安装(周长2500mm)	个	1	
10	风量调节阀安装(周长640mm)	个	8	
11	铝合金百叶送风口安装(周长640mm)		8	
12	铝合金百叶送风口安装(周长2400mm)	个	7	
13	铝合金百叶回风口安装(周长1300mm)	个	7	
14	防雨百叶回风口(带过滤网)安装(周长2500mm)	个	1	
15	帆布软管制作安装	m^2	10.92	1000mm×250mm×300mm
				$S=[(1.00+0.25)\times2\times0.30]\times2=1.5$
				1000mm×200mm×300mm
				$S=[(1.00+0.20)\times2\times0.30]\times7=5.04$
				1000mm×200mm×200mm
				$S=[(1.00+0.20)\times2\times0.20]\times7=3.36$
				200mm×120mm×0.20mm
				$S=[(0.20+0.12)\times2\times0.20]\times8=1.02$
16	温度测定孔	个	1	
17	风量测定孔	个	1	

注:L为风管长度,m;S为风管面积,m^2。

表 9-21　安装工程预算表

项目名称：×办公楼空调风管路预算

序号	定额编号	定额名称	单位	工程量	定额基价/元	定额合价/元	人工单价/元	人工合价/元
1	9-5	镀锌钢板风管 200×120（δ=1.2mm以内咬口）矩形风管	$10m^2$	1.466	441.65	647.46	211.77	310.45
2	9-6	镀锌钢板风管 320×250（δ=1.2mm以内咬口）矩形风管	$10m^2$	0.764	387.05	295.71	154.18	117.79
3	9-6	镀锌钢板风管 630×250（δ=1.2mm以内咬口）矩形风管	m^2	1.971	387.05	762.88	154.18	303.89
4	9-7	镀锌钢板风管 1000×250（δ=1.2mm以内咬口）矩形风管	$10m^2$	1.335	295.54	394.55	115.87	154.69
5	9-7	镀锌钢板风管 1000×200（δ=1.2mm以内咬口）钢板厚度	$10m^2$	2.940	295.54	868.89	115.87	340.66
6	9-237	新风机组安装风量（m^3/h）重量（5000/0.40t 以内）	台	1.000	56.33	56.33	53.41	53.41
7	9-200	阻抗复合式消声器安装 T-701-6 型 3#	组	1.000	960.03	960.03	365.71	365.71
8	9-245	风机盘管吊顶式	台	7.000	98.69	690.83	28.79	201.53
9	9-84	密闭对开多叶调节阀安装周长（2800mm 以内）	个	1.000	25.77	25.77	10.45	10.45
10	9-72	风量调节阀安装周长（800mm 以内）	个	8.000	7.32	58.56	4.88	39.04
11	9-133	铝合金双层百叶送风口安装周长（900mm 以内）	个	8.000	6.87	54.96	4.18	33.44
12	9-136	铝合金双层百叶送风口安装周长（2500mm 以内）	个	7.000	21.99	153.93	15.79	110.53
13	9-135	铝合金单层百叶回风口安装周长（1800mm 以内）	个	7.000	14.97	104.79	10.45	73.15
14	9-136	防雨百叶回风口（带过滤网）安装周长（2500mm 以内）	个	1.000	21.99	21.99	15.79	15.79
15	9-41	软管接口	m^2	1.092	171.45	187.22	47.83	52.23
16	9-43	温度测定孔 T615	个	1.000	26.58	26.58	14.16	14.16
17	9-43	风量测定孔 T615	个	1.000	26.58	26.58	14.16	14.16
18		合计_定额子项				5337.06		2211.08
19		系统调整费（第九册）[序号 1~17 全部子项的定额人工×13.0000%]（其中工资占 25%）				287.44		71.86
20		直接工程费合计				5624.50		2282.94
21		脚手架搭拆费（第九册）[序号 1~17 全部子项的定额人工×3.0000%]（其中工资占 25%）				66.33		16.58
22		合计_技术措施费				66.33		16.58

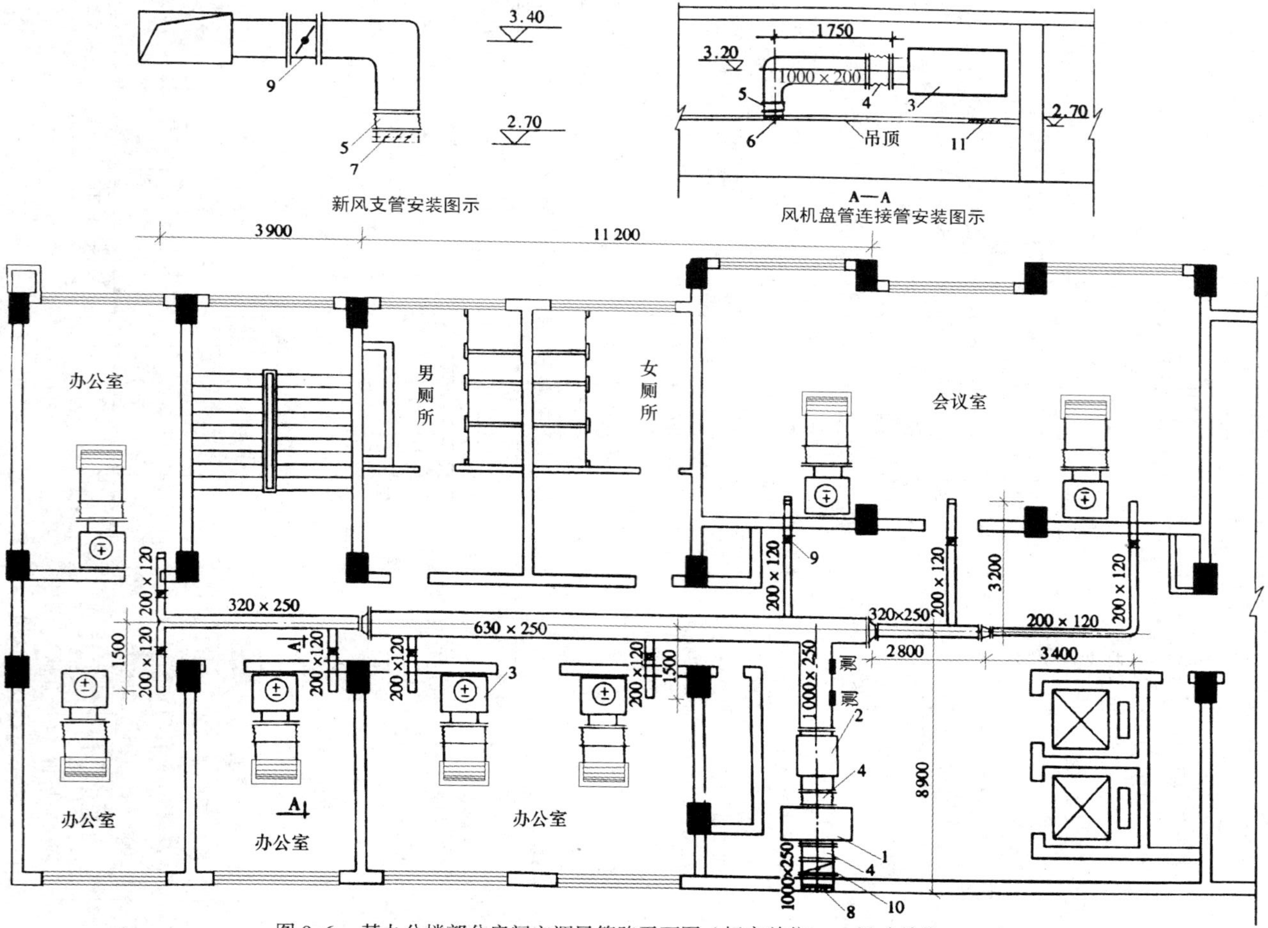

图 9-6　某办公楼部分房间空调风管路平面图（标高单位：m, 尺寸单位：mm）

1—新风机组 DBK 型 1000mm×700mm(H)；2—消声器 1760mm×800mm（H)；3—风机盘管；4—帆布软管长 300mm；5—帆布软管长 200mm；6—铝合金双层百叶送风口 1000mm×200mm；7—铝合金双层百叶送风口 200mm×120mm；8—防雨单层百叶回风口（带过滤网）1000mm×250mm；9—风量调节阀长 200mm；10—密闭对开多叶调节阀长 200mm；11—铝合金回风口 400mm×250mm

【例 25】 ×办公楼空调水管路施工图预算。

(一)工程概况

(1)本工程空调水管路平面图和大样图分别见图 9-7、图 9-8。空调水管路系统图见图 9-9,风机盘管水管路安装图可见图 9-10。图中标高以 m 计,其余以 mm 计。空调供水、回水及凝结水管均采用镀锌钢管,丝扣连接。

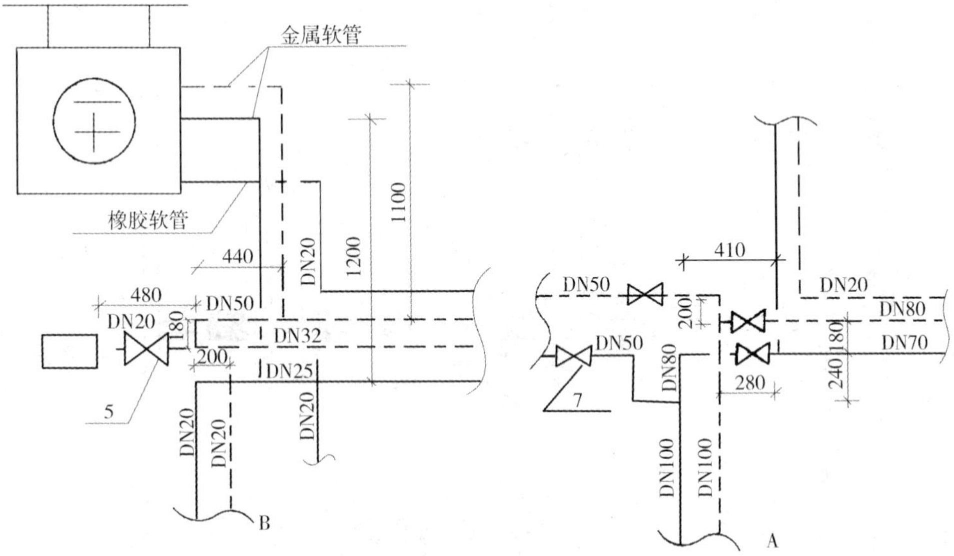

图 9-7 空调水管路 A、B 节点大样图

(2)阀门采用铜球阀。穿墙均加一般钢套管。进出风机盘管供、回水支管均装金属软管(丝接)各一个,凝结水管与风机盘管连接需装橡胶软管(丝接)一个。

(3)管道安装完毕后要求试压,空调系统试验压力为 1.3MPa,凝结水管做灌水试验。

(二)采用定额

本例题为×市区×办公楼(部分房间)空调水管路预算,采用《全国统一安装工程预算定额(第八册)给排水、采暖、燃气工程》(2000 年出版)中的有关内容。

(三)编制方法

(1)风机盘管在本工程风系统中已计算,水管路系统例题不再计算。

(2)暂不计主材费(只计主材消耗量)、管道刷油、保温、高层建筑增加费等内容。

(3)未尽事宜均参照有关标准或规范执行。

(4)工程量计算结果见表 9-22,安装工程施工图预算结果见表 9-23。

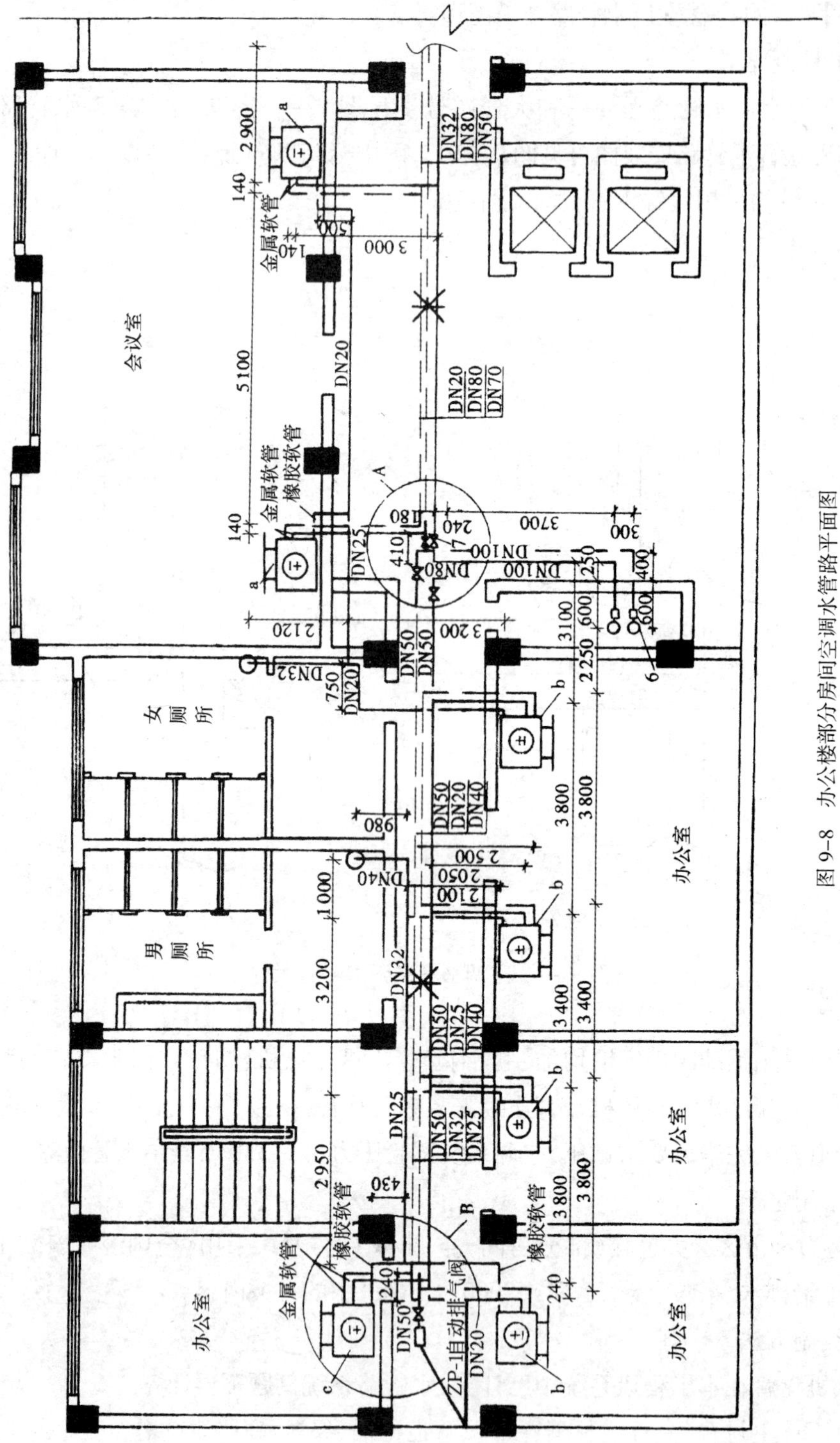

图 9-8　办公楼部分房间空调水管路平面图

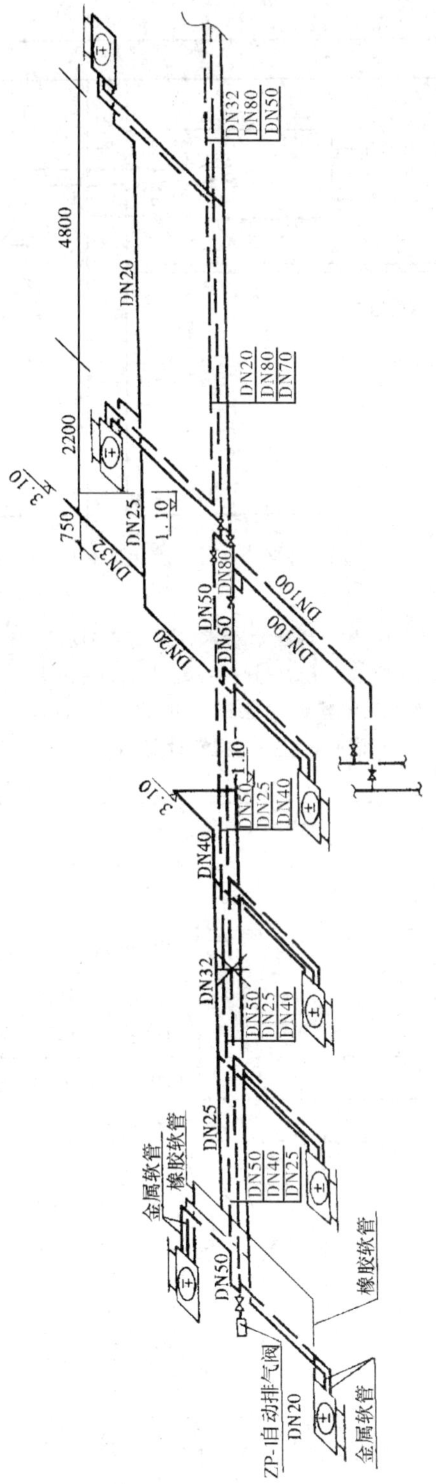

图 9-9　办公楼部分房间空调水管路系统图

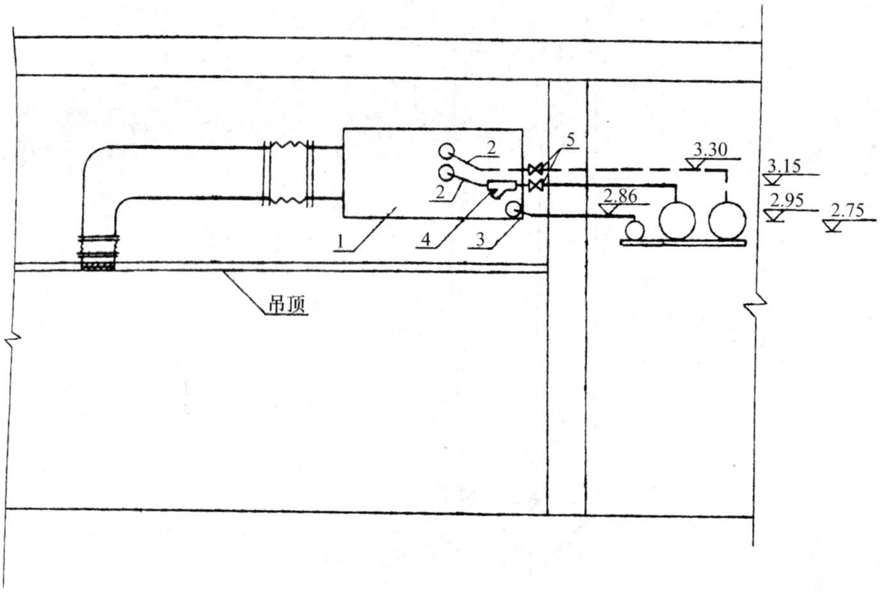

图 9 - 10 风机盘管水管路安装图示

1 - 风机盘管;2 - 金属软管;3 - 橡胶软管;4 - 过滤器;

5 - 丝扣铜球阀;6 - 铸钢法兰蝶阀;7 - 法兰闸阀

表 9 - 22 工程量计算书

工程名称:×办公楼部分房间空调水管路

序号	分部分项工程名称	单位	工程量	计算公式
1	镀锌钢管(丝接)DN100(管内)	m	1.20	管井内供 0.6 回 0.6
2	镀锌钢管(丝接)DN100	m	8.77	供 0.25 +3.70
				回 0.40 +0.30 +3.70 +0.24 +0.18
3	镀锌钢管(丝接)DN80	m	9.21	供 0.24 +0.41
				回 0.28 +0.14 +5.10 +0.14 +2.90
4	镀锌钢管(丝接)DN70	m	5.38	供 0.14 +5.10 +0.14
5	镀锌钢管(丝接)DN50	m	21.28	供右 2.90
				供左 3.10 +0.24
				回左 0.40 +0.20 +0.60 +2.25 +3.80 +3.40 +3.80 +0.20 +0.18 +0.20
6	镀锌钢管(丝接)DN40	m	11.18	供左 3.40 +3.80 +1.00 +0.98 +(3.10 -1.10)
7	镀锌钢管(丝接)DN32	m	14.16	回左 3.80
				回右 0.14 +2.90
				凝左 3.20 +2.12 +3.10 -1.10
8	镀锌钢管(丝接)DN25	m	13.49	供左 3.80 +0.24
				回左 3.40
				凝左 2.95 凝右 3.10
9	镀锌钢管(丝接)DN20	m	53.21	供左 0.48 回右 5.10 凝 4.60

续表 9－22

序号	分部分项工程名称	单位	工程量	计 算 公 式
				a 盘管支管(供 0.21 + 3.00 + 回 3.00 + 0.14 + 凝 0.50) ×2
				b 盘管支管(供 2.05 + 回 2.50 + 凝 2.10) ×4
				c 盘管支管供 1.20 + 回 1.10 + 凝 0.43
10	铸钢法兰蝶阀 DN100(管井内)	个	2	
11	法兰闸阀 DN80	个	2	
12	法兰闸阀 DN50	个	2	
13	铜球阀 DN20	个	15	
14	Y 型过滤器 DN20	个	7	
15	自动排气阀 DN20	个	1	
16	金属软管(丝接)	个	14	
17	橡胶软管(丝接)	个	7	
18	一般穿墙套管制安 DN100	个	2	供 1 回 1
19	一般穿墙套管制安 DN20	个	21	供 7 回 7 凝 7

表 9－23 安装工程预算表

项目名称:办公楼部分房间空调水管路预算

序号	定额编号	定额名称	单位	工程量	定额基价 /元	定额合价 /元	人工单价 /元	人工合价 /元
1	8－88	空调室内镀锌钢管(螺纹连接)公称直径 20mm 以内	10m	5.321	66.72	355.02	42.49	226.09
2	8－89	空调室内镀锌钢管(螺纹连接)公称直径 25mm 以内	10m	1.349	83.51	112.65	51.08	68.91
3	8－90	空调室内镀锌钢管(螺纹连接) DN32mm	10m	1.416	86.16	122.00	51.08	72.33
4	8－91	空调室内镀锌钢管(螺纹连接) DN40mm	10m	1.118	93.85	104.92	60.84	68.02
5	8－92	空调室内镀锌钢管(螺纹连接) DN50mm	10m	2.128	111.93	238.19	62.23	132.43
6	8－94	镀锌钢管(螺纹连接) DN70mm	10m	0.538	135.50	72.90	67.34	36.23
7	8－94	镀锌钢管(螺纹连接) DN80mm	10m	0.921	135.50	124.80	67.34	62.02
8	8－95	镀锌钢管(螺纹连接) DN100mm	10m	0.877	167.17	146.61	76.39	67.00
9	8－95	镀锌钢管(螺纹连接) DN100mm (管道井内人工 ×1.03)	10m	0.120	169.46	20.34	78.68	9.44
10	8－258	焊接法兰闸阀安装 DN50mm	个	2.000	100.25	200.5	11.38	22.76
11	8－260	焊接法兰闸阀安装 DN80mm	个	2.000	152.82	305.64	17.41	34.82
12	8－261	铸钢法兰蝶阀安装 DN100mm (管道井内人工 ×1.03)	个	2.000	189.91	379.82	22.24	44.48
13	8－242	螺纹铜球阀安装 DN20mm	个	15.000	5.00	75.00	2.32	34.8
14	8－242	Y 型过滤器安装(丝接) DN20mm	个	7.000	5.00	35.00	2.32	16.24
15	8－300	自动排气阀安装 20	个	1.000	11.58	11.58	5.11	5.11

续表 9-23

序号	定额编号	定额名称	单位	工程量	定额基价/元	定额合价/元	人工单价/元	人工合价/元
16	6-2936	金属软管安装螺纹连接 DN20mm	个	14.000	9.90	138.60	9.06	126.84
17	6-2936	橡胶软管安装螺纹连接 DN20mm	个	7.000	9.90	69.30	9.06	63.42
18	6-2971	一般穿墙套管制作安装 DN20	个	21.000	6.26	131.46	3.09	64.89
19	6-2972	一般穿墙套管制作安装 DN100	个	2.000	14.72	29.44	8.66	17.32
20		合计_定额子项				2673.77		1173.15
21		空调系统调整费(第九册)[序号1-19全部子项的定额人工×13.0000%](其中工资占25%)				152.51		38.13
22		直接工程费合计				2826.28		1211.28
23		空调水系统脚手架搭拆费[序号1-15全部子项的定额人工×5.0000%](其中工资占25%)				45.03		11.26
24		脚手架搭拆费(第六册工业管道工程)[序号16-19全部子项的定额人工×7.0000%](其中工资占25%)				19.07		4.77
25		合计_技术措施费				64.1		16.03

第十章　自动化控制仪表安装工程工程量清单设置与计价举例

表 10－1　分部分项工程量清单

工程名称：

序号	项目编码	项目名称	计量单位	工程数量
1	031001001001	双支热电偶 取零部件配合安装 不锈钢温度计套管安装 防爆金属挠性管安装	支	10
2	031001001002	单支热电偶 取零部件配合安装 不锈钢温度计套管安装 防爆金属挠性管安装	支	33
3	031001001003	双金属温度计 取零部件配合安装 不锈钢温度计套管安装	支	25
4	031001001004	压力式温度计毛细管长 10m 取零部件配合安装 不锈钢温度计套管安装	支	1
5	031001002001	就地弹簧管压力表 取零部件配合安装 碳钢压力表弯制作 不锈钢压力表弯制作 压力表弯安装	块	87
6	031001003001	椭圆齿轮流量计	台	7
7	031001003002	就地双波纹管差压计 取零部件配合安装 节流孔板安装　Dg50 文丘里管　Dg350 保护箱	台 个 块 块 个	4 8 2 2 4

续表 10-1

序号	项目编码	项目名称	计量单位	工程数量
8	031001004001	玻璃板液位计 $L=500$mm	台	2
9	031002002001	智能单回路记录仪	套	1
10	031002015001	气动薄膜调节阀调试配合安装	套	43
		防爆金属挠性管		
		过滤器减压阀		
		电气阀门定位器		
11	031002001003	压力变送器	台	13
		取零部件配合安装		
		防爆金属挠性管安装		
		支架制作安装	kg	260
		仪表立柱制作安装		
		保护箱		
12	031002001004	差压变送器	台	26
		取零部件配合安装	个	52
		节流孔板　DN50	块	7
		节流孔板　DN80	块	5
		节流孔板　DN100	块	5
		节流孔板　DN150	块	4
		节流孔板　DN200	块	4
		节流孔板　DN600	块	1
		支架制作安装	kg	520
		仪表立柱制作安装	个	26
		隔离罐制作安装	个	12
		防爆金属挠性管安装	根	26
		保护箱	台	26
13	031002003001	全刻度指示调节仪	台	6
14	031002002002	两笔小型记录仪	台	18
15	031002001005	气动内浮筒液位变送器　过滤器减压阀	台	16
16	031002008001	仪表盘　2300mm×1100mm×2500mm	块	4
		基础槽钢　10 号	m	25
		手工除中锈	100kg	2.5
		红丹防锈漆两遍	100kg	2.5
17	030208004002	电缆槽盒　150mm×25mm	m	652

续表 10 - 1

序号	项目编码	项目名称	计量单位	工程数量
18	030208003001	有缝钢管 φ60mm×3.5mm	m	60
19	030212001001	钢结构配管 φ21.25mm×2.75mm	m	900
		明装铝合金防爆穿线盒	个	130
		支架制作安装	kg	785
20	031006001001	无缝钢管安装 φ10mm×2mm	m	56
		支架制作安装	kg	49
21	031006001002	无缝钢管安装 φ14mm×2mm	m	56
		支架制作安装	kg	49
		石棉绳保温 5kg	m^2	2.5
		玻璃布保护层	m^2	2.5
		油毡纸	m^2	2.5
		布面刷银粉漆两遍	m^2	2.5
22	031006004001	纯铜管安装 φ6mm×1mm	m	3000
		支架制作安装	kg	200
23	030208002001	电缆敷设 RVVP2×1	m	7650
		控制电缆头制作安装	个	510
24	031009001002	承插焊碳钢截止阀 DN15	个	68
25	031009001003	法兰碳钢闸阀 DN20	个	40
26	031009001004	法兰碳钢闸阀 DN40	个	44

【例 1】 双支热电偶 10 支,取零部件 10 个配合安装,不锈钢温度计套管 10 个安装,防爆金属挠性管 10 根安装。

【解】 (1)双支热电偶,10 支。

1)人工费:16.25 元/支×10 支=162.5 元

2)材料费:2.2 元/支×10 支=22 元

插座(带丝堵):1 套/支×10 支×17 元/套=170 元

3)机械费:1.17 元/支×10 支=11.7 元

(2)防爆金属挠性管 10 根,安装。

1)人工费:35.76 元/10 支×10 支=35.76 元

2)材料费:0.54 元/10 支×10 支=0.54 元

挠性管(带接头):10 根/10 支×10 支×50 元/根=500 元

3)机械费:无

(3)不锈钢温度计套管 10 个,安装。

1)人工费:8.59 元/个 ×10 个 =85.9 元

2)材料费:4.72 元/个 ×10 个 =47.2 元

温度计套管:1 个/1 个 ×10 个 ×5 元/个 =50 元

3)机械费:4.91 元/个 ×10 个 =49.1 元

(4)取零部件 10 个,配合安装。

1)人工费:3.95 元/个 ×10 个 =39.5 元

2)材料费:0.49 元/个 ×10 个 =4.9 元

3)机械费:无

(5)配合联动试车。

1)人工费:3.44 元

2)材料费:3.44 元

3)机械费:无

(6)综合。

1)直接费合计: 1185.98 元

2)管理费:1185.98 元 ×34% =403.23 元

3)利润:1185.98 元 ×8% =94.88 元

4)总计:(1185.98 +403.23 +94.88)元 =1684.09 元

5)综合单价:1684.09 元 ÷10 支 =168.41 元/支

【例 2】 就地弹簧管压力表 87 块,不锈钢压力表弯 7 个制作安装,碳钢压力表弯 7 个制作,取零部件 87 个配合安装。

【解】 (1)就地弹簧管压力表 87 块。

1)人工费:12.07 元/块 ×87 块 =1050.09 元

2)材料费:4.16 元/块 ×87 块 =361.92 元

取零部件:1 套/块 ×80 元/套 ×87 块 =6960 元

仪表接头:1 套/块 ×135 元/套 ×87 块 =11745 元

3)机械费:0.58 元/块 ×87 块 =50.46 元

(2)不锈钢压力表弯 7 个制作。

1)人工费:36.46 元/10 个 ×7 个 =25.52 元

2)材料费:13.67 元/10 个 ×7 个 =9.57 元

仪表接头:20 套/10 个 ×7 个 ×135 元/套 =1890 元

不锈钢管:7m/10 个 ×7 个 ×10 元/m =49 元

3)机械费:6.11 元/10 个 ×7 个 =4.28 元

(3)不锈钢压力表弯 7 个安装。

1)人工费:10.91 元/10 套 ×14 套 =15.27 元

2)材料费:2.21 元/10 套 ×14 套 =3.09 元

压力表表弯:10 个/10 套 ×14 套 ×5 元/个 =70 元

3)机械费:无

(4)碳钢压力表弯7个制作。

1)人工费:29.95元/10个×7个=20.97元

2)材料费:13元/10个×7个=9.1元

仪表接头:20套/10个×7个×135元/套=1890元

冷拔无缝钢管:7m/10个×7个×17元/m=83.3元

3)机械费:4.56元/10个×7个=3.19元

(5)取零部件87个配合安装。

1)人工费:3.95元/个×87个=343.65元

2)材料费:0.49元/个×87个=42.63元

3)机械费:无

(6)配合联动试车。

1)人工费:14.55元

2)材料费:14.55元

3)机械费:无

(7)综合。

1)直接费合计: 1968.84元(不计主材)

2)管理费:1968.84元×34%=669.41元

3)利润:1968.84元×8%=157.51元

4)总计:(1968.84+669.41+157.51)元=2795.76元

5)综合单价:2795.76元÷87块=32.14元/块

【例3】 气动薄膜调节阀43台,防爆金属挠性管43根安装,过滤器减压阀,电气阀门定位器各43台。

【解】 (1)气动薄膜调节阀43台调试配合安装。

1)人工费:84.52元/台×43台=3634.36元

2)材料费:5.92元/台×43台=254.56元

仪表接头:1套/1台×43台×135元/套=5805元

3)机械费:139.90元/台×43台=6015.7元

(2)过滤器减压阀43台。

1)人工费:4.41元/台×43台=189.63元

2)材料费:1.33元/台×43台=57.19元

仪表接头:2套/台×43台×135元/套=11610元

3)机械费:2.73元/台×43台=117.39元

(3)电气阀门定位器43台。

1)人工费:27.17元/台×43台=1168.31元

2)材料费:3.00元/台×43台=129元

仪表接头:2套/台×43台×135元/套=11610元

3)机械费:19.03元/台×43台=818.29元

(4)防爆金属挠性管43根安装。

1)人工费:35.76元/10根×43根=153.77元

2)材料费:0.54 元/10 根×43 根=2.32 元

挠性管(带接头):10 根/10 根×43 根×50 元/根=2150 元

3)机械费:无

(5)配合联动试车。

1)人工费:97.71 元

2)材料费:97.71 元

3)机械费:无

(6)综合。

1)直接费合计: 12735.94 元(不包括主材)

2)管理费:12735.94 元×34%=4330.22 元

3)利润:12735.94 元×8%=1018.88 元

4)总计:(12735.94+4330.22+1018.88)元=18085.04 元

5)综合单价:18085.04 元÷43 台=420.58 元/台

【例 4】 压力变送器 13 台,取零部件 13 个配合安装,金属挠性管 13 根安装,支架 260kg,制作安装,仪表立柱 13 根制作安装,压力变送器 13 台,保护箱 13 台。

【解】 (1)压力变送器,13 台。

1)人工费:71.52 元/台×13 台=929.76 元

2)材料费:6.9 元/台×13 台=89.7 元

取零部件:1 套/台×13 台×80 元/套=1040 元

仪表接头:1 套/台×13 台×135 元/台=1755 元

3)机械费:20.36 元/台×13 台=264.68 元

(2)保护箱,13 台。

1)人工费:52.01 元/台×13 台=676.13 元

2)材料费:14.77 元/台×13 台=192.01 元

仪表接头:4 套/台×13 台×135 元/台=7020 元

3)机械费:8.22 元/台×13 台=106.86 元

(3)取零部件配合安装,13 个。

1)人工费:3.95 元/个×13 个=51.35 元

2)材料费:0.49 元/个×13 个=6.37 元

3)机械费:无

(4)金属挠性管安装,13 根。

1)人工费:35.76 元/10 根×13 根=46.49 元

2)材料费:0.54 元/10 根×13 根=0.70 元

挠性管(带接头):10 根/10 根×13 根×50 元/根=650 元

3)机械费:无

(5)支架制作 260kg。

1)人工费:319.74 元/100kg×260kg=831.32 元

2)材料费:138.60 元/100kg×260kg=360.36 元

普通钢板 δ1.0mm~δ1.5mm:104kg/100kg×260kg×3.7 元/kg=1000.48 元

3)机械费:106.32 元/100kg ×260kg =276.43 元

(6)支架安装,260kg。

1)人工费:190.17 元/100kg ×260kg =494.44 元

2)材料费:22.02 元/100kg ×260kg =57.25 元

角钢(综合):4.6kg/100kg ×260kg ×3.5 元/kg =41.86 元

3)机械费:28.54 元/100kg ×260kg =74.20 元

(7)仪表立柱制作安装,13 根。

1)人工费:202.01 元/10 根 ×13 根 =262.61 元

2)材料费:84.13 元/10 根 ×13 根 =109.37 元

仪表立柱 51mm ×1500mm:10 个/10 根 ×13 根 ×320 元/个 =4160 元

普通钢板 δ10mm:39.3kg/10 根 ×13 根 ×3.5 元/kg =178.82 元

3)机械费:6.31 元/10 根 ×13 根 =8.20 元

(8)配合联动试车。

1)人工费:36.87 元

2)材料费:36.87 元

3)机械费:无

(9)综合。

1)直接费合计:　　　　　　4911.97 元(不计主材)

2)管理费:4911.97 元 ×34% =1670.07 元

3)利润:4911.97 元 ×8% =392.96 元

4)总计:(4911.97 +1670.07 +392.96)元 =6975 元

5)综合单价:6975 元 ÷13 台 =536.54 元/台

【例 5】 差压变送器 26 台,取零部件 52 个配合安装,节流孔板为 7 块 DN50,5 块 DN80,5 块 DN100,4 块 DN150,4 块 DN200,1 块 DN600,支架 520kg,制作、安装,仪表立柱 26 根,制作安装,隔离罐 12 个制作安装,金属挠性管 26 根安装,26 台保护箱。

【解】 (1)差压变送器 26 台。

1)人工费:76.16 元/台 ×26 台 =1980.16 元

2)材料费:7.15 元/台 ×26 台 =185.9 元

取零部件:1 套/台 ×26 台 ×80 元/套 =2080 元

仪表接头:2 套/台 ×26 台 ×135 元/套 =7020 元

3)机械费:26.03 元/台 ×26 台 =676.78 元

(2)取零部件 52 个,配合安装。

1)人工费:3.95 元/个 ×52 个 =205.4 元

2)材料费:0.49 元/个 ×52 个 =25.48 元

3)机械费:无

(3)节流孔板,7 块 DN50,5 块 DN80,5 块 DN100,4 块 DN150,4 块 DN200,1 块 DN600。

1)人工费:14.40 元/块 ×7 块 +40.63 元/块 ×(5 +5)块 +52.71 元/块 ×(4 +4)块 +94.04 元/块 ×1 块 =1022.82 元

2)材料费:0.98 元/块 ×7 块 +73.12 元/块 ×(5 +5)块 +151.63 元/块 ×(4 +4)块 +

346.17 元/块×1 块 = 2297.27 元

3)机械费:241.44 元/块×1 块 = 241.44 元

(4)支架制作,520kg。

1)人工费:319.74 元/100kg×520kg = 1662.65 元

2)材料费:138.60 元/100kg×520kg = 720.72 元

普通钢板 $\delta = 1.0\text{mm} \sim \delta = 1.5\text{mm}$:104kg/100kg×520kg×3.7 元/kg = 2000.96 元

3)机械费:106.32 元/100kg×520kg = 552.86 元

(5)支架安装。

1)人工费:190.17 元/100kg×520kg = 988.88 元

2)材料费:22.02 元/100kg×520kg = 114.50 元

角钢(综合):4.6kg/100kg×520kg×3.5 元/kg = 83.72 元

3)机械费:28.54 元/100kg×520kg = 148.41 元

(6)仪表立柱 26 根,制作安装。

1)人工费:202.01 元/10 根×26 根 = 525.23 元

2)材料费:84.13 元/10 根×26 根 = 218.74 元

仪表立柱 51mm×1500mm:10 个/10 根×26 根×320 元/个 = 8320 元

普通钢板 δ10mm:39.3kg/10 根×26 根×3.5 元/kg = 357.63 元

3)机械费:6.31 元/10 根×26 根 = 16.41 元

(7)隔离罐 12 个,制作。

1)人工费:58.75 元/个×12 个 = 705 元

2)材料费:12.25 元/个×12 个 = 147 元

3)机械费:17.45 元/个×12 个 = 209.4 元

(8)隔离罐 12 个,安装。

1)人工费:12.77 元/个×12 个 = 153.24 元

2)材料费:7.16 元/个×12 个 = 85.92 元

仪表接头:3 套/个×12 个×135 元/套 = 4860 元

3)机械费:无

(9)金属挠性管 26 根,安装。

1)人工费:35.76 元/10 根×26 根 = 92.98 元

2)材料费:0.54 元/10 根×26 根 = 1.40 元

挠性管(带接头):10 根/10 根×26 根×50 元/根 = 1300 元

3)机械费:无

(10)保护箱 26 台。

1)人工费:52.01 元/台×26 台 = 1352.26 元

2)材料费:14.77 元/台×26 台 = 384.02 元

仪表接头:4 套/台×26 台×135 元/套 = 14040 元

3)机械费:8.22 元/台×26 台 = 213.72 元

(11)配合联动试车。

1)人工费:111.99 元

2)材料费:111.99 元

3)机械费:无

(12)综合。

1)直接费合计:　　　　　　15152.57 元(不含主材)

2)管理费:15152.57 元×34% =5151.87 元

3)利润:15152.57 元×8% =1212.21

4)总计:(15152.57 元+5151.87+1212.21)元=21516.65 元

5)综合单价:21516.65 元÷26 台=827.56 元/台

表 10-2　分部分项工程量清单计价表

工程名称:

序号	项目编码	项目名称	计量单位	工程数量	金额/元	
					综合单价	合价
1	031001001001	双支热电偶 取零部件配合安装 不锈钢温度计套管安装 防爆金属挠性管安装	支	10.00	168.41	1684.09
2	031001001002	单支热电偶 取零部件配合安装 不锈钢温度计套管安装 防爆金属挠性管安装	支	33.00	92.35	3047.48
3	031001001003	双金属温度计 取零部件配合安装 不锈钢温度计套管安装	支	25.00	84.22	2105.55
4	031001001004	压力式温度计毛细管长　10m 取零部件配合安装 不锈钢温度计套管安装	支	1.00	153.18	153.18
5	031001002001	就地弹簧管压力表 取零部件配合安装 碳钢压力表弯制作 不锈钢压力表弯制作 压力表弯安装	块	87	32.14	2795.76
6	031001003001	椭圆齿轮流量计	台	7	307.13	2149.88
7	031001003003	就地双波纹管差压计 取零部件配合安装 节流孔板安装　DN50 文丘里管　DN350 保护箱	台 个 块 块 个	4 8 2 2 4	720.59	2882.35
8	031001004001	玻璃板液位计 $L=500\text{mm}$	台	2	63.07	126.13
9	031002002001	智能单回路记录仪	套	1	389.83	389.83
10	031002015001	气动薄膜调节阀调试配合安装 防爆金属挠性管 过滤器减压阀 电气阀门定位器	套	43	420.58	18085.04

续表 10-2

序号	项目编码	项目名称	计量单位	工程数量	金额/元	
					综合单价	合价
11	031002001003	压力变送器	台	13	536.34	6582.46
		取零部件配合安装				
		防爆金属挠性管安装				
		支架制作安装	kg	260		
		仪表立柱制作安装				
		保护箱				
12	031002001004	差压变送器	台	26.00	827.56	21516.65
		取零部件配合安装	个	52		
		节流孔板　DN50	块	7		
		节流孔板　DN80	块	5		
		节流孔板　DN100	块	5		
		节流孔板　DN150	块	4		
		节流孔板　DN200	块	4		
		节流孔板　DN600	块	1		
		支架制作安装	kg	520		
		仪表立柱制作安装	个	26		
		隔离罐制作安装	个	12		
		防爆金属挠性管安装	根	26		
		保护箱	台	26		
13	031002003001	全刻度指示调节仪	台	6	346.29	2077.71
14	031002002002	两笔小型记录仪	台	18	123.26	2218.7
15	031002001005	气动内浮筒液位变送器　过滤器减压阀	台	16	192.81	3084.95
16	031002008001	仪表盘　2300mm×1100mm×2500mm	块	4	956.25	3824.99
		基础[10　槽钢	m	25		
		手工除锈	100kg	2.5		
		红丹防锈漆两遍	100kg	2.5		
17	030208004002	电缆槽盒　150mm×25mm	m	652	15.09	9837.9
18	030208003001	有缝钢管　ϕ60mm×3.5mm	m	60	34.85	2090.83
19	030212001001	钢结构配管　ϕ21.25mm×2.75mm	m	900	29.96	26963.53
		明装铝合金防爆穿线盒	个	130		
		支架制作安装	kg	785		
20	031006001001	无缝钢管安装　ϕ10mm×2mm	m	56	27.54	1542.25
		支架制作安装	kg	49		

续表 10 - 2

序号	项目编码	项目名称	计量单位	工程数量	金额/元	
					综合单价	合价
21	031006001002	无缝钢管安装　ϕ14mm×2mm	m	56	79.52	4453.28
		支架制作安装	kg	49		
		石棉绳保温　5kg	m^2	2.5		
		玻璃布保护层	m^2	2.5		
		油毡纸	m^2	2.5		
		布面刷银粉漆两遍	m^2	2.5		
22	031006004001	紫铜管安装　ϕ6mm×1mm	m	3000	109.20	327588.57
		支架制作安装	kg	200		
23	030208002001	电缆敷设　RVVP2×1	m	7650	6.28	48051.07
		控制电缆头制作安装	个	510		
24	031009001002	承插焊碳钢截止阀　DN15	个	68	126.38	8593.53
25	031009001003	法兰碳钢闸阀　DN20	个	40	81.01	3240.32
26	031009001004	法兰碳钢闸阀　DN40	个	44	102.31	4501.57
		合　计				509019.04

表 10 - 3　分部分项工程量清单综合单价计算表

工程名称:自动化控制仪表　　　　计量单位:支

项目编号:031001001001　　　　工程数量:10

项目名称:双支热电偶　　　　综合单价:168.41 元

序号	定额编号	工程内容	单位	数量	其中/元					
					人工费	材料费	机械费	管理费	利润	小计
1	10 - 735	取零部件配合安装	个	10.00	39.50	4.90				
	10 - 737	不锈钢温度计套管安装	个	10.00	85.90	97.20	49.10			
	10 - 668	防爆金属挠性管安装	根	10.00	35.76	500.54				
	10 - 11	双支热电偶	支	10.00	162.50	192.00	11.70			
		配合联动试车			3.44	3.44				
		合计			327.10	798.08	60.80	403.23	94.88	1684.09

表 10－4　分部分项工程量清单综合单价计算表

工程名称：自动化控制仪表　　　　计量单位：支

项目编号：031001001002　　　　工程数量：33

项目名称：单支热电偶　　　　综合单价：92.35 元

序号	定额编号	工程内容	单位	数量	其中/元					
					人工费	材料费	机械费	管理费	利润	小计
2	10－735	取零部件配合安装	个	33.00	130.35	16.17				
	10－737	不锈钢温度计套管安装	个	33.00	283.47	320.76	162.03			
	10－668	金属挠性管安装	根	33.00	118.14	502				
	10－10	单支热电偶	支	33.00	490.38	64.13	36.96			
		配合联动试车			10.86	10.86				
		合计			1033.20	913.92	198.99	729.68	171.69	3047.48

表 10－5　分部分项工程量清单综合单价计算表

工程名称：自动化控制仪表　　　　计量单位：支

项目编号：031001001003　　　　工程数量：25

项目名称：双金属温度计　　　　综合单价：84.22 元

序号	定额编号	工程内容	单位	数量	其中/元					
					人工费	材料费	机械费	管理费	利润	小计
3	10－735	取零部件配合安装	个	25.00	98.75	12.25				
	10－737	不锈钢温度计套管安装	个	25.00	214.75	243.00	122.75			
	10－2	双金属温度计	支	25.00	278.75	473.50	25.25			
		配合联动试车			6.89	6.89				
		合计			599.14	735.64	148.00	504.15	118.62	2105.55

表 10－6　分部分项工程量清单综合单价计算表

工程名称：自动化控制仪表　　　　计量单位：支

项目编号：031001001004　　　　工程数量：1

项目名称：压力式温度计　　　　综合单价：153.18 元

序号	定额编号	工程内容	单位	数量	其中/元					
					人工费	材料费	机械费	管理费	利润	小计
4	10－735	取零部件配合安装	个	1.00	3.95	0.49				
	10－737	不锈钢温度计套管安装	个	1.00	8.59	9.72	4.91			
	10－3	压力式温度计　毛细管长　10m	支	1.00	43.42	27.81	7.72			
		配合联动试车			0.63	0.63				
		合计			56.59	38.65	12.63	36.68	8.63	153.18

表 10－7　分部分项工程量清单综合单价计算表

工程名称:自动化控制仪表　　　　　　　　　　　　　　　　　　　　　　　　计量单位:块
项目编号:031001002001　　　　　　　　　　　　　　　　　　　　　　　　　工程数量:87
项目名称:就地弹簧管压力表　　　　　　　　　　　　　　　　　　　　　　　综合单价:32.14 元

序号	定额编号	工程内容	单位	数量	其中/元					
					人工费	材料费	机械费	管理费	利润	小计
5	10－735	取零部件配合安装	个	87.00	343.65	42.63				
	10－738	碳钢压力表弯制作	个	7.00	20.97	9.10	3.19			
	10－739	不锈钢压力表弯制作	个	7.00	25.52	9.57	4.28			
	10－740	压力表弯安装	套	14.00	15.27	3.09				
	10－25	就地弹簧管压力表	块	87.00	1050.09	361.92	50.46			
		配合联动试车			14.55	14.55				
		合计			1470.05	440.86	57.93	669.41	157.51	2795.76

表 10－8　分部分项工程量清单综合单价计算表

工程名称:自动化控制仪表　　　　　　　　　　　　　　　　　　　　　　　　计量单位:台
项目编号:031001003001　　　　　　　　　　　　　　　　　　　　　　　　　工程数量:7
项目名称:椭圆齿轮流量计　　　　　　　　　　　　　　　　　　　　　　　　综合单价:307.13 元

序号	定额编号	工程内容	单位	数量	其中/元					
					人工费	材料费	机械费	管理费	利润	小计
6	10－40	椭圆齿轮流量计	台	7.00	658.28	636.02	218.82			
		配合联动试车			0.44	0.44				
		合计			658.72	636.46	218.82	514.76	121.12	2149.88

表 10－9　分部分项工程量清单综合单价计算表

工程名称:自动化控制仪表　　　　　　　　　　　　　　　　　　　　　　　　计量单位:台
项目编号:031001003002　　　　　　　　　　　　　　　　　　　　　　　　　工程数量:4
项目名称:就地双波纹管差压计　　　　　　　　　　　　　　　　　　　　　　综合单价:720.59 元

序号	定额编号	工程内容	单位	数量	其中/元					
					人工费	材料费	机械费	管理费	利润	小计
7	10－735	取零部件配合安装	个	8.00	31.60	3.92				
	10－64	节流孔板安装　DN50	块	2.00	28.80	1.96				
	10－68	节流孔板安装　DN350	块	2.00	140.24	439.72				
	10－60	就地双波纹管差压计	台	4.00	212.68	294.68	51.08			
	10－680	保护箱	台	4.00	208.04	599.08				
		配合联动试车			9.01	9.01				
		合计			630.37	1348.37	51.08	690.14	162.39	2882.35

表 10－10　分部分项工程量清单综合单价计算表

工程名称：自动化控制仪表　　　　计量单位：台

项目编号：031001004001　　　　工程数量：2

项目名称：玻璃板液位计　　　　综合单价：63.07 元

序号	定额编号	工程内容	单位	数量	其中/元					
					人工费	材料费	机械费	管理费	利润	小计
8	10－75	玻璃板液位计　$L=500$	台	2.00	44.58	42.90				
		配合联动试车			0.67	0.67				
		合计			45.25	43.57		30.20	7.11	126.13

表 10－11　分部分项工程量清单综合单价计算表

工程名称：自动化控制仪表　　　　计量单位：套

项目编号：031002002001　　　　工程数量：1

项目名称：智能单回路记录仪　　　　综合单价：389.83 元

序号	定额编号	工程内容	单位	数量	其中/元					
					人工费	材料费	机械费	管理费	利润	小计
9	估	智能单回路记录仪	套	1.00	183.44	16.95	69.98			
		配合联动试车			2.08	2.08				
		合计			185.52	19.03	69.98	93.34	21.96	389.83

表 10－12　分部分项工程量清单综合单价计算表

工程名称：自动化控制仪表　　　　计量单位：台

项目编号：031002015001　　　　工程数量：43

项目名称：气动薄膜调节阀　　　　综合单价：420.58 元

序号	定额编号	工程内容	单位	数量	其中/元					
					人工费	材料费	机械费	管理费	利润	小计
10	10－668	金属挠性管安装	根	43.00	153.77	2.32				
	10－276	气动薄膜调节阀调试	台	43.00	3634.36	254.56	6015.70			
		配合安装								
	10－219	过滤器减压阀	台	43.00	189.63	57.19	117.39			
	10－290	电气阀门定位器	台	43.00	1168.31	129.00	818.29			
		配合联动试车			97.71	97.71				
		合计			5243.69	540.78	6951.38	4800.75	1129.59	18085.04

表 10－13　分部分项工程量清单综合单价计算表

工程名称：自动化控制仪表　　　　计量单位：台

项目编号：031002001003　　　　工程数量：13

项目名称：压力变送器　　　　综合单价：536.54 元

序号	定额编号	工程内容	单位	数量	其中/元					
					人工费	材料费	机械费	管理费	利润	小计
11	10－735	取零部件配合安装	个	13.00	51.35	6.37				
	10－668	金属挠性管安装	根	13.00	46.49	0.7				
	2－360	支架制作	kg	260.00	831.32	360.36	276.43			
	2－361	支架安装	kg	260.00	494.44	57.25	74.20			
	10－726	仪表立柱制作安装	根	13.00	262.61	109.37	8.20			
	10－124	压力变送器	台	13.00	929.76	89.7	264.68			
	10－680	保护箱	台	13.00	676.13	192.01	106.86			
		配合联动试车			36.87	36.87				
		合计			3328.97	852.63	730.37	1670.07	392.96	6975

表 10－14　分部分项工程量清单综合单价计算表

工程名称：自动化控制仪表　　　　计量单位：台

项目编号：031002001004　　　　工程数量：26

项目名称：差压变送器　　　　综合单价：827.56 元

序号	定额编号	工程内容	单位	数量	其中/元					
					人工费	材料费	机械费	管理费	利润	小计
12	10－735	取零部件配合安装	个	52.00	205.40	25.48				
	10－64	节流孔板　DN50	块	7.00	100.80	6.86				
	10－65	节流孔板　DN80	块	5.00	203.15	365.60				
	10－65	节流孔板　DN100	块	5.00	203.15	365.60				
	10－66	节流孔板　DN150	块	4.00	210.84	606.52				
	10－66	节流孔板　DN200	块	4.00	210.84	606.52				
	10－69	节流孔板　DN600	块	1.00	94.04	346.17	241.44			
	2－360	支架制作	kg	520.00	1662.65	720.72	552.86			
	2－361	支架安装	kg	520.00	988.88	114.50	148.41			
	10－726	仪表立柱制作安装	根	26.00	525.23	218.74	16.41			
	10－125	差压变送器	台	26.00	1980.16	185.90	676.78			
	10－728	隔离罐制作	个	12.00	705.00	147.00	209.40			
	10－729	隔离罐安装	个	12.00	153.24	85.92				
	10－668	金属挠性管安装	根	26.00	92.98	1.40				
	10－680	保护箱	台	26.00	1352.26	384.02	213.72			
		配合联动试车			111.99	111.99				
		合计			8800.61	4292.94	2059.02	5151.87	1212.21	21516.65

表 10-15　分部分项工程量清单综合单价计算表

工程名称:自动化控制仪表　　计量单位:台

项目编号:031002003001　　工程数量:6

项目名称:全刻度指示调节仪　　综合单价:346.29 元

序号	定额编号	工程内容	单位	数量	其中/元					
					人工费	材料费	机械费	管理费	利润	小计
13	10-144	全刻度指示调节仪 配合联动试车	台	6.00	646.44 10.81	41.52 10.81	753.60			
		合计			657.25	52.33	753.60	497.48	117.05	2077.71

表 10-16　分部分项工程量清单综合单价计算表

工程名称:自动化控制仪表　　计量单位:台

项目编号:031002002002　　工程数量:18

项目名称:两笔小型记录仪　　综合单价:123.26 元

序号	定额编号	工程内容	单位	数量	其中/元					
					人工费	材料费	机械费	管理费	利润	小计
14	10-138	两笔小型记录仪 配合联动试车	台	18.00	927.90 11.55	60.12 11.55	551.34			
		合计			939.45	71.67	551.34	531.24	125.00	2218.7

表 10-17　分部分项工程量清单综合单价计算表

工程名称:自动化控制仪表　　计量单位:台

项目编号:031002001005　　工程数量:16

项目名称:气动内浮筒液位变送器　　综合单价:192.81 元

序号	定额编号	工程内容	单位	数量	其中/元					
					人工费	材料费	机械费	管理费	利润	小计
15	10-189	气动内浮筒液位变送器	台	16.00	1096.00	532.80	378.08			
	10-219	过滤器减压阀 配合联动试车	个	16.00	70.56 15.05	21.28 15.05	43.68			
		合计			1181.61	569.13	421.76	738.65	173.8	3084.95

表 10－18　分部分项工程量清单综合单价计算表

工程名称：自动化控制仪表　　　　计量单位：块
项目编号：031002008001　　　　工程数量：4
项目名称：仪表盘　　　　综合单价：956.25 元

序号	定额编号	工程内容	单位	数量	其中/元					
					人工费	材料费	机械费	管理费	利润	小计
16	2－356	基础槽钢	m	250.00	120.18	83.80	23.18			
	11－8	手工中除锈	kg	250.00	31.35	12.28	17.40			
	11－117	红丹防锈漆第一遍	kg	250.00	13.35	26.70	17.40			
	11－118	红丹防锈漆第二遍	kg	250.00	12.78	22.10	17.40			
	11－672	大型通道盘 2300×1100×2500	块	4.00	1081.12	167.44	1008.04			
		配合联动试车			19.57	19.57				
		合计			1278.35	331.89	1083.42	915.84	215.49	3824.99

表 10－19　分部分项工程量清单综合单价计算表

工程名称：自动化控制仪表　　　　计量单位：m
项目编号：030208004002　　　　工程数量：652
项目名称：电缆槽盒　　　　综合单价：15.09 元

序号	定额编号	工程内容	单位	数量	其中/元					
					人工费	材料费	机械费	管理费	利润	小计
17	2－543	电缆槽盒　150×25	m	652.00	4814.76	1603.92	404.24			
		配合联动试车			52.59	52.59				
		合计			4867.35	1656.51	404.24	2355.55	554.25	9837.90

表 10－20　分部分项工程量清单综合单价计算表

工程名称：自动化控制仪表　　　　计量单位：m
项目编号：030208003001　　　　工程数量：60
项目名称：有缝钢管敷设　ϕ60mm×3.5　　　　综合单价：34.85 元

序号	定额编号	工程内容	单位	数量	其中/元					
					人工费	材料费	机械费	管理费	利润	小计
18	2－539	有缝钢管 ϕ60mm×3.5	m	60.00	783.00	603.00	64.20			
		配合联动试车			11.11	11.11				
		合计			794.11	614.11	64.20	500.62	117.79	2090.83

表 10-21　分部分项工程量清单综合单价计算表

工程名称：自动化控制仪表　　　　计量单位：m
项目编号：030212001001　　　　工程数量：900
项目名称：钢结构配管　ϕ21.25mm×2.75　　　　综合单价：29.96 元

序号	定额编号	工程内容	单位	数量	其中/元					
					人工费	材料费	机械费	管理费	利润	小计
19	2-1059	钢结构配管ϕ21.25mm×2.75	m	900.00	2880.00	3411.00	1386.00			
		镀锌钢管 ϕ20mm	m	927		4171.5				
	2-1380	明装铝合金防爆穿线盒	个	130.00	371.80	91.00				
		接线盒	个	133		133				
	2-360	支架制作	kg	785	2512.00	1091.15	832.10			
	2-361	支架安装	kg	785	1491.50	172.70	227.65			
		配合联动试车			108.50	108.50				
		合计			7363.80	9178.85	2445.75	6456.06	1519.07	26963.53

表 10-22　分部分项工程量清单综合单价计算表

工程名称：自动化控制仪表　　　　计量单位：m
项目编号：031006001001　　　　工程数量：56
项目名称：无缝钢管安装　ϕ10mm×2　　　　综合单价：27.54 元

序号	定额编号	工程内容	单位	数量	其中/元					
					人工费	材料费	机械费	管理费	利润	小计
20	10-565	无缝钢管安装 ϕ10mm×2	m	56.00	261.52	176.40	43.68			
	2-360	支架制作	kg	49	156.80	256.60	51.94			
	2-361	支架安装	kg	49	93.10	18.7	14.21			
		配合联动试车			6.57	6.57				
		合计			517.99	458.27	109.83	369.27	86.89	1542.25

表 10-23 分部分项工程量清单综合单价计算表

工程名称:自动化控制仪表　　计量单位:m

项目编号:031006001002　　工程数量:56

项目名称:无缝钢管安装 φ14mm×2　　综合单价:79.52 元

序号	定额编号	工程内容	单位	数量	其中/元					
					人工费	材料费	机械费	管理费	利润	小计
21	10-565	无缝钢管安装 φ14mm×2	m	56.00	261.52	2029.32	43.68			
	2-360	支架制作	kg	49	156.80	256.6	51.94			
	2-361	支架安装	kg	49	93.10	18.7	14.21			
	11-2151	石棉绳保温	m^2	2.5	30.48	75	1.70			
	11-2153	玻璃布保护层	m^2	2.5	2.73	52.55				
	11-2159	油毡纸	m^2	2.5	2.80	14.5				
	11-252	布面刷银粉漆第一遍	m^2	2.5	5.28	3.5				
	11-253	布面刷银粉漆第二遍	m^2	2.5	4.58	3.1				
		配合联动试车			7.01	7.01				
		合计			564.30	2460.28	111.53	1066.28	250.89	4453.28

表 10-24 分部分项工程量清单综合单价计算表

工程名称:自动化控制仪表　　计量单位:m

项目编号:031006004001　　工程数量:3000

项目名称:紫铜管安装 φ6mm×1　　综合单价:109.20 元

序号	定额编号	工程内容	单位	数量	其中/元					
					人工费	材料费	机械费	管理费	利润	小计
22	10-580	紫铜管安装 φ6×1mm	m	3000.00	5010.00	1890.00	180.00			
		紫铜管	m	3060.00		18360				
		仪表接头	套	1500		202500	212.00			
	2-360	支架制作	kg	200.00	640.00	1047.6	212.00			
	2-361	支架安装	kg	200.00	380.00	76.2	58.00			
		配合联动试车			65.19	65.19				
		合计			6095.19	223938.99	662	78436.70	18455.69	327588.57

表 10－25　分部分项工程量清单综合单价计算表

工程名称:自动化控制仪表　　　　计量单位:m

项目编号:030208002001　　　　工程数量:7650

项目名称:电缆敷设　RVVP2×1　　　　综合单价:6.28 元

序号	定额编号	工程内容	单位	数量	其中/元					
					人工费	材料费	机械费	管理费	利润	小计
23	2－672 2－680	电缆敷设　RVVP2×1 控制电缆头制作安装 配合联动试车	m 个	7650 510	7420.50 6155.70 250.04	4054.50 15708.00 250.04				
		合计			13826.24	20012.54		11505.19	2707.10	48051.07

表 10－26　分部分项工程量清单综合单价计算表

工程名称:自动化控制仪表　　　　计量单位:个

项目编号:031009001002　　　　工程数量:68

项目名称:承插焊碳钢截止阀　DN15　　　　综合单价:126.38 元

序号	定额编号	工程内容	单位	数量	其中/元					
					人工费	材料费	机械费	管理费	利润	小计
24	10－708	承插碳钢截止阀 DN15 配合联动试车	个	68.00	710.60 7.03	5134 7.03	193.12			
		合计			717.63	5141.03	193.12	2057.61	484.14	8593.53

表 10－27　分部分项工程量清单综合单价计算表

工程名称:自动化控制仪表　　　　计量单位:个

项目编号:031009001003　　　　工程数量:40

项目名称:法兰碳钢闸阀　DN20　　　　综合单价:81.01 元

序号	定额编号	工程内容	单位	数量	其中/元					
					人工费	材料费	机械费	管理费	利润	小计
25	10－710	法兰碳钢闸阀 DN20 配合联动试车	个	40.00	195.20 3.56	2061.2 3.56	18.40			
		合计			198.76	2064.76	18.40	775.85	182.55	3240.32

表 10－28　分部分项工程量清单综合单价计算表

工程名称:自动化控制仪表　　　　计量单位:个

项目编号:031009001004　　　　工程数量:44

项目名称:法兰碳钢闸阀　DN40　　　　综合单价:102.31 元

序号	定额编号	工程内容	单位	数量	其中/元					
					人工费	材料费	机械费	管理费	利润	小计
26	10－710	法兰碳钢闸阀 DN40 配合联动试车	个	44.00	214.72 3.92	2927.32 3.92	20.24			
		合计			218.64	2931.24	20.24	1077.84	253.61	4501.57

【例 6】　某工程需安装一台膜盒式压力计测量烟囱底部烟道的压力,自制表弯,型钢压力计支架 16kg。试编制分部分项工程量清单。

【**解**】 (1)该项目发生的工程内容

1)本体安装

2)取压部位安装

3)压力表弯制作安装

4)金属挠性管安装

5)支架制作安装

(2)根据现行的计算规则计算单位含量	项目编码 031001002
1)本体安装	1 块
2)取压部位安装	1 个
3)压力表弯制作安装	1 个
4)金属挠性管安装	1 个
5)支架制作安装	16kg

第十一章　通信设备及线路工程工程量清单设置与计价举例

表 11－1　分部分项工程量清单

工程名称：

序号	项目编码	项目名称	计量单位	工程数量
1	031101001001	防爆蓄电池组　24V　1000A	组	10.00
		双层抗震铁架　$W=600$mm	m	10.00
		蓄电池充放电	组	10.00
2	031101006001	24V 落地式直流配电瓶　600×1000×2100	台	4.00
3	031101012001	三相不停电电源　100kV·A	套	2.00
4	031101034001	总信号灯盘	盘	1.00
5	031101034002	列信号灯盘	盘	4.00
6	031101034003	信号设备	盘	5.00
7	031101039001	电话交换机架	架	10.00
		电话交换机架调测		
8	031101039002	电话交换机台	台	2.00
		电话交换机台调测		
9	031101039003	记录设备安装调测　4 架	套	1.00
10	031101039004	路由示忙灯	个	20.00
11	031101040001	打印机	台	4.00
12	031101035001	槽道放、绑设备电缆　100m/条	条	80.00
13	031101035002	走道放、绑设备电缆　100m/条	条	80.00
14	031101035003	编扎、焊接设备电缆　104 芯	条	20.00
15	031101035004	编扎、焊接设备电缆　24 芯	条	80.00

表 11－2　分部分项工程量清单计价表

工程名称：

序号	项目编码	项目名称	计量单位	工程数量	金额/元	
					综合单价	合价
1	031101001001	防爆蓄电池组　24V　1000A 双层抗震铁架　W＝600mm 蓄电池充放电	组	10.00	1443.22	14432.17
2	031101006001	24V 落地式直流配电瓶　600×1000×2100	台	4.00	210.16	840.64
3	031101012001	三相不停电电源　100kV·A	套	2.00	1734.6	3469.2
4	031101034001	总信号灯盘	盘	1.00	27.76	27.76
5	031101034002	列信号灯盘	盘	4.00	8.24	32.95
6	031101034003	信号设备	盘	5.00	34.22	171.11
7	031101039001	电话交换机架 电话交换机架调试	架	10.00	1220.42	12204.19
8	031101039002	电话交换机台 电话交换机台调测	台	2.00	339.95	679.89
9	031101039003	记录设备安装调测　4 架	套	1.00	5720.89	5720.89
10	031101039004	路由示忙灯	个	20.00	36.64	732.72
11	031101040001	打印机	台	4.00	29.11	116.44
12	031101035001	槽道放、绑设备电缆　100m/条	条	80.00	51.12	4089.6
13	031101035002	走道放、绑设备电缆　100m/条	条	80.00	70.08	5606.16
14	031101035003	编扎、焊接设备电缆　104 芯	条	20.00	47.71	954.24
15	031101035004	编扎、焊接设备电缆　24 芯	条	80.00	16.61	1329.12
		合计				50407.04

表 11-3　分部分项工程量清单综合单价计算表

工程名称：　　　　　　　　　　　　　　　　　　　　　　　计量单位:组

项目编号:031101001001　　　　　　　　　　　　　　　　工程数量:10

项目名称:防爆蓄电池组　24V1000A　　　　　　　　　　　综合单价:1443.22 元

序号	定额编号	工程内容	单位	数量	其中/元					
					人工费	材料费	机械费	管理费	利润	小计
1		防爆蓄电池组　24V 1000A	组	10	655.00	68.00				
		双层抗震铁架　W = 600mm	m	10	350.00	30.00				
		蓄电池充放电	组	10	7602.50	1458.00				
		合计			8607.50	1556.00	-	3455.59	813.08	14432.17

表 11-4　分部分项工程量清单综合单价计算表

工程名称：　　　　　　　　　　　　　　　　　　　　　　　计量单位:台

项目编号:031101006001　　　　　　　　　　　　　　　　工程数量:4

项目名称:落地式直流配电屏　24V　　　　　　　　　　　　综合单价:210.16 元

序号	定额编号	工程内容	单位	数量	其中/元					
					人工费	材料费	机械费	管理费	利润	小计
2		24V 落地式直流配电屏 600×1000×2100	台	4	500.00	92.00				
		合计			500.00	92.00	-	201.28	47.36	840.64

表 11-5　分部分项工程量清单综合单价计算表

工程名称：　　　　　　　　　　　　　　　　　　　　　　　计量单位:套

项目编号:031101012001　　　　　　　　　　　　　　　　工程数量:2

项目名称:三相不停电电源　100kV·A　　　　　　　　　　综合单价:1734.6 元

序号	定额编号	工程内容	单位	数量	其中/元					
					人工费	材料费	机械费	管理费	利润	小计
3		三相不停电电源 100kV·A	套	2	2367.50	75.60				
		合计			2367.50	75.60	-	830.65	195.45	3469.2

表 11-6　分部分项工程量清单综合单价计算表

工程名称:　　　　　　　　　　　　　　　　　　　　计量单位:盘
项目编号:031101034001　　　　　　　　　　　　　　工程数量:1
项目名称:总信号灯盘　　　　　　　　　　　　　　　综合单价:27.76 元

序号	定额编号	工程内容	单位	数量	其中/元					
					人工费	材料费	机械费	管理费	利润	小计
4		总信号灯盘	盘	1	18.75	0.80				
		合计			18.75	0.80	-	6.65	1.56	27.76

表 11-7　分部分项工程量清单综合单价计算表

工程名称:　　　　　　　　　　　　　　　　　　　　计量单位:盘
项目编号:031101034002　　　　　　　　　　　　　　工程数量:4
项目名称:列信号灯盘　　　　　　　　　　　　　　　综合单价:8.24 元

序号	定额编号	工程内容	单位	数量	其中/元					
					人工费	材料费	机械费	管理费	利润	小计
5		列信号灯盘	盘	4	20.00	3.20				
		合计			20.00	3.20	-	7.89	1.86	32.95

表 11-8　分部分项工程量清单综合单价计算表

工程名称:　　　　　　　　　　　　　　　　　　　　计量单位:盘
项目编号:031101034003　　　　　　　　　　　　　　工程数量:5
项目名称:信号设备　　　　　　　　　　　　　　　　综合单价:34.22 元

序号	定额编号	工程内容	单位	数量	其中/元					
					人工费	材料费	机械费	管理费	利润	小计
6		信号设备	盘	5	112.50	8.00				
		合计			112.50	8.00	-	40.97	9.64	171.11

表 11-9　分部分项工程量清单综合单价计算表

工程名称:　　　　　　　　　　　　　　　　　　　　计量单位:架
项目编号:031101039001　　　　　　　　　　　　　　工程数量:10
项目名称:电话交换机架　　　　　　　　　　　　　　综合单价:1220.42 元

序号	定额编号	工程内容	单位	数量	其中/元					
					人工费	材料费	机械费	管理费	利润	小计
7		电话交换机架	架	10	2182.50	158.00				
		电话交换机架调试	架	10	6250.00	4.00				
		合计			8432.50	162.00	-	2922.13	687.56	12204.19

表 11－10　分部分项工程量清单综合单价计算表

工程名称：　　　　　　　　　　计量单位：台

项目编号：031101039002　　　　　　　　　　工程数量：2

项目名称：电话交换机台　　　　　　　　　　综合单价：339.95 元

序号	定额编号	工程内容	单位	数量	其中/元					
					人工费	材料费	机械费	管理费	利润	小计
8		电话交换机台	台	2	150.00	28.00				
		电话交换机台调测	台	2	300.00	0.80				
		合计			450.00	28.80	－	162.79	38.3	679.89

表 11－11　分部分项工程量清单综合单价计算表

工程名称：　　　　　　　　　　计量单位：套

项目编号：031101039003　　　　　　　　　　工程数量：1

项目名称：记录设备　　　　　　　　　　综合单价：5720.89 元

序号	定额编号	工程内容	单位	数量	其中/元					
					人工费	材料费	机械费	管理费	利润	小计
9		记录设备安装调测 4 架	套	1	4000.00	28.80				
		合计			4000.00	28.80	－	1369.79	322.30	5720.89

表 11－12　分部分项工程量清单综合单价计算表

工程名称：　　　　　　　　　　计量单位：个

项目编号：031101039004　　　　　　　　　　工程数量：20

项目名称：路由示忙灯　　　　　　　　　　综合单价：36.64 元

序号	定额编号	工程内容	单位	数量	其中/元					
					人工费	材料费	机械费	管理费	利润	小计
10		路由示忙灯	个	20	500.00	16.00				
		合计			500.00	16.00	－	175.44	41.28	732.72

表 11－13　分部分项工程量清单综合单价计算表

工程名称：　　　　　　　　　　计量单位：台

项目编号：031101040001　　　　　　　　　　工程数量：4

项目名称：打印机　　　　　　　　　　综合单价：29.11 元

序号	定额编号	工程内容	单位	数量	其中/元					
					人工费	材料费	机械费	管理费	利润	小计
11		打印机	台	4	80.00	2.00				
		合计			80.00	2.00	－	27.88	6.56	116.44

表 11－14　分部分项工程量清单综合单价计算表

工程名称：　　　　　　　　　　　　　　　　　　　　　　　　计量单位：条

项目编号：031101035001　　　　　　　　　　　　　　　　　　工程数量：80

项目名称：槽道放、绑设备电缆　　　　　　　　　　　　　　　综合单价：51.12 元

序号	定额编号	工程内容	单位	数量	其中/元					
					人工费	材料费	机械费	管理费	利润	小计
12		槽道放、绑设备电缆 100m/条	条	80	2800.00	80.00				
		合计			2800.00	80.00	－	979.2	230.4	4089.6

表 11－15　分部分项工程量清单综合单价计算表

工程名称：　　　　　　　　　　　　　　　　　　　　　　　　计量单位：条

项目编号：031101035002　　　　　　　　　　　　　　　　　　工程数量：80

项目名称：走道放、绑设备电缆　　　　　　　　　　　　　　　综合单价：70.08 元

序号	定额编号	工程内容	单位	数量	其中/元					
					人工费	材料费	机械费	管理费	利润	小计
13		走道放、绑设备电缆 100m/条	条	80	3740.00	208.00				
		合计			3740.00	208.00	－	1342.32	315.84	5606.16

表 11－16　分部分项工程量清单综合单价计算表

工程名称：　　　　　　　　　　　　　　　　　　　　　　　　计量单位：条

项目编号：031101035003　　　　　　　　　　　　　　　　　　工程数量：20

项目名称：编扎、焊接设备电缆　104 芯　　　　　　　　　　　综合单价：47.71 元

序号	定额编号	工程内容	单位	数量	其中/元					
					人工费	材料费	机械费	管理费	利润	小计
14		编扎、焊接设备电缆 104 芯	条	20	640.00	32.00				
		合计			640.00	32.00	－	228.48	53.76	954.24

表 11－17　分部分项工程量清单综合单价计算表

工程名称：　　　　　　　　　　　　　　　　　　　　　　　　计量单位：条

项目编号：031101035004　　　　　　　　　　　　　　　　　　工程数量：80

项目名称：编扎、焊接设备电缆　24 芯　　　　　　　　　　　　综合单价：16.61 元

序号	定额编号	工程内容	单位	数量	其中/元					
					人工费	材料费	机械费	管理费	利润	小计
15		编扎、焊接设备电缆 24 芯	条	80	840.00	96.00				
		合计			840.00	96.00	－	318.24	74.88	1329.12

第十二章　建筑智能化系统设备安装工程工程量清单设置与计价举例

表 12-1　分部分项工程量清单

工程名称：

序号	项目编码	项目名称	计量单位	工程数量
1	031203001001	远传冷水表 冷水用电动阀　DN15	个	1200
2	031203001002	远传脉冲电表	个	1200
3	031203001003	远传煤气表 煤气用电动阀　DN20	个	1200
4	031203002001	电力载波抄表集中器 抄表控制箱	个	30
5	031203002002	分散式远程总线抄表采集器 抄表控制箱	个	30
6	031203002003	分散式远程总线抄表主机	个	2
7	031203002004	多表采集智能终端 多表采集智能终端调试	个	2
8	031202004001	通讯接口卡	个	80
9	031203002005	分线器	个	240
10	031203003001	多表采集中央管理计算机 抄表数据管理软件系统联调	台	1
11	031204004002	通讯接口转换器	个	240
12	031205001001	电视共用天线　CT2/1-5　安装调试	副	1
13	031205002001	前端机柜　2m	个	2
14	031205003001	带抽屉电视墙　监视器　24 台	个	2
15	031205004001	全频道前端　12 频道	套	6
16	031205004002	挂式邻频前端　12 频道	套	2
17	031205005001	接收机	台	100
18	031205005002	解码器	台	100
19	031205005003	数字信号转换器	台	25
20	031205005004	制式转换器	台	25
21	031205005005	功分器	台	10
22	031205007001	寻址控制器	台	2
23	031205007002	数据通道调制器	台	10
24	031205007003	网络(费)管理控制器	台	10

表 12－2　分部分项工程量清单计价表

工程名称：

序号	项目编码	项目名称	计量单位	工程数量	金额/元	
					综合单价	合价
1	031203001001	远传冷水表 冷水用电动阀　DN15	个	1200	21.61	25934.88
2	031203001002	远传脉冲电表	个	1200	26.78	32134.03
3	031203001003	远传煤气表 煤气用电动阀　DN20	个	1200	24.91	29888.16
4	031203002001	电力载波抄表集中器 抄表控制箱	个	30	49.36	1480.94
5	031203002002	分散式远程总线抄表采集器 抄表控制箱	个	30	84.37	2531.03
6	031203002003	分散式远程总线抄表主机	个	2	46.05	92.1
7	031203002004	多表采集智能终端 多表采集智能终端调试	个	2	80.61	161.21
8	031202004001	通讯接口卡	个	80	46.09	3687.45
9	031203002005	分线器	个	240	6.45	1547.23
10	031203003001	多表采集中央管理计算机 抄表数据管理软件系统联调	台	1	338.53	338.53
11	031204004002	通讯接口转换器	个	240	10.65	2556
12	031205001001	电视共用天线　CT2/1－5　安装调试	副	1	363.21	363.21
13	031205002001	前端机柜　2m	个	2	151.11	302.21
14	031205003001	带抽屉电视墙　监视器　24 台	个	2	1100.43	2200.86
15	031205004001	全频道前端　12 频道	套	6	302.22	1813.34
16	031205004002	挂式邻频前端　12 频道	套	2	580.93	1161.86
17	031205005001	接收机	台	100	42.15	4214.7
18	031205005002	解码器	台	100	44.98	4498.27
19	031205005003	数字信号转换器	台	25	44.98	1124.57
20	031205005004	制式转换器	台	25	37.88	947.07
21	031205005005	功分器	台	10	30.14	301.37
22	031205007001	寻址控制器	台	2	74.64	149.27
23	031205007002	数据通道调制器	台	10	74.64	746.35
24	031205007003	网络(费)管理控制器	台	10	214.59	2145.91
		合计				120320.55

表 12－3　分部分项工程量清单综合单价计算表

工程名称：　　　　　　　　　　　　　　　　　　　　计量单位：个

项目编号：031203001001　　　　　　　　　　　　　　工程数量：1200

项目名称：远传冷水表　　　　　　　　　　　　　　　综合单价：21.61 元

序号	定额编号	工程内容	单位	数量	其中/元					
					人工费	材料费	机械费	管理费	利润	小计
1	13－4－1	远传冷水表	个	1200	9000.00	336.00				
		冷水用电动阀 DN15	个	1200	6300.00	1992.00	636.00			
		合计			15300.00	2328.00	636.00	6209.76	1461.12	25934.88

表 12－4　分部分项工程量清单综合单价计算表

工程名称：　　　　　　　　　　　　　　　　　　　　计量单位：个

项目编号：031203001002　　　　　　　　　　　　　　工程数量：1200

项目名称：远传脉冲电表　　　　　　　　　　　　　　综合单价：26.78 元

序号	定额编号	工程内容	单位	数量	其中/元					
					人工费	材料费	机械费	管理费	利润	小计
2	13－4－2	远传脉冲电表	个	1200	8100	14385.60	144.00			
		合计			8100.00	14385.60	144.00	7694.06	1810.37	32134.03

表 12－5　分部分项工程量清单综合单价计算表

工程名称：　　　　　　　　　　　　　　　　　　　　计量单位：个

项目编号：031203001003　　　　　　　　　　　　　　工程数量：1200

项目名称：远传煤气表　　　　　　　　　　　　　　　综合单价：24.91 元

序号	定额编号	工程内容	单位	数量	其中/元					
					人工费	材料费	机械费	管理费	利润	小计
3	13－4－3	远传煤气表	个	1200	11100.00	420.00				
		煤气用电动阀 DN20	个	1200	6900.00	1992.00	636.00			
		合计			18000.00	2412.00	636.00	7156.32	1683.84	29888.16

表 12－6　分部分项工程量清单综合单价计算表

工程名称:　　　　　　　　　　　　　　　　　　　　　　　　　　　　计量单位:个

项目编号:031203002001　　　　　　　　　　　　　　　　　　　　　工程数量:30

项目名称:电力载波抄表集中器　　　　　　　　　　　　　　　　　　综合单价:49.36 元

序号	定额编号	工程内容	单位	数量	其中/元					
					人工费	材料费	机械费	管理费	利润	小计
4		电力载波抄表集中器	个	30	262.50	270.96				
		抄表控制箱	个	30	225.00	284.46				
		合计			487.50	555.42	–	354.59	83.43	1480.94

表 12－7　分部分项工程量清单综合单价计算表

工程名称:　　　　　　　　　　　　　　　　　　　　　　　　　　　　计量单位:个

项目编号:031203002002　　　　　　　　　　　　　　　　　　　　　工程数量:30

项目名称:分散式远程总线抄表采集器　　　　　　　　　　　　　　　综合单价:84.37 元

序号	定额编号	工程内容	单位	数量	其中/元					
					人工费	材料费	机械费	管理费	利润	小计
5		分散式远程总线抄表采集器	个	30	975.00	297.96				
		抄表控制箱	个	30	225.00	284.46				
		合计			1200.00	582.42	–	606.02	142.59	2531.03

表 12－8　分部分项工程量清单综合单价计算表

工程名称:　　　　　　　　　　　　　　　　　　　　　　　　　　　　计量单位:个

项目编号:031203002003　　　　　　　　　　　　　　　　　　　　　工程数量:2

项目名称:分散式远程总线抄表主机　　　　　　　　　　　　　　　　综合单价:46.05 元

序号	定额编号	工程内容	单位	数量	其中/元					
					人工费	材料费	机械费	管理费	利润	小计
6		分散式远程总线抄表主机	个	2	45.00	19.864				
		合计			45.00	19.86	–	22.05	5.19	92.10

表 12－9　分部分项工程量清单综合单价计算表

工程名称：　　　　　　　　　　　　　　　　　　　　　　　　　　计量单位：个
项目编号：031203002004　　　　　　　　　　　　　　　　　　　　工程数量：2
项目名称：多表采集智能终端　　　　　　　　　　　　　　　　　　综合单价：80.61 元

序号	定额编号	工程内容	单位	数量	其中/元					
					人工费	材料费	机械费	管理费	利润	小计
7		多表采集智能终端	个	2	22.50	14.18				
		多表采集智能终端调试	个	2	75.00	1.00	0.85			
		合计			97.50	15.18	0.85	38.60	9.08	161.21

表 12－10　分部分项工程量清单综合单价计算表

工程名称：　　　　　　　　　　　　　　　　　　　　　　　　　　计量单位：个
项目编号：031202004001　　　　　　　　　　　　　　　　　　　　工程数量：80
项目名称：通讯接口卡　　　　　　　　　　　　　　　　　　　　　综合单价：46.09 元

序号	定额编号	工程内容	单位	数量	其中/元					
					人工费	材料费	机械费	管理费	利润	小计
8		通讯接口卡	个	80	2400.00	196.80				
		合计			2400.00	196.80	－	882.91	207.74	3687.45

表 12－11　分部分项工程量清单综合单价计算表

工程名称：　　　　　　　　　　　　　　　　　　　　　　　　　　计量单位：个
项目编号：031203002005　　　　　　　　　　　　　　　　　　　　工程数量：240
项目名称：分线器　　　　　　　　　　　　　　　　　　　　　　　综合单价：6.45 元

序号	定额编号	工程内容	单位	数量	其中/元					
					人工费	材料费	机械费	管理费	利润	小计
9		分线器	个	240	780.00	309.60				
		合计			780.00	309.60	－	370.46	87.17	1547.23

表 12－12　分部分项工程量清单综合单价计算表

工程名称：　　　　　　　　　　　　　　　　　　　　　　　　　　　计量单位：台

项目编号：031203003001　　　　　　　　　　　　　　　　　　　　工程数量：1

项目名称：多表采集中央管理计算机　　　　　　　　　　　　　　　综合单价：338.53 元

序号	定额编号	工程内容	单位	数量	其中/元					
					人工费	材料费	机械费	管理费	利润	小计
10		多表采集中央管理计算机	台	1	87.50	0.50				
		抄表数据管理软件系统联调	台	1	150.00	0.40				
		合计			237.50	0.90	-	81.06	19.07	338.53

表 12－13　分部分项工程量清单综合单价计算表

工程名称：　　　　　　　　　　　　　　　　　　　　　　　　　　　计量单位：个

项目编号：031204004002　　　　　　　　　　　　　　　　　　　　工程数量：240

项目名称：通讯接口转换器　　　　　　　　　　　　　　　　　　　综合单价：10.65 元

序号	定额编号	工程内容	单位	数量	其中/元					
					人工费	材料费	机械费	管理费	利润	小计
11		通讯接口转换器	个	240	1800.00					
		合计			1800.00	0.00	0.00	612	144	2556

表 12－14　分部分项工程量清单综合单价计算表

工程名称：　　　　　　　　　　　　　　　　　　　　　　　　　　　计量单位：副

项目编号：031205001001　　　　　　　　　　　　　　　　　　　　工程数量：1

项目名称：电视共用天线　　　　　　　　　　　　　　　　　　　　综合单价：363.21 元

序号	定额编号	工程内容	单位	数量	其中/元					
					人工费	材料费	机械费	管理费	利润	小计
12		电视共用天线 CT2/1－5　安装调试	副	1	250.00	0.60	5.22			
		合计			250.00	0.6	5.22	86.97	20.46	363.21

表 12-15　分部分项工程量清单综合单价计算表

工程名称:　　　　计量单位:个

项目编号:031205002001　　　　工程数量:2

项目名称:前端机柜　　　　综合单价:151.11 元

序号	定额编号	工程内容	单位	数量	其中/元					
					人工费	材料费	机械费	管理费	利润	小计
13		前端机柜　2m	个	2	120.00	92.82				
		合计			120.00	92.82	-	72.36	17.03	302.21

表 12-16　分部分项工程量清单综合单价计算表

工程名称:　　　　计量单位:个

项目编号:031205003001　　　　工程数量:2

项目名称:电视墙　监视器　24 台　　　　综合单价:1100.43 元

序号	定额编号	工程内容	单位	数量	其中/元					
					人工费	材料费	机械费	管理费	利润	小计
14		带抽屉电视墙监视器 24 台	个	2	1350.00	199.90				
		合计			1350.00	199.90	-	526.97	123.99	2200.86

表 12-17　分部分项工程量清单综合单价计算表

工程名称:　　　　计量单位:套

项目编号:031205004001　　　　工程数量:6

项目名称:全频道前端　12 频道　　　　综合单价:302.22 元

序号	定额编号	工程内容	单位	数量	其中/元					
					人工费	材料费	机械费	管理费	利润	小计
15		全频道前端　12 频道	套	6	795.00	215.10	266.90			
		合计			795.00	215.10	266.90	434.18	102.16	1813.34

表 12-18　分部分项工程量清单综合单价计算表

工程名称:　　　　计量单位:套

项目编号:031205004002　　　　工程数量:2

项目名称:挂式邻频前端　12 频道　　　　综合单价:580.93 元

序号	定额编号	工程内容	单位	数量	其中/元					
					人工费	材料费	机械费	管理费	利润	小计
16		挂式邻频前端　12 频道	套	2	365.00	315.71	137.50			
		合计			365.00	315.71	137.50	278.19	65.46	1161.86

表 12－19　分部分项工程量清单综合单价计算表

工程名称：　　　　　　　　　　　　　　　　　　　　计量单位：台
项目编号：031205005001　　　　　　　　　　　　　　工程数量：100
项目名称：接收机　　　　　　　　　　　　　　　　　综合单价：42.15 元

序号	定额编号	工程内容	单位	数量	其中/元					
					人工费	材料费	机械费	管理费	利润	小计
17		接收机	台	100	1750.00	611.50	606.60			
		合计			1750.00	611.50	606.60	1009.15	237.45	4214.7

表 12－20　分部分项工程量清单综合单价计算表

工程名称：　　　　　　　　　　　　　　　　　　　　计量单位：台
项目编号：031205005002　　　　　　　　　　　　　　工程数量：100
项目名称：解码器　　　　　　　　　　　　　　　　　综合单价：44.98 元

序号	定额编号	工程内容	单位	数量	其中/元					
					人工费	材料费	机械费	管理费	利润	小计
18		解码器	台	100	2000.00	359.00	808.80			
		合计			2000.00	359.00	808.80	1077.05	253.42	4498.27

表 12－21　分部分项工程量清单综合单价计算表

工程名称：　　　　　　　　　　　　　　　　　　　　计量单位：台
项目编号：031205005003　　　　　　　　　　　　　　工程数量：25
项目名称：数字信号转换器　　　　　　　　　　　　　综合单价：44.98 元

序号	定额编号	工程内容	单位	数量	其中/元					
					人工费	材料费	机械费	管理费	利润	小计
19		数字信号转换器	台	25	500.00	89.75	202.20			
		合计			500.00	89.75	202.20	269.26	63.36	1124.57

表 12－22　分部分项工程量清单综合单价计算表

工程名称：　　　　　　　　　　　　　　　　　　　　计量单位：台
项目编号：031205005004　　　　　　　　　　　　　　工程数量：25
项目名称：制式转换器　　　　　　　　　　　　　　　综合单价：37.88 元

序号	定额编号	工程内容	单位	数量	其中/元					
					人工费	材料费	机械费	管理费	利润	小计
20		制式转换器	台	25	375.00	89.75	202.20			
		合计			375.00	89.75	202.20	226.76	53.36	947.07

表 12－23　分部分项工程量清单综合单价计算表

工程名称:　　　　　　　　　　　　　　　　　　　　　计量单位:台
项目编号:031205005005　　　　　　　　　　　　　　工程数量:10
项目名称:功分器　　　　　　　　　　　　　　　　　　综合单价:30.14 元

序号	定额编号	工程内容	单位	数量	其中/元					
					人工费	材料费	机械费	管理费	利润	小计
21		功分器	台	10	50.00	81.35	80.88			
		合计			50.00	81.35	80.88	72.16	16.98	301.37

表 12－24　分部分项工程量清单综合单价计算表

工程名称:　　　　　　　　　　　　　　　　　　　　　计量单位:台
项目编号:031205007001　　　　　　　　　　　　　　工程数量:2
项目名称:寻址控制器　　　　　　　　　　　　　　　　综合单价:74.64 元

序号	定额编号	工程内容	单位	数量	其中/元					
					人工费	材料费	机械费	管理费	利润	小计
22		寻址控制器	台	2	100.00	5.12				
		合计			100.00	5.12	–	35.74	8.41	149.27

表 12－25　分部分项工程量清单综合单价计算表

工程名称:　　　　　　　　　　　　　　　　　　　　　计量单位:台
项目编号:031205007002　　　　　　　　　　　　　　工程数量:10
项目名称:数据通道调制器　　　　　　　　　　　　　　综合单价:74.64 元

序号	定额编号	工程内容	单位	数量	其中/元					
					人工费	材料费	机械费	管理费	利润	小计
23		数据通道调制器	台	10	500.00	25.60				
		合计			500.00	25.60	–	178.70	42.05	746.35

表 12－26　分部分项工程量清单综合单价计算表

工程名称:　　　　　　　　　　　　　　　　　　　　　计量单位:台
项目编号:031205007003　　　　　　　　　　　　　　工程数量:10
项目名称:网络(费)管理控制器　　　　　　　　　　　综合单价:214.59 元

序号	定额编号	工程内容	单位	数量	其中/元					
					人工费	材料费	机械费	管理费	利润	小计
24		网络(费)管理控制器	台	10	500.00	5.60				
		收费管理系统调试	台	10	1000.00	5.60				
		合计			1500.00	11.20	–	513.81	120.90	2145.91

【例】 某工程设示图示(图略)中有一多表远传系统,有远传冷水表360个,冷水用电动阀为DN20,电力载波抄表集中器26台,抄表控制箱29台,多表采集中央管理计算机1台,编制分部分项工程量清单。

【解】 分部分项工程量清单见表12－27。

表12－27　分部分项工程量清单

序　号	项目编码	项目名称	计量单位	工程数量
1	031203001001	远传冷水表安装冷水用电动阀安装DN20	个	360
2	031203002001	电力载波抄表集中器抄表控制箱	台	29
3	031203003001	多表采集中央管理计算机抄表数据管理软件系统联调	台	1

注:表中的“项目名称”是《实施细则》附录中“项目名称”、“项目特征”、“工程内容”三项的综合。